战略性先进电子材料
及其前沿技术丛书

国家出版基金项目

电介质陶瓷
从基础到应用

Dielectric Ceramics: From Fundamentals to Applications

林元华 著

清华大学出版社
北京

内 容 简 介

本书详细介绍了电介质陶瓷材料的基础、性能与应用，从基础理论到前沿研究。本书分为三篇，第一篇从电介质的极化响应、电导和击穿三方面简要介绍了相关的基础理论和模型；第二篇讨论了电介质的物理性能调控策略，整理了晶体结构本征特性、熵工程、畴工程和多尺度结构设计等几种重要调控策略；第三篇介绍了电介质陶瓷的应用，包括微波、温度稳定型 X7R/X8R 类电容、巨介电、储能电容器、压电和电卡陶瓷材料。

本书可作为相关专业本科生和相关领域研究生的入门读物。希望本书可以激发广大读者对电介质领域的兴趣，亦可为从事相关领域的研究人员提供参考。

版权所有，侵权必究。举报: 010-62782989，beiqinquan@tup.tsinghua.edu.cn。

图书在版编目（CIP）数据

电介质陶瓷：从基础到应用 / 林元华著. -- 北京：清华大学出版社，2025.5.（战略性先进电子材料及其前沿技术丛书）. -- ISBN 978-7-302-68455-8

Ⅰ. O48；TQ174.75

中国国家版本馆 CIP 数据核字第 2025F0K010 号

责任编辑：鲁永芳
封面设计：潘　峰
责任校对：薄军霞
责任印制：刘　菲

出版发行：清华大学出版社
网　　址：https://www.tup.com.cn，https://www.wqxuetang.com
地　　址：北京清华大学学研大厦 A 座　　邮　　编：100084
社　总　机：010-83470000　　邮　　购：010-62786544
投稿与读者服务：010-62776969，c-service@tup.tsinghua.edu.cn
质量反馈：010-62772015，zhiliang@tup.tsinghua.edu.cn
印 装 者：小森印刷（北京）有限公司
经　　销：全国新华书店
开　　本：170mm×240mm　　印　张：17　　字　数：323 千字
版　　次：2025 年 5 月第 1 版　　印　次：2025 年 5 月第 1 次印刷
定　　价：135.00 元

产品编号：111194-01

丛书编委会

专家委员会主任：
郝　跃　　　　　中国科学院院士　　　　西安电子科技大学

主编：
周益春　　　　　教授　　　　　　　　　西安电子科技大学

专家委员会：（按姓名拼音排序）
褚君浩	中国科学院院士	中国科学院上海技术物理研究所
崔铁军	中国科学院院士	东南大学
邓龙江	中国工程院院士	电子科技大学
傅正义	中国工程院院士	武汉理工大学
蒋成保	中国科学院院士	北京航空航天大学
刘永坚	中国工程院院士	空军研究院
毛军发	中国科学院院士	深圳大学
南策文	中国科学院院士	清华大学
邱志明	中国工程院院士	海军装备研究院
王中林	中国科学院外籍院士	中国科学院大学
严纯华	中国科学院院士	兰州大学
杨德仁	中国科学院院士	浙江大学
张联盟	中国工程院院士	武汉理工大学
周　济	中国工程院院士	清华大学
邹志刚	中国科学院院士	南京大学
陈延峰	教授	南京大学
耿　林	教授	哈尔滨工业大学
李金山	教授	西北工业大学
廖庆亮	教授	北京科技大学
林　媛	教授	电子科技大学
林元华	教授	清华大学
麦立强	教授	武汉理工大学
单智伟	教授	西安交通大学
孙宝德	教授	上海交通大学
杨　丽	教授	西安电子科技大学
朱铁军	教授	浙江大学

编写委员会：（按姓名拼音排序）

白雪冬	研究员	中国科学院物理研究所
包文中	研究员	复旦大学
常晶晶	教授	西安电子科技大学
车仁超	教授	复旦大学
陈 骏	教授	北京科技大学
段纯刚	教授	华东师范大学
郭红霞	研究员	西北核技术研究院
韩根全	教授	西安电子科技大学
洪子健	研究员	浙江大学
靳 立	教授	西安交通大学
李 飞	教授	西安交通大学
李金金	研究员	上海交通大学
李京波	教授	浙江大学
李 千	研究员	清华大学
李润伟	研究员	中国科学院宁波材料技术与工程研究所
廖 蕾	教授	湖南大学
林元华	教授	清华大学
刘 军	教授	华南理工大学
刘 明	教授	西安交通大学
卢革宇	教授	吉林大学
卢翔孟	研究员	重庆光电技术研究所
罗 锋	教授	南开大学
钱小石	教授	上海交通大学
宋继中	教授	郑州大学
孙林锋	教授	北京理工大学
田 鹤	教授	浙江大学
万 青	教授	甬江实验室
张 晗	教授	深圳大学
张金星	教授	北京师范大学
张 龙	研究员	中国科学院上海光学精密机械研究所
张 挺	研究员	中国科学院工程热物理研究所
朱嘉琦	教授	哈尔滨工业大学

FOREWORD 丛书序

  电子材料是指服务于电子技术和微电子技术中的材料,利用其电学性能受到力、热、光、电、磁等载荷可发生改变的性质,可实现能量与信号发射、吸收、转换、传输、存储、显示或处理等功能。电子材料包括介电材料、半导体材料、压电与铁电材料、导电金属及其合金材料、磁性材料、光电子材料、电磁波屏蔽材料及其他相关材料。随着智能时代的蓬勃发展,电子材料的更新进步已成为支撑汽车电子、移动通信(5G/6G)、人工智能等领域发展的核心驱动力。

  电子材料的研究最早可以追溯到19世纪,法拉第发现了硫化银半导体材料特有的导电现象。自此,电子材料就一直是新材料研究的热点,并取得了对现代工业、国防、经济影响深远的一系列突破性成果。21世纪以来,电子材料领域产生了多名诺贝尔奖获得者,其典型成就包括首次发现蓝光LED、石墨烯、电荷耦合器件图像传感器、巨磁电阻效应、导电聚合物等。在近几年的"中国科学十大进展"中,多项成果也与电子材料密切相关,如超高压电性能的透明铁电单晶、高性能纤维锂离子电池、"祖冲之号"量子计算原型机、自供电软机器人、基于相变材料的新型存储器件、飞秒激光诱导微纳结构新机制,等等。万物智能时代的序幕已经拉开,电子材料及其智能化技术已成为世界占领科技制高点的"兵家必争之地"。

  基于电子材料对推动科技发展的重要性和迫切性,又受到电子材料科研工作者学术交流活跃、前沿研究硕果累累氛围的感染,我们决心成立"战略性先进电子材料及其前沿技术丛书"专家委员会。从电子材料的分类出发,针对其涵盖的基础理论、制备、表征及服役研究,邀请了这一领域的诸多代表性专家,总结各自领域的重要科研成果形成专著。本系列专著包括宽禁带半导体材料、二维电子材料、红外半导体材料、柔性电子材料、发光材料、存储/存算一体材料、智能传感材料、非线性光学材料、热电能量转化材料、储能材料、吸波材料等。同时,还包括电子材料的重要基础理论,如极化电子学、相场理论、关联电子体系中的对称性与拓扑物态、电子材料理性设计等,以及电子材料的关键表征技术及服役失效研究等。

本套丛书凝练了电子材料领域的前沿创新成果，旨在为科研工作者、研究生提供参考用书，推动电子材料领域的科学研究与拔尖科研人才培养。

是为序。

中国科学院院士、西安电子科技大学教授　郝跃

2024 年 9 月

FOREWORD 序言

  高比容、小型化和高可靠性的高性能电容器，是新一代电子元器件产业的核心，在我国高速发展的航空航天、电子信息、智能电网以及国防军工等高新技术领域具有广泛的战略需求。长期以来，先进电介质陶瓷材料及高端器件被美、欧、日、韩等发达国家企业所垄断，实现具有我国自主知识产权的高端电容器件具有非常重要的战略意义。但电介质材料中极化、损耗、介电强度存在强关联耦合，如何解耦这些关联参数，厘清材料微观结构和宏观性能的耦合关系及物理机制，是实现电介质陶瓷性能突破的关键。

  林元华教授及其团队 20 余年来一直从事高性能电介质陶瓷材料的理论设计、研究开发与产业应用，在高储能电容器、X7R/X8R 温度稳定型介质陶瓷、巨介电芯片电容、高介电常数近零温度系数介质陶瓷等方面均取得了突出成果。发展了铁电陶瓷的畴工程设计，提出了调制电介质性能的熵工程策略，引领了该领域的研究热潮。相关成果荣获国家自然科学奖二等奖和多项省部级奖项，在国内外具有很强的影响力。

  本书论述全面、条理清晰，内容从电介质的基本理论出发，介绍了几种主流的调制策略，并阐述了多个相关应用领域的发展现状。本书体现了作者团队近年来最新的科研成果和理论认识，是一本兼具理论性与实用性、内容新颖、重点突出的学术著作。同时，本书不仅可作为从事电介质陶瓷材料研究专业研究人员的重要参考书籍，亦可作为本科生和研究生相关课程的专业教材。

中国科学院院士

2024 年 12 月

目录

第一篇 电介质基本理论

第1章 电介质的极化响应 ... 3
1.1 极化原理 ... 3
1.1.1 极化与介电常数 ... 3
1.1.2 极化的微观机制 ... 4
1.2 有效场修正 ... 6
1.2.1 洛伦兹修正场 ... 6
1.2.2 昂萨格修正场 ... 8
1.3 介电损耗与弛豫 ... 10
1.3.1 损耗与复介电常数 ... 11
1.3.2 极化过程与德拜模型 ... 12
1.3.3 双势阱模型 ... 14
1.3.4 科尔-科尔图与德拜模型修正 ... 15
1.3.5 谐振吸收与色散 ... 19
1.4 非线性电介质 ... 19
1.4.1 铁电体 ... 19
1.4.2 顺电体 ... 22
1.4.3 反铁电体 ... 23
1.5 铁电体的结构相变 ... 24
1.5.1 铁电-顺电的一级相变和二级相变 ... 25
1.5.2 铁电-铁电相变 ... 26
参考文献 ... 28

第2章 电介质的电导 ... 31
2.1 概述 ... 31
2.2 输运模型简介 ... 32

2.2.1　布洛赫函数与能带模型 ·············· 32
　　2.2.2　无序与电子局域化 ················ 34
2.3　体相传导机制 ······················ 36
　　2.3.1　欧姆机制 ···················· 36
　　2.3.2　跳跃机制 ···················· 37
　　2.3.3　普尔-弗伦克尔发射机制 ············· 37
　　2.3.4　离子导电机制 ·················· 38
　　2.3.5　晶界限制型电导 ················· 39
2.4　电荷注入机制 ······················ 40
　　2.4.1　热电子发射（肖特基）机制 ············ 40
　　2.4.2　电子隧穿机制 ·················· 41
　　2.4.3　空间电荷限制电流 ················ 42
2.5　复杂电介质的实验表征 ················· 43
　　2.5.1　等效电路 ···················· 44
　　2.5.2　热激励退极化电流 ················ 46
参考文献 ··························· 48

第3章　电介质的击穿 ······················ 51
3.1　固体击穿机制 ······················ 51
　　3.1.1　电击穿机制 ··················· 52
　　3.1.2　电-机械击穿机制 ················· 52
　　3.1.3　热击穿机制 ··················· 53
　　3.1.4　次级击穿机制 ·················· 53
3.2　工程电介质的击穿 ···················· 54
　　3.2.1　随机性原理 ··················· 54
　　3.2.2　韦布尔分布 ··················· 55
　　3.2.3　击穿的经验规律 ················· 55
3.3　模拟方法的相关进展 ··················· 57
　　3.3.1　电介质击穿的相场模拟 ·············· 57
　　3.3.2　击穿的其他理论模型 ··············· 59
参考文献 ··························· 60

第二篇　电介质的物理性能调控策略

第4章　晶体结构本征特性 ···················· 65
4.1　价键工程 ························ 65
4.2　八面体调制 ······················· 66
　　4.2.1　八面体倾转定义及容忍因子 ············ 68

4.2.2　八面体倾转观测及表征 ·· 68
　　　4.2.3　钙钛矿及复合钙钛矿体系中的容忍因子调控 ······································ 70
　　　4.2.4　钨青铜体系中的容忍因子调控 ··· 70
　　　4.2.5　奥里维里斯相中的容忍因子和 T_C 调控 ··· 70
　4.3　有序与无序 ··· 72
　　　4.3.1　阳离子有序度评价 ··· 72
　　　4.3.2　阳离子有序化及其检测方法 ··· 73
　　　4.3.3　有序度对于介电、铁电性能的调控 ··· 74
　参考文献 ··· 76

第 5 章　基于原子尺度设计的熵工程策略 ··· 78
　5.1　熵的定义与分类 ·· 78
　5.2　高熵效应 ··· 79
　　　5.2.1　熵稳定效应 ·· 79
　　　5.2.2　晶格畸变效应 ·· 80
　　　5.2.3　迟滞扩散效应 ·· 80
　　　5.2.4　鸡尾酒效应 ·· 81
　5.3　熵效应对电介质的调控 ·· 83
　　　5.3.1　高熵电介质储能材料 ··· 83
　　　5.3.2　高熵电介质电卡材料 ··· 84
　　　5.3.3　高熵电介质压电材料 ··· 85
　　　5.3.4　高熵电介质铁电材料 ··· 86
　5.4　高熵电介质材料的表征 ·· 87
　参考文献 ··· 89

第 6 章　基于纳米尺度设计的畴工程策略 ··· 94
　6.1　铁电体里的畴结构 ··· 94
　　　6.1.1　畴结构的形成 ·· 94
　　　6.1.2　畴的观察 ··· 95
　　　6.1.3　极化切换的热力学过程 ··· 97
　6.2　纳米畴工程 ··· 98
　　　6.2.1　尺寸效应和弛豫铁电体 ··· 98
　　　6.2.2　基于弛豫铁电体的压电陶瓷 ··· 99
　　　6.2.3　从纳米畴到极性团簇的储能电介质 ··· 100
　6.3　拓扑畴结构 ··· 103
　6.4　畴壁电子学 ··· 105

6.5 模拟方法 …… 107
参考文献 …… 110

第7章 多尺度结构设计 …… 116
  7.1 化学缺陷结构 …… 116
    7.1.1 极化行为的调控 …… 117
    7.1.2 介电强度的调控 …… 118
    7.1.3 对介电行为的调控 …… 120
    7.1.4 对损耗/传导的调控 …… 121
  7.2 纳米晶-非晶双相结构 …… 122
    7.2.1 传统工艺调控 …… 122
    7.2.2 熵效应调控 …… 124
  7.3 核壳结构 …… 126
  7.4 多层结构 …… 128
    7.4.1 对击穿的影响 …… 128
    7.4.2 对极化的影响 …… 128
  参考文献 …… 130

第三篇 电介质陶瓷的应用

第8章 微波介质陶瓷材料 …… 137
  8.1 微波介质材料的一般要求 …… 137
  8.2 微波介质材料的基本性能 …… 138
    8.2.1 介电常数 …… 138
    8.2.2 品质因数 …… 138
    8.2.3 温度稳定系数 …… 139
  8.3 微波介质陶瓷的性能测试方法 …… 140
    8.3.1 传输线法 …… 141
    8.3.2 谐振器法 …… 141
  8.4 微波介质材料调控策略 …… 144
  8.5 典型的微波介质陶瓷体系、分类及应用 …… 148
    8.5.1 低介微波陶瓷及应用 …… 150
    8.5.2 中介微波陶瓷及应用 …… 151
    8.5.3 高介微波陶瓷及应用 …… 151
  参考文献 …… 152

第 9 章　温度稳定型 X7R/X8R 类介质陶瓷材料 ······ 154
9.1　概述 ······ 154
9.2　介温特性调控机制 ······ 155
9.2.1　相变扩散 ······ 155
9.2.2　展宽效应 ······ 159
9.2.3　移峰效应 ······ 163
9.3　温度稳定型 $BaTiO_3$ 基陶瓷 ······ 164
9.3.1　$BaTiO_3$ 的结构与介电特性 ······ 164
9.3.2　核壳结构设计 ······ 166
9.4　其他的温度稳定型介质陶瓷 ······ 170
参考文献 ······ 171

第 10 章　巨介电陶瓷材料 ······ 173
10.1　概述 ······ 173
10.2　巨介电常数产生的机理 ······ 175
10.2.1　内部阻挡层电容效应 ······ 176
10.2.2　表面阻挡层电容效应 ······ 177
10.2.3　电子钉扎的缺陷偶极效应 ······ 177
10.3　常见巨介电陶瓷材料设计策略 ······ 178
10.3.1　$BaTiO_3$ 基 ······ 178
10.3.2　$CaCu_3Ti_4O_{12}$ 基 ······ 179
10.3.3　NiO 基 ······ 181
10.3.4　TiO_2 基 ······ 181
10.3.5　$SrTiO_3$ 基 ······ 183
参考文献 ······ 184

第 11 章　储能电容器介质陶瓷材料 ······ 189
11.1　介绍 ······ 189
11.2　结构与特性 ······ 190
11.2.1　储能原理 ······ 190
11.2.2　性能参数 ······ 190
11.2.3　材料体系 ······ 192
11.3　研究现状 ······ 193
11.3.1　薄膜材料研究现状 ······ 194
11.3.2　块体材料研究现状 ······ 198
11.3.3　多层陶瓷电容器研究现状 ······ 200

11.4 应用 ... 204
参考文献 ... 204

第12章 压电陶瓷材料 ... 208

12.1 压电效应与压电材料 ... 208
12.1.1 压电效应 ... 208
12.1.2 压电材料及其主要性能指标 ... 209
12.2 压电材料的分类 ... 210
12.2.1 铅基压电材料 ... 210
12.2.2 无铅压电材料 ... 213
12.3 压电材料中的性能调控 ... 216
12.3.1 相界工程 ... 216
12.3.2 铁电畴工程 ... 217
12.3.3 缺陷工程 ... 218
12.3.4 微观结构工程 ... 223
12.4 压电材料的应用 ... 226
12.4.1 压电传感器 ... 228
12.4.2 压电驱动器 ... 229
12.4.3 压电材料在电子产品中的应用 ... 231
12.4.4 新型应用 ... 233
参考文献 ... 235

第13章 电卡陶瓷材料 ... 243

13.1 电卡效应 ... 243
13.1.1 研究背景 ... 243
13.1.2 热力学理论基础 ... 243
13.2 电卡材料的测量与调控 ... 246
13.2.1 电卡效应的测量方法 ... 246
13.2.2 电卡效应的调控思路 ... 248
13.3 电卡材料的研究进展 ... 249
13.3.1 陶瓷块体和MLCC ... 249
13.3.2 陶瓷薄膜 ... 250
13.4 电卡材料的器件化 ... 251
13.4.1 基于流体的热再生循环制冷系统 ... 251
13.4.2 固态级联制冷系统 ... 253
参考文献 ... 256

第一篇 电介质基本理论

第1章

电介质的极化响应

1.1 极化原理

电介质是一类能在外电场作用下产生宏观偶极矩的材料,其行为的核心是内部束缚电荷的响应。不同于能在电场作用下作定向运动、形成电流的自由电荷,束缚电荷的特征在于其被强烈的化学键作用而相互束缚,从而只能作微观相对位移,而无法作定向运动。借由正、负电荷的相对位移,在原子或离子中产生了感生偶极矩,从而贡献宏观偶极矩;部分体系(如铁电体)具有固有偶极矩(也称自发极化),从而可以通过偶极矩朝电场方向偏转来响应外电场。需要指明的是,具有束缚电荷的体系即可认为是电介质,无需绝缘性判据,但绝缘体都是典型的电介质。

本节将对电介质的极化现象做简要叙述,一方面介绍介电常数、极化率等宏观物理量与极化强度矢量之间的关联,另一方面则简要介绍不同的微观极化机制。

1.1.1 极化与介电常数

单一偶极矩 $\boldsymbol{\mu}_\mathrm{d}$ 可以视为由一对分离的带电粒子组成,其带电量 q 大小相等、符号相反。两者间距离矢量为 $\boldsymbol{l}$,方向由负电荷指向正电荷,因此

$$\boldsymbol{\mu}_\mathrm{d} = q\boldsymbol{l} \tag{1.1}$$

可以用极化强度矢量 $\boldsymbol{P}$ 来衡量电介质的极化强度,其代表内部单位体积 $\Delta\Omega$ 内的偶极矩矢量和,表示为

$$\boldsymbol{P} = \lim_{\Delta V \to 0} \frac{\sum \boldsymbol{\mu}}{\Delta \Omega} \tag{1.2}$$

考虑如图 1.1 所示的最简单的平行板电容器模型,其极板间距为 l_1,极板面积为 A,中间填

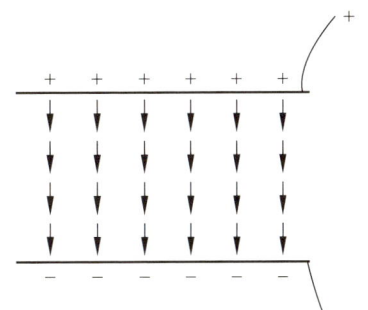

图 1.1 基于平行板电容器的介电极化示意图

充介电常数为 ε 的均匀线性电介质。在忽略边界效应的情况下,其极板间储存的电荷 Q_c 与极板间电压 V 满足

$$Q_c = CV = \varepsilon \frac{A}{l_1} \boldsymbol{E} \cdot \boldsymbol{l}_1 \tag{1.3}$$

式中,C 为电容器的电容,$\boldsymbol{E}$ 为极板间的电场强度,$\boldsymbol{l}_1$ 为沿电场方向的距离矢量。

实际材料的介电常数始终比真空介电常数 ε_0 大,可以将其写为 $\varepsilon_0 \varepsilon_r$,其中 ε_r 为相对介电常数。对比真空电容器,极板间填充电介质后的电荷量变化为

$$\Delta Q_c = \varepsilon_0 (\varepsilon_r - 1) \frac{A}{l_1} E l_1 \tag{1.4}$$

极板积蓄电荷的同时,电介质感生出偶极矩,效果等同于产生感生电荷,其建立的感生电场称为退极化场。均匀电介质的体感生电荷为零,因此仅需考虑面感生电荷,其大小与极板电荷相等,符号相反[1-2]。从而电介质感生的偶极矩和 $\boldsymbol{\mu}_t$ 可以等效为极板变化电荷量所对应的偶极矩:

$$\boldsymbol{\mu}_t = \Delta Q_c \boldsymbol{l}_1 = \boldsymbol{E}\varepsilon_0 (\varepsilon_r - 1) \frac{A}{l_1} l_1^2 = A\boldsymbol{E}\varepsilon_0 (\varepsilon_r - 1) \boldsymbol{l}_1 \tag{1.5}$$

联立式(1.5)和式(1.2),有

$$\boldsymbol{P} = \frac{\boldsymbol{\mu}_t}{Al_1} = \boldsymbol{E}(\varepsilon - \varepsilon_0) = \boldsymbol{E}\varepsilon_0 (\varepsilon_r - 1) = \chi \varepsilon_0 \boldsymbol{E} \tag{1.6}$$

式中,χ 为宏观极化率,为二阶张量,在各向同性的线性电介质中可取常数。

同时,电位移矢量 $\boldsymbol{D}$ 的定义为

$$\boldsymbol{D} = \varepsilon_0 \varepsilon_r \boldsymbol{E} \tag{1.7}$$

从而可以写出 $\boldsymbol{D}$ 与 $\boldsymbol{E}$ 的关系式为

$$\boldsymbol{D} = \varepsilon_0 \boldsymbol{E} + \boldsymbol{P} \tag{1.8}$$

必须指出,式(1.7)是电位移矢量的基本定义式,式(1.8)仅适用于各向同性的线性电介质,此时 $\boldsymbol{D}$ 与 $\boldsymbol{E}$ 方向相同。非线性介质的介电常数随电场发生变化,且属于各向异性,因此 $\boldsymbol{D}$ 与 $\boldsymbol{P}$ 的表达式会复杂很多。实践中可以依据测试条件简化出相应方向的分量,形式上应同样满足式(1.8)。

1.1.2 极化的微观机制

类似式(1.6),假定体积元内具有 N 个极化单元,且其平均的微观极化率为 α_1。那么极化强度矢量可以写为

$$\boldsymbol{P} = N\alpha_1 \boldsymbol{E} \tag{1.9}$$

实际体系中,体积元内的极化起源并非单一种类,依据其机制可划分为电子极化 $\boldsymbol{P}_e$、离子极化 $\boldsymbol{P}_i$、偶极子取向极化 $\boldsymbol{P}_d$ 和空间电荷极化 $\boldsymbol{P}_{int}$ 四类(图1.2)[3]。

电子极化与离子极化是电荷实体在外电场作用下产生的弹性位移极化。前者

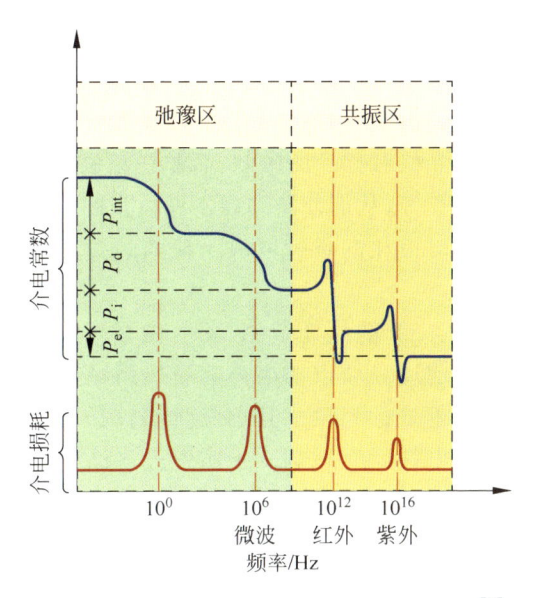

图 1.2 电介质极化与介电损耗的频率响应[3]

是电子云相对原子核的位移,普遍存在于所有电介质材料中;后者是离子化合物中正负离子间的相对位移。在外电场作用下,极化建立;撤去外电场后,极化消失。极化建立与消失的时间视为其对外电场作用的响应时间。电子位移极化的响应速度可达光频(响应时间为 $10^{-16} \sim 10^{-14}$ s),离子位移极化的响应时间为 $10^{-13} \sim 10^{-12}$ s(红外波段)。虽然弹性位移极化的响应速度极快,但其极化率量级较小,在 10^{-40} F·m^2 量级[4]。通常电子极化率不随温度变化而改变,这是由于温度的高低不足以改变原子或离子中核外电子的分布;离子极化率则随温度升高而增大,这是由于热膨胀带来的离子间距的增大与相互作用的减弱,但幅度甚微。

偶极子取向极化是指极性电介质中固有偶极子在外电场作用下的转向和沿电场方向取向排列。其响应时间较长,为 $10^{-10} \sim 10^{-2}$ s。但取向极化是最重要的一类极化机制,其极化率比电子极化率要高两个数量级。除了光频或微波应用,电介质的极化还主要由取向极化贡献。固有偶极子的起源较为多样,通常研究的主体是具有自发极化的铁电材料(详见 1.4 节)。铁电体内具有多个等效极化方向和沿这些方向随机分布的自发偶极子[5]。在外电场的作用下,倾向于电场同方向的自发极化方向能量更低,其他取向的极化将重定向于这些方向,从而贡献取向极化。此时,晶格内离子并未发生跃迁,而是在其附近的数个平衡位置间移动。另一类常见的固有偶极子是缺陷偶极子。实际晶体往往存在或多或少的缺陷与杂质,如空位或间隙离子,它们带有等量的正、负电荷。这些无规分布的缺陷借由库仑引力可以形成缔和缺陷,从而构成缺陷偶极子。例如采用脉冲激光沉积(pulsed laser deposition,PLD)制备的 BiFeO$_3$ 基薄膜中通常具有一定量的氧空位 $V_O^{\cdot\cdot}$ 与铋空位 V_{Bi}^{***},通过适当的工艺处理,可以形成两者的缔和缺陷 V_{Bi}^{***}-$V_O^{\cdot\cdot}$ [6]。类似地,不等价元素掺杂也会形成缺陷偶极子,如 SrTiO$_3$ 中掺杂高价的 La[7]。晶体中所形成的缺陷偶极子的取向仍受晶格对称性的限制,而非任意取向。在外电场作用下,不同取向位点的能量将不再相等,从而使缺陷在不同位点间跳跃,表现为缺陷偶极子的取向极化。缺陷偶极子对极化的贡献取决于缺陷的含量与跳跃势垒的高低,在不完整的晶体中贡献较大。

空间电荷往往在二维、三维缺陷处产生,发生在不均匀介质中,是材料内漂移电荷累积的结果。不同于前述局域束缚电荷响应机制,空间电荷是大面积响应的累积,如电荷在晶界、裂纹等处的聚集。其响应时间较长,往往需要 $10^{-4} \sim 10^0$ s,因此只对直流和低频的介电性能有影响。于陶瓷等多晶介质而言,该机制主要发生在晶界处,因此又称为界面极化机制。

当施加电场的频率高于相应极化机制响应时间时,极化响应不能跟上电场的变化,从而出现损耗。其中,弹性位移机制的行为类似简谐振子模型,表现为介电常数反常和共振吸收现象;偶极子取向极化和空间电荷极化则表现为明显的损耗峰和介电常数降低。具体讨论见 1.3 节。

1.2 有效场修正

如前所述,在外电场作用下,介质内部产生感生偶极子并建立退极化场。该效应使得计算微观粒子电场时需要考虑介质内其余部分对其的作用。此时粒子受到的有效电场为 E_e,从而外电场所诱导的极化应修正为

$$P = N\alpha_1 E_e \tag{1.10}$$

多年以来,学者们陆续提出了数种计算模型以处理有效场计算问题,但仍未获得普适的修正模型。本节简要介绍两种常见的模型,分别针对非极性介质与极性液体。

1.2.1 洛伦兹修正场

洛伦兹场(Lorentz field)是非常经典的修正模型[2,8]。该模型假设在考察粒子附近存在一个球形腔。该球形腔一方面相对于整体介质来说足够小,从而使腔内介质对腔外介质的电场分布不产生影响;另一方面相对于考察粒子来说足够大,从而使球外介质对腔内的影响可以视为连续均匀的整体来处理(图 1.3)。将腔外介质对腔体球心的作用电场记为 E_1,腔内介质的作用电场记为 E_2,那么有效场为

$$E_e = E + E_1 + E_2 \tag{1.11}$$

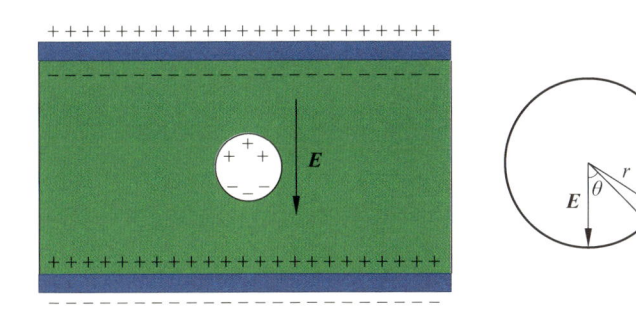

图 1.3　洛伦兹修正场计算模型

由于腔外电场均匀分布，因此其极化强度维持 P 不变，从而可以计算得到球形腔上面元 dA 处的面电荷密度 P_n 满足

$$P_n = P\cos\theta \tag{1.12}$$

式中，θ 为球面点法线方向与电场方向的夹角。

该面元电荷在球心处诱导的电场为

$$dE_1 = \frac{P\cos\theta\, dA}{4\pi\varepsilon_0 r^2} \tag{1.13}$$

$$dA = 2\pi r^2 \sin\theta\, d\theta \tag{1.14}$$

易知，夹角相同的球环上的面元具有相同的面电荷密度，且其在球心处诱导的电场仅保留沿外电场方向的分量 E_z，因此

$$dE_z = \frac{P\cos^2\theta}{4\pi\varepsilon_0 r^2} 2\pi r^2 \sin\theta\, d\theta = \frac{P\cos^2\theta}{2\varepsilon_0}\sin\theta\, d\theta \tag{1.15}$$

积分可得

$$E_1 = \int_0^\pi \frac{P\cos^2\theta}{2\varepsilon_0}\sin\theta\, d\theta = \frac{P}{3\varepsilon_0} \tag{1.16}$$

对各向同性材料和立方晶系的介质，腔体内的作用电场 $E_2=0$，此时有效场强度为

$$E_e = E + \frac{P}{3\varepsilon_0} = \frac{2+\varepsilon_r}{3}E \tag{1.17}$$

将式(1.17)代入式(1.10)，并联立式(1.6)可得

$$\frac{\varepsilon_r - 1}{\varepsilon_r + 2} = \frac{N\alpha_1}{3\varepsilon_0} \tag{1.18}$$

上式也称为克劳修斯-莫索提方程(Clausius-Mossotti equation)，描述了洛伦兹修正场条件下介质微观参数与宏观极化之间的关系。

通常认为适用于该修正场的介质包括气体、非极性电介质等。对于极性液体

和固体电介质,由于强烈的偶极相互作用,E_2不可忽略,故结论不再成立,需要采用其他模型。值得一提的是,高频交变电场下,极性电介质的极化也可以采用该方程描述。光频时,仅需考虑电子极化率α_e,且介质的折射率n满足$n^2 = \varepsilon_r$,从而可将式(1.18)改写为

$$\frac{\varepsilon_r - 1}{\varepsilon_r + 2} = \frac{n^2 - 1}{n^2 + 2} = \frac{N\alpha_e}{3\varepsilon_0} \tag{1.19}$$

上式也称为洛伦兹-洛伦茨方程(Lorentz-Lorenz equation)。

1.2.2 昂萨格修正场

为了处理极性液体的介电常数计算问题,昂萨格(Onsager)提出了新的计算极性分子受到的有效场的模型[9]。假定极性分子具有固有偶极矩$\boldsymbol{\mu}_0$,并且该固有偶极矩的大小可以在外电场作用下变化。空腔变为仅包括该极性分子的小球体,外部为连续介质。从而空腔半径r与体积元(单位体积)内极化单元数N之间满足

$$\frac{4\pi r^3 N}{3} = 1 \tag{1.20}$$

此时,分子受到的有效场应修正为外部电场$\boldsymbol{E}_o$和极性分子反作用场(reaction field)$\boldsymbol{E}_r$之和:

$$\boldsymbol{E}_e = \boldsymbol{E}_o + \boldsymbol{E}_r \tag{1.21}$$

其中,外部电场可视为在无限均匀介质中挖出一个小空腔,从而可以利用拉普拉斯方程解出球心处的电场满足

$$\boldsymbol{E}_o = \frac{3\varepsilon_r}{2\varepsilon_r + 1}\boldsymbol{E} \tag{1.22}$$

类似地,反作用场的解为

$$\boldsymbol{E}_r = \frac{2(\varepsilon_r - 1)}{4\pi\varepsilon_0 r^3 (2\varepsilon_r + 1)}\boldsymbol{\mu}_E \tag{1.23}$$

式中,$\boldsymbol{\mu}_E$为电场下分子的偶极矩。

考虑到外电场与反作用场对分子固有偶极矩的影响,假定分子极化率与其电子极化率相同。结合式(1.2)的定义,此时$\boldsymbol{\mu}_E$满足

$$\boldsymbol{\mu}_E = \boldsymbol{\mu}_0 + \frac{3\varepsilon_r \alpha_e}{2\varepsilon_r + 1}\boldsymbol{E} + \frac{2(\varepsilon_r - 1)\alpha_e}{4\pi\varepsilon_0 r^3 (2\varepsilon_r + 1)}\boldsymbol{\mu}_E \tag{1.24}$$

将式(1.19)和式(1.20)代入式(1.23),变化得

$$\boldsymbol{\mu}_E = \frac{(2\varepsilon_r + 1)(n^2 + 2)}{3(n^2 + 2\varepsilon_r)}\boldsymbol{\mu}_0 + \frac{3\varepsilon_0 \varepsilon_r (n^2 - 1)}{N(n^2 + 2\varepsilon_r)}\boldsymbol{E} \tag{1.25}$$

取偶极矩的热平均值$\langle\boldsymbol{\mu}_d\rangle$即可计算出极化:

$$\boldsymbol{P} = N\langle\boldsymbol{\mu}_\text{E}\rangle \tag{1.26}$$

容易看出,式(1.25)右侧第一项关联固有偶极矩,第二项则可视为外电场对固有偶极矩大小的影响。由于第二项仅与电场大小有关,热平均值的取值不影响其大小,故只考虑第一项的变化。固有偶极矩的存在形式可以认为是一种随机分布,且其服从某种特定热力学分布规律。从而式(1.26)可以改写为

$$\boldsymbol{P} = N\left[\left\langle\frac{(2\varepsilon_\text{r}+1)(n^2+2)}{3(n^2+2\varepsilon_\text{r})}\boldsymbol{\mu}_0\right\rangle + \frac{3\varepsilon_0\varepsilon_\text{r}(n^2-1)}{N(n^2+2\varepsilon_\text{r})}\boldsymbol{E}\right] \tag{1.27}$$

未施加电场时,体系内分子随机取向,整体呈电中性,即$\langle\boldsymbol{\mu}_0\rangle=0$。外电场作用下的分子取向将发生变化,整体上只用考虑沿电场方向上的变化(即偶极子取向极化)$\langle\mu_\text{g}\rangle=\mu_0\langle\cos\theta\rangle$。从而式(1.27)中所有向量均同向,结合式(1.6),可以将对应的标量形式化简为

$$\varepsilon_0(\varepsilon_\text{r}-1) = N\left\langle\frac{(2\varepsilon_\text{r}+1)(n^2+2)}{3(n^2+2\varepsilon_\text{r})E}\mu_0\right\rangle + \frac{3\varepsilon_0\varepsilon_\text{r}(n^2-1)}{(n^2+2\varepsilon_\text{r})} \tag{1.28}$$

为了简化讨论,假设偶极子之间没有相互作用,从而其分布模式类似极性气体,服从玻尔兹曼分布。对极性气体而言,单位体积中分子处于能量为W_g(对应连续态中的区间$W_\text{g}+\text{d}W_\text{g}$)的数量$\text{d}N$满足

$$\text{d}N = Na_1 e^{-\frac{W_\text{o}}{k_\text{B}T}}\text{d}W_\text{g} \tag{1.29}$$

式中,a_1为与系统状态数无关的常数,k_B为玻尔兹曼常量,T为系统的绝对温度。

进一步地,将分子动能定为平均值$3k_\text{B}T/2$,而偶极分子的势能仅考虑外电场作用下的电势$W_\text{u}=-\boldsymbol{\mu}_0\cdot\boldsymbol{E}_\text{o}=-\mu_0 E_\text{o}\cos\theta$。那么式(1.29)可以改写为

$$\text{d}N = Na_2 e^{\frac{\mu_0 E_\text{o}\cos\theta}{k_\text{B}T}}\sin\theta\text{d}\theta \tag{1.30}$$

$$a_2 = a_1\mu_0 E_\text{o} e^{-\frac{3}{2}} \tag{1.31}$$

从而可以写出服从玻尔兹曼分布的电场偶极矩沿电场方向的统计平均值,为

$$\langle\mu_\text{g}\rangle = \frac{\int\mu_0\cos\theta\text{d}N}{\int\text{d}N} = \mu_0\frac{\int\cos\theta\text{d}N}{\int\text{d}N} = \mu_0\left[\frac{\int_0^\pi\cos\theta e^{\frac{\mu_0 E_\text{o}\cos\theta}{k_\text{B}T}}\sin\theta\text{d}\theta}{\int_0^\pi e^{\frac{\mu_0 E_\text{o}\cos\theta}{k_\text{B}T}}\sin\theta\text{d}\theta}\right] \tag{1.32}$$

$$\langle\cos\theta\rangle = \frac{\int_0^\pi\cos\theta e^{\frac{\mu_0 E_\text{o}\cos\theta}{k_\text{B}T}}\sin\theta\text{d}\theta}{\int_0^\pi e^{\frac{\mu_0 E_\text{o}\cos\theta}{k_\text{B}T}}\sin\theta\text{d}\theta} \tag{1.33}$$

式(1.33)的积分可化简为

$$\langle\cos\theta\rangle = \coth\left(\frac{\mu_0 E_o}{k_B T}\right) - \left(\frac{\mu_0 E_o}{k_B T}\right)^{-1} \equiv L\left(\frac{\mu_0 E_o}{k_B T}\right) \quad (1.34)$$

从式(1.34)定义的函数 $L(x)$ 称为朗之万(Langevin)函数。其泰勒展开式为

$$L(x) = \frac{1}{x}\left(\frac{x^2}{3} - \frac{x^4}{45} + \cdots\right) \quad (1.35)$$

如图1.4所示，通常取其一阶展开结果即可，极高电场或低温下后续展开项才有讨论价值。而室温下，即使达到击穿也很难满足条件。从而，将式(1.35)的一阶展开结果代入式(1.32)，可得

$$\langle\mu_0\rangle = \frac{\mu_0^2 E_o}{3k_B T} \quad (1.36)$$

联立式(1.22)、式(1.28)、式(1.36)，可得

$$\frac{N\mu_0^2}{9k_B T} = \frac{\varepsilon_0(\varepsilon_r - n^2)(n^2 + 2\varepsilon_r)}{\varepsilon_r(n^2 + 2)^2} \quad (1.37)$$

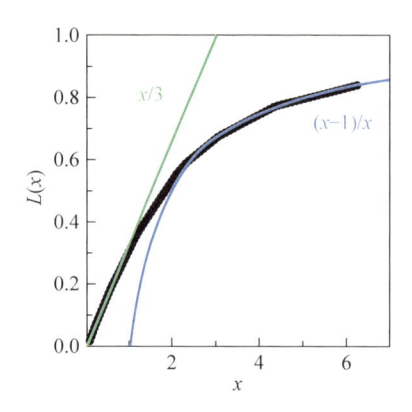

图1.4 朗之万函数图像，x 极小时接近一阶展开结果 $x/3$

此即昂萨格方程。当取向极化贡献远大于电子极化，满足 $\varepsilon_r \gg n^2$ 的近似条件时，式(1.37)可进一步简化为

$$\varepsilon_r \simeq \frac{N\mu_0^2}{9k_B T}\frac{(n^2 + 2)^2}{2\varepsilon_0} \quad (1.38)$$

可以看出，极性液体电介质的介电常数将随温度升高而降低。这是由于温度升高所加强的热运动会增强偶极子的解取向作用，从而降低偶极子取向极化；同时，热膨胀也会带来单位体积内分子数 N 的减少。

虽然昂萨格模型成功预测了极性液体介电常数的定性规律，但其定量结果通常具有较大误差。这是由于其模型过于简单，忽略了极性分子间复杂的相互作用所致。后续 Krikwood、Brown 等[10-12]基于统计理论对该问题做了进一步讨论，将电介质视为分子集合而非连续介质，从而消除前述两种模型"人为"设置的空腔。但囿于复杂的相互作用，种种近似均未取得令人满意的普适性结果。

1.3 介电损耗与弛豫

前面章节讨论了恒定电场下的电介质静态响应。实际应用中，更多场景是交变电场作用下的介质响应。在交变电场作用下，介质会出现"跟不上"外电场的情况，从而表征出损耗现象。分析损耗现象对减少介质使用中的能量损失有着重要的意义。本节将从复介电常数和极化过程出发，讨论交变电场作用下的介质响应

行为，主要讨论适用于低频（基于弛豫时间）的德拜弛豫模型及其修正，最后简单介绍共振型响应（弹性位移极化机制）过程中的弛豫现象。由于本节所叙述内容均为外电场诱导的沿极化方向的极化强度矢量的分量。此时，所有矢量方向一致，故均采用相关矢量的标量形式。

1.3.1 损耗与复介电常数

考虑最简单的平行板电容器模型，假设施加的电压满足下面表达式：

$$V(t) = V_m \cos\omega t \tag{1.39}$$

式中，V_m 为最大电压；ω 为角频率，等于 $2\pi f$，f 为频率，t 为时间。

当板间介质为真空时，其电容为 C_0，可以认为其响应是瞬时的，从而并不具有损耗，此时流过电容器的电流为

$$I_0(t) = \omega C_0 V_m \cos\left(\omega t + \frac{\pi}{2}\right) = j\omega C_0 V(t) \tag{1.40}$$

式中，j 为虚数单位，等于 $\sqrt{-1}$。

由此可知，理想电容器的电流与电压之间存在 90° 的相位差。然而，实践中发现流过填充了介质的电容器的电流与理想情况存在一个小的相位差 δ（图 1.5）。该相位差也称为损耗角。相关机制详见第 2 章，本节仅基于该现象进行描述。此时流过电容器的电流表示为

$$I(t) = \omega C_0 V_m \cos\left(\omega t + \frac{\pi}{2} - \delta\right) \tag{1.41}$$

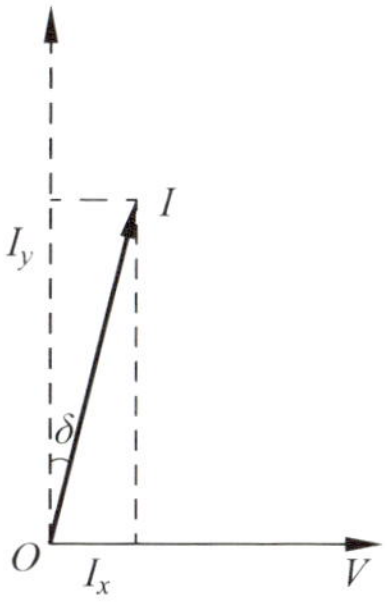

考虑实际电流沿不同坐标轴的分量，式(1.41)可以改写为

$$I(t) = j\omega C_0 V(t)(\varepsilon_r' - j\varepsilon_r'') \tag{1.42}$$

图 1.5 交变电场作用下流过实际电容器的电流的示意图。垂直于电压方向的是理想电容器的方向，夹角为损耗角 δ

从而可以将相对介电常数视为复数，形式等同于

$$\varepsilon_r^* = \varepsilon_r' - j\varepsilon_r'' \tag{1.43}$$

此时，沿电压方向的分量为损耗电流 I_x，大小为 $\omega C_0 V(t)\varepsilon_r''$；与其成 90° 夹角的为理想电容器的充电电流 I_y，大小为 $\omega C_0 V(t)\varepsilon_r'$。从而用复数形式的介电常数可以很好地表征实验现象。ε_r'' 称为损耗指数（loss index），损耗角正切（$\tan\delta$）则是耗散因数（I_x/I_y 或 $\varepsilon_r''/\varepsilon_r'$）。

损耗电流存在两种不同的机制。第一种由实际电容器中的微弱电导（漏导）贡献。不同于理想电容器，实际材料中的缺陷通常会贡献一些缺陷载流子，从而出现损耗。另一种类似于弛豫过程，由于极化响应跟不上电压的变化而出现损耗。频率不太高或高电场时，漏导电流的损耗占据主要部分，而弛豫机制是电介质的本征

特性,尤其是在极性电介质中。两种效应分别可以用理想电容器 C 和电阻 R 的并联和串联电路来等效替代,显示出不同的频率特性(图 1.6)。关于漏导电流的输运机制将在第 2 章详细讨论,本节后续将详细讨论弛豫机制以及其对损耗的贡献。

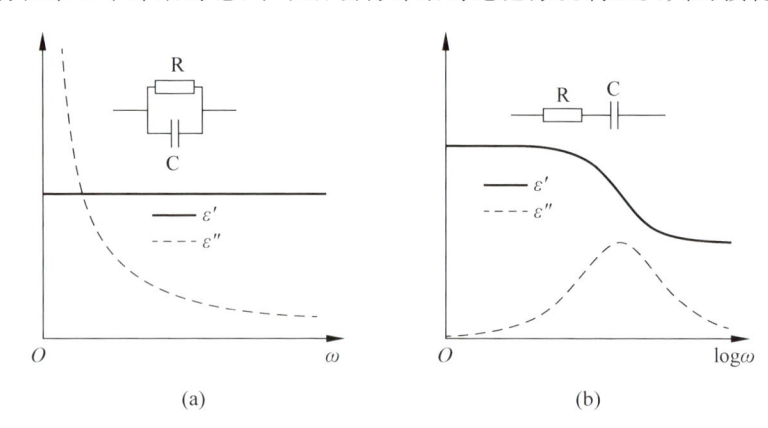

图 1.6 不同等效电路及其介电频谱
(a) RC 并联电路;(b) RC 串联电路

1.3.2 极化过程与德拜模型

如前所述,极化的建立需要经过一定的时间。因此,在外电场作用下,实际电容器均经历一定时间的充电过程,从而使极化 $P(t)$ 落后于电场 $E(t)$。假设施加的是直流偏压,极化建立时间从零开始并且 $P(t)$ 服从指数规律(图 1.7,黑线)[8],其表达式为

$$P(t) = P_0(1 - e^{-\frac{t}{\tau}}) \quad (1.44)$$

式中,P_0 为达到平衡态时的极化,τ 为弛豫时间。类似地,也可以给出如图 1.7 下凹线所示的代表放电过程中极化消失的曲线。其表达式为

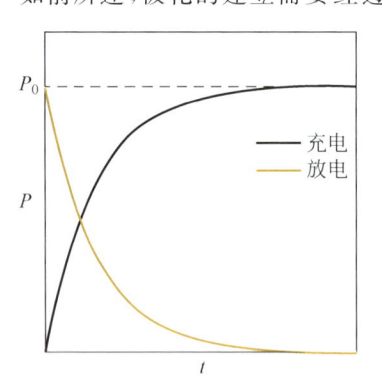

图 1.7 电容器极化的建立与消失过程

$$P(t) = P_0 e^{-\frac{t}{\tau}} \quad (1.45)$$

对式(1.45)取微分,并将式(1.44)代入化简得

$$dP(t) = \frac{P_0}{\tau} e^{-\frac{t}{\tau}} dt = \frac{P_0 - P(t)}{\tau} dt \quad (1.46)$$

当频率不够高时,电子弹性位移极化机制 P_e 的响应可以近似为瞬时建立,并将其等效为频率趋近于无穷大时的极化 P_∞,对应有频率趋近无穷大时的相对介

电常数 ε_∞。此时，电场作用下建立的总极化 P_T 可以拆分为瞬时的 P_e 和弛豫的 P_{re} 两部分，并写为

$$P_T = P_{re} + P_e \tag{1.47}$$

不难看出，P_T 即 1.1 节所描述的极化 P；P_e 对应介电常数为 ε_∞，那么 P_{re} 可以写为

$$P_{re} = \varepsilon_0 (\varepsilon_s - \varepsilon_\infty) E \tag{1.48}$$

式中，ε_s 为静态时的相对介电常数。

此时可以将 P_e 视为常数项，将式(1.46)改写为

$$dP(t) = dP_{re}(t) = \frac{P_{re} - P(t)}{\tau} dt \tag{1.49}$$

式中，$P_{re}(t)$ 为任一时刻 t 的弛豫极化，假定交流电场 E 满足标准正弦形式：

$$E = E_m e^{j\omega t} \tag{1.50}$$

将式(1.48)～式(1.50)代入式(1.46)，化简得

$$dP_{re}(t) = \frac{\varepsilon_0 (\varepsilon_s - \varepsilon_\infty) E_m e^{j\omega t} - P(t)}{\tau} dt \tag{1.51}$$

积分式(1.51)，得

$$P_{re}(t) = \frac{\varepsilon_0 (\varepsilon_s - \varepsilon_\infty) E_m e^{j\omega t}}{1 + j\omega\tau} + a e^{-\frac{t}{\tau}} \tag{1.52}$$

趋近于平衡态时，t 远大于 τ，从而可忽略常数项。此时，结合式(1.52)和式(1.47)可得

$$P(t) = \varepsilon_0 (\varepsilon_\infty - 1) E_m e^{j\omega t} + \frac{\varepsilon_0 (\varepsilon_s - \varepsilon_\infty) E_m e^{j\omega t}}{1 + j\omega\tau} \tag{1.53}$$

对比式(1.42)，由麦克斯韦方程组知，电位移 $D(t)$ 可以写为

$$D(t) = \varepsilon_0 \varepsilon_r^* E_m e^{j\omega t} \tag{1.54}$$

从而有

$$\varepsilon_0 \varepsilon_r^* E_m e^{j\omega t} = \varepsilon_0 \varepsilon_\infty E_m e^{j\omega t} + \frac{\varepsilon_0 (\varepsilon_s - \varepsilon_\infty) E_m e^{j\omega t}}{1 + j\omega\tau} \tag{1.55}$$

化简得

$$\varepsilon_r^* = \varepsilon_\infty + \frac{\varepsilon_s - \varepsilon_\infty}{1 + j\omega\tau} \tag{1.56}$$

对比式(1.43)得

$$\varepsilon_r' = \varepsilon_\infty + \frac{\varepsilon_s - \varepsilon_\infty}{1 + \omega^2 \tau^2} \tag{1.57}$$

$$\varepsilon_r'' = \frac{(\varepsilon_s - \varepsilon_\infty) \omega\tau}{1 + \omega^2 \tau^2} \tag{1.58}$$

式(1.57)和式(1.58)最早由德拜推导得出,因此也称为德拜方程。此时,损耗角正切记为

$$\tan\delta = \frac{(\varepsilon_s - \varepsilon_\infty)\omega\tau}{\varepsilon_s + \varepsilon_\infty \omega^2 \tau^2} \tag{1.59}$$

频率趋近于无穷时,由该模型估算出的损耗趋近于 0,从而无法表征光频共振型吸收带来的损耗,因而该模型仅适用于低频范围。虽然该模型十分简化,但其结果在低频下拟合效果较好,因而被广泛使用。

1.3.3 双势阱模型

德拜模型从宏观角度给出了弛豫极化机制对复介电常数的影响表达式,但未能深入到相应机制的微观本质。通常可以采用双势阱模型来简单理解弛豫机制的微观起源[5,13-14]。如图 1.8 所示,假设两个平衡位置间的距离为 l,粒子带电量为 q。此时弛豫行为表现为微观粒子从一个稳定位置越过势垒到达另一个稳定位置的运动过程。无外电场作用时,两个稳定位置的能量相等,对应于势能曲线的两个最低点;在外电场 E 作用下,两个稳定位置的势能出现差异 qEl。这里假定外电场的方向为由位置 1 指向位置 2。从位置 1 到位置 2 的跳跃意味着一个电偶极矩 ql 的产生,同时将势垒的高度记为 w。

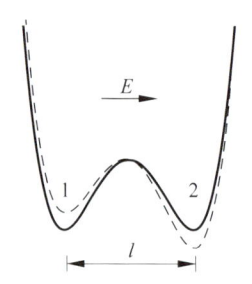

图 1.8 双势阱模型示意图

忽略粒子间的相互作用,并假定 $w \gg k_B T$,此时粒子需要借助热能量起伏方能越过势垒。根据玻尔兹曼分布,可以写出从位置 1 到位置 2 迁移的概率 G_{12} 为

$$G_{12} = \frac{\omega_0}{2\pi} e^{-\frac{w - \frac{qEl}{2}}{k_B T}} \tag{1.60}$$

式中,ω_0 为粒子在势阱中振动的角频率。相应地,从位置 2 到位置 1 迁移的概率 G_{21} 为

$$G_{21} = \frac{\omega_0}{2\pi} e^{-\frac{w + \frac{qEl}{2}}{k_B T}} \tag{1.61}$$

显然,外电场下势垒的变化会导致迁移概率的差异化,从位置 1 到位置 2 的移动将多于反向的移动,从而出现宏观上的极化。假设粒子总数为 N,位置 1 和位置 2 上的数量分别为 N_1 和 N_2,从而单位时间内某个位置上的离子变化量 ΔN 可以记为

$$dN_2 = -dN_1 = \Delta N = (N_1 G_{12} - N_2 G_{21})dt \tag{1.62}$$

假定 $N = N_1 + N_2$,结合式(1.62),$N_2 - N_1$ 等于 $2\Delta N$,化简可得

$$\frac{2\mathrm{d}\Delta N}{\mathrm{d}t} = -(G_{12}+G_{21})\Delta N + \frac{N}{2}(G_{12}-G_{21}) \tag{1.63}$$

令 $w/k_BT \equiv x$,$qEl/2k_BT \equiv y$,从而可以化简得

$$\frac{\mathrm{d}\Delta N}{\mathrm{d}t} = \frac{\omega_0}{2\pi}\mathrm{e}^{-x}\left[\frac{N}{2}(\mathrm{e}^y-\mathrm{e}^{-y})-(\mathrm{e}^y+\mathrm{e}^{-y})\Delta N\right] \tag{1.64}$$

结合初始条件 $t=0$ 时,$\Delta N=0$,解该微分方程得

$$\Delta N = \frac{N}{2}\frac{\mathrm{e}^y-\mathrm{e}^{-y}}{\mathrm{e}^y+\mathrm{e}^{-y}}\left[1-\mathrm{e}^{\frac{-t\omega_0(\mathrm{e}^y+\mathrm{e}^{-y})}{2\pi\mathrm{e}^x}}\right] \tag{1.65}$$

这时,弛豫极化强度 $P_{re}(t)$ 可以写成

$$P_{re}(t) = \Delta Nql \tag{1.66}$$

对比式(1.66)和式(1.44),此时弛豫时间 τ 可以写为

$$\tau = \frac{2\pi\mathrm{e}^x}{\omega_0(\mathrm{e}^y+\mathrm{e}^{-y})} \tag{1.67}$$

在温度不太低、电场不太强的情况下,可以假设 $qEl/2 \ll k_BT$,从而可以将指数函数近似为线性函数:

$$\mathrm{e}^{-\frac{w\pm\frac{qEl}{2}}{k_BT}} \cong 1 - \frac{w\pm\frac{qEl}{2}}{k_BT} \tag{1.68}$$

从而式(1.67)可化简为

$$\tau = \frac{\pi}{\omega_0}\mathrm{e}^{w/k_BT} \tag{1.69}$$

根据式(1.69),在势垒和振动角频率不变的情况下,温度升高时弛豫时间将减小;若能求解或测出不同温度的弛豫时间,那么可以计算出相应机制的移动势垒。本模型拟合时假设了 $w \gg k_BT$,从而 $1/\tau \ll \omega_0$。通常振动角频率在红外范围,因此该模型只适用于在比红外频率低的交变电场范畴。

1.3.4 科尔-科尔图与德拜模型修正

由德拜方程可知,复介电常数的实部和虚部是相互关联的。K. S. Cole 和 R. H. Cole 两人率先利用二者间的关联[15],联立式(1.57)和式(1.58),消去变量 $\omega\tau$,得到

$$\left[\varepsilon_r' - \frac{(\varepsilon_s+\varepsilon_\infty)}{2}\right]^2 + \varepsilon_r''^2 = \frac{(\varepsilon_s-\varepsilon_\infty)^2}{4} \tag{1.70}$$

如果以 ε_r' 和 ε_r'' 为坐标轴画图,方程(1.70)可以看成是以点 $((\varepsilon_s+\varepsilon_\infty)/2,0)$ 为圆心,半径为 $(\varepsilon_s-\varepsilon_\infty)/2$ 的半圆(图1.9)。

实践上,通过测量材料在不同频率下的复介电常数的实部和虚部即可画出相

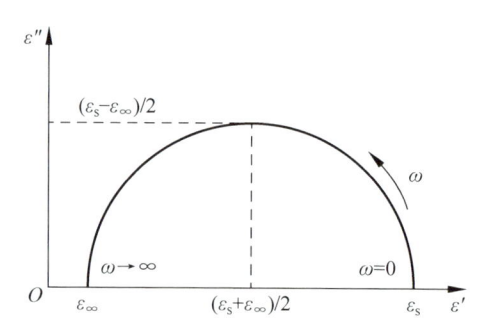

图 1.9 科尔-科尔图

应图形。如果测试图与科尔-科尔图(Cole-Cole plot)一致,即可判断其弛豫机制符合德拜模型。很少有材料能完全符合德拜模型,这是由于弛豫时间的分布化,即弛豫机制不完全一致。以长链聚合物为例,其弛豫时间会因旋转轴的差异而具有不同的值,导致弛豫发生在更宽的频率范围。

针对该问题,K. S. Cole 和 R. H. Cole 两人提出了复介电常数的一个经验修正公式:

$$\varepsilon_r^* = \varepsilon_\infty + \frac{\varepsilon_s - \varepsilon_\infty}{1 + (j\omega\tau_c)^{1-\alpha_c}}, \quad 0 \leqslant \alpha_c \leqslant 1 \tag{1.71}$$

式中,τ_c 为平均弛豫时间,α_c 为材料的修正因子,α_c 取 0 时即德拜模型。

类似于前面的处理方法,此时复介电常数的实部和虚部分别为

$$\varepsilon_r' = \varepsilon_\infty + \frac{(\varepsilon_s - \varepsilon_\infty)[1 + (\omega\tau_c)^{1-\alpha_c}\cos(\pi\alpha_c/2)]}{1 + 2(\omega\tau_c)^{1-\alpha_c}\sin(\pi\alpha_c/2) + (\omega\tau_c)^{2-2\alpha_c}} \tag{1.72}$$

$$\varepsilon_r'' = \frac{(\varepsilon_s - \varepsilon_\infty)(\omega\tau_c)^{1-\alpha_c}\cos(\pi\alpha_c/2)}{1 + 2(\omega\tau_c)^{1-\alpha_c}\sin(\pi\alpha_c/2) + (\omega\tau_c)^{2-2\alpha_c}} \tag{1.73}$$

进一步消去 $\omega\tau_c$,得

$$\left(\varepsilon_r' - \frac{\varepsilon_s + \varepsilon_\infty}{2}\right)^2 + \left[\varepsilon_r'' + \frac{\varepsilon_s - \varepsilon_\infty}{2}\tan(\pi\alpha_c/2)\right]^2 = \left[\frac{\varepsilon_s - \varepsilon_\infty}{2}\sec(\pi\alpha_c/2)\right]^2 \tag{1.74}$$

此时科尔-科尔图仍为圆形的一部分,但仅保留一段圆弧结构(图 1.10),此时圆心为 $((\varepsilon_s+\varepsilon_\infty)/2, (\varepsilon_s-\varepsilon_\infty)\tan(\pi\alpha_c/2)/2)$,半径为 $(\varepsilon_s-\varepsilon_\infty)\sec(\pi\alpha_c/2)/2$。弛豫时间分布越广,对应 α_c 越大,则圆心越低,显示出的圆弧越扁平。复介电常数的实部和虚部随频率的变化图也有相应变化,感兴趣的读者可以参阅其他书籍或自行绘图对比。

必须指出的是,科尔-科尔经验公式仅适用于弛豫时间在平均弛豫时间附近对称分布的情形。部分体系中(如聚合物 PMMA)还可以采用福斯-克里克伍德

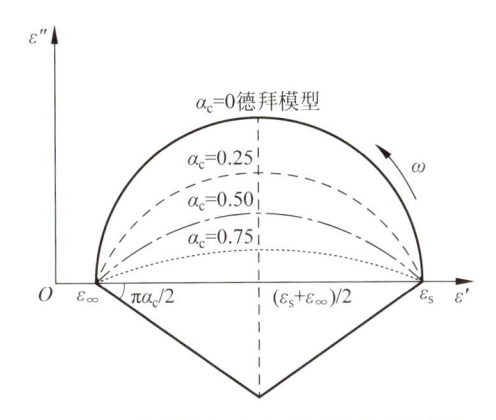

图 1.10 基于科尔-科尔经验关系的修正图

(Fuoss-Krikwood,F-K)经验公式[16]对复介电常数的虚部进行修正,其使用范围与科尔-科尔经验公式类似,且两者间参数存在一定关系,故不再介绍相关 F-K 经验公式内容,感兴趣的读者可以参考相关书籍及文献。

当弛豫时间并非关于 τ_0 对称分布,而是择优分布在 τ_0 一侧时,其科尔-科尔图将偏离圆弧形。针对这种情形,Davidson 和 Cole 提出了新的经验公式[17]:

$$\varepsilon_r^* = \varepsilon_\infty + \frac{\varepsilon_s - \varepsilon_\infty}{(1 + j\omega\tau_d)^{\alpha_d}}, \quad 0 \leqslant \alpha_d \leqslant 1 \quad (1.75)$$

α_d 取 0 时即德拜模型。类似于前面的处理,分离复介电常数的实部和虚部:

$$\varepsilon_r' = \varepsilon_\infty + (\varepsilon_s - \varepsilon_\infty)(\cos\varphi)^{\alpha_d}\cos\varphi\alpha_d \quad (1.76)$$

$$\varepsilon_r'' = (\varepsilon_s - \varepsilon_\infty)(\cos\varphi)^{\alpha_d}\sin\varphi\alpha_d \quad (1.77)$$

式中 φ 满足 $\tan\varphi = \omega\tau_d$。

采用极坐标系可以将式(1.76)和式(1.77)改写为

$$r = (\varepsilon_s - \varepsilon_\infty)[\cos(\theta/\alpha_d)]^{\alpha_d} \quad (1.78)$$

$$\tan\theta = \tan\theta\alpha_d \quad (1.79)$$

$$\tan(\theta/\alpha_d) = \omega\tau_d \quad (1.80)$$

不难看出,低频时 $\omega \to 0$,图形接近一段圆弧;高频时 $\omega \to \infty$,图像接近于一条直线,且该直线与横轴夹角为 $\alpha_d\pi/2$(图 1.11)。

总结两类修正与德拜模型,其差异来源于对介质内弛豫时间的近似方法不同。德拜模型默认为单一弛豫时间 τ_0;科尔-科尔经验公式假设弛豫时间为 τ_0 附近的对称分布;Davidson-Cole 经验公式则假设弛豫时间为仅在 τ_0 一侧的分布。

以上方法均适用于能用单一(或平均)弛豫时间来描述的情形。如果弛豫时间弥散分布且有数个最可几弛豫时间,可以用叠加形式写出相应的表达式。因此,对

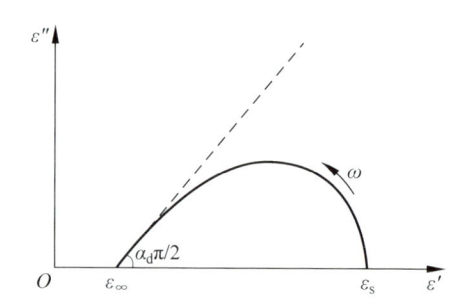

图 1.11 基于 Davidson-Cole 经验公式的科尔-科尔图($\alpha_d = 0.5$)

于复杂的实际体系,在尽可能宽的频率范围内恒温测量其复介电常数,并获得不同温度下的复介电常数谱。分析时可以分段拟合,以确定适用的模型和相应参数。

在漏导电流贡献明显的情况下,低频损耗增加明显,导致曲线明显偏离圆弧。为了描述这种情况,需要将漏导电流的贡献计入复介电常数的虚部。而漏导电流对损耗角正切的贡献可以记为[5]

$$\tan\delta_G = \frac{a_1}{\omega\varepsilon_0} \frac{1}{\varepsilon_\infty + \frac{\varepsilon_s - \varepsilon_\infty}{1 + \omega^2\tau^2}} \tag{1.81}$$

式中,a_1 是和材料的漏导电流相关的常数。

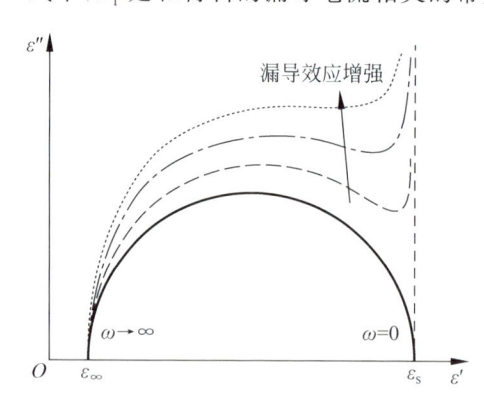

图 1.12 考虑漏导效应的科尔-科尔图

可以做出如图 1.12 所示的科尔-科尔图。容易看出,低频时虚部迅速增加导致曲线"上翘"。一般而言,漏导电流对应的电导率与温度的关系满足阿伦尼乌斯定律:$\sigma_G \propto e^{-w_a/k_B T}$。实践中,需要关注本征特性时,可以尝试低温测试;需要拟合漏导相关机制激活能时,则可以在较高温度下使其效应显著。

前述模型均是针对某种特定的弛豫时间模型进行分析,给出相应的经验公式。这些公式在不同的实际问题中取得了良好的拟合效果。虽然理论上所有弛豫时间都能对应一种微观弛豫机制,但前述理论和模型都未能较为深入地探讨该问题。此外,前述几种模型也存在着不具有普适性的问题。在总结大量实验数据的基础上,Jonscher 提出了以复极化率 $\chi^* = \varepsilon_r^* - \varepsilon_\infty$ 为基础的频率幂指数依赖性规律[18-20]。Dissado 和 Hill 考虑了微观粒子间的相互作用,提出了 Dissado-Hill 模型,是一类更贴近物理本质的模型,具有一定应用潜力[21-23]。相关进展还有很多,囿于篇幅,感兴趣的读者可以阅读相关文章。

1.3.5 谐振吸收与色散

前面几节引入了损耗与复介电常数等概念,并探讨了弛豫机制对其的影响。不难看出,其适用于频率较低的情况(小于 100 GHz)。更高频率下的极化机制将主要由原子和电子的弹性位移极化贡献。其中,电子的响应频率可达 10^{15} Hz。这些带电粒子始终处在周期性的振动中,其固有振动频率也在光频范围,从而在交变电场作用下将出现谐振现象。

这些振动的粒子可以按照谐振子的方式来处理。其中,离子和原子应当严格地用量子力学来处理。电子的振动能较高,可以近似为经典力学模型。光频下电子的振动会产生电磁辐射,类似于阻尼力,从而用受迫阻尼振动模型表示。可以用吸收系数表征辐射阻尼的大小,其同时也描述了电磁波在电介质传播过程中的衰减。具体讨论与推导不属于本书的内容范畴,因此这里直接给出其曲线,如图 1.13 所示[2,8]。

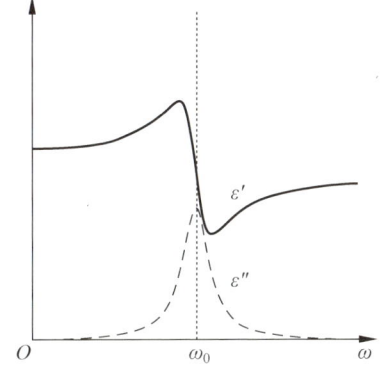

图 1.13 电子极化的谐振型吸收和色散曲线

不难看出,谐振机制的介电常数实部变化不同于低频弛豫机制的单调下降趋势(图 1.6(b))。当频率逐渐增加至谐振频率时,介电常数实部缓慢增大,随后在接近谐振频率时迅速下降,高于谐振频率一定值后又恢复上升趋势。介电常数虚部在谐振频率处取极大值。由于介电常数实部和折射率相关,因此该现象也称为色散现象(折射率随光频率变化)。正常色散现象表示折射率随入射光频率增大而增大;反常色散现象则表示折射率随入射光频率增大而减小。

1.4 非线性电介质

非线性电介质的特征在于极化偏离式(1.6)的规律,即极化不再随着电场线性变化,其起源在于电介质内部的偶极子不再全部来源于外加电场感应,而具有某些固有的极化结构和特性。具体来分,可以将非线性电介质分为铁电体(ferroelectric)、反铁电体(antiferroelectric)和顺电体(paraelectric)。

1.4.1 铁电体

铁电体由于空间反演对称性破缺而存在自发极化,且自发极化可以随着电场切换,这种特性只可能存在于有限的 10 个极性点群中($1, 2, m, mm2, 4, 4mm, 3, 3m, 6, 6mm$)。典型的铁电陶瓷材料包括钛酸铅($P4mm$)[24]、钛酸钡($P4mm$)[25]、铁酸铋($R3c$)[26]等。铁电体关于极化的自由能可以用双势阱函数 $f(P)$ 描述(图 1.14)。为了简化描述,考虑一个一维铁电体,它具有两个自发极化方向($+P_s$ 和 $-P_s$),自发极化则对应势阱的位置,而势阱深度可以表示铁电相的能量。则该铁电体在电场下的总自由能 $F(P)$ 为

$$F(P) = f(P) - EP \tag{1.82}$$

平衡位置为

$$\frac{\mathrm{d}}{\mathrm{d}P}F(P) = \frac{\mathrm{d}}{\mathrm{d}P}f(P) - E = 0 \tag{1.83}$$

即

$$\frac{\mathrm{d}}{\mathrm{d}P}f(P) = E \tag{1.84}$$

这便得到了铁电体的极化-电场(P-E)关系(图 1.15)。可以看到,由于双势阱函数的特性,P-E 关系不是单值的。当铁电体直接连接电压源或者在电场中时,铁电体的极化是由电场控制的;当扫描一个完整的交变电场周期时,便会出现如图 1.15 所示的电滞回线,即极化对电场的响应存在滞后性,这是铁电体最典型且为人熟知的特点。它也出现在各类铁性材料中,如铁磁材料、铁弹材料。电滞回线与电场轴的交点为矫顽场(E_c),表明需要多大的电场才能使极化反转;与极化轴的交点为剩余极化(P_r),表明在撤去电场后铁电体仍保持多少宏观极化。这两个参量往往可以提示铁电性的强弱。

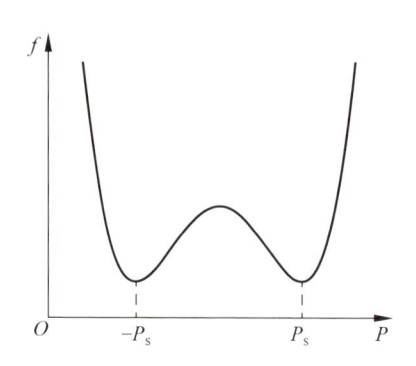

图 1.14 铁电体典型的双势阱曲线

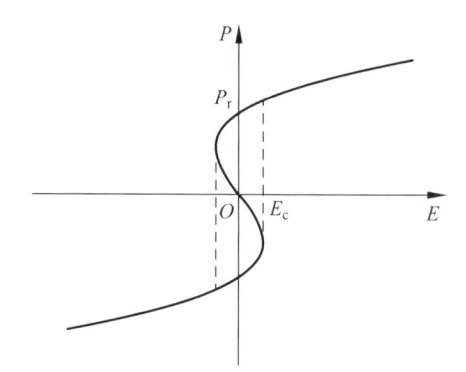

图 1.15 铁电体的本征电滞回线

总自由能的二阶导数是

$$\frac{\mathrm{d}^2}{\mathrm{d}P^2}F(P) = \frac{\mathrm{d}^2}{\mathrm{d}P^2}f(P) - \frac{\mathrm{d}E}{\mathrm{d}P} \tag{1.85}$$

由式(1.83)得

$$\frac{1}{\dfrac{\mathrm{d}^2}{\mathrm{d}P^2}f(P)} = \frac{\mathrm{d}P}{\mathrm{d}E} = \varepsilon_0(\varepsilon_r - 1) \approx \varepsilon \tag{1.86}$$

这给出了铁电体的微分介电常数与极化的关系(图 1.16)。值得注意的是,从热力学角度来看,铁电体存在微分介电常数为负的情形,它对应了电滞回线中(图 1.15)虚线的部分,也就是随着电场的减小,极化反而增加。这种情况不可能在电压控制过程中出现,但可以在电荷控制的过程中出现。一个典型的例子是:将铁电体和一个线性电介质串联,根据串联关系,二者界面处电荷必须相等,而线性电介质两侧的电荷又和电场成正比关系,此时铁电体就被线性电介质的电荷所控制,出现负电容现象。这一特殊的效应可以用于降低铁电晶体管的功耗[27-28]。

如图 1.17 所示,铁电体中通常可观察到介电常数随电场变化的蝴蝶曲线,它伴随着电滞回线一同出现。在矫顽场附近,介电常数会有非常高的值,它从微观上来自极化的翻转。在实际铁电体中,铁电体通常并不是均匀的,而是存在电畴。电畴的产生来自若干种能量的相互竞争:自发极化具有较高的静电能态,同时自发极化伴随着自发应变,弹性能也处于较高能态;为了降低静电能和弹性能,铁电体会自发形成多个子区域,每个区域具有一个不同于相邻区域的自发极化方向,这便是电畴。电畴的畴壁处往往具有较高的界面能,因此畴的大小取决于畴内部和畴壁能量的平衡[29]。在加电场至矫顽场后,沿电场方向的畴迅速长大,其他方向的畴发生极化翻转并缩小,最终形成宏观的单畴,即饱和极化点。因此,考虑动力学后极化的翻转往往是一个过程,而非在矫顽场瞬间发生。关于畴与极化响应的关系,第 6 章将会有更详细的讨论。

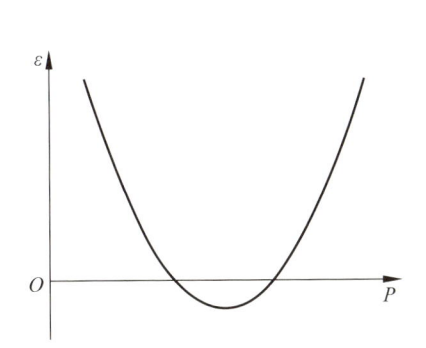

图 1.16 铁电体本征的微分介电常数与极化的关系

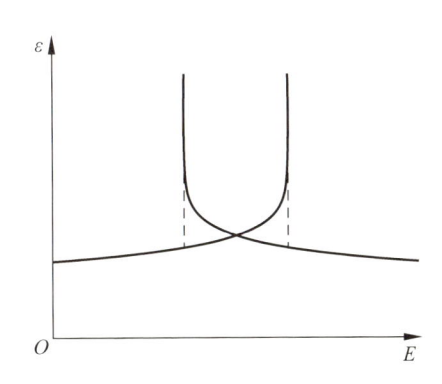

图 1.17 铁电体本征的介电常数与电场的关系(蝴蝶曲线)

对铁电体进行改性,特别是固溶改性,会使其化学成分复杂化,成为弛豫铁电体(relaxor ferroelectric)。由于局部原子排列是无序的,这会导致局部出现成分波动(局部异质性)[30],从而使不同区域的极化特性和介电响应不同。不同区域的极化特性不同,表现为某些区域具有某种极性对称性,某些区域具有另一种极性对称性,还有些区域可能不表现出极性。这些存在极性的区域称为极性纳米微区(polar nanoregion,PNR),它们是弛豫铁电体的一个典型特征[31]。极性纳米微区往往具有较高的活性,因此在电场下响应较快,宏观上的表现便是电滞回线包围的面积(即翻转损耗)变小、剩余极化和矫顽场降低、介电常数提高。也有学者提出在一些弛豫铁电体中可能不存在非极性区,而是混乱的极性"浆"(polar slush),其也可以提升材料对电场的响应[32]。不同区域的介电响应不同,表现为不同区域的介电常数、居里温度等特性不同,在介电温谱上表现为弥散相变(即相变峰宽化)和频率色散。

铁电体和弛豫铁电体的高极化、高介电常数、高电致应变等特性,使得它们在高容量电容器、静电储能、压电换能、热释电转换等方面有重要的应用[33-35]。在电介质陶瓷中它们被分类为Ⅱ类瓷,是目前陶瓷电容器中最为重要的一种材料。

1.4.2 顺电体

铁电体达到一定温度后,自发极化结构消失,零电场下不再具有宏观极化,这便是铁电体的铁电-顺电相变,相变温度为居里温度(T_C)。居里温度以上的相称为顺电相或顺电体。常见的顺电体包括 $SrTiO_3$、$CaTiO_3$ 等。在自由能上,其表现为势阱的消失,因此极化滞回现象也随之消失,极化与电场之间存在一一对应关系(图1.18)。由于顺电体是铁电体相变而来的,因此其多项式自由能往往仍是高阶的;从微观来讲,由于成分涨落,顺电体中可能仍存在一个个无序的孤立偶极子甚至局部极化结构,它们在低场仍贡献一部分介电常数,而在高场则出现饱和现象,因此具有 P-E 非线性特征。同时,顺电体也比线性电介质的介电常数高,往往在100以上。在应变或局部电场的诱导下,还可能出现顺电-铁电转变,表现出一定的自发极化[36]。

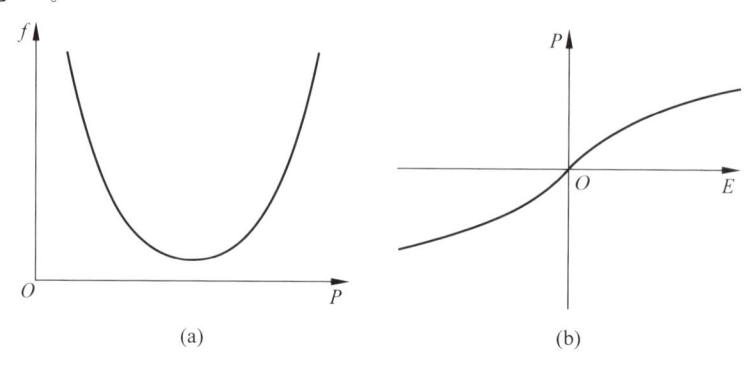

图 1.18 顺电体的自由能与电滞回线
(a) 自由能;(b) 电滞回线

顺电体由于其翻转损耗低、介电常数较大，在电容器件中有重要的应用。它在电介质陶瓷中被分类为Ⅰ类瓷。值得注意的是，根据居里-外斯（Curie-Weiss）定律，在居里温度以上的相对介电常数遵循

$$\varepsilon_r = \frac{a_C}{T - T_C} \tag{1.87}$$

式中，a_C 为居里常量。因此，顺电体总是具有负温度系数，例如一种常见的 $SrTiO_3$ 陶瓷电容具有 -4700 ppm/K 的温度系数。

1.4.3 反铁电体

反铁电体是一类特殊的具有自发极化结构的材料。普通铁电体相邻的极化（在一个畴内）是等大同号的，而在反铁电体中，相邻的极化是等大反向的（理想反铁电体），具有反平行极化构型，典型材料有 $PbZrO_3$、$AgNbO_3$ 等。

此时，考虑相邻的晶胞，它们分别具有极化 P_a 和 P_b。因为它们都是自发极化，因此极化自由能都服从双势阱函数 $f(P_a)$ 和 $f(P_b)$。经典理论认为反铁电性起源于相邻极化的交互作用能，即自由能具有交叉项，可写为[37]

$$F_0(P_a, P_b) = f(P_a) + f(P_b) + gP_aP_b \tag{1.88}$$

式中，g 即交叉项的系数。假定双势阱函数 f 为

$$f(P) = aP^2 + bP^4 \tag{1.89}$$

式中，$a<0, b>0$。自由能分别对 P_a 和 P_b 求一阶导数并求解平衡态，得到

$$\frac{d}{dP_a}F_0(P_a, P_b) = 2aP_a + 4bP_a^3 + gP_b = 0 \tag{1.90}$$

$$\frac{d}{dP_b}F_0(P_a, P_b) = 2aP_b + 4bP_b^3 + gP_a = 0 \tag{1.91}$$

令 $p = \frac{1}{2}(P_a + P_b), q = \frac{1}{2}(P_a - P_b)$，可以得到

$$p(2a + g + 4b(p^2 + 3q^2)) = 0 \tag{1.92}$$

$$q(2a - g + 4b(3p^2 + q^2)) = 0 \tag{1.93}$$

则反铁电稳定（$p=0, q\neq 0$）的条件为 $2a-g<0, 2a+g>0$，这意味着 g 需要充分大（正数）；铁电稳定（$P_a - P_b = 0, P_a + P_b \neq 0$）的条件为 $2a+g<0, 2a-g>0$，这意味着 g 要充分小（负数）；亚铁电（ferrielectric, $P_a - P_b \neq 0, P_a + P_b \neq 0$）的条件为 $2a+g<0, 2a-g<0$，这意味着 g 的绝对值要比 $2a$ 的绝对值小；顺电（$P_a - P_b = 0, P_a + P_b = 0$）的条件是 $2a+g>0, 2a-g>0$，这在 a 为负的情况下（即每个晶胞的极化都遵循双势阱函数）不可能出现。因此，交互作用能会决定反铁电和铁电相的稳定性。

考虑反铁电体在电场作用下的自由能

$$F(P_a,P_b) = a(P_a^2+P_b^2) + b(P_a^4+P_b^4) + gP_aP_b - E(P_a+P_b) \quad (1.94)$$

在电场较小时,反铁电体因为其反向平行的极化构型呈现出宏观顺电的特征,而在电场达到一定程度时,电场能将克服反铁电体的交互作用能,发生反铁电-铁电相变,反平行排列的极化结构转化为平行极化结构,并出现极化饱和现象。在撤去电场后,在某一个电场下发生铁电-反铁电相变,恢复更稳定的反平行极化结构。这种独特的场致相变过程会导致双电滞回线特点,如图 1.19 所示。从自由能可以得到场致相变的两个电场值,即根据反铁电失稳转变为铁电时的条件[38]

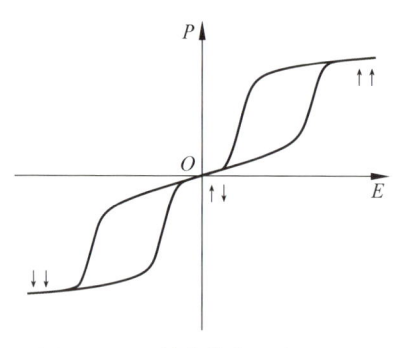

图 1.19 反铁电体的双电滞回线

$$D_{\text{FE-AFE}} = \begin{vmatrix} \dfrac{\partial^2 F_0}{\partial p^2} & \dfrac{\partial^2 F_0}{\partial p \partial q} \\ \dfrac{\partial^2 F_0}{\partial q \partial p} & \dfrac{\partial^2 F_0}{\partial q^2} \end{vmatrix}_{p=0} = 0 \quad (1.95)$$

$$D_{\text{AFE-FE}} = \begin{vmatrix} \dfrac{\partial^2 F_0}{\partial p^2} & \dfrac{\partial^2 F_0}{\partial p \partial q} \\ \dfrac{\partial^2 F_0}{\partial q \partial p} & \dfrac{\partial^2 F_0}{\partial q^2} \end{vmatrix}_{2a-g+4b(3p^2+q^2)=0} = 0 \quad (1.96)$$

进行求解。

事实上,用相邻两个晶胞反向平行的极化构型描述绝大多数反铁电材料是不准确的。例如 PbZrO$_3$ 的反铁电体存在 ↑↑↓↓ 和 ↑↑↑ 两种结构[39],AgNbO$_3$ 的反铁电结构可以具有更长周期,甚至非公度结构反铁电相[40]。要充分理解这些非公度结构,必须从基于软模理论的微观机制出发,读者可以参考文献[41]~[44]。

反铁电体的高极化、延迟极化饱和、场致相变等特性,使得它们在高场高容量电容器、静电储能等方面有重要的应用。由于其体系较少且通常含铅,其应用远不如铁电体和弛豫铁电体广泛。

1.5 铁电体的结构相变

鉴于铁电体在电介质陶瓷中的重要地位,本节将基于唯象理论探讨铁电体相变的性质[45]。

考虑 1.4.1 节中铁电体关于序参量——自发极化 P 的自由能,选取高温立方相顺电体为参考相,其降温过程中的极化会打破空间反演对称性,从而出现不同的铁电相。对自由能进行多项式展开(到六次),根据立方相的对称性,自由能不应含有奇数次项,且立方相中正交的三个方向等同,可以得到

$$f = \sum_i a_1 P_i^2 + \sum_{ij}(a_{11}P_i^4 + a_{12}P_i^2 P_j^2) + \sum_{ijk}(a_{111}P_i^6 + a_{112}P_i^4 P_j^2 + a_{123}P_i^2 P_j^2 P_k^2) \tag{1.97}$$

为了简便,依然选择一维形式的自由能,即

$$f = aP^2 + bP^4 + cP^6, \quad c \geqslant 0 \tag{1.98}$$

在居里温度 T_C 以上应有自由能的最稳态 $P_s = 0$,在低于居里温度时,$P_s \neq 0$,也即自由能在 $P=0$ 处的二阶导数为负,也就是 $a < 0$。当 $a = a_0(T - T_0)$ 即可满足,T_0 为一个温度值(不一定完全等于居里温度,见一级相变的讨论)。根据前面的结论,自由能的一阶导数为电场

$$E = \frac{df}{dP} = 2aP + 4bP^3 + 6cP^5 \tag{1.99}$$

在零场下,得到自发极化

$$P_s^2 = -\frac{b}{3c}\left[1 \pm \sqrt{1 - \frac{3a_0 c}{b^2}(T - T_0)}\right] \tag{1.100}$$

当 b 为正数则取减号,反之取加号。自发极化随温度的变化如图 1.20 所示。可以看到,若 b 为正数,则极化在 T_0 附近连续变化;若 b 为负数,则极化在 T_1 附近存在跳变(T_1 的含义见一级相变部分)。这分别对应了铁电体的二级相变和一级相变。

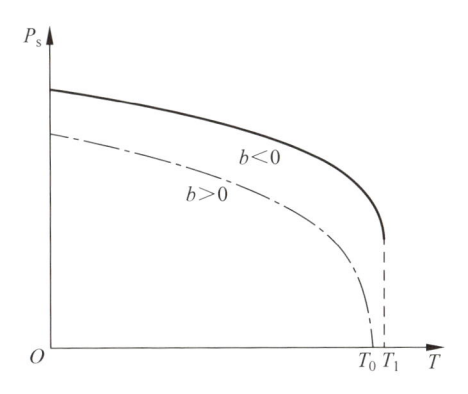

图 1.20 铁电体自发极化随温度的变化关系

1.5.1 铁电-顺电的一级相变和二级相变

如上所述,铁电体的一级相变对应自由能多项式四次项 $b < 0$ 的情形。当 $b < 0$

时,自由能随着温度的变化呈现出五种特征(图1.21)。

(1) $T<T_C$:自由能为双势阱函数,铁电相最为稳定。

(2) $T_0<T<T_C$:自由能为三势阱函数,自由能在铁电态 $P\neq 0$ 处有极小值,在顺电态 $P=0$ 处也有极小值,但铁电态仍更稳定,此时电滞回线仍为铁电。

(3) $T_C<T<T_1$:自由能为三势阱函数,自由能在铁电态 $P\neq 0$ 处有极小值,在顺电态 $P=0$ 处也有极小值,但顺电态更稳定,此时会出现铁电电滞回线向双电滞回线的过渡。

(4) $T_1<T<T_2$:零场下自发极化消失,自由能在顺电态有极小值,但 $P\neq 0$ 处存在拐点,此时出现双电滞回线,即铁电态可被电场诱导。

(5) $T>T_2$:完全转变为顺电体。

钛酸钡即具有一级相变的铁电体,它的居里温度高于 T_0 约 8 K,T_1 高于 T_0 约 10 K,T_2 高于 T_0 约 18 K。居里温度附近介电常数存在一个跳变,但单边极限不会趋向正无穷。

铁电体的二级相变对应自由能多项式四次项 $b>0$ 的情形。当 $b>0$ 时,可以忽略六次项而不影响结论。自由能随着温度的变化呈现出两种特征(图1.22)。

(1) $T<T_0$:自由能为双势阱函数,铁电相最为稳定。

(2) $T>T_0$:完全转变为顺电体。

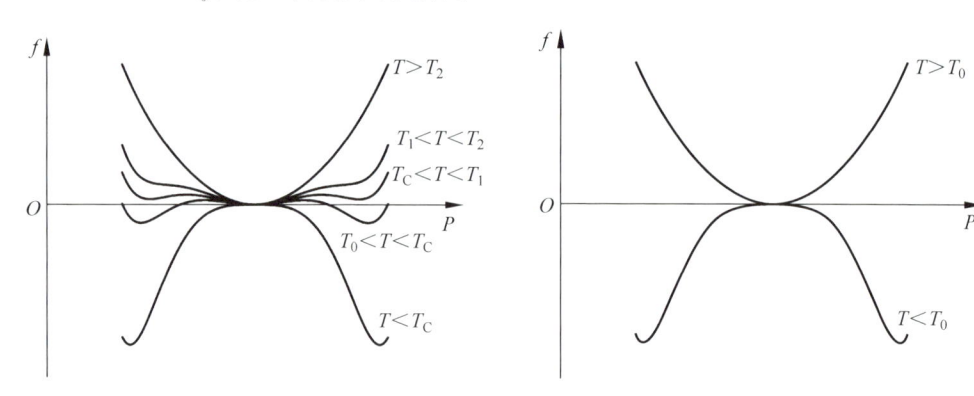

图 1.21 铁电体一级相变附近的自由能特征   **图 1.22 铁电体二级相变附近的自由能特征**

因此,在这种情形下有 $T_0=T_C$。在居里温度,铁电性完全消失,钽酸锂即具有二级相变的铁电体[46]。对于实际铁电晶体来说,它并不具有明确的一级相变和二级相变的特点,因为缺陷和微观结构的存在使得相变变得弥散,具有不连续性的热力学特征变得不再明显。

1.5.2 铁电-铁电相变

考虑三维空间中的铁电体。在热力学势

$$f = \sum_i a_1 P_i^2 + \sum_{ij}(a_{11}P_i^4 + a_{12}P_i^2 P_j^2) + \sum_{ijk}(a_{111}P_i^6 + a_{112}P_i^4 P_j^2 + a_{123}P_i^2 P_j^2 P_k^2)$$
(1.101)

中,当铁电材料为四方相时,有自发极化沿着⟨001⟩方向,不失一般性地考虑 $P_s = (0, 0, P_T)$;当铁电材料为正交相时,有自发极化沿着⟨011⟩方向,不失一般性地考虑 $P_s = (0, P_O, P_O)$;当铁电材料为菱方相时,有自发极化沿着⟨111⟩方向,不失一般性地考虑 $P_s = (P_R, P_R, P_R)$,有

$$P_T = \frac{-\alpha_{11} + \sqrt{\alpha_{11}^2 - 3\alpha_1 \alpha_{111}}}{3\alpha_{111}} \tag{1.102}$$

$$P_O = \frac{-(2\alpha_{11} + \alpha_{12}) + \sqrt{(2\alpha_{11} + \alpha_{12})^2 - 12\alpha_1(\alpha_{111} + \alpha_{112})}}{6(\alpha_{111} + \alpha_{112})} \tag{1.103}$$

$$P_R = \frac{-3(\alpha_{11} + \alpha_{12}) + \sqrt{9(\alpha_{11} + \alpha_{12})^2 - 9\alpha_1(3\alpha_{111} + 6\alpha_{112} + \alpha_{123})}}{3(3\alpha_{111} + 6\alpha_{112} + \alpha_{123})}$$
(1.104)

$$F_T = \alpha_1 P_T^2 + \alpha_{11} P_T^4 + \alpha_{111} P_T^6 \tag{1.105}$$

$$F_O = 2\alpha_1 P_O^2 + (2\alpha_{11} + \alpha_{12}) P_O^4 + 2(\alpha_{111} + \alpha_{112}) P_O^6 \tag{1.106}$$

$$F_R = 3\alpha_1 P_R^2 + 3(\alpha_{11} + \alpha_{12}) P_R^4 + (3\alpha_{111} + 6\alpha_{112} + \alpha_{123}) P_R^6 \tag{1.107}$$

$$f_T = a_1 P_T^2 + a_{11} P_T^4 + a_{111} P_T^6 \tag{1.108}$$

因此,铁电-铁电相变来自不同对称性位置铁电相能量大小的变化。图 1.23 和图 1.24 分别是钛酸钡的能量和自发极化随温度的变化[47]。

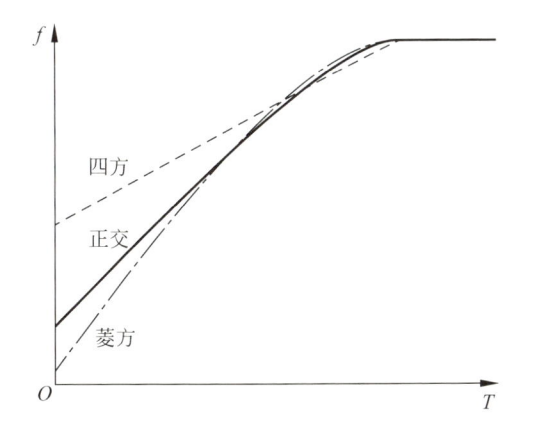

图 1.23 钛酸钡各铁电相能量随温度的变化

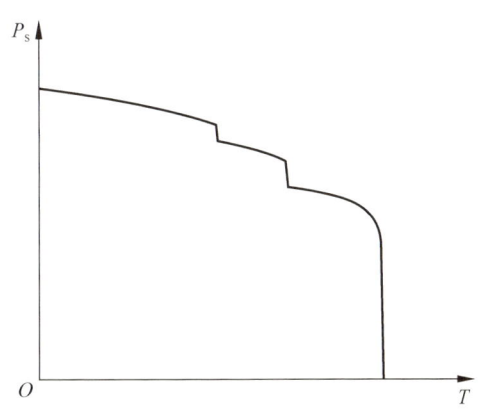

图 1.24 钛酸钡自发极化随温度的变化

参考文献

[1] VON HIPPEL A R. Dielectrics and waves[M]. Hoboken：Wiley,1954.

[2] RAJU G G. Dielectrics in electric fields：Tables,atoms,and molecules[M]. Boca Raton：CRC Press,2017.

[3] PRATEEK,THAKUR V K,GUPTA R K. Recent progress on ferroelectric polymer-based nanocomposites for high energy density capacitors：Synthesis,dielectric properties,and future aspects[J]. Chemical Reviews,2016,116(7)：4260-4317.

[4] 关振铎. 无机材料物理性能[M]. 北京：清华大学出版社,1992.

[5] 张良莹,姚熹. 电介质物理[M]. 西安：西安交通大学出版社,1991.

[6] PAN H,FENG N,XU X,et al. Enhanced electric resistivity and dielectric energy storage by vacancy defect complex[J]. Energy Storage Materials,2021,42：836-844.

[7] QIN M,GAO F,CIZEK J,et al. Point defect structure of La-doped SrTiO$_3$ ceramics with colossal permittivity[J]. Acta Materialia,2019,164：76-89.

[8] 殷之文. 电介质物理学[M]. 2版. 北京：科学出版社,2003.

[9] ONSAGER L. Electric moments of molecules in liquids[J]. Journal of the American Chemical Society,1936,58(8)：1486-1493.

[10] KIRKWOOD J G. The dielectric polarization of polar liquids[J]. The Journal of Chemical Physics,1939,7(10)：911-919.

[11] KIRKWOOD J G. On the theory of dielectric polarization[J]. The Journal of Chemical Physics,1936,4(9)：592-601.

[12] BROWN J R W F. Dielectric constants of non-polar fluids. I. Theory[J]. The Journal of Chemical Physics,1950,18(9)：1193-1200.

[13] FRÖHLICH H. Theory of dielectrics：Dielectric constant and dielectric loss[M]. 2 ed. Oxford：Clarendon Press,1958.

[14] DANIEL V V. Dielectric relaxation[M]. London：Academic Press,1967.

[15] COLE K S,COLE R H. Dispersion and absorption in dielectrics I. Alternating current characteristics[J]. The Journal of Chemical Physics,1941,9(4)：341-351.

[16] FUOSS R M,KIRKWOOD J G. Electrical properties of solids. VIII. Dipole moments in polyvinyl chloride-diphenyl systems[J]. Journal of the American Chemical Society,1941,63(2)：385-394.

[17] DAVIDSON D W,COLE R H. Dielectric relaxation in glycerol,propylene glycol,and n-propanol[J]. The Journal of Chemical Physics,1951,19(12)：1484-1490.

[18] JONSCHER A K. The "universal" dielectric response[J]. Nature,1977,267(5613)：673-679.

[19] JONSCHER A K. The universal dielectric response and its physical significance[J]. IEEE Transactions on Electrical Insulation,1992,27(3)：407-423.

[20] JONSCHER A K. Dielectric relaxation in solids[J]. Journal of Physics D：Applied Physics,1999,32(14)：R57.

[21] DISSADO L A,HILL R M. A cluster approach to the structure of imperfect materials and their relaxation spectroscopy[J]. Proceedings of the Royal Society of London A: Mathematical and Physical Sciences,1983,390(1798):131-180.

[22] HILL R M,DISSADO L A. The temperature dependence of relaxation processes[J]. Journal of Physics C: Solid State Physics,1982,15(25):5171.

[23] DISSADO L A,HILL R M. The fractal nature of the cluster model dielectric response functions[J]. Journal of Applied Physics,1989,66(6):2511-2524.

[24] RAMIREZ R,VINCENT H,NELMES R J,et al. X-ray studies of $PbTiO_3$ under hydrostatic pressure[J]. Solid State Communications,1991,77(12):927-929.

[25] HARADA J,PEDERSEN T,BARNEA Z. X-ray and neutron diffraction study of tetragonal barium titanate[J]. Acta Crystallographica Section A,1970,26(3):336-344.

[26] WU J,FAN Z,XIAO D,et al. Multiferroic bismuth ferrite-based materials for multifunctional applications:Ceramic bulks,thin films and nanostructures[J]. Progress in Materials Science,2016,84:335-402.

[27] SALAHUDDIN S,DATTA S. Use of negative capacitance to provide voltage amplification for low power nanoscale devices[J]. Nano Letters,2008,8(2):405-410.

[28] KHAN A I,CHATTERJEE K,WANG B,et al. Negative capacitance in a ferroelectric capacitor[J]. Nature Materials,2015,14(2):182-186.

[29] CATALAN G,SEIDEL J,RAMESH R,et al. Domain wall nanoelectronics[J]. Reviews of Modern Physics,2012,84(1):119-156.

[30] CROSS L E. Relaxor ferroelectrics[J]. Ferroelectrics,1987,76(1):241-267.

[31] YANG Y,JI Y,FANG M,et al. Morphotropic relaxor boundary in a relaxor system showing enhancement of electrostrain and dielectric permittivity[J]. Physical Review Letters,2019,123(13):137601.

[32] TAKENAKA H,GRINBERG I,LIU S,et al. Slush-like polar structures in single-crystal relaxors[J]. Nature,2017,546(7658):391-395.

[33] LI F,LIN D,CHEN Z,et al. Ultrahigh piezoelectricity in ferroelectric ceramics by design[J]. Nature Materials,2018,17(4):349-354.

[34] PAN H,LI F,LIU Y,et al. Ultrahigh-energy density lead-free dielectric films via polymorphic nanodomain design[J]. Science,2019,365(6453):578-582.

[35] PANDYA S,WILBUR J,KIM J,et al. Pyroelectric energy conversion with large energy and power density in relaxor ferroelectric thin films[J]. Nature Materials,2018,17(5):432-438.

[36] TIKHOMIROV O,JIANG H,LEVY J. Local ferroelectricity in $SrTiO_3$ thin films[J]. Physical Review Letters,2002,89(14):147601.

[37] KITTEL C. Theory of antiferroelectric crystals[J]. Physical Review,1951,82(5):729-732.

[38] LUM C Y,LIM K G,CHEW K H. Revisiting the Kittel's model of antiferroelectricity: phase diagrams, hysteresis loops and electrocaloric effect[J]. Journal of Physics: Condensed Matter,2022,34(41):415702.

[39] YU Z,FAN N,FU Z,et al. Room-temperature stabilizing strongly competing ferrielectric and antiferroelectric phases in PbZrO$_3$ by strain-mediated phase separation[J]. Nature Communications,2024,15(1):3438.

[40] ZHU L-F,DENG S Q,ZHAO L,et al. Heterovalent-doping-enabled atom-displacement fluctuation leads to ultrahigh energy-storage density in AgNbO$_3$-based multilayer capacitors[J]. Nature Communications,2023,14(1):1166.

[41] MA T,FAN Z,XU B,et al. Uncompensated polarization in incommensurate modulations of perovskite antiferroelectrics[J]. Physical Review Letters,2019,123(21):217602.

[42] GUO H,SHIMIZU H,RANDALL C A. Direct evidence of an incommensurate phase in NaNbO$_3$ and its implication in NaNbO$_3$-based lead-free antiferroelectrics[J]. Applied Physics Letters,2015,107(11):112904.

[43] HE H,TAN X. Electric-field-induced transformation of incommensurate modulations in antiferroelectric Pb$_{0.99}$Nb$_{0.02}$[(Zr$_{1-x}$Sn$_x$)$_{1-y}$Ti$_y$]$_{0.98}$O$_3$[J]. Physical Review B,2005,72(2):024102.

[44] ASADA T,KOYAMA Y. La-induced conversion between the ferroelectric and antiferroelectric incommensurate phases in Pb$_{1-x}$La$_x$(Zr$_{1-y}$Ti$_y$)O$_3$[J]. Physical Review B,2004,69(10):104108.

[45] DEVONSHIRE A F. XCVI. Theory of barium titanate[J]. The London,Edinburgh,and Dublin Philosophical Magazine and Journal of Science,1949,40(309):1040-1063.

[46] MILLER R C,SAVAGE A. Temperature dependence of the optical properties of ferroelectric LiNbO$_3$ and LiTaO$_3$[J]. Applied Physics Letters,1966,9(4):169-171.

[47] BELL A J. Phenomenologically derived electric field-temperature phase diagrams and piezoelectric coefficients for single crystal barium titanate under fields along different axes[J]. Journal of Applied Physics,2001,89(7):3907-3914.

第2章

电介质的电导

2.1 概述

虽然理想的电介质都是良好的绝缘体,内部几乎不存在自由载流子,但其内部的热运动带来的跃迁、掺杂或缺位引入的缺陷离子等都会增加载流子浓度,从而在外电场的作用下产生一定的电流。如前所述,与外电场方向一致的电流对应介电常数的虚部,增大损耗正切角,从而增加能量耗散。这种能量耗散还可能带来热效应,加速电介质的破坏与失效。因此,研究电介质的电导行为对电介质的实际应用有着重要意义。

当电压维持时间远高于弛豫极化建立的时间时,充电时将出现瞬时的电流高峰然后衰减至近似稳态。严格来说,稳态时的电流称为漏导电流,是经过处于恒定电场下的电介质的电流,不包含随时间变化的部分,反映了电介质内部的一些本征特性[1]。而电介质充电电流的稳定时间与其自身性质有关,从毫秒量级到数小时不等,其中的差异主要来源于介质内部的一些缺陷。这些缺陷可作为具有深势阱的位点,从而"俘获"注入的载流子,表现出类似缓慢的充电过程。这部分注入的载流子可以作为空间电荷对材料性能产生影响。考虑到偶极子取向极化的响应频率可达兆赫兹量级,低频交流电场或直流偏压场景下的介电常数虚部将主要由漏导电流贡献。

通常电导率 σ 可以由载流子的迁移率 μ、带电量 q、单位体积内的载流子数量 n_0 的乘积表示:

$$\sigma = q n_0 \mu \tag{2.1}$$

实际电介质的电导是非常复杂的,存在多种载流子的共同作用,从而可以将总的电导率写为

$$\sigma = \sum q_i n_i \mu_i \tag{2.2}$$

式中载流子浓度和迁移率均受到温度 T 和外电场强度 E 的影响,因此电导率也会

随温度和外电场强度而变化。在高电场的作用下,电介质陷阱(trap)内的受束缚载流子也将越过势阱参与传输,甚至可能占据主导地位,从而使式(2.2)中的求和项增加。高温带来的热运动加剧也会激发出更多参与传输的载流子,增加载流子浓度;同时,高温亦可辅助电场激发陷阱内载流子。因此,电介质的电导率随温度和外电场强度的增加而变大。

根据载流子类型的不同,可以将固体电介质内的电导分为电子电导和离子电导两大类。其中,电子电导表示电子和空穴在外电场下作定向移动所形成的电流,是电介质的主要电流来源;离子电导则是带电离子或空位在外电场作用下跳跃到相邻位置所形成的定向电流。由于离子的体积较大,跃迁势垒比电子高出很多,因此主要在高温或高电场下出现。

2.2 输运模型简介

2.2.1 布洛赫函数与能带模型

晶体内的电子运动会受到晶格格点和其束缚电子的作用。该作用可以视为一个基于晶体结构的周期性势场,从而可以在电子波函数满足的薛定谔方程中添加一个周期势 $V(\boldsymbol{r})=V(\boldsymbol{r}+\boldsymbol{T})$,$\boldsymbol{r}$ 为位置矢量,$\boldsymbol{T}$ 为晶格平移矢量。针对该问题,布洛赫(Bloch)证明了一个重要定理[2],对于含周期势的薛定谔方程,其解的形式满足

$$\psi_k(\boldsymbol{r}) = u_k(\boldsymbol{r})\exp(\mathrm{j}\boldsymbol{k}\cdot\boldsymbol{r}) \tag{2.3}$$

式中,$u_k(\boldsymbol{r})$ 同样具有晶格周期性:$u_k(\boldsymbol{r})=u_k(\boldsymbol{r}+\boldsymbol{T})$,波矢 $\boldsymbol{k}$ 的任一分量(k_x, k_y, k_z)都具有 $2n\pi/a$ 的形式,n 为任意整数,a 为晶格常数。该式表明电子波函数可以理解成一个具有晶格周期性的函数 $u_k(\boldsymbol{r})$ 和一个平面波 $\exp(\mathrm{j}\boldsymbol{k}\cdot\boldsymbol{r})$ 的乘积,称为布洛赫函数。

具有布洛赫函数形式的电子波函数对应的能量值会组成一系列能带结构,并在带间存在不允许取值的禁带[3-4]。这里以最简单的一维方形周期势场[5]为例(图2.1)进行推导。令其势阱宽度为 b_1,势垒宽度为 b_2,势垒高度为 U_0,此时的定态薛定谔方程为

$$-\frac{\hbar^2}{2m_e}\frac{\mathrm{d}^2\psi}{\mathrm{d}x^2} + U(x)\psi = W_e\psi \tag{2.4}$$

式中,m_e 为电子质量,$\hbar=h/2\pi$,称为约化普朗克常数,W_e 为能量本征值。

容易得出,在区间 $0<x<b_1$ 内的本征函数形式满足

$$\psi = B_1 \mathrm{e}^{\mathrm{j}\boldsymbol{K}_1 x} + B_2 \mathrm{e}^{-\mathrm{j}\boldsymbol{K}_1 x} \tag{2.5}$$

$$W_e = \hbar^2 K_1^2 / 2m_e \tag{2.6}$$

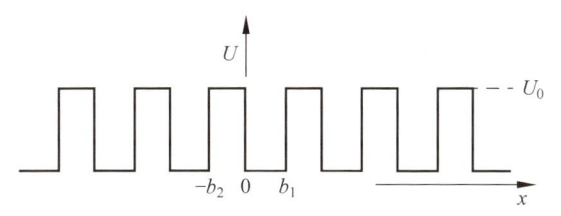

图 2.1 一维方形周期势垒示意图

在区间 $-b_2 < x < 0$ 内的解为

$$\psi = B_3 e^{K_2 x} + B_4 e^{-K_2 x} \tag{2.7}$$

$$U_0 - W_e = \hbar^2 K_2^2 / 2m_e \tag{2.8}$$

由于该波函数的形式应满足布洛赫定理的限制,从而其他区域内的解可以由式(2.3)推广得到,从而在区间 (b_1, b_1+b_2) 内的解形式上满足

$$\psi(b_1 < x < b_1 + b_2) = \psi(-b_2 < x < 0) e^{jk(b_1+b_2)} \tag{2.9}$$

考虑到边界的连续性问题,$x=0$ 处式(2.5)和式(2.7)应相等,从而有

$$B_1 + B_2 = B_3 + B_4 \tag{2.10}$$

$$iK_1(B_1 - B_2) = K_2(B_3 - B_4) \tag{2.11}$$

类似地,能写出 $x=b_1$ 处的两个方程,此处略去。对于该连续性方程组,只有当式(2.12)成立时,即 B_1、B_2、B_3、B_4 四个系数的行列式为 0,四个方程才有解[3]:

$$\frac{(K_2^2 - K_1^2)}{2K_1 K_2} \sinh(K_2 b_2) \sin(K_1 b_1) + \cosh(K_2 b_2) \cos(K_1 b_1) = \cos k(b_1 + b_2) \tag{2.12}$$

进一步地,假设势垒为狄拉克势垒,即 $b_2 \to 0$,$W_0 \to \infty$,此时 $K_2^2 b_1 b_2$ 为有限值,可以将式(2.12)化简为

$$\frac{K_2^2 b_1 b_2}{4 K_1 b_1} \sin(K_1 b_1) + \cos(K_1 b_1) = \cos(k b_1) \tag{2.13}$$

以 $K_2^2 b_1 b_2 = 4\pi$ 为例,式(2.13)的左侧可以作图 2.2。

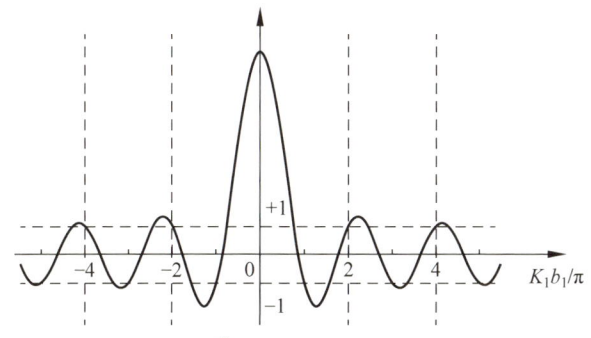

图 2.2 $K_2^2 b_1 b_2 = 4\pi$ 时的函数 $(K_2^2 b_1 b_2 / 4 K_1 b_1) \sin(K_1 b_1) + \cos(K_1 b_1)$ 的示意图形

不难看出，K_1b_1的取值存在禁止范围，即不连续。而电子能量W_e由K_1b_1和式(2.6)给出，因此能量的允许值也将出现间隙，即能隙。在大量原子组成的晶体中($N \approx 10^{28}$ m^{-3})，可以将这些轨道视为准连续态，从而形成能带。

在电场不足以破坏电子结构时，填充满的能带不会贡献电导。通常能量最高的满带由价电子填充，因此也称为价带；比价带能量更高的能带称为导带，导带与价带之间的能量区间称为禁带。导带有全空和部分填充两种情况。当导带部分填充时，该晶体属于金属，导带中的价电子类似自由电子气。当导带全空时，需要考虑禁带宽度(也称为带隙E_g)的大小。当带隙较小时，由于热起伏，部分价带中的电子会跃迁到导带并留下等量空穴，从而表现出一定的导电性，称为半导体；当带隙较大时，热起伏不足以使电子跃迁到导带，整体不导电，称为绝缘体。对比如图2.3所示。

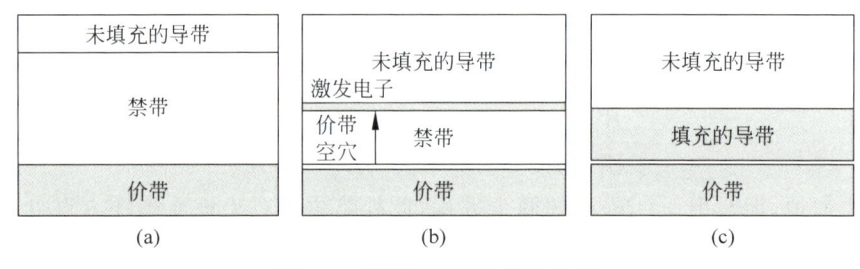

图2.3 不同材料的能带示意图
(a)绝缘体；(b)半导体；(c)金属

绝缘体本征激发的载流子量极少，以带隙5 eV为例，载流子浓度约为10^{-23} cm^{-3}，几乎可以忽略不计。所以在实际电介质中，贡献载流子的主体是缺陷和掺杂引入的杂质能级。其中，掺杂是人为控制材料导电性的重要方式，在半导体工艺中被广泛使用。引入的能级通常在带隙之间，靠近导带或禁带。靠近导带的杂质能级对应的掺杂叫作施主掺杂，从中可激发电子到导带；靠近价带的杂质能级对应的掺杂叫作受主掺杂，从价带可激发电子到杂质能级，从而在价带留下空穴。

2.2.2 无序与电子局域化

尽管能带模型很好地解释了金属、半导体和绝缘体之间的差异，但其没有考虑体系无序化的贡献。考虑一个极端的无序场景——非晶半导体，其不存在基于晶格的周期性，自然布洛赫定理也就不成立了。此时电子的输运将受到大量局域的无序结构的影响，展现出新的集体行为(collective behavior)。安德森(Anderson)最早指出：体系无序化将诱导电子波函数的局域化(electron localization)[6]。随着后续研究的发展，该观点和模型逐渐被大众接受，因此又称为"安德森局域化"。电子局域化将使其迁移率大幅下降，像是被牢牢束缚着一样。有学者指出，低维材料里的局域化效应将更加显著,弱无序材料中也可以观察到电子的局域化[7]。因此,在分析薄膜电介质的传输模型时,局域化电子是不可忽视的模型基础之一。

在这种情形下,杂质能级会变为局域化的陷阱。如图 2.4 所示,电子的运动可以理解为在不同陷阱间的跳跃(hopping)。在外电场和热运动作用下,电子先从一个缺陷处脱离,然后在另一个陷阱处再次局域化,类似于被"俘获",周而复始,形成传导电流。陷阱俘获电子的概率 f_e 满足费米-狄拉克(Fermi-Dirac)统计[8]:

$$f_e(W) = \frac{1}{1+\exp[(W_t-W_{Fe})/k_BT]} \quad (2.14)$$

式中,W_t 为陷阱的能级,W_{Fe} 为电子陷阱的准费米能级。类似地,陷阱俘获空穴的概率 f_h 为

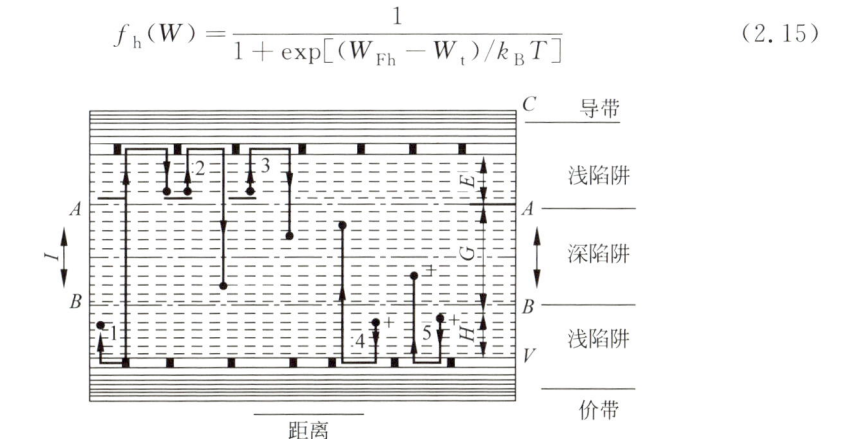

$$f_h(W) = \frac{1}{1+\exp[(W_{Fh}-W_t)/k_BT]} \quad (2.15)$$

图 2.4 绝缘体中的能带模型与缺陷传导机制[9]

A 代表电子费米能级,B 代表空穴费米能级,C 代表导带,V 代表价带。E、H、G 分别代表靠近导带、靠近价带的浅陷阱区域和居中的深陷阱区域。1、2、3、4、5 代表电子或空穴在不同陷阱和能带中的激发、俘获和运动过程

不难看出,当陷阱能量比电子陷阱的准费米能级低或比空穴陷阱的准费米能级高时,陷阱被电子填充的概率较高,因而将能量处于空穴费米能级和电子费米能级之间的陷阱称为深陷阱;当其能量高于电子费米能级或低于空穴费米能级时,填充概率较小,称为浅陷阱[10]。因此,将浅陷阱变成深陷阱可有效俘获注入的电子,降低电导率。

简要对比以上两类模型:在能带模型下,跃迁至导带的电子和因为电子跃迁而在价带生成的空穴将沿着能带运动,称为漂移运动,和金属、半导体中的输运机制类似;局域化电子的运动是从一个局域态到另一个局域态的过程,与离子的传输模型接近,称为跳跃运动。对于能带模型而言,迁移率与温度满足幂指数关系:$\mu \sim T^{-\alpha_n}$,α_n 为正实数。此时随着温度升高,相互作用增强,散射加剧,迁移率下

降。跳跃运动的迁移率跟迁移活化能 w_h 有关：$\mu \sim \exp(-w_h/k_B T)$，从而迁移率随温度升高而增大。了解这两类典型的运动模式对理解绝缘体内的电输运机制具有重要意义。

2.3 体相传导机制

在讨论电介质传导电流之前，需要对其机制做简单的分类。考虑到其载流子来源的不同，可以分为体相传导机制和电极注入机制两大类[11]。前者的载流子主要是电介质内部的缺陷载流子、由于热运动跃迁到导带的电子和高电场下激发的载流子(普尔-弗伦克尔(Poole-Frenkel)发射)三种(图2.5)；后者则来自在一定电场、温度的辅助下注入电介质内的载流子。由于厚度很薄，低电压即可实现很高的电场，因此在薄膜电介质的研究中应特别关注高电场下的电导机制。本节将简单介绍基于体相载流子的传输机制。

2.3.1 欧姆机制

一般地，低电场(小于 $100 \text{ kV} \cdot \text{cm}^{-1}$)时，迁移率 μ 和载流子浓度 n_0 与 E 无关，从而可以认为电介质符合欧姆定律，称为欧姆机制。其电流密度 J 与电场的关系可以表述为

$$J = \sigma E = n_0 q \mu E \tag{2.16}$$

从而如图 2.5 所示，电介质的漏导电流将随电场线性增加。通常低电场下的离子难以迁移，因此主要考虑电子和空穴。以电子为例，此时的迁移率 μ_e 满足

$$\mu_e = \frac{q\tau}{m_e^*} \tag{2.17}$$

式中，q 取电子电量，τ 为电子弛豫时间，m_e^* 为电子有效质量。该式描述了金属或半导体能带中漂移运动对应的迁移率。

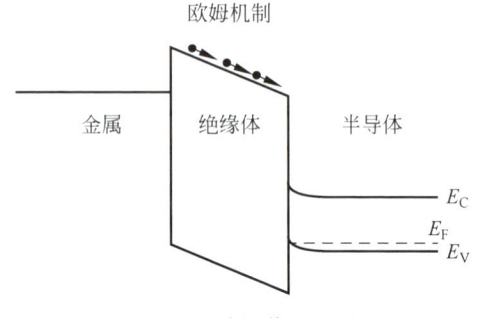

图 2.5 欧姆传导机制

在实际电介质中，由于强烈的晶格-电子相互作用，电子在运动时还将极化其周围晶格，从而减缓其运动。将电子与被其极化的周围晶格视为一个准粒子，称为极化子[1,4,12]。如果极化范围仅限于一个晶格常数内，称为小极化子；极化区域广则称为大极化子。在不深入考虑其本质情况下，可以视为有效质量极大的电子，从而使极化子的漂移速度远低于金属中的自由电子。当温度较低或相互作用很强时，可将极化子视为局域化电子，此时的运动模式是跳跃运动，所服从的电流表达式变化将在2.3.2节介绍。

由于绝缘体的禁带宽度很大，通过热激发跃迁产生的本征载流子数量极少；基于光激发的电子-空穴对对体系的电性能影响也极其微弱。所以，温度不太高时，不需要考虑本征激发对电介质漏导电流的影响。非本征的载流子则是由受主或者施主杂质（通常是异价元素）提供。此时，载流子的浓度与掺杂水平和价态差异有关，可根据缺陷化学方程式计算。以镧（La）掺杂氧化铈（CeO_2）为例，La一般显+3价，而Ce为+4价，因此每产生一个La'_{Ce}都将对应生成一个空穴。随着温度的升高，本征激发也随之增强，从而在高温下有可能以本征传导为主。

2.3.2 跳跃机制

如图2.6所示，随着电场的增加，陷阱内的电子获得了一些能量，但还不足以跃过陷阱势垒时，根据量子力学原理，此时的电子波函数有一定概率隧穿到另一个势垒，称为跳跃机制（hopping mechanism）。其电流密度的表达式可以写为[13]

$$J = qln_0\nu \exp\left[\frac{qa(E-E_a)}{k_BT}\right] \quad (2.18)$$

式中，l是平均跳跃距离，ν是势阱中电子热振动频率，E_a是激活能。在特定的温度和电场范围内可观察到该效应，如在Pt/MgO/Pt薄膜中观察到欧姆机制与跳跃机制共存[14]。该薄膜在电场低于$0.25\ MV\cdot cm^{-1}$时服从欧姆机制，高于时服从跳跃机制。

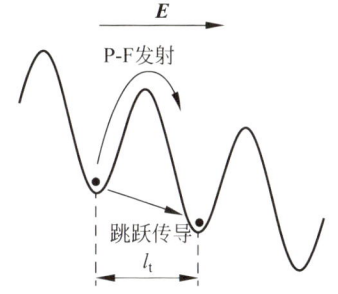

图2.6 陷阱内载流子的跳跃机制和P-F发射机制

2.3.3 普尔-弗伦克尔发射机制

普尔-弗伦克尔（P-F）发射是陷阱俘获的载流子在电场辅助下的热激发[15-16]。由于该机制是在电子完全越过陷阱势垒时的传导模型，因此其需要的电场一般会高于前述隧穿效应。根据作者团队在BFO基薄膜的实验结果，该机制在$1\ MV\cdot cm^{-1}$以上的电场时可出现。

考虑一个位置点为原点的陷阱,其捕获的电子受到其库仑势为

$$V(r) = \frac{-q^2}{4\pi\varepsilon_0\varepsilon_r r} \tag{2.19}$$

式中,r 为电子距离原点的距离。

假设电场方向是沿陷阱指向电子,那么势能将降低,变为

$$V(r) = \frac{-q^2}{4\pi\varepsilon_0\varepsilon_r r} - qEr \tag{2.20}$$

解出其极值为

$$|V_m| = \sqrt{\frac{q^3 E}{\pi\varepsilon_0\varepsilon_r}} \tag{2.21}$$

此即陷阱势垒降低的幅度,对应电子激发的有效势垒 ϕ_{eff} 为

$$\phi_{eff} = \phi_T - |V_m| \tag{2.22}$$

在热平衡态时,陷阱俘获电子的速率和热激发的速率将达到动态平衡,此时电子浓度可以写为

$$n_c = N_c \exp\left(\frac{-\phi_{eff}}{k_B T}\right) \tag{2.23}$$

式中,N_c 为电子的导带态密度。从而根据式(2.1)知,电流密度表达式为

$$J = q\mu N_c E \exp\left[\frac{-\left[\phi_T - (q^3 E/\pi\varepsilon_0\varepsilon_r)^{1/2}\right]}{k_B T}\right] \tag{2.24}$$

不难看出,此时 $\log J$ 与 $E^{1/2}$ 成线性关系,从而可以利用变电场数据和变温数据拟合出相关参数。由于电子运动频率极高,此处的 ε_r 应使用光频时的数值,等于折射率的平方。

2.3.4 离子导电机制

在电场作用下,缺陷离子也将发生定向移动从而贡献电流。离子的运动是通过从一个空位跳跃到另一个相邻的空位实现的。可自由移动的离子浓度同样包含由热运动产生的部分和杂质离子两部分。室温下主要以杂质离子为主,本征离子电导的贡献只有在晶体纯净且温度极高的情况下才有明显贡献。以 NaCl 晶体为例,1000 K 时自身产生的缺陷与晶体总离子数的比例约 10^{-11},相当于 0.01 ppb 浓度的杂质,其贡献实属微不足道[1]。

假设相邻空位间的距离是 l_i,离子电荷量为 q_i,势垒高度为 ϕ_B,那么沿电场方向的迁移率可以描述为离子在势阱向两侧跳跃次数之差:

$$\bar{v} = \nu_{\rightarrow} - \nu_{\leftarrow} = 2\nu_i l_i \exp\left(-\frac{\phi_B}{k_B T}\right) \sinh\left(\frac{-q_i E l_i}{2 k_B T}\right) \tag{2.25}$$

式中，ν_i 为离子在垂直于跳跃方向的振动频率。从而电场下的迁移率可以表示为

$$\mu(E) = \frac{\bar{\nu}}{E} = \frac{2\nu_i l l_i}{E} \exp\left(-\frac{\phi_B}{k_B T}\right) \sinh\left(\frac{-q_i E l_i}{2k_B T}\right) \tag{2.26}$$

假设缺陷离子的浓度为 N_i，那么电流为

$$J = \frac{2q_i N_i \nu_i l_i}{E} \exp\left(-\frac{\phi_B}{k_B T}\right) \sinh\left(\frac{-q_i E l_i}{2k_B T}\right) \tag{2.27}$$

该式的表达式相对复杂，不便于实验观察。由于离子电导在高电场下较为明显，当电场足够高时，可以认为仅由沿电场方向的跳跃远多于反方向的跳跃，从而式(2.27)可以简化为[9]

$$J = q_i N_i \nu_{\rightarrow} = j_0 \exp\left(-\frac{\phi_B}{k_B T} + \frac{-q_i E l_i}{2k_B T}\right) \tag{2.28}$$

式中，j_0 为与电场无关的比例常数。

2.3.5 晶界限制型电导

在一些复杂的多晶体系中，晶界占比较大，且其电阻通常明显大于晶粒电阻，从而成为影响漏导电流的主要因素，称为晶界限制型电导（grain-boundary-limited conduction）。通常将晶界视为额外陷阱聚集处，从而建立起晶界势垒 ϕ_G 的表达式为[11]

$$\phi_G = \frac{q^2 n_b^2}{2\varepsilon_r N_D} \tag{2.29}$$

式中，n_b 为晶界陷阱密度，ε_r 为电介质的相对介电常数，N_D 为掺杂浓度。因此，定性地说，体系晶界缺陷越多，等效势垒越高，绝缘性越强；体系晶粒越小，晶界势垒的密度会提升，绝缘性也会增强（图2.7）。

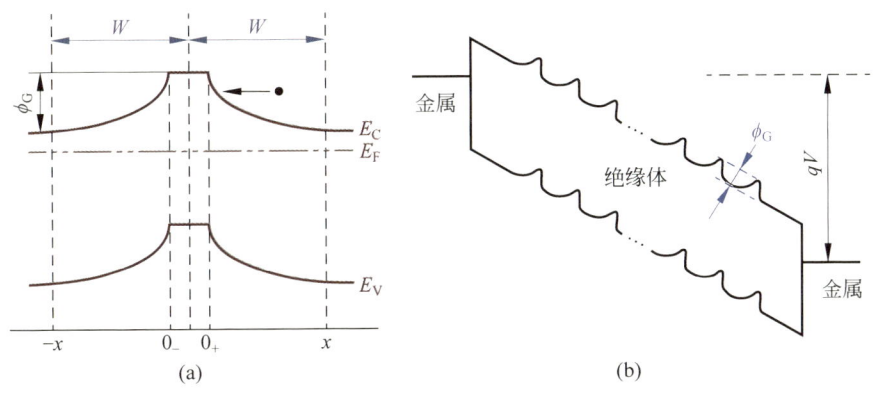

图 2.7 晶界限制性电导机制[11]
(a) 晶界处势垒示意图；(b) 能带上的晶界势垒示意图

2.4 电荷注入机制

2.4.1 热电子发射(肖特基)机制

电容器中常使用的电极是金属材料。众所周知,金属温度升高时,电子动能增大,从而在一定温度以上大量电子将从金属表面逸出,称为热电子发射。可以用理查森-杜许曼(Richardson-Dushman)方程来描述该过程中的电流[17]:

$$J_{RD} = A_R T^2 \exp\left(-\frac{\phi}{k_B T}\right) \tag{2.30}$$

$$A_R = \frac{4\pi q m_e k_B^2}{h^3} \tag{2.31}$$

式中,A_R 为理查森常数,数值为 $1.20 \times 10^6 \, A \cdot m^{-2} \cdot K^{-2}$,$\phi$ 为功函数。

当金属与半导体接触时,界面处会出现一个接触势垒 ϕ_B,称为肖特基势垒。这里沿用该名称描述绝缘体与金属的接触势垒。此外,电场作用下,势垒将随电场出现偏移,从而降低了电子发射所需的能量,称为场辅助热电子发射。

电子从电极注入电介质中会在电极内感生出对应的正电荷,并阻碍其离开界面。该效果类似于一个与电子呈镜面对称的正电子势场。类似于 2.3.3 节的处理方法,假设电子距离界面的距离为 x,感生势场为

$$V(x) = \frac{-q^2}{16\pi \varepsilon_0 \varepsilon_r x} \tag{2.32}$$

从而在外电场下的势能为

$$V(x) = \frac{-q^2}{16\pi \varepsilon_0 \varepsilon_r x} - qEx \tag{2.33}$$

类似地,解出其势能降低幅度为

$$|V_m| = \sqrt{\frac{q^3 E}{4\pi \varepsilon_0 \varepsilon_r}} \tag{2.34}$$

从而电子注入电介质所需要越过的有效势垒为

$$\phi_{eff} = \phi_B - |V_m| \tag{2.35}$$

所以,电流为

$$J = A_R T^2 \exp\left(-\frac{(\phi_B - \sqrt{q^3 E/4\pi \varepsilon_0 \varepsilon_r})}{k_B T}\right) \tag{2.36}$$

需要指出的是,电介质导带中电子的有效质量会变化,因此式(2.31)中的电子质量需要修正。但常数项的变化不会影响该模型的基本规律。类似于 P-F 发射机制,肖特基激发机制下的 $\log J$ 与 $E^{1/2}$ 仍成线性关系,并依然用光频介电常数来计

算。实验中可以通过拟合变温电流来推算两种机制下的介电常数,从而判断此时电流的主导机制是肖特基发射还是 P-F 发射。在电介质薄膜的系列研究中[18-19],作者团队发现两种机制单独拟合出来的光频介电常数均偏离真实值。其中肖特基发射机制拟合出来的介电常数偏低;P-F 发射机制拟合出来的偏高。因此,作者团队推测高电场下,百纳米薄膜中两种机制可能共同作用,而非单一机制主导。

2.4.2 电子隧穿机制

类似于 2.3.2 节的描述,在能量不足以实现热电子发射时,能量不足的电子可以通过隧穿效应从电极注入电介质中。此时的电流满足福勒-诺德海姆(Fowler-Nordheim)方程[20-21]:

$$J = \frac{q^2 E^2}{8\pi h \phi_B} \exp\left[\frac{-8\pi(2m_T^*)^{\frac{1}{2}}}{3hqE}\phi_B^{\frac{3}{2}}\right] \tag{2.37}$$

式中,m_T^* 是电介质中隧穿电子的有效质量。可以看到式(2.37)中没有温度项,因此可以通过低温测量来排除热及场辅助热激发电流的影响来测量经过电介质的隧穿电流。通常假设隧穿电子的有效质量与导带电子有效质量一致,从而去计算相应势垒高度。

在一些极薄的电介质薄膜中,电子的隧穿有可能直接穿越整个介质层,称为直接隧穿。以 SiO_2 薄膜为例,当其厚度低于 3.5 nm 时,直接隧穿效应将占主导地位[22]。考虑到本书的讨论范围主要是厚膜与块体电介质,故不在此处展开讨论,关于该尺度输运的更多讨论可以在微电子领域书籍中找到。

总结以上两种机制,电极的电子可以通过发射和隧穿两大类机制进入电介质中,从而贡献载流子。当电子获得了一些能量但又不足以实现热发射时,这些电子也可能通过隧穿方式进入电介质内部,由于其是热发射和隧穿两种效应同时作用的结果,因此称为热场发射。从而可以根据热、电场的贡献比例将注入机制大致分为热发射、热-场发射和场发射三大类(图 2.8)。实验表明,很多时候注入载流子是电介质内部参与电流传导的主要贡献者。

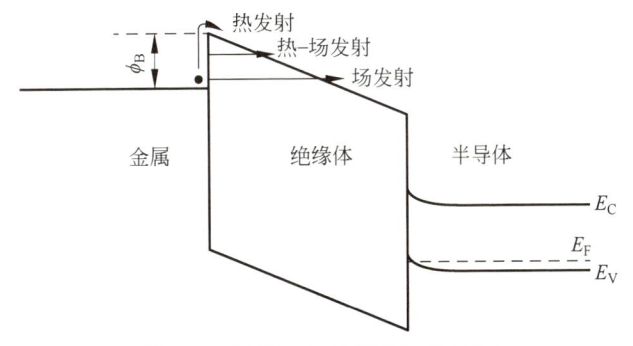

图 2.8 界面注入载流子的示意图

2.4.3 空间电荷限制电流

前述两种机制均是假设注入电流密度等于介质内传输的电流密度。当电介质具有一定厚度且迁移率较低时,注入的载流子需要在介质内部进行一定时间的传导,从而不满足传导电流和注入电流相等的关系,此时电流与电场之间的规律将发生改变。界面处积聚的电荷常称为空间电荷,因此这种机制称为空间电荷限制电流(space charge limited current,SCLC)。

考虑一个没有陷阱的电介质,假设电极与电介质界面之间不存在势垒且电极的载流子浓度可视为无限,从而极板处的边界条件为

$$n_0(0) = \infty, \quad E(0) = 0 \tag{2.38}$$

令极板间电压为V,此时介质内部距离极板距离为x处的载流子浓度满足泊松方程:

$$\frac{\mathrm{d}^2 V}{\mathrm{d}x^2} = \frac{q n_0(x)}{\varepsilon_0 \varepsilon_r} \tag{2.39}$$

$$j(x) = q n_0(x) \mu E(x) \tag{2.40}$$

稳态时可以忽略扩散电流和位移电流,仅考虑漂移电流部分且介质内电流应不变,因此电流满足

$$J = q n_0(x) \mu E(x) = \varepsilon_0 \varepsilon_r \mu E(x) \frac{\mathrm{d}E(x)}{\mathrm{d}x} \tag{2.41}$$

结合边界条件,积分式(2.41)有

$$E(x) = \sqrt{\frac{2Jx}{\varepsilon_0 \varepsilon_r \mu}} \tag{2.42}$$

进一步,考虑到电场的连续性,有

$$V = \int E \mathrm{d}x \tag{2.43}$$

假设电介质厚度为l_1,积分式(2.43)得

$$J = \frac{9\varepsilon_0 \varepsilon_r \mu}{8 l_1^3} V^2 \tag{2.44}$$

该方程最早由莫特(Mott)和格尼(Gurney)推导得出,因此也称为莫特-格尼规律[23]。不难看出,形式上该式与真空介质的蔡尔德-朗缪尔(Child-Langmuir)公式非常接近。该式描述了在电压作用下经过固体电介质的最大电流。低电场时,体相原有的载流子占据主导,电流服从线性的欧姆定律;随着电压增加到转变电压V_{tr},空间电荷的效应凸显,电流将从线性规律转变为平方律。

现在考虑有陷阱的电介质,此时空间电流会大幅降低数个数量级,从而需要对式(2.44)进行修正。Rose认为陷阱不会改变空间电荷密度和电场的分布,仅需要

在式(2.44)上添加一个修正因子 θ [24-25]：

$$J = \frac{9\theta\varepsilon_0\varepsilon_r\mu}{8l_1^3}V^2 \qquad (2.45)$$

$$\theta = \frac{n_c}{n_t + n_c} \approx \frac{N_v}{N_t}\exp\left(-\frac{E_t - E_v}{k_B T}\right) \qquad (2.46)$$

式中，n_c 为载流子浓度，n_t 为陷阱浓度，N_v 和 N_t 分别是价带顶和陷阱的态密度，E_v 和 E_t 分别是价带顶和陷阱的能量。观察式(2.45)，仅有迁移率是可能的变量，因此该修正也可以理解为对电子迁移率的修正。

随着电压的增加，载流子不断注入，介质内的陷阱将逐渐被填充。当陷阱被完全填充时，电介质将变为无陷阱介质。陷阱完全填充时的电压称为完全填充电压 V_{TFL}。此时，电流将迅速变化以弥补有缺陷态和无缺陷态之间的差异。因此可以将 SCLC 机制下的电流电压曲线分为如图 2.9 所示的四段[11]。

(1) $V < V_{tr}$ 时，电流满足欧姆机制，$\log J \sim \log V$ 曲线斜率为 1；

(2) $V_{tr} < V < V_{TFL}$ 时，电流满足有陷阱时的空间电流机制，$\log J \sim \log V$ 曲线斜率为 2；

(3) $V = V_{TFL}$ 时，电流迅速增长，$\log J \sim \log V$ 曲线斜率大于 2；

(4) $V > V_{TFL}$ 时，电流满足无陷阱的空间电流机制，$\log J \sim \log V$ 曲线斜率为 2。

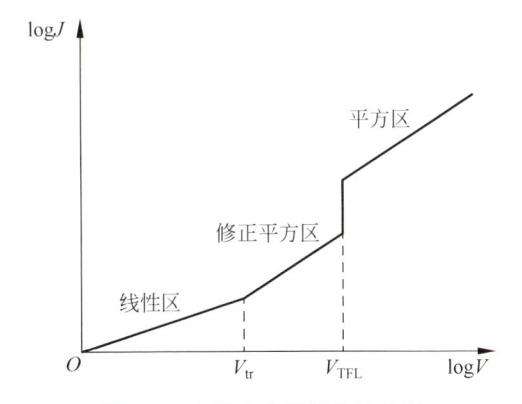

图 2.9　空间电荷限制电流机制

2.5　复杂电介质的实验表征

前面两节已经介绍了一些主要的传导机制。不难看出，通过拟合漏导电流和电压之间的不同关系式可以确定主导机制。由于大部分机制都是在高电场下出现，因此很多分析针对的都是电介质薄膜。块体研究中，通常采用等效电路模型分析非均匀介质（如多晶陶瓷）的电导特性。近年来，利用热激励去极化电流（thermal simulated depolarization current，TSDC）分析介质内部的缺陷形式也逐渐被广泛使用。本节将简单介绍这两种方法及其应用。

2.5.1 等效电路

如果选择的简单理想元件电路与实际电介质在交变电场作用下的特性一致，则可以称为等效电路。常用的理想元件包括电阻(R)、电感(L)、电容(C)、电导(G)等，其值不随频率变化而变化，从而很容易进行电路建模。第1章已经介绍了复介电常数的科尔-科尔图来表征电介质在交变电场下的响应。这里将引入导纳$Y(\omega)$和阻抗$Z(\omega)$，两者分别表示为

$$Y(\omega) = I(\omega)/V(\omega) \tag{2.47}$$

$$Z(\omega) = Z(\omega)/I(\omega) \tag{2.48}$$

式中，$I(\omega)$和$V(\omega)$分别为交流频率为ω时的电压和电流。

实践中常采用不同的等效电路来拟合实验结果，从而确定其损耗机制。常见的等效电路及其阻抗、导纳、复电容C^*和复极化率χ^*的频率响应总结如图2.10所示。复电容的定义为

$$C^* = C'' - \mathrm{j}C' = \varepsilon_0 \varepsilon_r^* \frac{A}{l_1} \tag{2.49}$$

式中，A为极板面积。

对每种模型做如下简单介绍：

(a) LRC电路，能量在电感和电容之间以周期性振动形式交换，电阻起阻尼作用。在共振频率时，电容阻抗和电感阻抗相等，形成共振。该模型可用于理解光频的共振型吸收(1.3.5节)。

(b) RC串联电路，该模型在1.3.1节已经介绍，可用于模拟德拜型弛豫机制。

(c) GC并联电路，与RC并联电路等效，此时的复阻抗谱是一个半圆，可以用来模拟漏导电流比较大的电容器。

(d) RC串联再与另一个电容C_∞并联，该模型的阻抗比较复杂，电容则近似为低频下两个电容并联，高频仅有C_∞响应。该模型在实际电介质中暂无对应阻抗形式，但可以用来描述德拜型弛豫和高频极化机制并存的电容情形。

(e) CG并联再跟R串联，该模型可用来描述带有漏电流的阻挡层（并联部分）和导电的块体材料相连的情形。

(f) CG并联再跟C串联，该模型可代表带有漏电流的阻挡层和高绝缘电容相连的情形。

(g) 两个CG并联单元串联，该模型可代表两个带有漏电流的阻挡层之间的串联。

(h) 该模型是另一类电路，包含离子的扩散效应，主要用于电化学领域的分析。

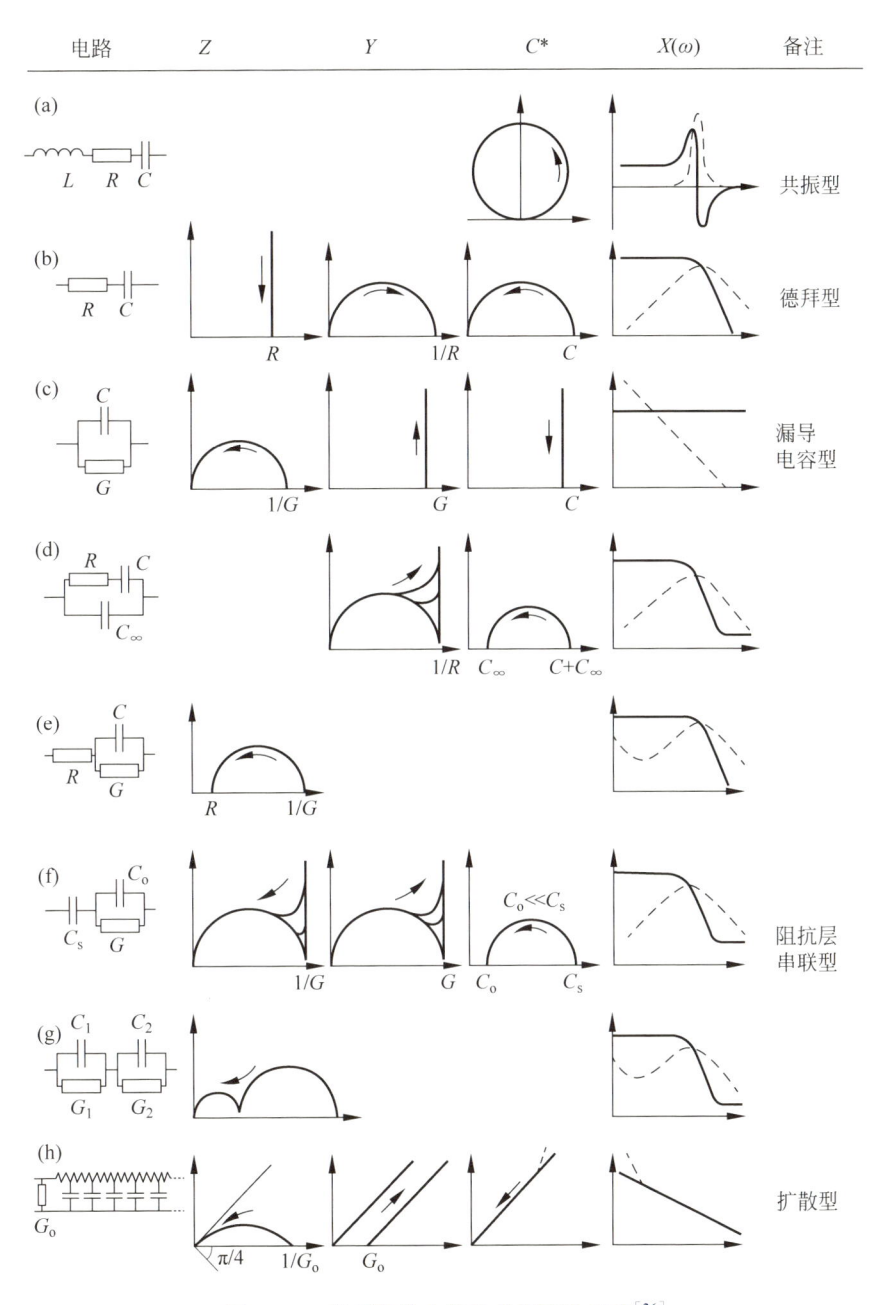

图 2.10 常用等效电路及其频率响应谱[26]

不难看出,当需要对电介质内部做不同区域的分离时,需要考虑几个单元叠加的等效电路。以多晶陶瓷为例,晶界和晶粒具有不同的传导特性,因此常常采用(f)或(g)中的电路进行拟合。由于复阻抗测试使用的交流信号是小电压,当电介质绝缘性很强时,室温下很可能不能测到漏导电流的贡献,此时通常选择升温测试。进一步地,通过等效电路分离实际电介质中的等效电阻和电容,可以对其变温电阻进行拟合,并利用阿伦尼乌斯公式推算出载流子输运的平均势垒。

2.5.2 热激励退极化电流

为了进一步分析电介质内部的缺陷形式和相应浓度、激活能等信息,可以采用热激励退极化电流测试。其过程是先在一定温度 T_p 和电场 E_p 条件下保压一段时间 t_p,从而使电介质内部陷阱能够俘获一部分注入载流子,随后降温到 T_0 并测量升温过程的电流以判断电介质内部的陷阱形式和比例(图 2.11)。由于不同陷阱的能级不一样,相应被俘获载流子激发所需要的温度也不同,从而在 TSDC 曲线中出现多个峰。

热激励电流的来源通常包括陷阱俘获的载流子、偶极子和离子空间电荷(以氧空位为主)三类。通过 TSDC 曲线对极化参数(T_p、E_p 和 t_p)

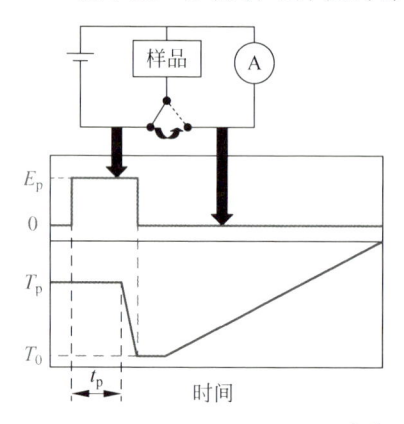

图 2.11 TSDC 测试过程示意图[27]

的响应行为的差异,可以判断缺陷类型,同时也可以计算相应缺陷的激活能和其他特征参数。

陷阱俘获的载流子的热释放过程受极化电场强度影响。随着 E_p 的增加,电流峰峰值温度 T_m 将降低,且两者间近似满足平方关系[28]:

$$T_m^2 = -aE_p + b \tag{2.50}$$

陷阱热激励电流的另一个特征是其信号会受到电极材料的明显影响。不同金属的功函数不一致,从而导致注入电荷量变化,带来较为明显的峰位变化。

偶极子包括缺陷偶极子和自发极化(铁电体)两类,缺陷偶极子峰的显著特征是 T_m 不随 E_p 和 T_p 改变,而极化电流峰值出现在居里点[29]。氧空位相关的空间电荷峰则应划分为晶体内(in-grain)和跨越晶界(across grain boundary)两类弛豫机制,其 T_m 与 E_p 和 T_p 均相关,随 E_p 和 T_p 的增加而向高温移动。此外,由于氧空位的弛豫涉及离子的运动,在电荷量不变的情况下,内建电场与厚度有关,从而导致在极化场强不变时,对应的电流峰值 J_m 随厚度增加而降低,T_m 随厚度增加而增加。因此,可以通过该方法区分漏电流的不同贡献机制,结合其他缺陷分析手段(如 X 射线光电子能谱)还可以界定缺陷形式和来源。

此外,TSDC 谱还可以用来拟合相应机制的激活能。由于升温过程并未施加外电场,因此可以假设陷阱势垒是理想对称型势垒,从而单一陷阱形式下的热激励

退极化电流的表达式可以记为[29-31]

$$J(T) = a_g n_{0t} s \exp\left(-\frac{E_a}{k_B T}\right) \exp\left[-\frac{s_f}{v_h}\int_{T_0}^{T}\left(-\frac{E_a}{k_B T'}\right) dT'\right] \quad (2.51)$$

$$-\ln\left[\frac{J(T)}{\text{Const.}}\right] = \frac{E_a}{k_B T} + \exp\left(\frac{E_a}{k_B T_m} - \frac{E_a}{k_B T}\right) \quad (2.52)$$

$$T_m = \sqrt{\frac{E_a}{k_B s} v_h \exp\left(\frac{E_a}{k_B T_m}\right)} \quad (2.53)$$

式中，a_g、n_{0t}、s_f、v_h、E_a 分别为几何常数、缺陷俘获载流子浓度、频率因子、升温速率、激活能。当电流峰不对称时，式(2.52)是峰值电流区间的通用曲线形式；式(2.53)是式(2.51)的微分结果。

实际体系中通常存在多种缺陷形式的并存，从而带来信号的叠加。为了计算复杂谱图里的信息，有初始上升模型(initial rise model)法、半高宽法和变升温速率法三种(图2.12)[32]。

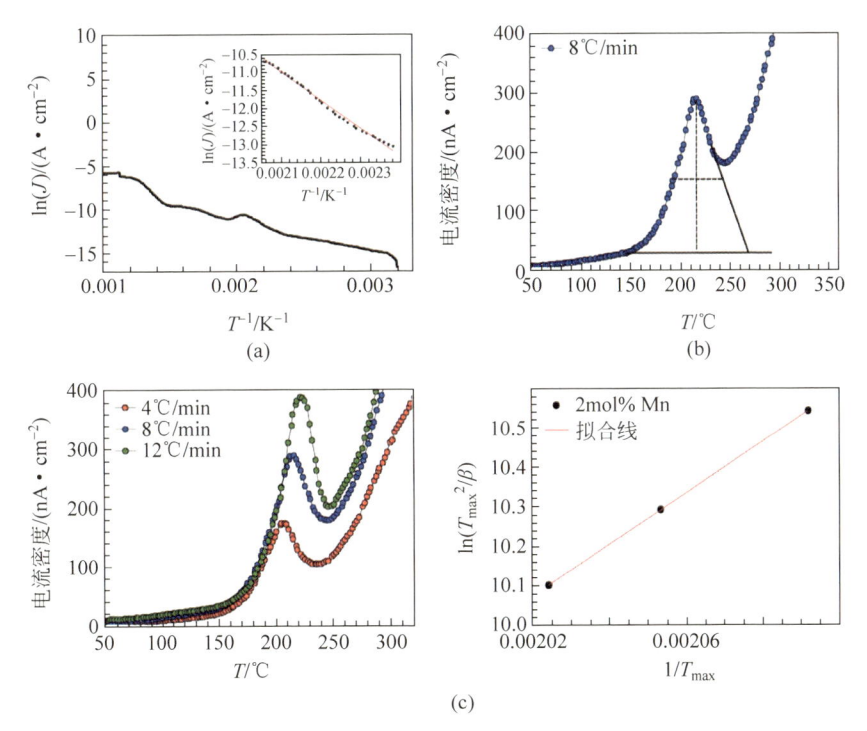

图 2.12 以 2 mol%Mn 掺杂 PZT 陶瓷为例，计算 TSDC 谱中缺陷激活能的三种拟合机制[32]
(a) 初始上升模型法；(b) 半高宽法；(c) 变升温速率法

初始上升模型法中，考虑到低温端温升电流由式(2.51)的第一个指数项决定，从而有

$$-\ln[J(T)] \cong \text{Const.} - \frac{E_a}{k_B T} \tag{2.54}$$

不难看出,该方法仅适用于最先出现的峰。当峰位较多时,可以通过反复测试消除部分峰位来获取信息或者使用其他方法。

第二种方法是对峰位进行拟合,此时的激活能与半高宽 $\Delta T_{1/2}$ 之间的关系近似为[32]

$$E_a = 2.30 k_B T_m^2 / \Delta T_{\frac{1}{2}} \tag{2.55}$$

最后一种方法则是利用升温速率的变化进行拟合,由式(2.53)变换得到

$$\ln\left(\frac{T_m^2}{v_h}\right) = \frac{E_a}{k_B T_m} + \ln\left(\frac{E_a}{k_B s_f}\right) \tag{2.56}$$

此外,有限温度下的载流子弛豫时间可以通过特征弛豫时间 τ_0 计算:

$$\tau(T) = \tau_0 \exp\left(\frac{E_a}{k_B T}\right) = \frac{1}{s_f} \exp\left(\frac{E_a}{k_B T}\right) \tag{2.57}$$

参考文献

[1] 张良莹,姚熹. 电介质物理[M]. 西安:西安交通大学出版社,1991.

[2] BLOCH F. Contribution to the theory of the Compton-line[J]. Physical Review,1934,46(8):674.

[3] KIFTEL C,MCEVEN P. Introduction to solid state physics[M]. New Jersey:John Wiely & Sons,2018.

[4] 殷之文. 电介质物理学[M]. 2版. 北京:科学出版社,2003.

[5] KRONIG R D L,PENNEY W G. Quantum mechanics of electrons in crystal lattices[J]. Proceedings of the Royal Society of London Series A,containing papers of a mathematical and physical character,1931,130(814):499-513.

[6] ANDERSON P W. Absence of diffusion in certain random lattices[J]. Physical Review,1958,109(5):1492.

[7] COLEMAN P. Introduction to many-body physics[M]. Cambridge:Cambridge University Press,2015.

[8] SHOCKLEY W,LAST J T. Statistics of the charge distribution for a localized flaw in a semiconductor[J]. Physical Review,1957,107(2):392-396.

[9] RAJU G G. Dielectrics in electric fields:Tables,atoms,and molecules[M]. Boca Raton:CRC Press,2017.

[10] JOHNSON W C. Electronic transport in insulating films[J]. IEEE Transactions on Nuclear Science,1972,19(6):33-40.

[11] CHIU F-C. A review on conduction mechanisms in dielectric films[J]. Advances in Materials Science and Engineering,2014,2014:1-18.

[12] MOTT N F, DAVIS E A. Electronic processes in non-crystalline materials[M]. Oxford: OUP Oxford, 2012.

[13] ZAIMA S, FURUTA T, KOIDE Y, et al. Conduction mechanism of leakage current in Ta_2O_5 films on Si prepared by LPCVD[J]. Journal of The Electrochemical Society, 1990, 137(9): 2876-2879.

[14] CHIU F-C, SHIH W-C, FENG J-J. Conduction mechanism of resistive switching films in MgO memory devices[J]. Journal of Applied Physics, 2012, 111(9): 094104.

[15] FRENKEL J. On pre-breakdown phenomena in insulators and electronic semi-conductors [J]. Physical Review, 1938, 54(8): 647.

[16] HILL R M. Poole-Frenkel conduction in amorphous solids[J]. Philosophical Magazine, 1971, 23(181): 59-86.

[17] RICHARDSON O. Electron emission from metals as a function of temperature[J]. Physical Review, 1924, 23(2): 153.

[18] PAN H, LI F, LIU Y, et al. Ultrahigh-energy density lead-free dielectric films via polymorphic nanodomain design[J]. Science, 2019, 365(6453): 578-582.

[19] PAN H, LAN S, XU S, et al. Ultrahigh energy storage in superparaelectric relaxor ferroelectrics[J]. Science, 2021, 374(6563): 100-104.

[20] SEANOR D A. Electrical properties of polymers[M]. Oxford: Elsevier, 2013.

[21] SCHRODER D K. Semiconductor material and device characterization[M]. New Jersey: John Wiley & Sons, 2015.

[22] STÄDELE M, SACCONI F, DI CARLO A, et al. Enhancement of the effective tunnel mass in ultrathin silicon dioxide layers[J]. Journal of Applied Physics, 2003, 93(5): 2681-2690.

[23] MOTT N F, GURNEY R W. Electronic processes in ionic crystals[M]. 2 ed. Oxford: Clarendon Press, 1948.

[24] ROSE A. Space-charge-limited currents in solids[J]. Physical Review, 1955, 97(6): 1538.

[25] ROSE A. Recombination processes in insulators and semiconductors[J]. Physical Review, 1955, 97(2): 322.

[26] JONSCHER A K. Dielectric relaxation in solids [M]. London: Chelsea Dielectric Press, 1983.

[27] YOON S H, RANDALL C A, HUR K H. Effect of acceptor (Mg) concentration on the resistance degradation behavior in acceptor (Mg)-doped $BaTiO_3$ bulk ceramics: II. Thermally stimulated depolarization current analysis[J]. Journal of the American Ceramic Society, 2009, 92(8): 1766-1772.

[28] LIU W, RANDALL C A. Thermally stimulated relaxation in Fe-doped $SrTiO_3$ systems: I. Single crystals[J]. Journal of the American Ceramic Society, 2008, 91(10): 3245-3250.

[29] SONG H, GOUD J P, YE J, et al. Review of the thermally stimulated depolarization current (TSDC) technique for characterizing dielectric materials[J]. Journal of the Korean Ceramic Society, 2023, 60(5): 747-759.

[30] GARLICK G, GIBSON A. The electron trap mechanism of luminescence in sulphide and silicate phosphors[J]. Proceedings of the Physical Society, 1948, 60(6): 574.

[31] 张效华,张寓涛,张杰,等.热激励去极化电流技术在无机材料中的应用[J].硅酸盐通报,2023,42(7):2579-2588.
[32] AKKOPRU-AKGUN B, MARINCEL D M, TSUJI K, et al. Thermally stimulated depolarization current measurements on degraded lead zirconate titanate films[J]. Journal of the American Ceramic Society,2021,104(10):5270-5280.

第3章

电介质的击穿

3.1 固体击穿机制

在一定的电、热、机械、负载时间的作用下,电介质不可逆地丧失其绝缘性的现象称为击穿。研究电介质的击穿特性对理解电介质的失效和实际服役性能有着重要意义。固体电介质的击穿机制非常复杂,除了材料内在属性的影响,诸如电极尺寸、电场频率等外界测试条件(外在属性)也会对介质击穿过程产生作用。因此,不同条件下电介质发生击穿的机制各不相同,目前还没有能够解释所有现象的统一模型。常见的击穿机制包括电击穿、热击穿、电-机械击穿和次级效应四类模型。如图3.1所示,随着直流电场负载时间的增加,电介质的击穿电场强度(又称为介电强度)将不断降低,同时主导机制也会相应变化。

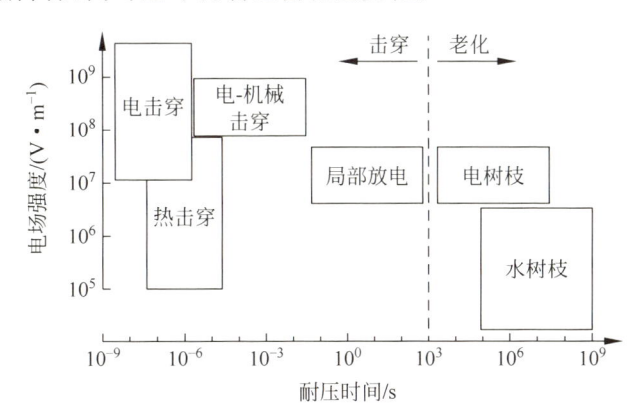

图 3.1 不同负载时间下的电介质介电强度和对应机制示意图,基于Dissado等书籍[1]重制

在长期服役过程中,即使是低电场场景,电介质的性能也将不断衰减直至丧失绝缘性,这一过程称为电介质的老化。在这一场景中,水树枝和电树枝结构先后被发现,并被认为是理解电介质击穿过程的重要模型[1-2]。

3.1.1 电击穿机制

当电场足够高时,电介质内部的载流子数量超过临界值,形成相当大的电流,从而使电介质丧失绝缘性。这种因电场效应产生的击穿称为电击穿,击穿时的临界电场即介电强度 E_b(亦称为耐击穿强度)。在尽可能排除其他因素干扰时,电击穿的介电强度很高,可达 $100 \text{ MV} \cdot \text{m}^{-1}$。用于解释电击穿的模型主要有碰撞电离理论和雪崩理论两种,有时也会发生齐纳(Zener)击穿。

碰撞电离理论又称为本征电击穿理论[3]。该模型考虑电介质内的本征载流子(一般认为是自由电子)在外电场作用下发生定向移动,并与声子(晶格振动能量的量子化准粒子)碰撞产生能量损失。当载流子从电场获得的能量与其同声子碰撞损失的能量相等时,电介质处于平衡状态;当电场超过临界电场时,从电场获得的能量大于碰撞损失的能量,自由电子每次碰撞都将累积能量,从而使电介质被破坏,出现击穿现象。根据设定的电子最大可能能量可以分为低能(不超过纵光学支声子能量)判据和高能(不超过晶格电离能)判据两种;自由电子的运动模型也有单电子近似或考虑了相互碰撞影响的集体电子近似两类[4]。该模型的计算十分复杂,可用于估算一些结构简单的离子晶体的 E_b,数量级上可与实验结果对应。

进一步地,雪崩理论考虑了高场下载流子浓度的变化[5]。该模型假设每次碰撞都会产生一个新的载流子,从而实现浓度倍增。m 次碰撞后载流子浓度将变为原来的 2^m 倍,当 m 足够大时,将会发生雪崩击穿(图 3.2(a))。一般估算时考虑介质内碰撞产生的电子数达到 10^{12} 时可以破坏区域晶格结构,从而得到 m 约等于 40[6]。倍增的电子将在电场和浓度差的作用下扩散,直至完全贯穿电介质,出现击穿现象。该模型可用于简单地解释介电强度随厚度减小而增大的经验规律。当电介质很薄时,载流子运动时发生的碰撞次数将减少,从而需要更高的电场来保证足够多的碰撞次数,从而使薄层电介质的介电强度有所提升。

当电场足够高时,价带的电子可激发到导带参与输运过程,从而在不损坏晶格的情况下引起大的漏导电流。大电流的热效应将带来局部熔融,从而出现击穿现象,称为齐纳击穿模型[7]。由于绝缘体的带隙普遍较宽,因此该模型给出的介电强度特别高,可达 $1000 \text{ MV} \cdot \text{m}^{-1}$,可在一些较薄的 PN 结中观察到该机制[8]。

3.1.2 电-机械击穿机制

当给电容器施加电压时,极板间的异号电荷会产生相互吸引,从而对中间的介质产生挤压(图 3.2(b))。介质变薄后会在电压不变的情况下使电场进一步增强,从而加剧挤压作用。当挤压力超过材料的机械压缩强度时,材料会发生机械崩溃。对弹性模量(杨氏模量)较小的材料(如聚合物等)而言,该效应较为明显[9-10]。

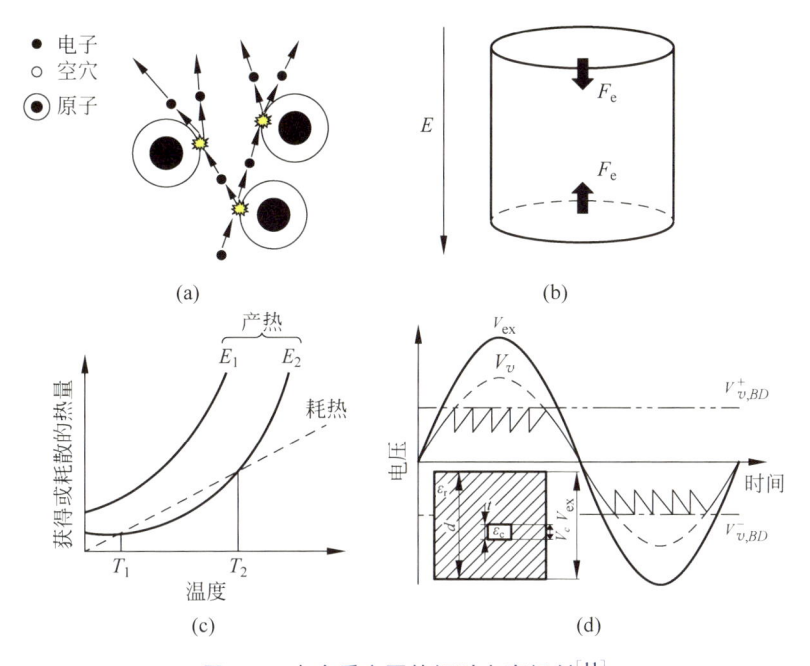

图 3.2 电介质主要的短时击穿机制[11]

(a) 雪崩击穿理论；(b) 电-机械击穿机制；(c) 热击穿机制；(d) 局部放电击穿机制

3.1.3 热击穿机制

当施加电压时，电介质会产生稳定的漏导电流，从而出现焦耳热效应。当产热功率高于散热功率时，介质会升温至产热功率与散热功率相等的温度 T_1（图 3.2(c)）。随着电场增加，介质温度也将不断上升。若电场达到 E_1，则直至温度超过失效温度 T_2 也无法实现热平衡，从而发生稳态热击穿。定性分析该过程，提升材料散热效率可以有效防止热击穿的发生。一般来说，交流电场下的损耗远高于直流电场下的损耗。因此，对于重复脉冲应用而言，电容器在交流电场下会产生更多热量，并表现出较低的热击穿强度。对于损耗较高的固体，高频交变电场下的主要击穿形式是热击穿。

3.1.4 次级击穿机制

前述击穿模型主要描述均匀电介质的击穿现象。实际电介质通常为不均匀介质，存在一些击穿薄弱区域（空洞、杂质相等）。以气隙为例，其介电常数很低，因此承受的电场强度较大，而其自身介电强度也较低，从而在一定电压下提前击穿，产生局部放电。局部放电过程会产生大量正负离子，形成反电场以降低局部电场，结束放电。然而形成的正负离子会扩散离开薄弱区域，削弱反电场，从而再次发生放电（图 3.2(d)）。除了电离效应，热、应力作用也在该过程中扮演着不可忽视的角色。局部放电现象在交流电场下尤其明显，会加速电介质整体的击穿，是陶瓷块体电介质实际击穿比理论击穿强度低一至两个数量级的重要原因。

沿面击穿是沿电介质表面发生的气体击穿，与表面状况密切相关。高压测试时，为了抑制沿面击穿，常常采用硅油等高击穿强度的液体作为媒质。改进试样和电极的形状也是可行的策略。

3.2 工程电介质的击穿

3.2.1 随机性原理

前述击穿机制是决定论的描述，这些模型给出了确定的击穿界限。当电介质越过临界状态时，将发生击穿。然而，越来越多的研究表明实际电介质的击穿具有随机性。一方面，加工过程可能引入一些空隙或杂质，使电介质陶瓷具有相当程度的不均匀性，从而出现击穿电场的局部波动；另一方面，表面粗糙度和内部介电常数的变化使电场出现差异，从而诱导局部击穿。因此，在实际研究中评估电介质的击穿特性时，需要引入统计方法来处理其击穿强度的随机性[1,4]。

以 PMMA 的分支型击穿结构（图 3.3）为例[12]，可以唯象地理解击穿过程：首先是部分击穿较低或承受电场较大的局部区域率先击穿，然后击穿部分不断发展，最终连通正负极板，实现整体击穿。通常这一过程发展迅速，仅数十纳秒，且通常从电极界面的弱点开始发展。这可能是由于高绝缘的电介质内的载流子主要依赖

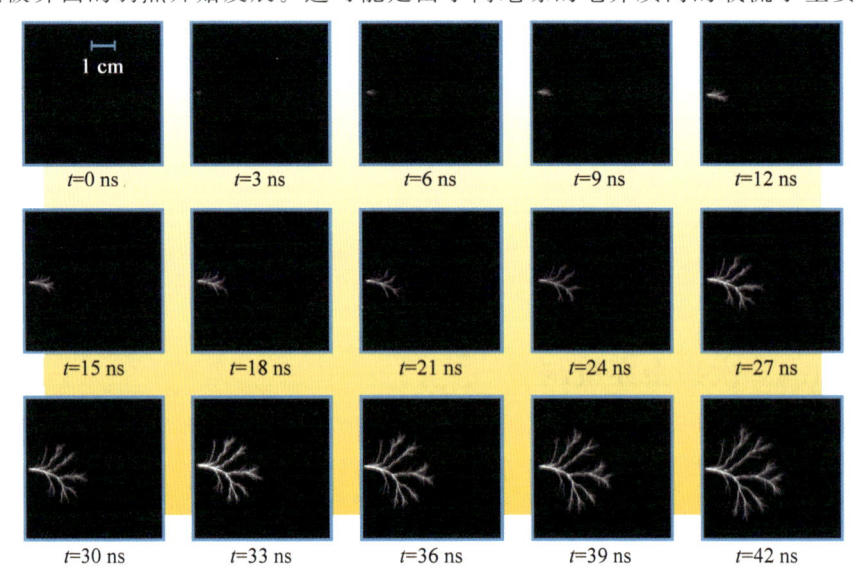

图 3.3　PMMA 分支型击穿结构的高速相机图片[12]

界面注入，界面处的载流子浓度较高，从而率先被破坏。由于击穿过程的树枝状结构，很容易将其与老化过程中观察到的电树枝联系起来。老化本身是一种空间分布的，具有时间累积效应的损伤过程，从而可以将击穿视为老化过程从量变到质变的结果。对击穿结构的理解有助于实际击穿过程的建模分析，目前已有不少进展，将在3.3节介绍。

3.2.2 韦布尔分布

电介质的击穿过程显然是时间和电场强度的协同作用，通常研究者们需要在固定脉冲或直流加压时间的情况下评估电介质的介电强度。对于给定电压下的击穿时间讨论可以参考讨论电介质绝缘性的书籍。为了使数据更具有参考价值，评估电介质的介电强度时，相应的试验脉冲时间（频率）或加压时间也应该给出。

试验中测试得到的不同样品通常具有一系列分布的击穿电场数值，从而需要使用统计模型来评估样品的介电强度。最常见的模型是韦布尔分布，该模型的表达式为[1,13]

$$P(E) = 1 - \exp\left[-\left(\frac{E}{E_b}\right)^\beta\right] \tag{3.1}$$

式中，$P(E)$为电场小于E时击穿的累积概率，β为形状因子。此时的介电强度E_b代表电介质击穿概率为63.21%时的电场强度。形状因子可以衡量电介质介电强度的离散度，β越大说明电介质的介电强度离散度越小。

虽然该模型在很多电介质击穿的场景下均获得了良好的拟合效果，仍有一些结果表现出偏离现象。此时可以尝试采用对数指数分布、指数分布或Gumbel分布等其他模型来处理[14]。

3.2.3 击穿的经验规律

如前所述，电介质的击穿不仅与其本征性质有关，也与测试条件、样品尺寸等参数有着密切联系。本节将简单介绍一些常见的经验规律。

(1) 厚度依赖关系：通常电介质的介电强度随厚度l_1的降低而有所提升。该效应在极薄的电介质薄膜和微米级以上的陶瓷块体中均有大量报道（图3.4）。相关的经验公式为

$$E_b \propto l_1^{-a} \tag{3.2}$$

式中，a为大于0的常数。以陶瓷块体为例，a的取值约为0.5。值得注意的是，作者团队在百纳米级介质薄膜的研究中发现，其介电强度可能不符合厚度依赖关系，而是在某一厚度处取峰值。相关的物理机制仍有待探讨[15]。

(2) 孔隙率依赖关系：当陶瓷介质的致密度提升时，其内部的空隙率将有所降低，从而减弱了局部放电效应，增大了介电强度（图3.5(a)）。

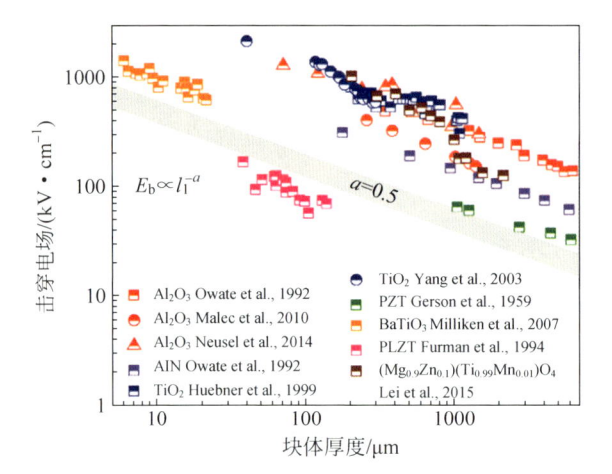

图 3.4 陶瓷电介质的介电强度的厚度依赖性[11]

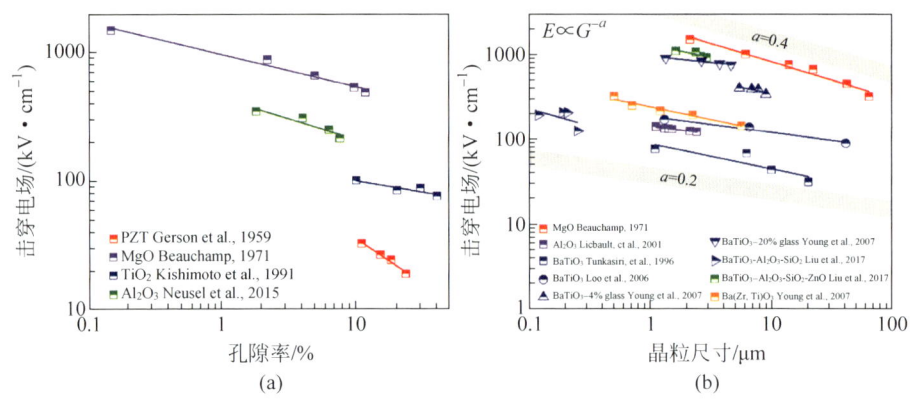

图 3.5 陶瓷块体电介质的击穿依赖性[11]
(a) 孔隙率；(b) 晶粒尺寸

(3) 晶粒尺寸依赖关系：随着晶粒尺寸(G)的降低，晶界的占比增加。晶界的缺陷很多，可以扮演散射载流子的界面或俘获载流子的陷阱区，从而降低漏电流，有利于介电强度的提升(图 3.5(b))。其经验公式也为幂指数形式，指数取值在 0.2~0.4。

(4) 介电常数依赖关系：对高介电常数的栅极电介质(gate dielectric)的研究发现，其介电强度与介电常数存在依赖关系，其表达式也满足幂指数形式(图 3.6)。

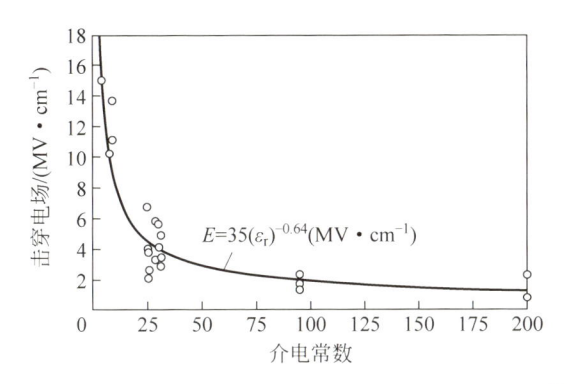

图 3.6　栅极电介质的介电强度与介电常数的依赖关系[16]

3.3　模拟方法的相关进展

3.3.1　电介质击穿的相场模拟

相场模拟已经对上述电击穿、电-机械击穿和热击穿机制进行了深入的描述。本节将聚焦相场方法,阐述该方法是如何应用于这三种击穿机制的。

在击穿模拟中,序参量 η_b 为击穿相($\eta_b=1$)和未击穿相($\eta_b=0$)。因此,描述序参量的双势阱函数(在此称为相分离能 f_{sepa})可以写为[17]

$$f_{sepa} = a_\eta \eta_b^2 (1-\eta_b)^2 \tag{3.3}$$

合适地选取参数 a_η 可以定义相分离能的势垒。静电能 f_{elec} 决定击穿,因此

$$f_{elec} = -\frac{1}{2}\varepsilon_0 \varepsilon_{r,ij} E_i E_j - E_i P_i \tag{3.4}$$

式中下标按照爱因斯坦求和约定。上式中电场的分布根据高斯定理有

$$\nabla \cdot D = \frac{\partial D_i}{\partial x_i} = \frac{\partial (\varepsilon_0 \varepsilon_{r,ij} E_j + P_i)}{\partial x_i} = \rho_{free} \tag{3.5}$$

由于整个体系是非均质的(至少包括击穿相和非击穿两相),则把电场写为 $E_j = E_j^{ext} + E_j^{in}$,第一项表示均匀的外加电场,第二项表示不均匀的内建电场(退极化场),则

$$\frac{\partial (\varepsilon_0 \varepsilon_{r,ij}(E_j^{ext}+E_j^{in})+P_i)}{\partial x_i} = \frac{\partial \left(\varepsilon_0 \varepsilon_{r,ij}\left(E_j^{ext}-\frac{\partial \phi}{\partial x_j}\right)+P_i\right)}{\partial x_i} = \rho_{free} \tag{3.6}$$

式中把内建电场表达为一个标量势 ϕ 的梯度形式。介电常数写为 $\varepsilon_{r,ij} = \varepsilon_{r,ij}^0 + \Delta\varepsilon_{r,ij}$,第一项为均匀的介电常数,第二项为非均匀项,有

$$\varepsilon_{\mathrm{r},ij}^0 \frac{\partial^2 \phi}{\partial x_i \partial x_j} = \frac{\partial \left(\Delta \varepsilon_{\mathrm{r},ij}\left(E_j^{\mathrm{ext}} - \frac{\partial \phi}{\partial x_j}\right)\right)}{\partial x_i} + \frac{\partial P_i}{\varepsilon_0 \partial x_i} - \frac{\rho_{\mathrm{free}}}{\varepsilon_0} \tag{3.7}$$

该式可以利用傅里叶谱迭代的方法求解,在零级近似,假设 $\Delta \varepsilon_{\mathrm{r},ij} = 0$,则

$$\varepsilon_{\mathrm{r},ij}^0 \frac{\partial^2 \phi^0}{\partial x_i \partial x_j} = \frac{\partial P_i}{\varepsilon_0 \partial x_i} - \frac{\rho_{\mathrm{free}}}{\varepsilon_0} \tag{3.8}$$

一级近似有

$$\varepsilon_{\mathrm{r},ij}^0 \frac{\partial^2 \phi^1}{\partial x_i \partial x_j} = \frac{\partial \left(\Delta \varepsilon_{\mathrm{r},ij}\left(E_j^{\mathrm{ext}} - \frac{\partial \phi^0}{\partial x_j}\right)\right)}{\partial x_i} + \frac{\partial P_i}{\varepsilon_0 \partial x_i} - \frac{\rho_{\mathrm{free}}}{\varepsilon_0} \tag{3.9}$$

如此递推,很快就可以得到收敛的结果,更详细的求解过程参见文献[18]。

相分离能、电场能再加上梯度能,构成了该相场模型的自由能

$$f = \iiint \left(a_\eta \eta_\mathrm{b}^2 (1-\eta_\mathrm{b})^2 + \kappa (\nabla \eta_\mathrm{b})^2 - \frac{1}{2}\varepsilon_0 \varepsilon_{\mathrm{r},ij} E_i E_j - E_i P_i\right) \mathrm{d}V \tag{3.10}$$

方程关于序参量的演化为

$$\frac{\partial f}{\partial \eta_\mathrm{b}} = -LP\left(2a_\eta(\eta_\mathrm{b}(1-\eta_\mathrm{b})(1-2\eta_\mathrm{b})) - 2\kappa \nabla^2 \eta_\mathrm{b} + \frac{\partial\left(-\frac{1}{2}\varepsilon_0 \varepsilon_{\mathrm{r},ij} E_i E_j - E_i P_i\right)}{\partial eta}\right) \tag{3.11}$$

击穿判据 Prob. 表示当电场能达到某一设定数值,即

$$f_{\mathrm{elec}} > f_{\mathrm{elec}}^{cr} \tag{3.12}$$

上述演化才发生,否则不发生,于是定义

$$\mathrm{Prob.} = 1, \quad f_{\mathrm{elec}} - f_{\mathrm{elec}}^{cr} > 0 \tag{3.13}$$

$$\mathrm{Prob.} = 0, \quad f_{\mathrm{elec}} - f_{\mathrm{elec}}^{cr} \leqslant 0 \tag{3.14}$$

该方法已成功应用在多种非均质介电材料中,如 PVDF-钛酸钡复合电介质、钛酸铋多晶薄膜等[17,19](图 3.7)。

进一步考虑热击穿,在自由能中加入一项焦耳热,相应的能量有

$$f_{\mathrm{joule}} = -\sigma_{ij} E_i E_j \mathrm{d}t \tag{3.15}$$

对照上述静电场平衡方程,有

$$\sigma_{\mathrm{r},ij}^0 \frac{\partial^2 \phi^n}{\partial x_i \partial x_j} = \frac{\partial \left(\Delta \sigma_{\mathrm{r},ij}\left(E_j^{\mathrm{ext}} - \frac{\partial \phi^{n-1}}{\partial x_j}\right)\right)}{\partial x_i} \tag{3.16}$$

相应地,击穿判据更改为

$$\mathrm{Prob.} = 1, \quad f_{\mathrm{elec}} + f_{\mathrm{joule}} - f_{\mathrm{elec}}^{cr} - f_{\mathrm{joule}}^{cr} > 0 \tag{3.17}$$

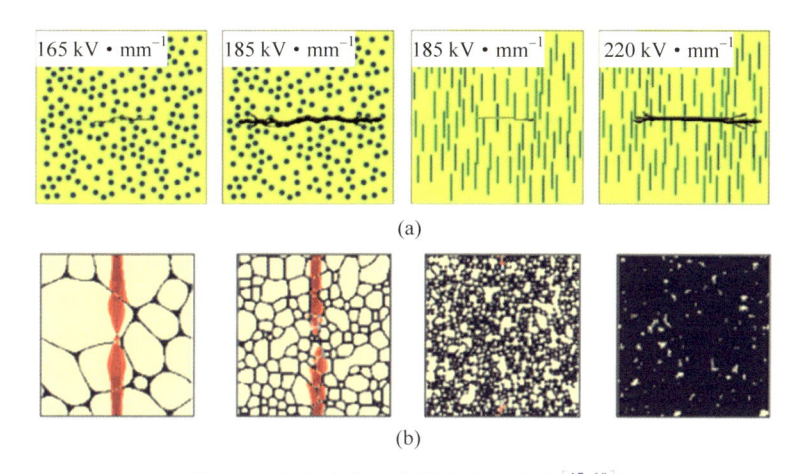

图 3.7　仅考虑电场作用的击穿模拟[17,19]
(a) 击穿模拟在复合电介质中的应用；(b) 击穿模拟在多晶-非晶材料中的应用

$$\text{Prob.} = 0, \quad f_{\text{elec}} + f_{\text{joule}} - f_{\text{elec}}^{cr} - f_{\text{joule}}^{cr} \leqslant 0 \tag{3.18}$$

再考虑电-机械击穿机制，即在总自由能中加一项应变能

$$f_{\text{strain}} = -\frac{\varepsilon_0^2 \varepsilon_{r,ij}^2 E_i^2 E_j^2}{8Y} \tag{3.19}$$

式中，Y 为材料的杨氏模量。材料的击穿判据也做相应的修改

$$\text{Prob.} = 1, \quad f_{\text{elec}} + f_{\text{joule}} + f_{\text{strain}} - f_{\text{elec}}^{cr} - f_{\text{joule}}^{cr} - f_{\text{strain}}^{cr} > 0 \tag{3.20}$$

$$\text{Prob.} = 0, \quad f_{\text{elec}} + f_{\text{joule}} - f_{\text{elec}}^{cr} - f_{\text{joule}}^{cr} - f_{\text{strain}}^{cr} \leqslant 0 \tag{3.21}$$

相关方法的实际运用可见图 3.8[20]。

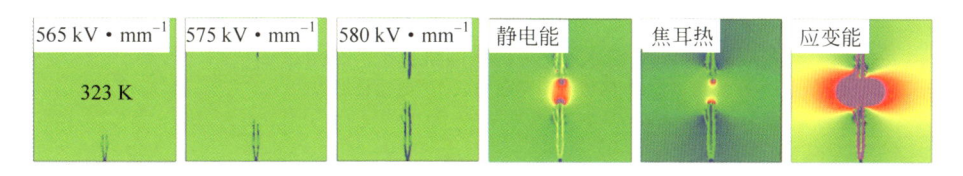

图 3.8　考虑电场、焦耳热和应变作用的击穿模拟在电介质中的应用[20]

3.3.2　击穿的其他理论模型

除了相场模型，还有很多方法可以计算电介质的击穿电场，模拟电介质的击穿路径。在计算击穿电场方面，Sun 等[21]提出一种基于第一性原理的方法，该方法包括在给定电场 E 下具有能量 f 的电子获能速率 A_e

$$A_e = \frac{e^2 \tau(f) E^2}{3m} \tag{3.22}$$

以及电子失能速率 B_e，二者均可由电子和声子结构计算得到。进而得到击穿电场为使 $A_e > B_e$ 成立的最小电场 E。在计算击穿路径方面，1984 年 Niemeyer 等[22]提出一种随机模型，这个模型设定击穿起始点及路径的电势为 0，网络边界处为 1，根据泊松方程

$$\nabla^2 \phi = 0 \tag{3.23}$$

即可得到网格中每一个点的电势。在已有路径的基础上，每一个模拟步都只增加一个相邻的击穿网格，这个网格点被击穿的概率为

$$\mathrm{Prob.} = \frac{\phi(r)^{\eta_1}}{\Sigma \phi(r)^{\eta_1}} \tag{3.24}$$

式中，参数 η_1 决定了击穿概率和电势（局部电场）的依赖关系。在气体中，通常有 $\eta_1 = 1$，而在固体中往往 $\eta_1 \neq 1$，这意味着击穿的概率与电势的关系偏离线性关系。这种方法可以很好地模拟电树枝的形貌，也可以预测电树枝的分形特性（图 3.9），但该模型的参数选取往往缺乏更深刻的物理含义。

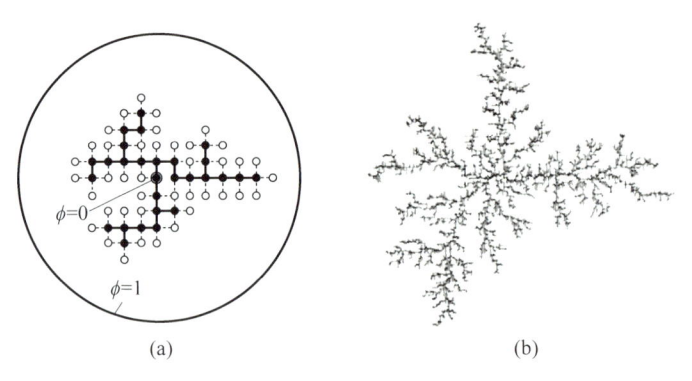

图 3.9 电击穿随机模型[22]
(a) 电势分布示意图；(b) 电树枝形貌

参考文献

[1] DISSADO L A, FOTHERGILL J C. Electrical degradation and breakdown in polymers[M]. London: Institution of Engineering and Technology, 1992.

[2] SU J, DU B, LI J, et al. Electrical tree degradation in high-voltage cable insulation: progress and challenges[J]. High Voltage, 2020, 5(4): 353-364.

[3] FRÖHLICH H, PARANJAPE B V. Dielectric breakdown in solids[J]. Proceedings of the Physical Society Section B, 1956, 69(1): 21-32.

[4] 殷之文. 电介质物理学[M]. 2 版. 北京: 科学出版社, 2003.

[5] SPARKS M, MILLS D L, WARREN R, et al. Theory of electron-avalanche breakdown in

solids[J]. Physical Review B,1981,24(6): 3519-3536.

[6] SEITZ F. On the theory of electron multiplication in crystals[J]. Physical Review,1949, 76(9): 1376.

[7] ZENER C. A theory of the electrical breakdown of solid dielectrics[J]. Proceedings of the Royal Society of London Series A, Containing Papers of a Mathematical and Physical Character,1934,145(855): 523-529.

[8] SINGH T M. Zener and avalanche breakdown in silicon alloyed p-n junctions-I[J]. Solid-State Electronics,1968,11(1): 99-115.

[9] STARK K,GARTON C. Electric strength of irradiated polythene[J]. Nature,1955,176(4495): 1225-1226.

[10] RAY S. An introduction to high voltage engineering[M]. 2 nd. Delhi: PHI Learning Pvt. Ltd. ,2013.

[11] YANG L, KONG X, LI F, et al. Perovskite lead-free dielectrics for energy storage applications[J]. Progress in Materials Science,2019,102: 72-108.

[12] STURGE K M, HOPPIS N, BUSSIO A M, et al. Dynamics of high-speed electrical tree growth in electron-irradiated polymethyl methacrylate[J]. Science, 2024, 385 (6706): 300-304.

[13] WEIBULL W. A statistical distribution function of wide applicability[J]. Journal of Applied Mechanics,1951: hal-03112318.

[14] RAMAKUMAR R. Engineering reliability: fundamentals and applications[M]. New Jersey: Prentice Hill,1993.

[15] PAN H, LI F, LIU Y, et al. Ultrahigh-energy density lead-free dielectric films via polymorphic nanodomain design[J]. Science,2019,365(6453): 578-582.

[16] MCPHERSON J W, KIM J, SHANWARE A, et al. Trends in the ultimate breakdown strength of high dielectric-constant materials[J]. IEEE T Electron Dev,2003,50(8): 1771-1778.

[17] SHEN Z H, WANG J J, LIN Y, et al. High-throughput phase-field design of high-energy-density polymer nanocomposites[J]. Advanced Materials,2018,30(2): 1704380.

[18] WANG J J, MA X Q, LI Q, et al. Phase transitions and domain structures of ferroelectric nanoparticles: Phase field model incorporating strong elastic and dielectric inhomogeneity[J]. Acta Materialia,2013,61(20): 7591-7603.

[19] YANG B, LIU Y, LI W, et al. Balancing polarization and breakdown for high capacitive energy storage by microstructure design[J]. Advanced Materials,2024,36(32): e2403400.

[20] SHEN Z-H, WANG J-J, JIANG J-Y, et al. Phase-field modeling and machine learning of electric-thermal-mechanical breakdown of polymer-based dielectrics[J]. Nature Communications, 2019,10(1): 1843.

[21] SUN Y, BOGGS S A, RAMPRASAD R. The intrinsic electrical breakdown strength of insulators from first principles[J]. Applied Physics Letters,2012,101(13): 132906.

[22] NIEMEYER L, PIETRONERO L, WIESMANN H J. Fractal dimension of dielectric breakdown[J]. Physical Review Letters,1984,52(12): 1033-1036.

第二篇
电介质的物理性能调控策略

第4章

晶体结构本征特性

晶体结构调制策略是指通过控制和调整材料的晶体结构来优化其性能的方法。这种策略在材料科学中非常重要。以下是一些常见的晶体结构调制策略。

4.1 价键工程

陶瓷材料因其独特的性质,在工业和科研领域有着广泛的应用。为了满足特定应用的需求,往往需要对陶瓷材料的晶体结构进行精细的调制。价键工程提供了一种从电子层面调控材料性质的有效手段。

广义上,化学键可以分为五类:共价键、离子键、金属键、金属有机键和复杂键。对于典型的钙钛矿铁电材料而言,其电子特性以及结构稳定性很大一部分是由于这些化合物中键合情况的复杂性。复合体内的键合行为不是由单个电子的键合行为决定的,而是由整体结构的电子密度分布决定,与各个原子的轨道以及相关电子的占据或者空缺相关。复杂键合的描述很大程度上依赖于分子轨道(MO)理论和扩展到的晶体场理论与配体场理论[1]。简单来说,其依赖于个别(未扰动或受到扰动)轨道的对称性和分布以及形成杂化轨道。实际上,离子固体中晶格内原子的配位在很多情况下与固溶体系中的配位化学有许多相似之处,例如,钙钛矿中八面体配位的 B 位受相同参数的控制,如带有硫化物(S^{2-})和氧(O^{2-},在配位化学中称为 oxo)配体,及八面体配位的过渡金属 oxo 复合体的键合在结构上是钙钛矿氧化物结构的核心。在 oxo 复合体中,特别是具有八面体配位的复合体由于化学键和电子轨道分布存在一个特殊属性,即称为"oxo 墙"(oxo wall)的现象,用于描述特定条件下金属-氧物种稳定性的理论概念。其在化学和材料科学中有着重要的应用,可以用来解释和预测某些金属氧化物元素的稳定性和存在性。简而言之,"oxo 墙"是指在特定的氧化态和几何构型下,某些金属-氧物种无法稳定存在的现象,即当中心原子 d 电子数超过四个的复合体的结构不能稳定存在[2]。当 d 电子计数为四的复合体变得亲核,而 d 壳层占据较低的复合体变得亲电时,复合体的整体行为受中心原子的 d 电子数的控制。例如,钙钛矿 B 位原子倾向于是早期过渡金属元素,由于具有足够的电离度,使得 d 壳层中的电子数量很低(Ti^{4+}、Zr^{4+}、Hf^{4+}、Sc^{3+}、Nb^{5+});全部具有 d^0 构型,因此高度亲电。其次,通过将电子密度推向 B 位过渡金属元素的空轨道,促进了复合键的形成,八面体的"外部"(朝 A 位方向)电子密度降低。Zhurova 等[3]通过对钛酸锶的研究,发现其电子密度图证明了这种效应的存在。而具有 d^0 中心的末端(不反应的)oxo 复合体则非常罕见。

此外,在钙钛矿材料中,特别是在作为钙钛矿结构 A 位点的重金属元素中,孤对电子的概念非常重要。孤对电子是指那些不参与常规化学键合的价电子对。尽管它们通常不参与化学键的形成,但孤对电子可以影响分子的对称性,并且具有空间选择性。在结构和电子行为上,这表现为重过渡金属倾向于保留一个不参与化学键合的孤对电子,这些孤对电子影响结构和几何行为,但不直接参与化学反应。这与通常在阴离子中发现的孤对电子不同,如氧族元素或卤素,它们由于对核心的强吸引力和高电负性而形成孤对电子。重过渡金属则是另一种情况,它们的惰性对不是由静电原因引起的,而是由重金属中电子的相对质量增加引起的,因此即使在通常容易释放电子的金属中也可能出现惰性对。在钙钛矿结构中,中心的亲电络合物与携带孤对电子的 A 位点原子的高电子密度相互作用。由于这种相互作用涉及共享轨道,因此可被认为具有共价性。这种相互作用为晶体结构增加了额外的约束,使得对称性不再仅由离子半径、原子量和组成元素的价态来决定。这种效应通常会导致材料二点极性增加,以及宏观表现出更高的极性状态稳定性和居里温度的提高[4-5],在钛酸铅(PZT)中得到了广泛研究和报道。尽管 PZT 的戈尔德施密特(Goldschmidt)容忍因子接近 1(表明其应为立方结构),但实际呈现四方晶系。此外,孤对效应对于 $PbZrO_3$ 中的反铁电有序现象、高居里温度也有影响[6]。

4.2　八面体调制

具有钙钛矿结构的氧化物拥有丰富的物理性质,如磁性、介电性、光电性、铁电性等。钙钛矿单元格中的氧离子构成八面体分布。特殊的氧八面体结构的变形或倾斜会导致新性能或性质的变化。通过理解如何在样品生长过程中控制八面体的倾斜来调节这些性质,可以更有效地指导新结构的设计,以实现高性能并启发其潜在的应用。

ABO_3 型氧化物的原子排列成所谓的钙钛矿结构。一个钙钛矿单元格包含六个氧原子,这些氧原子占据面心立方(FCC)结构的面心位置,形成氧八面体,B 位阳离子填补中心空位。以钛酸锶($SrTiO_3$)这种中心对称的钙钛矿为例,其空间群为 Pm3m，晶格常数为 3.905 Å，锶离子位于立方单元格的角落，钛离子位于中心，被氧离子包围[7]。这些 TiO_6 八面体在三个维度上完美堆叠，角度为 90°，六个等长的 Ti—O 键长为 1.952 Å。对于非理想情况，原子排列有多种可能的畸变，如图 4.1 所示。包括：①由杨-泰勒（Jahn-Teller）效应引起的氧八面体变形，这改变了立方对称性并导致某些氧化物中的金属-绝缘体转变，或 B 位原子的自旋排列及其磁性的变化；②氧八面体中心阳离子的位移导致铁电性，钛酸钡（$BaTiO_3$）和铌酸铅钛（$Pb(Zr_{1-x}Ti_x)O_3$）正是这种情况；③在较宽的范围内，氧八面体的倾斜或旋转可以定义材料的对称性。结构畸变之一或它们的组合可以形成独特的钙钛矿结构[8-9]。

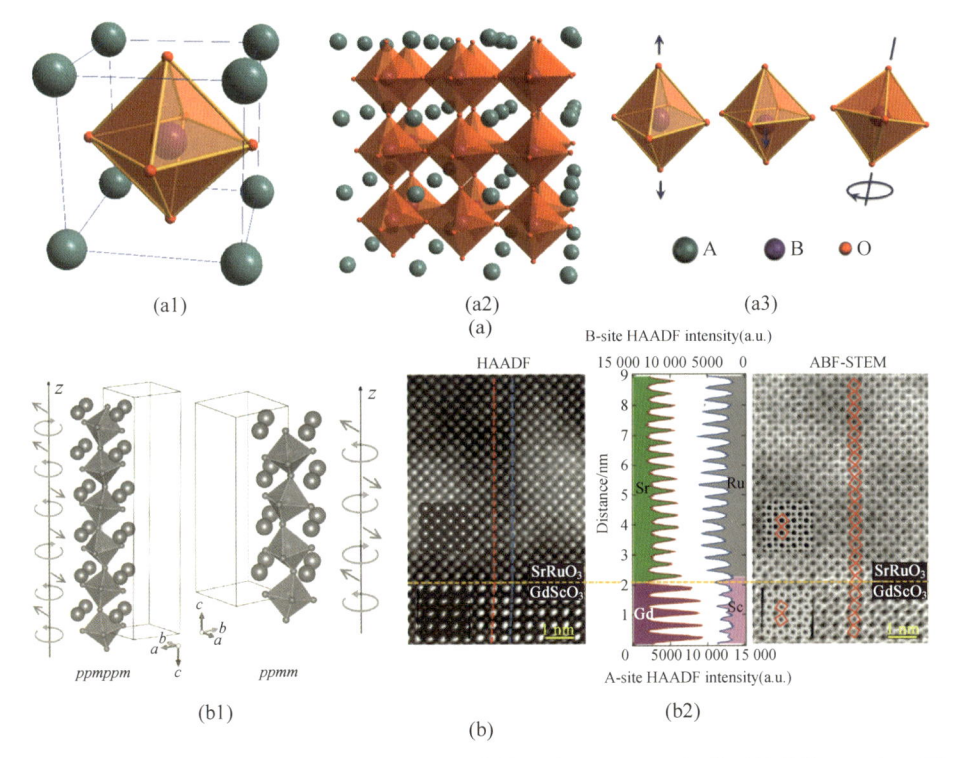

图 4.1 （a）ABO_3 钙钛矿单元格和其氧八面体的示意图（a1），理想排列的晶格（a2）和八面体构型以及非理想结构的可能畸变（a3）：杨-泰勒伸长、中心阳离子位移和氧八面体倾斜[9]。（b）描述氧八面体倾斜的方法：通过计算预测在铋铁氧体（BFO）中可能的倾斜超结构[13]，以及通过高角环形暗场扫描透射电子显微镜（HAADF-STEM）和环形明场扫描透射电子显微镜（ABF-STEM）直接观察应变有序（SRO）/生长应变有序（GSO）界面处的倾斜畸变[14]

4.2.1 八面体倾转定义及容忍因子

钙钛矿中氧八面体倾斜的分类称为格雷泽(Glazer)标记法：$a^l b^m c^n$，其中a、b、c分别代表沿晶面[100]、[010]以及[001]轴的倾斜程度[10]。上标l、m、n分别代表相邻的八面体以相同的方向(+，"同相")或相反的方向(−，"反相")倾斜，或者没有倾斜(0)。戈尔德施密特容忍因子(t_G)作为衡量八面体结构稳定性的一个指标，定义为

$$t_G = \frac{r_A + r_O}{\sqrt{2}(r_B + r_O)} \tag{4.1}$$

式中，r_A、r_B和r_O分别是A位离子、B位离子和氧离子的半径。容忍因子的值可以用来预测材料是否倾向于形成立方相或四方相等晶体结构，以及预测相关性能变化。当容忍因子接近1时，表明结构更趋向于立方对称；当容忍因子偏离1时，可能引起结构畸变，如八面体倾斜，进而影响材料的物理性质。

此外，氧八面体倾斜的起源可以通过B—O—B键的偏差来反映

$$\theta = \langle B-O-B \rangle \tag{4.2}$$

在中心对称的钙钛矿中，如果A位阳离子与氧阴离子大小相匹配，形成立方密堆积层，而B位阳离子与BO_6八面体的空隙大小相匹配，t_G为1.0。然而，一旦发生畸变，理想的堆积就会被打破，t_G会偏离1.0。这种偏离反映了离子尺寸可以移动多远，并且仍能被钙钛矿结构"容忍"。当t_G偏离1.0的程度很小，例如，$-0.05 \leqslant t_G - 1.0 \leqslant 0.04$，发现晶体结构保持了立方对称性。相反，如果偏离是正的并且相对较大，例如在$Ba_5Ta_4O_5$中，B—O键被拉伸，而A—O键被压缩，θ保持180°，导致六角原子堆叠伴随着铁电特性[11]。同样，如果偏离是负的并且相对较大，A—O键被拉伸，而B—O键被压缩，导致氧八面体的倾斜和B—O—B键的弯曲。这种畸变导致了四方堆叠(围绕[001]轴旋转，I4/mcm或P4/mbm系统)、三斜堆叠(围绕[111]轴旋转，R—3c或Im—3系统)或正交堆叠(围绕[110]或[001]轴旋转，Pbnm或Pnma)，平均键角θ随着对称性从四方变为三斜再变为正交而持续减小。因此，容忍因子和氧八面体倾斜是结构对称性的准则[12]。

4.2.2 八面体倾转观测及表征

氧八面体的倾斜幅度可以通过理论计算和实验来评估。在理论上，计算方法可以从原子排列出发，预测氧八面体倾斜与性质之间的联系。实验上，可以通过中子偏转测量来表征结构的对称性。随着电子显微镜技术的发展，实验观察可以直接识别八面体结构。例如，借助高角环形暗场扫描透射电子显微镜图像和环形明场扫描透射电子显微镜，可以可视化氧原子以及八面体的倾斜。图4.2(a)展示了

多铁性材料 BiFeO$_3$(BFO)及其相关化合物中一个全新的稳定相族的例子,以及在 GdScO$_3$(GSO)基底上的 SrRuO$_3$(SRO)薄膜的氧八面体,其中倾斜是在一个正交(Pbmn)结构中的 $a-a-c+$,并且薄膜的模式逐渐从沿[001]平面内变化到沿[1-10]平面外[13-14]。

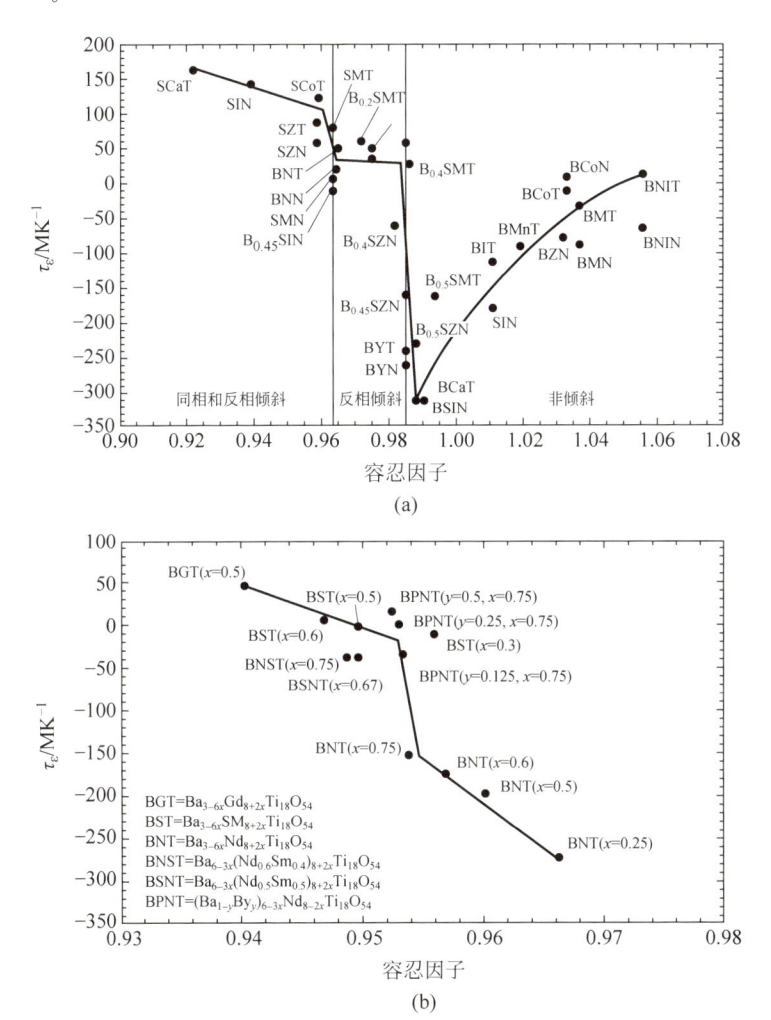

图 4.2 (a)钡(Ba)和锶(Sr)基的复杂钙钛矿及(b)钨青铜型化合物的容忍因子(t_G)与介电常数的温度系数(τ_ε)之间的关系

此外,还可以通过拉曼光谱探测材料中的晶格振动模式,这些模式的变化可以反映由于杨-泰勒效应引起的结构畸变。具体来说,拉曼光谱中的特征峰的位移、强度变化或峰宽的变化都可以提供有关材料局部对称性和结构变化的重要信息。

4.2.3 钙钛矿及复合钙钛矿体系中的容忍因子调控

钛酸钡($BaTiO_3$,BTO)是典型的具有钙钛矿结构的铁电材料。比如,BTO 在室温下的容忍因子大于 1,其四方结构的高介电/压电特性来自 TiO_6 八面体中心钛离子沿 c 轴方向的位移。此外,在一些 Ba 基和 Sr 基的复杂钙钛矿($A(B_{1/3}B'_{2/3})O_3$)结构中[8,15-16],B 位阳离子在平面上以一层 B 离子和两层 B' 离子堆叠。由于具有较高温度稳定性(介电温度系数 τ_ε 接近 0)和低介电损耗(高品质因数 Q 及其与频率的乘积 $Q \times f$)的化合物是更理想的谐振器候选材料,通过改变 B 位阳离子和调节 Ba/Sr 比例,可以控制结构的倾斜模式,并调节介电性质。图 4.2(a)展示了 t_G 和 τ_ε 之间的关系,这意味着 τ_ε 通过与八面体倾斜相关的转变来调控。随着 t 从 1.06 减少到 0.92,复杂钙钛矿结构经历了从未倾斜到反相倾斜再到同相倾斜和反相倾斜的转变。

4.2.4 钨青铜体系中的容忍因子调控

钨青铜体系作为除钙钛矿体系之外的第二大材料体系,固溶体 $Ba_{6-3x}R_{8+2x}Ti_{18}O_{54}$($0<x<1$,其中 R 是稀土元素)也显示出良好的介电性质,可以用作微波谐振器。其中 TiO_6 八面体框架由 2×2 单元的钙钛矿块形成,并产生十个 A_1 菱形位置、四个 A_2 五边形和四个 A 位阳离子的三角位置。

这种结构也可以使用对应的容忍因子来评估材料的稳定性[17]:

$$t_G = \frac{\left[\left(\frac{4}{5}+\frac{x}{5}\right)r_{A_1} + \left(\frac{1}{5}+\frac{x}{5}\right)r_{A_2}\right] + r_O}{\sqrt{2}(r_B + r_O)} \quad (4.3)$$

钨青铜结构中的氧八面体沿 c 轴([001]赝立方)的倾斜导致氧离子电子密度的分裂,这进一步改变了沿 c 轴的结构对称性,从 2 的对称性变为 2_1 的对称性,从而影响介电性质。据报道,$Ba_{6-3x}R_{8+2x}Ti_{18}O_{54}$ 陶瓷体系的最高 $Q \times f$ 在 $x=2/3$ 时得到,此时钡离子和稀土离子分别占据 A_2 和 A_1 位。这种阳离子的有序化分布减少了结构的内应力,并且导致了高 $Q \times f$。然而,介电常数不仅受 TiO_6 八面体体积的影响,还受到 Ti—O—Ti 键的倾斜以及钡和稀土离子的极化能力的影响。对于不同的 R 离子(Sm、Nd、Pr 和 La),随着单胞体积的减小,ε_r 线性减小,倾斜角增加。此外,钨青铜结构的容忍因子还与 τ_ε 有关,如图 4.2(b)所示。

这些图说明了容忍因子如何影响材料的介电性质[18]。

4.2.5 奥里维里斯相中的容忍因子和 T_c 调控

奥里维里斯(Aurivillius)相,通式为 $(Bi_2O_2)^{2+}(M_{n-1}R_nO_{3n+1})^{2-}(Bi_2O_2)^{2+}$

$(M_{n-1}R_nO_{3n+1})^{2-}$，在20世纪50年代首次被发现，由钙钛矿块$(M_{n-1}R_nO_{3n+1})$组成，这些钙钛矿块沿$^{1/2}[111]$方向被具有岩盐结构的$Bi_2O_2^{2+}$层分隔和错位。典型化合物是$Bi_4Ti_3O_{12}$，它在Bi氧化物层之间有两个钙钛矿/三个八面体单元，如图4.3(a)所示。它具有四方原型对称性，空间群为I4/mmm，在大约672℃处经历顺电-铁电(PE-FE)相变。Reaney等[19]在研究了一系列的奥里维里斯相化合物发现，在奥里维里斯相中，随着容忍因子t_G的增加，居里温度T_C降低。同时通过[100]/[010]电子衍射模式中显示出明暗交替的衍射斑点，系统性地证明了衍射斑点的出现是由八面体围绕长c轴的旋转引起的。这种由八面体旋转引起的超晶格反射对于温度呈现依赖关系，这些观察结果和理论为理解奥里维里斯相中铁电性的形成提供了重要线索，有助于设计具有特定性能的新型铁电材料，如图4.3(b)和(c)所示。

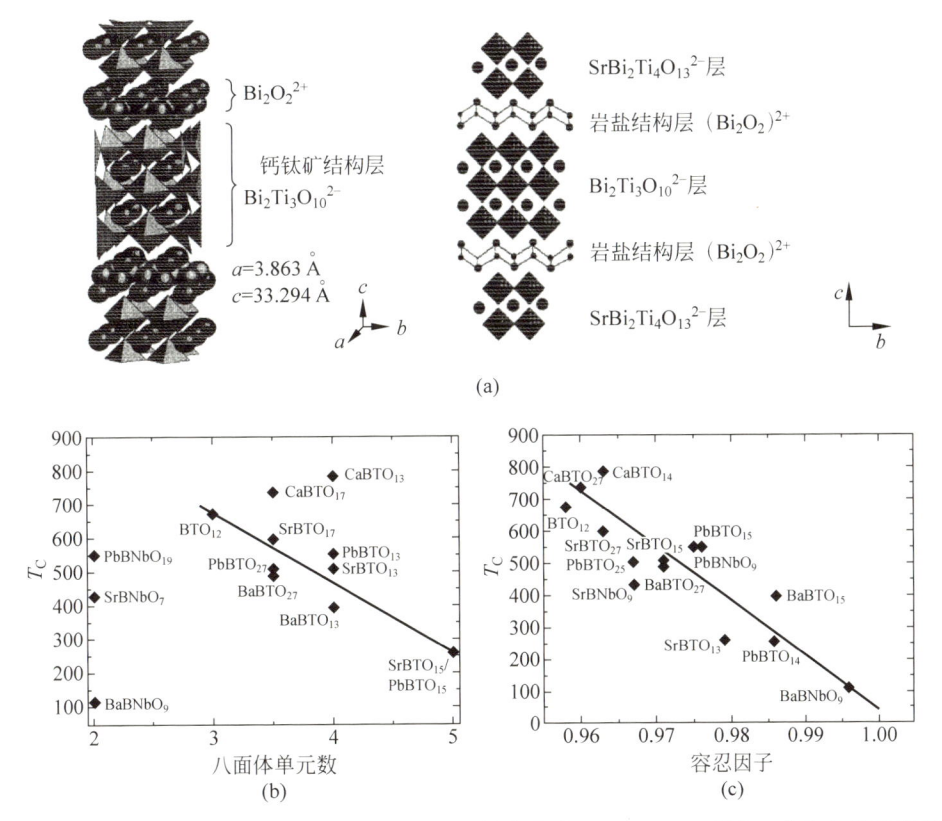

图4.3 (a)$Bi_4Ti_3O_{12}$(I4/mmm)晶格，及混合层状化合物$SrBi_8Ti_7O_{27}$沿[100]方向的示意图；奥里维里斯化合物中(b)八面体单元及(c)容忍因子t_G与T_C的关系[19]

4.3 有序与无序

在固体化学和物理学中,结晶在钙钛矿结构中的化合物是最为广泛的研究材料之一。晶体结构中的有序与无序现象对材料的介电性能有着根本性的影响。通过调控这些现象,可以有效地调制陶瓷的介电特性。

钙钛矿展示出几种有趣的基本化学和物理性质:它们的电子结构可以从绝缘体到金属,甚至到具有自旋极化电导的半金属,它们的磁有序可以从反铁磁到铁磁和亚铁磁,甚至允许新组合性质的出现。这些应用包括但不限于电子设备、传感器、数据存储、能源转换和催化过程。钙钛矿的多功能性为开发新型高性能材料提供了广阔的机会[20]。理想的立方钙钛矿化合物 ABX_3 拥有一个位于十二配位 A 位的大阳离子,一个位于八面体配位 B 位的小阳离子,以及一个阴离子 X(通常是氧)。BX_6 八面体形成了一个角共享的网络,其余空隙由 A 位阳离子填充。这种结构上的灵活性允许通过改变组成元素或引入缺陷来调整钙钛矿的性质,从而实现对材料性能的精确控制。$A_2B'B''O_6$ 型钙钛矿中发现的不同 B 位阳离子有序化排列方式如图 4.4 所示。例如,通过改变 B 位阳离子,可以调节材料的电子结构和磁性;通过改变 A 位阳离子,可以影响材料的晶格参数和机械性能;而通过在 X 位引入不同的阴离子,可以改变材料的电子亲和力和离子导电性。一般来说,B 位阳离子的有序化比 A 位阳离子的有序化更为普遍。在过去几十年中,B 位掺杂的钙钛矿氧化物 $A_2B'B''O_6$ 因其多样的有趣特性和潜在应用而日益受到关注。

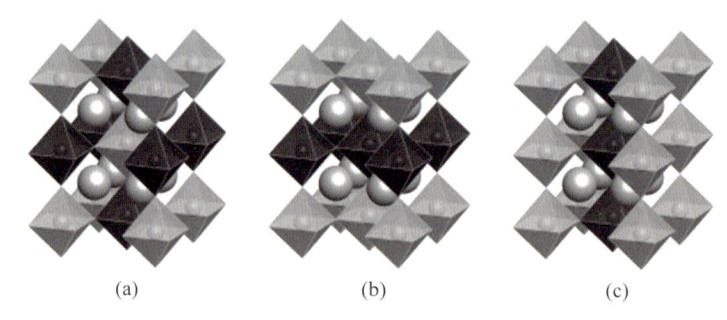

图 4.4 $A_2B'B''O_6$ 型钙钛矿中发现的不同 B 位阳离子有序化排列方式[20]
(a)岩石盐型有序化;(b)层状有序化;(c)柱状有序化

4.3.1 阳离子有序度评价

有序度可以分为完全有序、反位无序以及反相边界,如图 4.5 所示[20]。完全有序情况下,B 位阳离子按照理想的化学计量比和晶体学位置精确排列,没有发生任何位置交换,形成了一个均匀有序的晶格结构。在反位无序(antisite disorder)

中，B 位上的阳离子 B′和 B″发生了位置交换，即 B′占据了 B″的位置，反之亦然。这种无序可能是由于热力学平衡或动力学过程导致的，会影响材料的物理化学性质。反相边界（antiphase boundary，APB）是分隔两个有序区域的界面，这两个区域在 B 位阳离子的排列上是相反的。换句话说，通过反相边界，一侧的有序排列在另一侧被镜像反转。APBs 的存在通常是由于晶体生长过程中的局部有序化，或者是在某些材料中由于应力或其他因素诱导的有序化转变。

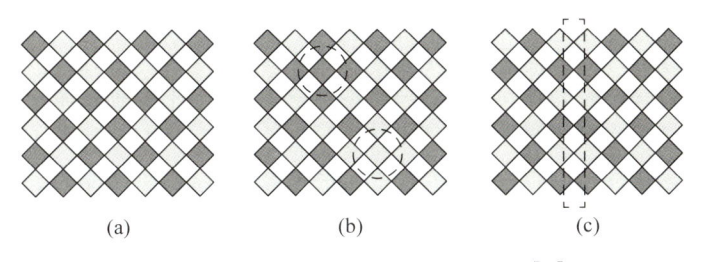

图 4.5　B 位阳离子无序化的几种模式[20]
(a) 完全有序；(b) 反位无序；(c) 反相边界

在复合钙钛矿 $A_2B'B''O_6$ 体系中，B 位阳离子有序化的程度可以通过一个简单的长程有序参数来量化，作为第一近似。这个参数定义为

$$S = 2g_B - 1 \tag{4.4}$$

式中，g_B 是 B 位阳离子占据其正确位点的占有率。完全有序的双钙钛矿对应于 $S=1$，而完全无序的对应于 $S=0$。然而，部分阳离子有序化也是可能的。更重要的是，由于不同的合成条件，单一化合物中阳离子有序化的范围可以变化很大，这允许在一些 $A_2B'B''O_6$ 化合物中控制阳离子有序化。Perrin 等[21]的研究发现，看似部分有序的样品包含有序域和无序域，并且在有序域内存在反相边界。此外，即使是无序结构也可能包含非常短程的有序化。

4.3.2　阳离子有序化及其检测方法

B 位阳离子的有序化可以通过衍射技术表征测量。当阳离子有序化会产生超晶胞反射。某些组成可能实际上在 B′和 B″阳离子上具有完全相同的电子数，如 $A_2^{3+}Ca^{2+}Ti^{4+}O_6$、$A_2^{2+}In^{3+}Sb^{5+}O_6$、$A_2^{2+}Sr^{2+}Mo^{6+}O_6$、$A_2^{2+}Y^{3+}Nb^{5+}O_6$、$A_2^{2+}Sc^{3+}V^{5+}O_6$ 或 $A_2^{2+}Tl^{3+}Bi^{5+}O_6$。比如，阳离子有序化可能间接地从氧的位置中检测出来。此外，一些样品还可以通过使用中子衍射（NPD）来检测氧位置的有序化程度。氧的高散射长度可能会导致确定 B 位阳离子有序化的困难，可能需要结合使用 XRD 和 NPD。衍射研究也可能通过超晶胞峰的展宽来区分反位（AS）和反相边界（APB）类型的无序度。通过电子显微镜观察，也可以帮助检测化合物中的局部有序化。某些特定元素（如 Fe），可以使用穆斯堡尔光谱学来检测阳离子有序化。

4.3.3　有序度对于介电、铁电性能的调控

大多数 $A_2B'B''O_6$ 钙钛矿是绝缘体。这些化合物可以用作介电材料,这也是最早为钙钛矿氧化物构想的实用应用之一。$A_2B'B''O_6$ 钙钛矿绝缘体在微波介电材料领域表现出巨大的应用潜力,理解和优化这些性质可以推动微波设备的发展。最常见的应用是在通信领域的微波介电材料。对于这类材料的典型要求包括高介电常数 k(即 ε_r)大于 20、低损耗切线 $\tan\delta$ 小于 10^{-5},以及在室温附近的小的绝对谐振频率温度系数小于 25 ppm/K。例如,大多数铁电材料具有高 k 值,但也具有强烈的温度依赖性,而且很少有材料既有高 k 值又具有良好的热性能。然而,通常可以将具有正温度系数和负温度系数的化合物混合,以调整总系数至零[22]。由于大多数化合物具有正温度系数,因此找到具有负温度系数的化合物以进行补偿是很重要的。Takata 和 Kageyama[22]研究了一系列 $A_2B'B''O_6$ 化合物,其中 A＝Ca、Sr 或 Ba,B′＝La、Nd、Sm 或 Yb,B″＝Nb 或 Ta。他们发现了几个具有 k 大于 20 以及正或负温度系数的化合物。同样,许多 $A_2B'WO_6$ 化合物,其中 A＝Sr 或 Ba,B′＝Co、Ni 或 Zn,也被报道具有大的 k 值和负的温度系数[23]。

化合物的介电极化依赖于组成离子的极化率,在 $A_2B'B''O_6$ 钙钛矿中,可以结合许多具有不同介电特性的不同阳离子。更重要的是,当介电材料用作基底或缓冲层时,需要与活性化合物的晶格参数匹配良好。由于阳离子组合的数量众多,$A_2B'B''O_6$ 钙钛矿可以获得广泛的晶格参数范围。介电性质还可能取决于阳离子的有序化:对于微波应用,可能更倾向于高有序化,因为介电损耗通常通过 B 位阳离子有序化而降低[24]。

铁电化合物具有自发的电子极化,通常具有较大的介电常数,因此研究人员对其具有极大的兴趣。研究最多的铁电材料是 A 位为 Pb 的钙钛矿,由于 Pb^{2+} 的孤对 $6s^2$ 电子的极化[25],一些铁电 $Pb_2B'B''O_6$ 钙钛矿具有相对较高的转变温度,高于室温。然而,许多 A＝Pb 的化合物被描述为反铁电,只有少数化合物,如 B″＝Nb 或 Ta 的 $Pb_2ScB''O_6$ 是铁电,A＝Bi^{3+} 的化合物也可能表现出铁电畸变。

在 $Pb_2B'B''O_6$ 铁电材料中,B 位阳离子的有序化对介电性质非常重要。高度有序的化合物通常是经典的铁电或反铁电材料。另外,无序的化合物或表现出短程有序的化合物往往展现出弛豫铁电特性,具有随频率变化的介电异常。此外,由于阳离子有序化的不均匀性,一些化合物可能同时显示出弛豫和类似正常的行为。有序化可能取决于合成条件(例如温度、升温/降温速率、合成压力等)。典型的铅基材料 $Pb_2ScB''O_6$,其中 B″＝Nb 或 Ta,阳离子的有序化可以通过合成条件在很宽的范围内改变。Cross 等[26]通过研究 $Pb(Sc_{0.5}Ta_{0.5})O_3$,证明通过适当的热退火可以控制 B 位 Sc^{3+}、Ta^{5+} 阳离子的有序化程度,如图 4.6 所示。对于通过长时间

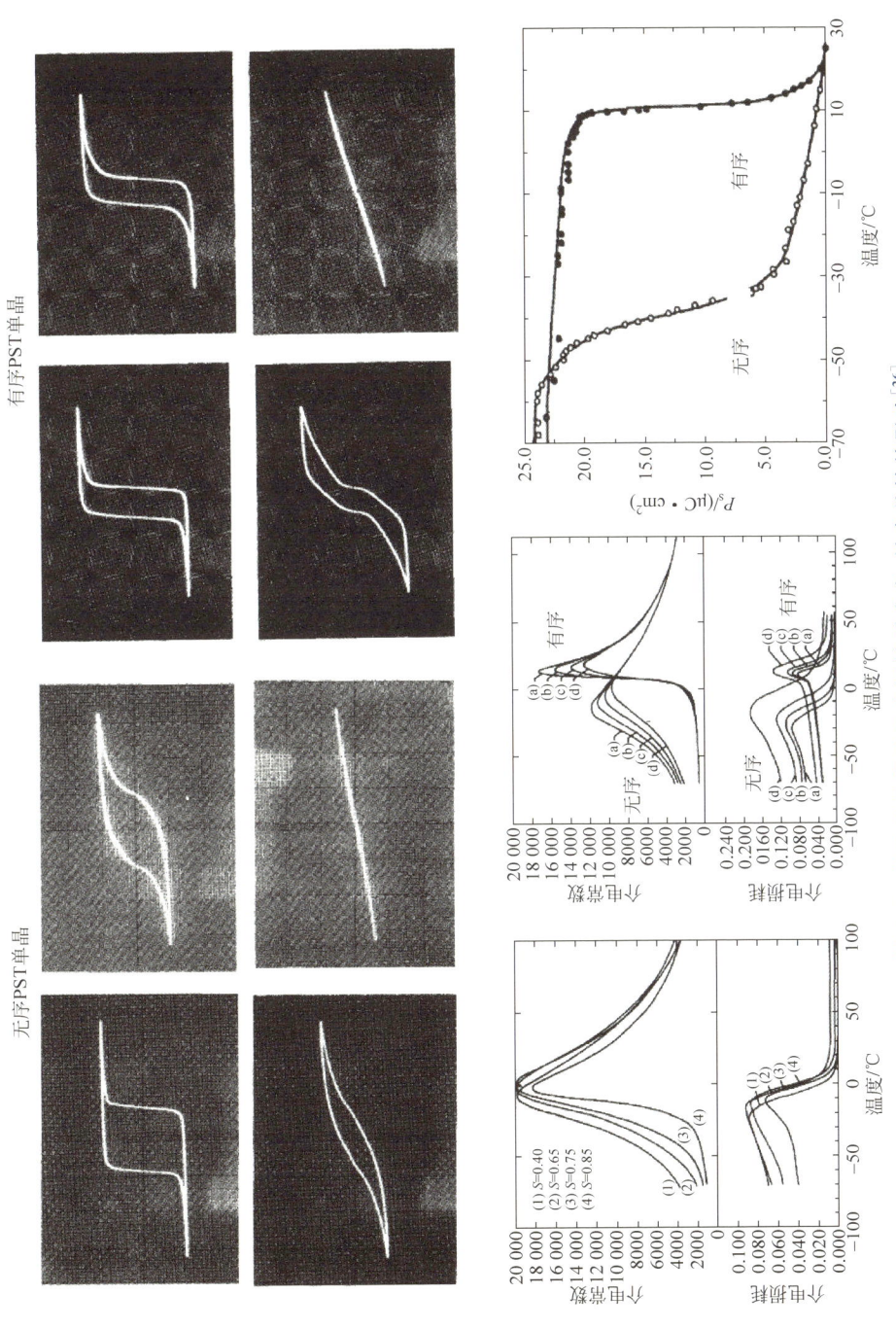

图 4.6 PST 单晶有序无序调控对介电、铁电特性的影响[26]

退火得到良好有序的样品,单晶的介电测量显示出在13℃时有一个正常的一阶铁电相变,以及在低温下最大自发极化强度为 23.0 $\mu C/cm^2$。随着无序度的增加,晶体开始表现出铁电弛豫体的经典漫散相变,具有宽广的居里温度范围和在转变范围内强烈的低频介电色散。X 射线衍射测量有序微观区域的大小表明,单晶与陶瓷样品中的有序化过程通过不同的机制进行。通常,在高温下退火并淬火的化合物是无序的弛豫铁电材料,而在低温下退火的样品是有序的典型铁电材料。

参考文献

[1] SHRIVER D F, ATKINS P W. Inorganic chemistry[M]. 4th ed. Oxford: Oxford University Press, 2001.

[2] WINKLER J R, GRAY H B. Electronic structures of oxo-metal ions[M]//MINGOS D M P, DAY P, DAHL J P. Molecular Electronic Structures of Transition Metal Complexes I, 2012: 17-28.

[3] ZHUROVA E A, TSIRELSON V G. Electron density and energy density view on the atomic interactions in $SrTiO_3$[J]. Acta Crystallographica Section B-Structural Science, 2002, 58: 567-575.

[4] QI J, ZHANG M, CHEN Y, et al. Article high-entropy assisted $BaTiO_3$-based ceramic capacitors for energy storage[J]. Cell Reports Physical Science, 2022, 3(11): 101110.

[5] PAN H, LAN S, XU S, et al. Ultrahigh energy storage in superparaelectric relaxor ferroelectrics[J]. Science, 2021, 374(6563): 100-104.

[6] FREDERICK J, TAN X, JO W. Strains and polarization during antiferroelectric-ferroelectric phase switching in $Pb_{0.99}Nb_{0.02}[(Zr_{0.57}Sn_{0.43})_{1-y}Ti_y]_{0.98}O_3$ ceramics[J]. Journal of the American Ceramic Society, 2011, 94(4): 1149-1155.

[7] QI J, CAO M, CHEN Y, et al. Origin of high dielectric permittivity and low dielectric loss of $Sr_{0.985}Ce_{0.01}TiO_3$ ceramics under different sintering atmospheres[J]. Journal of Alloys and Compounds, 2019, 782: 51-58.

[8] MILLIS A J, SHRAIMAN B I, MUELLER R. Dynamic Jahn-Teller effect and colossal magnetoresistance in $La_{1-x}Sr_xMnO_3$[J]. Physical Review Letters, 1996, 77(1): 175-178.

[9] HE J, BORISEVICH A, KALININ S V, et al. Control of octahedral tilts and magnetic properties of perovskite oxide heterostructures by substrate symmetry[J]. Physical Review Letters, 2010, 105(22): 227203.

[10] NAN C-W, BICHURIN M I, DONG S, et al. Multiferroic magnetoelectric composites: Historical perspective, status, and future directions[J]. Journal of Applied Physics, 2008, 103(3): 031101.

[11] GALASSO F, KATZ L. Preparation and structure of $Ba_5Ta_4O_{15}$ and related compounds[J]. Acta Crystallographica, 1961, 14(6): 647-650.

[12] GOODENOUGH J B. Electronic and ionic transport properties and other physical aspects of perovskites[J]. Reports on Progress in Physics, 2004, 67(11): 1915-1993.

[13] PROSANDEEV S, WANG D, REN W, et al. Novel nanoscale twinned phases in perovskite oxides[J]. Advanced Functional Materials, 2013, 23(2): 234-240.

[14] ASO R, KAN D, SHIMAKAWA Y, et al. Atomic level observation of octahedral distortions at the perovskite oxide heterointerface[J]. Scientific Reports, 2013, 3: 2214.

[15] COLLA E L, REANEY I M, SETTER N. Effect of structural-changes in complex perovskites on the temperature-coefficient of the relative permittivity[J]. Journal of Applied Physics, 1993, 74(5): 3414-3425.

[16] REANEY I M, UBIC R. Dielectric and structural characteristics of perovskites and related materials as a function of tolerance factor[J]. Ferroelectrics, 1999, 228(1-4): 23-38.

[17] FUKUDA K, KITOH R, AWAI I. Microwave characteristics of mixed phases of $BaTi_4O_9$-$BaPr_2Ti_4O_{12}$ ceramics[J]. Journal of Materials Science, 1995, 30(5): 1209-1216.

[18] REANEY I M, IDDLES D. Microwave dielectric ceramics for resonators and filters in mobile phone networks[J]. Journal of the American Ceramic Society, 2006, 89(7): 2063-2072.

[19] SUÁREZ D Y, REANEY I M, LEE W E. Relation between tolerance factor and T_C in Aurivillius compounds[J]. Journal of Materials Research, 2001, 16(11): 3139-3149.

[20] VASALA S, KARPPINEN M. $A_2B'B''O_6$ perovskites: A review[J]. Progress in Solid State Chemistry, 2015, 43(1-2): 1-36.

[21] PERRIN C, MENGUY N, BIDAULT O, et al. Influence of B-site chemical ordering on the dielectric response of the $Pb(Sc_{1/2}Nb_{1/2})O_3$ relaxor[J]. Journal of Physics-Condensed Matter, 2001, 13(45): 10231-10245.

[22] TAKATA M, KAGEYAMA K. Microwave characteristics of $A(B^{3+1/2}B^{5+1/2})O_3$ ceramics (A=Ba, Ca, Sr; B^{3+}=La, Nd, Sm, Yb; B^{5+}=Nb, Ta)[J]. Journal of the American Ceramic Society, 1989, 72(10): 1955-1959.

[23] ZHAO F, YUE Z X, GUI Z L, et al. Preparation, characterization and microwave dielectric properties of A_2BWO_6 (A=Sr, Ba; B=Co, Ni, Zn) double perovskite ceramics[J]. Japanese Journal of Applied Physics, 2005, 44(11): 8066-8070.

[24] YANG J H, CHOO W K, LEE J H, et al. The crystal structure of the B-site ordered complex perovskite $Sr(Yb_{0.5}Nb_{0.5})O_3$[J]. Acta Crystallographica Section B: Structural Science, 1999, 55: 348-354.

[25] LARREGOLA S A, ANTONIO ALONSO J, PEDREGOSA J C, et al. The role of the Pb^{2+} 6s lone pair in the structure of the double perovskite Pb_2ScSbO_6[J]. Dalton Transactions, 2009, (28): 5453-5459.

[26] SETTER N, CROSS L E. The role of B-site cation disorder in diffuse phase transition behavior of perovskite ferroelectrics[J]. Journal of Applied Physics, 1980, 51(8): 4356-4360.

第5章

基于原子尺度设计的熵工程策略

随着社会经济的快速发展,对材料的要求也越来越高,当传统的材料体系趋于其极限仍难以满足各行各业日益更新的技术要求时,发展与研究新材料体系与新的材料设计思想变得越来越重要。近年来,高熵材料因其独特的结构特征、可调节的化学组成和相应的可调节功能性质,引起了科学研究与应用领域的广泛关注,已成为材料领域的研究热点之一。高熵的概念最初由 Yeh 等在合金化合物中提出,将多种元素以近等比例方式固溶到一起时,有助于形成单相的固溶体材料[1]。随后,越来越多的高熵合金化合物被制备出来。与传统的合金材料相比,高熵合金材料不仅表现出优异的结构稳定性和力学性能[2-3],在电学、磁学性能方面[4-5]以及化学功能特性方面[6-7]也显示出吸引人的表现。近年来,随着研究越来越深入,高熵的设计思想已经逐渐由合金材料拓展到了其他材料体系,如氧化物[8-9]、氮化物[10-11]、硫属化合物[12-13]以及碳化物[14-15]等,助力材料的功能属性获得了很好的提升,为功能材料的研究提供了新的设计平台。

5.1 熵的定义与分类

这里的熵指的是材料的构型熵,通过在材料的等价位置引入大量的元素,从而提升局部的元素混乱度。目前有两种主要的定义来描述高熵化合物[16]。一种是基于组成成分的定义,其描述为高熵化合物至少包含五种及以上的元素种类,并且每种元素的原子百分比在 5%~35%。如果存在其他次要的元素,则其原子百分比必须小于 5%[1,17]。根据组成成分的定义,高熵化合物可以划分为低熵化合物(含三种以下元素)、中熵化合物(含三种到四种元素)以及高熵化合物(含五种及以上元素)。另一种描述是基于构型熵的定义[18-19],对于一个所有元素随机分布的固溶体,其理想的构型熵(S_{config})可通过下式计算:

$$S_{\text{config}} = -R\left[\left(\sum_{i=1}^{N} x_i \ln x_i\right)_{\text{cation-site}} + \left(\sum_{j=1}^{M} x_j \ln x_j\right)_{\text{anion-site}}\right] \quad (5.1)$$

式中，R 表示理想气体常数，$x_{i(j)}$ 表示在阳(阴)离子位置各元素的摩尔比。根据构型熵的定义，$S_{\text{config}} < 1.0R$ 定义为低熵化合物，$1.0R \leqslant S_{\text{config}} < 1.5R$ 定义为中熵化合物，$S_{\text{config}} \geqslant 1.5R$ 定义为高熵化合物。

5.2 高熵效应

2006 年，Yeh 等基于对高熵材料的基本理解，提出了高熵的四个核心效应[18]——熵稳定效应、晶格畸变效应、迟滞扩散效应和鸡尾酒效应。这些效应目前已被广泛用来描述和解释高熵材料相关的各种新奇现象(图 5.1)[20]。多年来，这些效应经过了严格的考验，其有效性得到了证实。其中，熵稳定效应涉及热力学过程，特别是在高温下，有助于多元素组分形成稳定的化合物。晶格畸变效应改变了材料的结构性质以及在变形过程中的行为，此外还影响了材料的热力学与动力学过程。迟滞扩散效应涉及材料的动力学过程，可以减缓原子的扩散速率，从而限制结晶或者相变。鸡尾酒效应可以改善材料的电学、强度、韧性、疲劳抗力和热导率等性质。下面将详细介绍四个核心效应的细节。

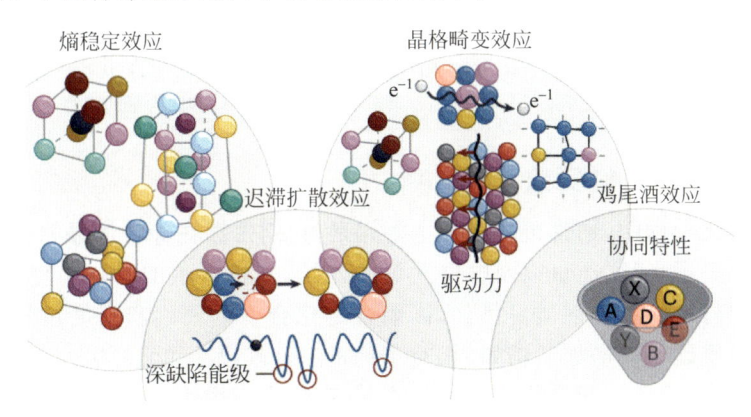

图 5.1 高熵的四个核心效应[20]

5.2.1 熵稳定效应

高熵效应对于高熵化合物来说至关重要，因为它可以防止引入的多组分元素导致的相分离，促进单相固溶体结构的形成。根据热力学公式：$\Delta G = \Delta H - T\Delta S$(式中 ΔG 表示自由能变，ΔH 表示焓变，ΔS 表示熵变，T 是温度)，增加体系的构型熵，可以有效地降低体系自由能，从而有助于单相固溶体的形成[21]。高熵效应已在多个研究中被证明了。南方科技大学江等基于 $\text{Pb}_{0.99-y}\text{Sb}_{0.012}\text{Sn}_y\text{Se}_{1-2x}\text{Te}_x\text{S}_x$ 体系的研究表明，通过调控 x/y 值，增加体系的构型熵，可以明显地调控固溶体相结构的演变。随着熵的增加，$\text{Pb}_{0.99-y}\text{Sb}_{0.012}\text{Sn}_y\text{Se}_{1-2x}\text{Te}_x\text{S}_x$ 体系从开始的单相固溶体转变为多相固溶体,到达高熵的时候,又变为单相固溶体[22]。进一步计算表明,在高熵状态下,由于构型熵的增加,导致吉布斯自由能降低,从而促进了单相固溶体的形成(图5.2)。基于高熵效应,他们在热电能量转换领域取得了重大的突破。类似的结构同样也在其他材料体系中被观察到了[23-24],高熵效应有助于稳定相结构,为材料的结构解析和性能优化提供很好的研究载体。

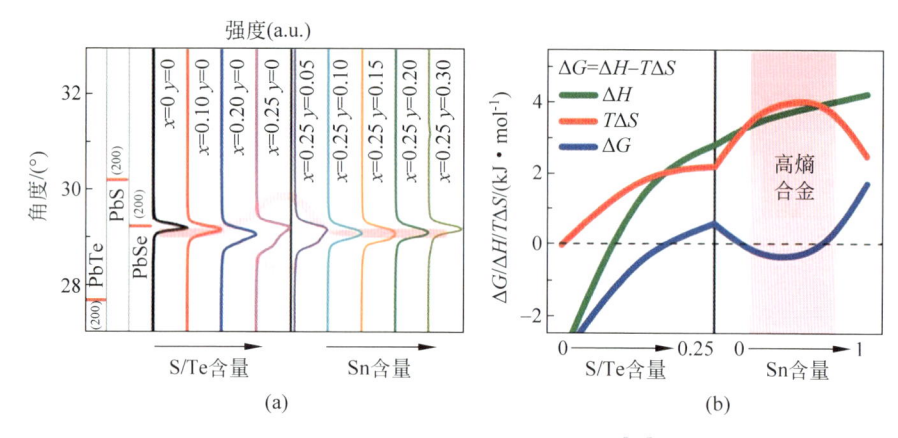

图 5.2 通过增加熵来稳定单相结构[22]

(a) $Pb_{0.99-y}Sb_{0.012}Sn_ySe_{1-2x}Te_xS_x$ 材料的 XRD 图(其中 x 从 0 变化到 0.25,y 从 0 变化到 0.3),红色阴影区域表示熵稳定的高熵组成;(b) 熵、焓和吉布斯自由能作为硫/碲和锡含量的函数

5.2.2 晶格畸变效应

在高熵化合物中,通常包含多种主要元素,它们占据在等价的晶格位置上。由于每种元素离子半径、质量以及电负性等的差异,导致严重的晶格畸变[25]。晶格畸变会影响材料的各种性质。例如,高熵合金化合物的硬度和强度由于重度畸变晶格中的溶质硬化而增加。例如,相对于纯的 Ni(硬度为 90.1 MPa)和 Ni-W(硬度为 240.8 MPa)合金化合物,CoCrFeMnNi 高熵合金中引入的其他元素会导致晶格畸变,并且基体中的所有溶质原子都可以作为位错运动的屏障,从而阻碍了位错的运动,大幅提升了合金化合物的硬度(可达到 350.4 MPa)[26](图5.3)。此外,也有相关的研究表明,严重的晶格畸变还导致了材料中电子散射增加和电导率显著降低,从而增加了材料的电阻和降低了电子对热导率的贡献[19,27]。而且,在高度畸变的晶格中,声子散射也将大大增加,进一步降低热导率,其在电介质材料和热电材料的研究中发挥了重要的作用[4,22]。高熵化合物的表面也存在高度的畸变情况,这样会降低表面能量并提供活化位点,有助于改善材料的催化性能等[28]。

5.2.3 迟滞扩散效应

在高熵化合物中,由于严重的晶格畸变,原子的扩散速率受到了很大的影响,

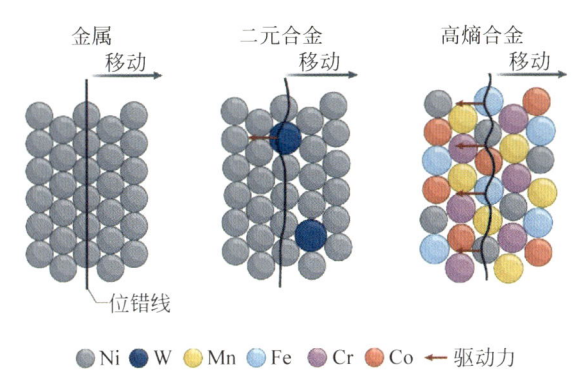

图 5.3　纯 Ni、Ni-稀合金和 CoCrFeMnNi 高熵合金中位错运动与晶格的相互作用[26]

并且这种影响与材料的晶体结构有关,如在简单的体心立方结构中允许更快的扩散速率,而在面心立方结构中则有更多的障碍。这是因为原子或空位沿着晶格位点的跳跃路径移动更加困难,增加了扩散激活能,这是严重晶格畸变导致的迟缓动力学扩散效应的重要后果。此外,由于在高熵化合物中,每种元素的扩散速率也不一样,在有限的晶格位点情况下,合作扩散的扩散速率远低于传统材料中的扩散速率,因为一个溶质原子向新相的成核位置扩散需要整个溶质矩阵中另一个溶质原子的合作,这将影响材料的相变速率[20,29],其中具有最低扩散速率的元素的扩散将是限制步骤,并将决定相变速率。

为了阐明迟滞扩散效应,研究者们基于 CoCrFeMnNi 高熵合金化合物,利用扩散对(diffusion couples)的研究手段来确定合金中每个组成元素在基体中的扩散行为。结果表明,扩散速率按以下顺序降低:Mn>Cr>Fe>Co>Ni。并且每个元素的扩散速率都低于类似结构的合金化合物(如 FeCrNi(Si)不锈钢和纯 Ni、Co 和 Fe 金属)中元素的扩散系数[30](图 5.4)。因此,高熵的迟滞扩散效应在定制地调控材料的微观结构和性能时具有优势,有助于获得细粒度析出物、降低晶粒生长和颗粒粗化速率,甚至形成非晶相[23,31-32]。这对材料的力学性能和电学性能有重要的影响。例如研究人员发现,在高熵烧绿石电介质结构中,由于迟滞缓慢扩散效应,材料的晶粒逐渐细化,并伴随着非晶相的出现,这大幅提升了电介质材料的电阻和介电强度,改善了电介质电容器的储能性能[23]。

5.2.4　鸡尾酒效应

高熵化合物的鸡尾酒效应强调了元素效应对材料性能的改善,包括每个元素本身的特征属性效应、它们之间的相互作用效应以及不同元素对微观结构调控的间接效应等。例如,在经过热处理过的高熵 NiCo$_{0.6}$Fe$_{0.2}$Cr$_x$SiAlTi$_y$ 化合物中,Si 容易诱导形成强耐磨 Cr$_3$Si 析出物,从而显示了比钢和未热处理高熵化合物涂层更高的硬度和耐磨性(图 5.5(a))[33];在 Al$_x$CoCrCuFeNi 高熵化合物中,原子半径

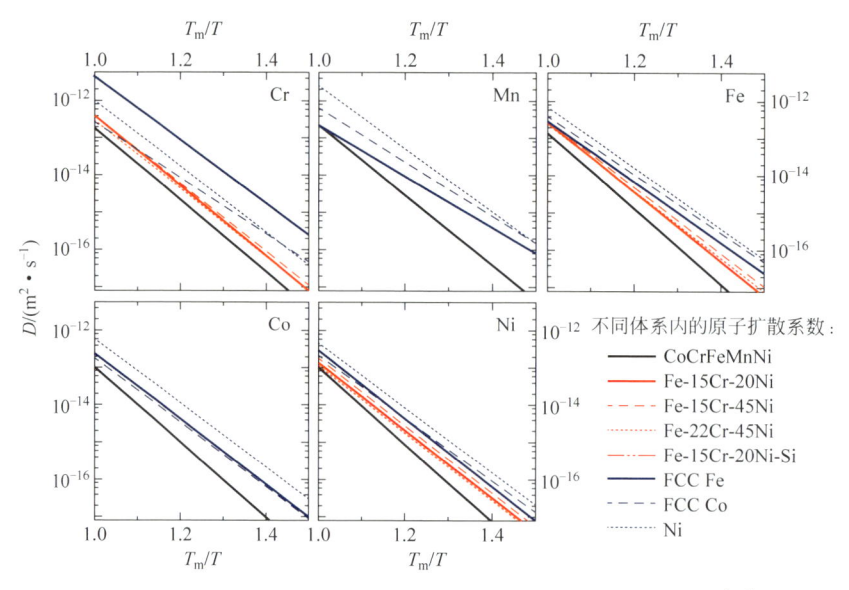

图 5.4 Cr、Mn、Fe、Co 和 Ni 在不同体系中随温度的扩散系数[30]

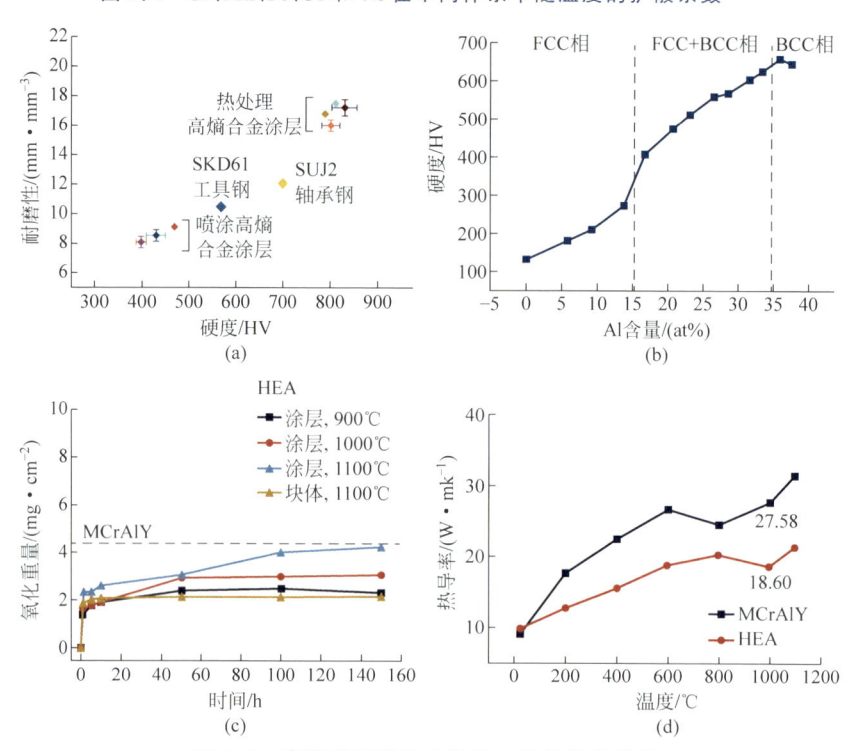

图 5.5 高熵鸡尾酒效应提升材料的综合性能

（a）通过热处理的高熵化合物、刚 SKD61 和为热处理的高熵化合物耐磨性对比[33]；（b）在 Al$_x$CoCrCuFeNi 高熵化合物中，Al 元素诱导的结构转变和硬度强化[18]；（c）高熵涂层的体氧化量曲线[34]；（d）热导的对比[35]

更大的 Al 与其他组成元素的结合更强,诱导了结构从面心立方(FCC)到体心立方(BCC)的转变,诱导更强的固溶硬化性,从而提高了整体硬度(图 5.5(b))[18];将更多的抗氧化元素(如 Al、Cr 等)加入高熵 $NiCo_{0.6}Fe_{0.2}Cr_{1.5}SiAlTi_{0.2}$ 体系中,会增强材料的高温氧化耐受性(图 5.5(c))[34];相对于传统的 MCrAlY 合金涂层,高熵化合物显示了更大的晶格扭曲,严重阻碍了电子和声子的输运,显著降低了材料的热传导(图 5.5(d))[35]。

5.3 熵效应对电介质的调控

随着对高熵化合物材料研究的不断深入,对高熵效应也有了新的认识,特别是 2015 年高熵效应被首次报道用以稳定氧化物材料,大大拓展了高熵的应用领域。2019 年,高熵设计被首次用来调控 $BaTiO_3$ 基的电介质材料[24],预示着高熵电介质材料研究的开始。近年来,高熵效应在电介质材料研究领域发挥了重要作用,对材料的微观结构和电学特征调控起到了关键作用,从而促进了电介质材料功能属性的大幅提升,本节将详细介绍基于熵效应的电介质材料研究进展。

5.3.1 高熵电介质储能材料

高熵效应对电介质储能提升主要来源于两个方面,一个是对极化行为的调控。多元素混合可以提升电介质材料的局部成分异质性,产生随机场,形成多相共存的结构,从而打破原有的长程铁电畴结构,形成短程的极化微区,其对电场的响应更快,有助于降低电介质材料的极化回滞[36-39]。Chen 等基于 $(K,Na)NbO_3$ 陶瓷材料,通过多元素的混合引入局部随机场,从而大大增强了极化占位失序和极化扰动,形成了菱方-正交-四方-立方(R-O-T-C)的多相结构[36]。与典型的单相或者两相极化构型的电介质材料相比,高熵陶瓷表现出更小、更多样的极化纳米区域,尺寸为 1~3 nm,延迟了极化饱和。因此,在 $(K,Na)NbO_3$ 基高熵陶瓷中,他们实现了超高储能密度和效率。同时,基于 $Bi_4Ti_3O_{12}$ 基铁电薄膜,作者团队也证明了熵对电介质材料局部结构的调控。结果表明,随着熵的增加,材料的局部成分与结构异质性提升,进而增强铁电体的弛豫特性[39]。因此,作者团队提出熵可以作为弛豫铁电体弛豫性设计的量化指标,从而操控弛豫铁电体的设计。

高熵效应提升电介质储能性能的另一个方面是对材料微观结构的影响[23,40-43]。高熵效应有助于降低材料体系的吉布斯自由能,从而稳定单相固溶体结构,这为电介质材料提供了更宽阔的材料研究载体。而大的晶格畸变和迟滞扩散效应影响材料的动力学生长,阻止晶粒长大粗化,容易形成纳米晶,甚至导致局部非晶相出现。作者团队在高熵稳定烧绿石结构中,结合透射电镜和纳衍射表征技术证明，随着熵增加，材料的晶粒尺寸减小，并逐渐伴随着少量的非晶相析出。通过电学测试可以看出材料的漏电流大幅降低了（图5.6(a)，超两个数量级），进一步的理论模拟中阐明了晶界或者非晶相具有更高的载流子输运势垒，从而贡献了电介质材料更高的介电强度（图5.6(b)）[23]。

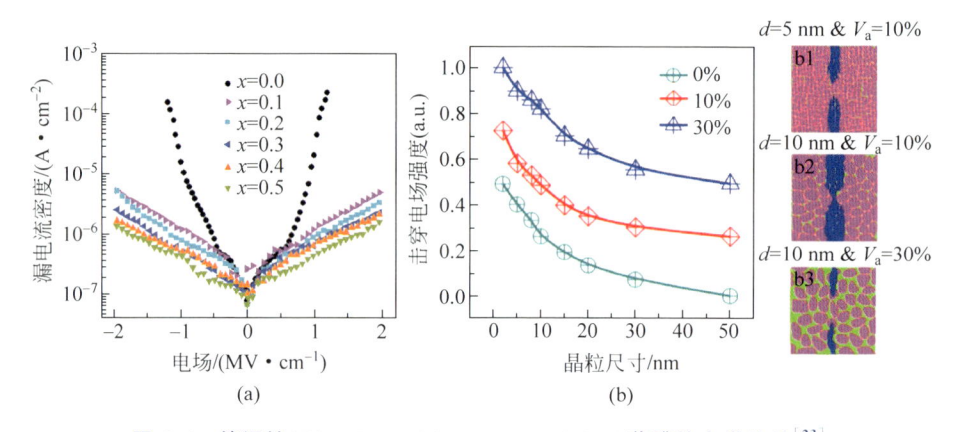

图 5.6　熵调控（$Bi_{3.25}La_{0.75}$）（$Ti_{3-3x}Zr_xHf_xSn_x$）薄膜的电学特性[23]
(a) 熵对材料漏电流的影响；(b) 模拟微观结构演变（晶粒细化、非晶相出现）；d 表示晶粒尺寸，V_a 表示非晶体积比例

需要指出的是，基于高熵效应的极化行为和微观结构调控在电介质材料中并不是单独存在的，他们往往通过协同效应作用于电介质材料，从而显著优化电介质储能材料的相关参数，实现性能的大幅提升。高熵设计思想以及高熵材料的研发为电介质储能材料的进一步发展带来了契机。

5.3.2　高熵电介质电卡材料

电卡效应指的是绝缘材料在绝热条件下施加/去除外部电场时的温度变化，被认为是下一代固态制冷的重要选择[44-45]。考虑到基于电介质材料中的电卡效应变化需要较大的场诱导熵变化，高熵设计导致无场条件下极化和极化纳米区域更无序，因此高熵电介质材料的电卡效应研究主要与增强的弛豫特征有关[24,46-47]。比如，Sun 等[46]研究表明高熵的 $Pb(Hf_{0.2}Zr_{0.2}Ti_{0.2}Nb_{0.2}Al_{0.2})O_3$ 薄膜显示了强烈的频率色散效应（图5.7(a)），意味着高的弛豫特性，这意味着长程的极化结构被破坏，形成短程的极化序结构，导致其随温度变化，可发生较大的波动，显示了高的电卡效应[46]。可以看出，最大的温度变化 ΔT_{ECE} 为 8.4 K（图5.7(b)）。类似的熵效应也可以在 $(Na_{0.2}Bi_{0.2}Ba_{0.2}Sr_{0.2}Ca_{0.2})TiO_3$ 高熵电介质陶瓷中观察到，最终获得的 $\Delta T_{ECE}=0.63$ K[24]。这些结果表明高熵效应可助力新型高性能电卡材料的设计与开发。

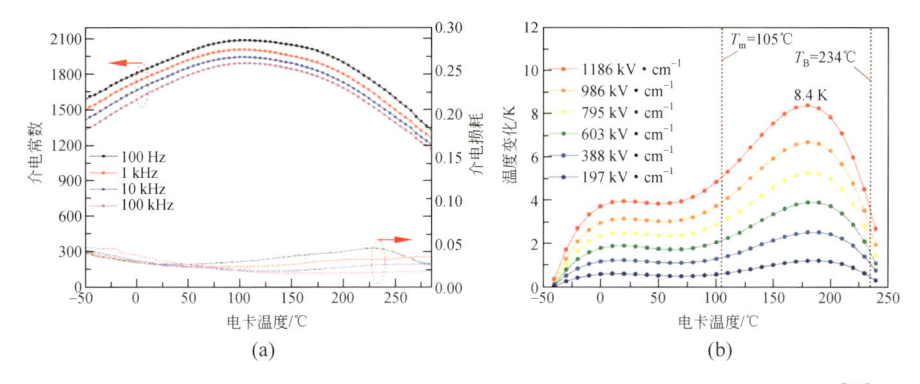

图 5.7 高熵电介质 Pb(Hf$_{0.2}$Zr$_{0.2}$Ti$_{0.2}$Nb$_{0.2}$Al$_{0.2}$)O$_3$ 薄膜的介电和铁电性质[46]
(a) 不同温度下的介电常数和介电损耗；(b) 不同温度下的电卡温度

5.3.3 高熵电介质压电材料

压电效应表示电介质材料的机-电转换能力，其可以在施加机械应力时产生电位或在电场作用下产生机械运动[48-49]。压电效应材料在各种电机械领域得到了广泛应用，包括传感器、制动器、换能器等[50-51]。在传统的研究中，主要通过构建准同型相界(MPB)或者多形态相界(PPB)提升压电效应，近年来发展的高熵策略为压电材料的设计提供了新的方法，也可以实现高的压电常数[52-54]。最近，Liu等在熵调制的铅基陶瓷材料中发现，引入不同离子价态、半径、电子构型、电负性和极化性的多个元素可以显著降低局部晶体学对称性和增加极化方向无序性[52]。与传统的 MPB/PPB 不同，它们需要限制极化方向在特定的取向上（如[100]、[111]），高熵策略有助于增强极化构型的随机性。在原子像的透射电镜结果中可以看到，这种无序分布的极化构型随处可见（图 5.8(a)），这打破了传统的晶体学对

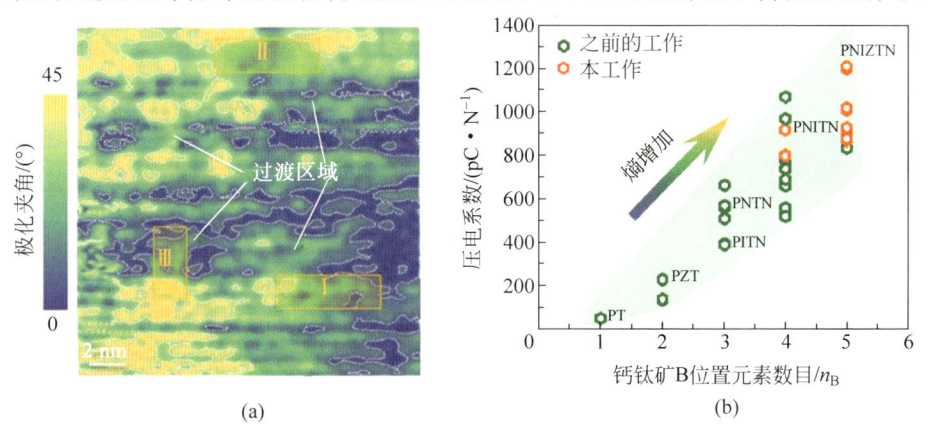

图 5.8 熵调控的铅基陶瓷材料的性质[52]
(a) 极化构型；(b) 压电性能

称性的约束,促进了极化方向在电场激发下的旋转,有助于压电性的提升。通过构型熵的设计,他们获得了高的 d_{33}(压电常数的一个分量,详见 12.1.2 节),并且 d_{33} 的提升还与多元素的种类密切相关(图 5.8(b))。

5.3.4 高熵电介质铁电材料

铁电材料是电介质材料家族中的一员,被广泛用于能源存储和转换以及信息存储领域。通常一般认为铁电材料的特征属性,如电极化强度、介电强度、损耗等由材料的本征特性决定。因此,在研究过程中,一些具有高性能的材料体系被广泛研究(如铁酸铋、锆钛酸铅等材料),其具有超高的电极化强度,成为铁电储存器应用的主要研究对象。但是这些材料同样存在明显的缺陷,例如铁酸铋的漏电流严重,不利于器件的可靠性;锆钛酸铅含有有毒的铅元素,不利于绿色环境发展等。所以,开发与设计其他高性能的铁电材料很有必要。最近的研究表明,高熵策略可以提高铁电性能,例如增强铁电极化、抑制损耗正切和调制弛豫行为[55-58]。Liu 等制备了高熵的 $Bi_{0.2}Na_{0.2}Ba_{0.2}Sr_{0.2}Pb_{0.2}TiO_3$ 陶瓷,不同于以往高熵铁电往往显示弛豫性,该陶瓷材料的介电温谱没有色散情况(图 5.9(a)),显示了铁电特性[55]。此外,由于高熵效应导致严重晶格扭曲,该陶瓷在低电场(约 $20\ kV\cdot cm^{-1}$)显示了高的电极化强度(剩余极化强度约为 $20\ \mu C\cdot cm^{-2}$)(图 5.9(b)),优于目前报道的其他含铋的铁电材料(如 $Bi_4Ti_3O_{12}$、$SrBi_2Ta_2O_9$ 等),在未来铁电随机存取存储器应用领域有很好的应用潜力。

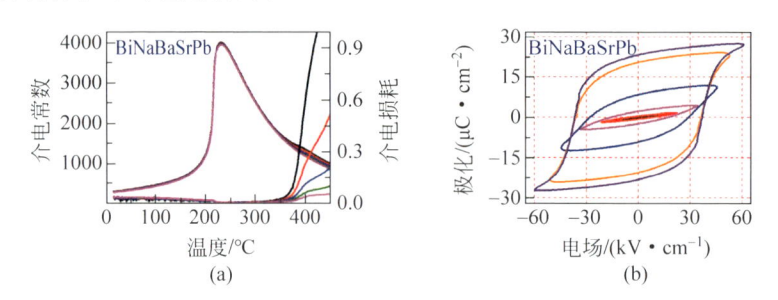

图 5.9 高熵 $Bi_{0.2}Na_{0.2}Ba_{0.2}Sr_{0.2}Pb_{0.2}TiO_3$ 陶瓷的电学性质[55]
(a) 介电温谱;(b) 电滞回线

Yan 等基于$(Pb_{0.25}Ba_{0.25}Sr_{0.25}Ca_{0.25})TiO_3$ 的电介质材料研究表明,高熵设计可以显著降低材料的介电损耗,他们的结果证明高熵材料在室温到 150℃ 范围内,介电损耗正切角始终低于 1.5%[56],他们将这归因于高熵诱导的弛豫特性。在这种情况下短程的极性纳米微区具有更短的响应时间,从而抑制了介电损耗。类似的情况在高熵的 $(Ca_{0.2}Sr_{0.2}Ba_{0.2}Pb_{0.2}Nd_{0.1}Na_{0.1})Bi_4Ti_4O_{15}$ 中也被观察到了[57]。

当前的研究表明,基于高熵效应,电介质材料的结构特性和功能属性可以得到有效提升,为新型电介质材料的设计与优化提供了选择。但是,值得注意的是,关于高熵电介质材料的研究依然存在诸多问题亟待解决。例如,在设计高熵材料时的成分选择问题,目前研究主要还是依赖于实验上尝试的方法确定高熵的组成元素,这不仅降低了材料开发设计的速度,还增加了不确定性,不利于高性能材料的筛选。发展高通量的机器学习计算方法与实验验证相结合可高熵效应,实际上每个元素成分的特征属性也应该被考虑,它们在材料功能属性的提升中也发挥了重要作用,开展相关的研究也很有必要。

5.4 高熵电介质材料的表征

作为新发展的材料设计方法,解析材料的结构特征是基础,高熵材料涉及原子尺度对材料结构的调控,因此解析高熵电介质材料并不容易。表征技术更侧重于从局部原子结构理解不同尺度的结构有序和无序,而不是传统表征方法在宏观结构的通常测试。目前两种主流的研究技术可以观察高熵材料的结构特征,包括高分辨透射电镜技术和同步辐射高能 XRD。前者可以得到原子尺度的结构信息,后者则相对宏观。

作者团队通过高分辨透射电镜技术在原子尺度上观察到了原子无序和晶格扭曲,这是高熵的主要效应之一。如图 5.10 所示,通过二维高斯拟合(two-dimensional Gaussian fitting)确定原子位点中心和半径后,可以对原子 EDS 测绘显微图的光斑亮度进行积分、提取成分波动,进而实现对氧多面体畸变的进一步统计[59]。进一步在纳观尺度上,结合纳衍射技术证明高熵的迟滞扩散效应,导致晶粒尺寸减小和非晶相出现[23]。同样地,Chen 等利用透射电镜技术在原子尺度上观察到了高熵的成分无序诱导了多类型的极性相共存(如菱方相、立方相以及四方相等)[36]。

同步辐射高能 XRD 目前在高熵电介质材料中应用还较少,但是已被成功用于解析高熵氧化物结构。目前主要的报道集中在电化学相关的功能材料研究领域,例如锂电池[60]。该方法的优势在于其大范围内连续可调的波长和较好的准直性,因此可以获得在更大研究尺度范围下更高分辨率的在不同环境下(气氛、压力、电压等)的数据。通过谱图,可以分析出高熵结构的晶体结构(包括相结构和晶格常数等),更重要的是可以得到键长、键角的变化[61],这直接反映了高熵材料的晶格扭曲特征。如图 5.11 所示[62],同步辐射 XRD 可以获取高熵介电陶瓷在微米尺度下材料结构随压力和温度的演化。

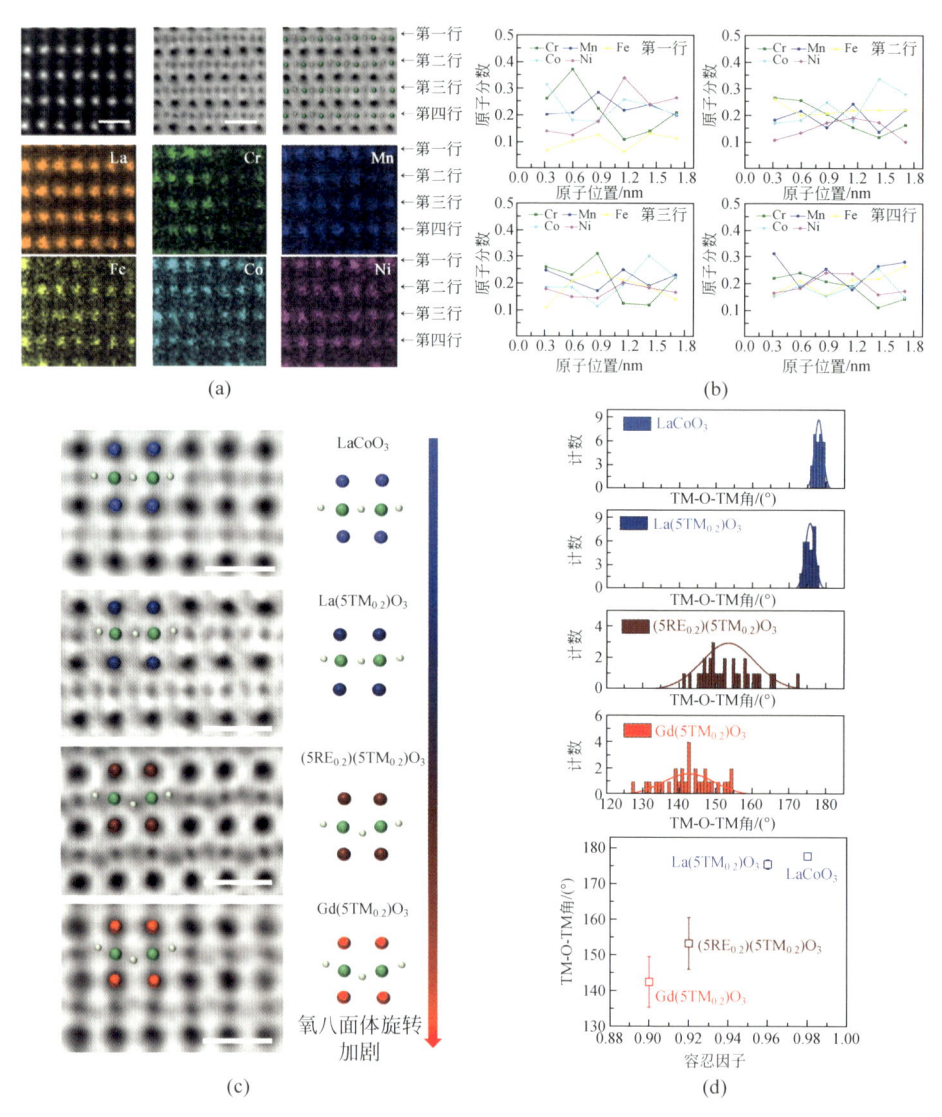

图 5.10 La(5TM$_{0.2}$)O$_3$、Gd(5TM$_{0.2}$)O$_3$ 和 (5RE$_{0.2}$)(5TM$_{0.2}$)O$_3$ 等样品(RE＝稀土元素, TM＝过渡金属元素)的 HAADF/ABF-STEM 和 EDS 图谱分析[59]

(a) La(5TM$_{0.2}$)O$_3$ 的 HAADF-STEM、ABF-STEM 和原子能谱图分析组成成分；(b) 定义 ABF-STEM 图像原子位置提取的 TM-O-TM 角；(c) 从 ABF 图像提取的不同样品的 TM-O-TM 角实现；(d) TM-O-TM 角分布以及 TM-O-TM 角与容忍因子的关系

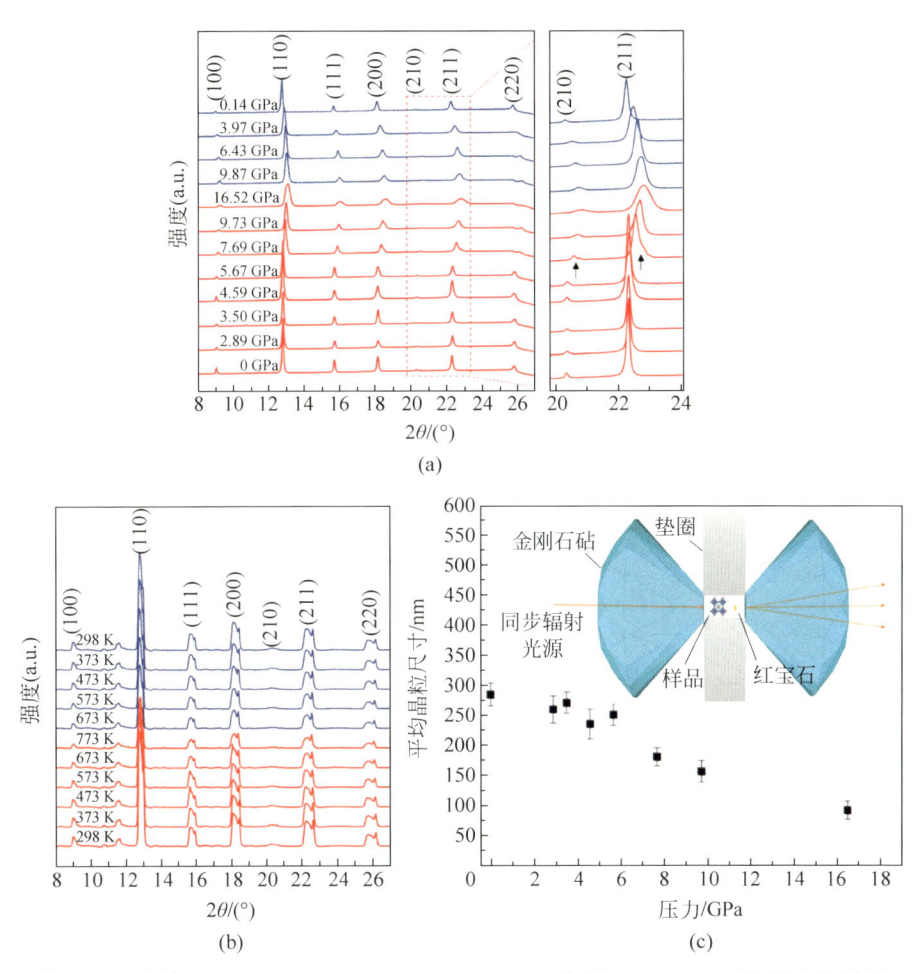

图 5.11 高熵 La-($Bi_{0.2}Na_{0.2}Ba_{0.2}Sr_{0.2}Ca_{0.2}$)$TiO_3$ 陶瓷（BNBSCT-L）随压力和温度变化的原位同步辐射 XRD 模式[62]

(a) 不同压力下 BNBSCT-L 的 XRD 谱图；(b) 不同温度下 BNBSCT-L 的 XRD 谱图；
(c) 平均晶粒尺寸与压力的关系

参考文献

[1] YEH J W,CHEN S K,LIN S J,et al. Nanostructured high-entropy alloys with multiple principal elements：novel alloy design concepts and outcomes[J]. Advanced Engineering Materials,2004,6(5)：299-303.

[2] GLUDOVATZ B,HOHENWARTER A,CATOOR D,et al. A fracture-resistant high-entropy alloy for cryogenic applications[J]. Science,2014,345(6201)：1153-1158.

[3] PAN Q,ZHANG L,FENG R,et al. Gradient cell-structured high-entropy alloy with

exceptional strength and ductility[J]. Science,2021,374(6570):984-989.

[4] JIANG B,WANG W,LIU S,et al. High figure-of-merit and power generation in high-entropy GeTe-based thermoelectrics[J]. Science,2022,377(6602):208-213.

[5] HAN L,MACCARI F,SOUZA F I R,et al. A mechanically strong and ductile soft magnet with extremely low coercivity[J]. Nature,2022,608(7922):310-316.

[6] ZHANG R,WANG C,ZOU P,et al. Compositionally complex doping for zero-strain zero-cobalt layered cathodes[J]. Nature,2022,610(7930):67-73.

[7] YAO Y,DONG Q,BROZENA A,et al. High-entropy nanoparticles: Synthesis-structure-property relationships and data-driven discovery[J]. Science,2022,376(6589):eabn3103.

[8] ROST C M,SACHET E,BORMAN T,et al. Entropy-stabilized oxides[J]. Nature Communications,2015,6(1):8485.

[9] BÉRARDAN D,FRANGER S,DRAGOE D,et al. Colossal dielectric constant in high entropy oxides[J]. Physica Status Solidi (RRL)-Rapid Research Letters,2016,10(4):328-333.

[10] JIN T,SANG X,UNOCIC R R,et al. Mechanochemical-assisted synthesis of high-entropy metal nitride via a soft urea strategy[J]. Advanced Materials,2018,30(23):1707512.

[11] LAI C-H,LIN S-J,YEH J-W,et al. Preparation and characterization of AlCrTaTiZr multi-element nitride coatings[J]. Surface and Coatings Technology,2006,201(6):3275-3280.

[12] DENG Z,OLVERA A,CASAMENTO J,et al. Semiconducting high-entropy chalcogenide alloys with ambi-ionic entropy stabilization and ambipolar doping[J]. Chemistry of Materials,2020,32(14):6070-6077.

[13] YAMASHITA A,GOTO Y,MIURA A,et al. n-Type thermoelectric metal chalcogenide (Ag,Pb,Bi)(S,Se,Te) designed by multi-site-type high-entropy alloying[J]. Materials Research Letters,2021,9(9):366-372.

[14] NEMANI S K,ZHANG B,WYATT B C,et al. High-entropy 2D carbide mxenes: $TiVNbMoC_3$ and $TiVCrMoC_3$[J]. ACS Nano,2021,15(8):12815-12825.

[15] SARKER P,HARRINGTON T,TOHER C,et al. High-entropy high-hardness metal carbides discovered by entropy descriptors[J]. Nature communications,2018,9(1):4980.

[16] MA Y,MA Y,WANG Q,et al. High-entropy energy materials: challenges and new opportunities[J]. Energy & Environmental Science,2021,14(5):2883-2905.

[17] YEH J-W. Alloy design strategies and future trends in high-entropy alloys[J]. Jom,2013,65:1759-1771.

[18] JIEN-WEI Y. Recent progress in high entropy alloys[J]. Ann. Chim. Sci. Mat.,2006,31(6):633-648.

[19] GAO M C,YEH J-W,LIAW P K,et al. High-entropy alloys: fundamentals and applications[M]. Berlin: Springer,2016.

[20] HSU W-L,TSAI C-W,YEH A-C,et al. Clarifying the four core effects of high-entropy materials[J]. Nature Reviews: Chemistry,2024,8:471-485.

[21] XIANG H,XING Y,DAI F-Z,et al. High-entropy ceramics: Present status, challenges, and a look forward[J]. Journal of Advanced Ceramics,2021,10:385-441.

[22] JIANG B, YU Y, CUI J, et al. High-entropy-stabilized chalcogenides with high thermoelectric performance[J]. Science, 2021, 371(6531): 830-834.

[23] YANG B, ZHANG Y, PAN H, et al. High-entropy enhanced capacitive energy storage[J]. Nature Materials, 2022, 21(9): 1074-1080.

[24] PU Y, ZHANG Q, LI R, et al. Dielectric properties and electrocaloric effect of high-entropy ($Na_{0.2}Bi_{0.2}Ba_{0.2}Sr_{0.2}Ca_{0.2}$)$TiO_3$ ceramic[J]. Applied Physics Letters, 2019, 115(22): 223901.

[25] OSES C, TOHER C, CURTAROLO S. High-entropy ceramics[J]. Nature Reviews Materials, 2020, 5(4): 295-309.

[26] LIN K-H, TSENG C-M, CHUEH C-C, et al. Different lattice distortion effects on the tensile properties of Ni-W dilute solutions and CrFeNi and CoCrFeMnNi concentrated solutions[J]. Acta Materialia, 2021, 221: 117399.

[27] MU S, SAMOLYUK G D, WIMMER S, et al. Uncovering electron scattering mechanisms in NiFeCoCrMn derived concentrated solid solution and high entropy alloys[J]. npj Computational Materials, 2019, 5(1): 1.

[28] SARKAR A, WANG Q, SCHIELE A, et al. High-entropy oxides: fundamental aspects and electrochemical properties[J]. Advanced Materials, 2019, 31(26): 1806236.

[29] CHENG K-H, LAI C-H, LIN S-J, et al. Recent progress in multi-element alloy and nitride coatings sputtered from high-entropy alloy targets[J]. Annales de chimie (Paris 1914), F, 2006, 31(6): 723-736.

[30] TSAI K-Y, TSAI M-H, YEH J-W. Sluggish diffusion in Co-Cr-Fe-Mn-Ni high-entropy alloys[J]. Acta Materialia, 2013, 61(13): 4887-4897.

[31] KAO Y-F, CHEN S-K, CHEN T-J, et al. Electrical, magnetic, and Hall properties of Al_xCoCrFeNi high-entropy alloys[J]. Journal of Alloys and Compounds, 2011, 509(5): 1607-1614.

[32] ROY A, MUNSHI J, BALASUBRAMANIAN G. Low energy atomic traps sluggardize the diffusion in compositionally complex refractory alloys[J]. Intermetallics, 2021, 131: 107106.

[33] HSU W-L, MURAKAMI H, ARAKI H, et al. A study of $NiCo_{0.6}Fe_{0.2}Cr_x SiAlTi_y$ high-entropy alloys for applications as a high-temperature protective coating and a bond coat in thermal barrier coating systems[J]. Journal of The Electrochemical Society, 2018, 165(9): C524.

[34] HSU W-L, YANG Y-C, CHEN C-Y, et al. Thermal sprayed high-entropy $NiCo_{0.6}Fe_{0.2}Cr_{1.5}SiAlTi_{0.2}$ coating with improved mechanical properties and oxidation resistance[J]. Intermetallics, 2017, 89: 105-110.

[35] HSU W-L, MURAKAMI H, YEH J-W, et al. A heat-resistant $NiCo_{0.6}Fe_{0.2}Cr_{1.5}SiAlTi_{0.2}$ overlay coating for high-temperature applications[J]. Journal of the Electrochemical Society, 2016, 163(13): C752.

[36] CHEN L, DENG S, LIU H, et al. Giant energy-storage density with ultrahigh efficiency in lead-free relaxors via high-entropy design[J]. Nature Communications, 2022, 13(1): 3089.

[37] GUO J, YU H, REN Y, et al. Multi-symmetry high-entropy relaxor ferroelectric with

giant capacitive energy storage[J]. Nano Energy,2023,112: 108458.

[38] DUAN J,WEI K,DU Q,et al. High-entropy tungsten bronze ceramics for large capacitive energy storage with near-zero losses [J]. Advanced Functional Materials, 2024, 34: 2409446.

[39] YANG B,ZHANG Q,HUANG H,et al. Engineering relaxors by entropy for high energy storage performance[J]. Nature Energy,2023,8(9): 956-964.

[40] QI J,ZHANG M,CHEN Y,et al. High-entropy assisted BaTiO$_3$-based ceramic capacitors for energy storage[J]. Cell Reports Physical Science,2022,3(11): 101110.

[41] GUO J,XIAO W,ZHANG X,et al. Achieving excellent energy storage properties in fine-grain high-entropy relaxor ferroelectric ceramics[J]. Advanced Electronic Materials,2022, 8(11): 2200503.

[42] ZHANG M,LAN S,YANG B B,et al. Ultrahigh energy storage in high-entropy ceramic capacitors with polymorphic relaxor phase[J]. Science,2024,384(6692): 185-189.

[43] YANG B,LIU Y,GONG C, et al. Design of high-entropy relaxor ferroelectrics for comprehensive energy storage enhancement[J]. Advanced Functional Materials,2024: 2409344.

[44] VALANT M. Electrocaloric materials for future solid-state refrigeration technologies[J]. Progress in Materials Science,2012,57(6): 980-1009.

[45] MA R,ZHANG Z,TONG K,et al. Highly efficient electrocaloric cooling with electrostatic actuation[J]. Science,2017,357(6356): 1130-1134.

[46] SON Y,ZHU W,TROLIER-MCKINSTRY S E. Electrocaloric effect of perovskite high entropy oxide films[J]. Advanced Electronic Materials,2022,8(12): 2200352.

[47] LIU W,LI F,CHEN G,et al. Comparative study of phase structure, dielectric properties and electrocaloric effect in novel high-entropy ceramics[J]. Journal of Materials Science, 2021,56: 18417-18429.

[48] ZHOU X,XUE G,LUO H,et al. Phase structure and properties of sodium bismuth titanate lead-free piezoelectric ceramics [J]. Progress in Materials Science, 2021, 122: 100836.

[49] HAO J,LI W,ZHAI J,et al. Progress in high-strain perovskite piezoelectric ceramics[J]. Materials Science and Engineering: R: Reports,2019,135: 1-57.

[50] LI F, ZHANG S, DAMJANOVIC D, et al. Local structural heterogeneity and electromechanical responses of ferroelectrics: learning from relaxor ferroelectrics[J]. Advanced Functional Materials,2018,28(37): 1801504.

[51] HUANG Y,RUI G,LI Q,et al. Enhanced piezoelectricity from highly polarizable oriented amorphous fractions in biaxially oriented poly (vinylidene fluoride) with pure β crystals[J]. Nature Communications,2021,12(1): 675.

[52] LIU Y,YANG J,DENG S,et al. Flexible polarization configuration in high-entropy piezoelectrics with high performance[J]. Acta Materialia,2022,236: 118115.

[53] ZHANG M,XU X,YUE Y,et al. Multi elements substituted Aurivillius phase relaxor ferroelectrics using high entropy design concept[J]. Materials & Design, 2021, 200:

109447.

[54] CHEN Y-W,RUAN J-J,TING J-M,et al. Solution-based fabrication of high-entropy Ba(Ti,Hf,Zr,Fe,Sn)O_3 films on fluorine-doped tin oxide substrates and their piezoelectric responses[J]. Ceramics International,2021,47(8): 11451-11458.

[55] LIU Z,XU S,LI T,et al. Microstructure and ferroelectric properties of high-entropy perovskite oxides with A-site disorder[J]. Ceramics International,2021,47(23): 33039-33046.

[56] XIONG W,ZHANG H,CAO S,et al. Low-loss high entropy relaxor-like ferroelectrics with A-site disorder[J]. Journal of the European Ceramic Society,2021,41(4): 2979-2985.

[57] ZHANG M,XU X,AHMED S,et al. Phase transformations in an Aurivillius layer structured ferroelectric designed using the high entropy concept[J]. Acta Materialia,2022,229: 117815.

[58] HU Z,ZHANG H,REECE M J,et al. Relaxor ferroelectric behaviour observed in $(Ca_{0.5}Sr_{0.5}Ba_{0.5}Pb_{0.5})Nb_2O_7$ perovskite layered structure ceramics[J]. Journal of the European Ceramic Society,2023,43(1): 177-182.

[59] SU L,HUYAN H,SARKAR A,et al. Direct observation of elemental fluctuation and oxygen octahedral distortion-dependent charge distribution in high entropy oxides[J]. Nature Communications,2022,13(1): 2358.

[60] DING F,JI P,HAN Z,et al. Tailoring planar strain for robust structural stability in high-entropy layered sodium oxide cathode materials[J]. Nature Energy,2024,9: 1529-1539.

[61] CHENG B,LOU H,SARKAR A,et al. Pressure-induced tuning of lattice distortion in a high-entropy oxide[J]. Communications Chemistry,2019,2(1): 114.

[62] WU J,GUO J,REN Y,et al. High-entropy La-$(Bi_{0.2}Na_{0.2}Ba_{0.2}Sr_{0.2}Ca_{0.2})TiO_3$ ceramic with ultrastable dielectric performance within 327-689 K and up to 7 GPa[J]. Advanced Electronic Materials,2024,10(9): 2400028.

第6章

基于纳米尺度设计的畴工程策略

6.1 铁电体里的畴结构

6.1.1 畴结构的形成

在众多电介质种类中,具有自发极化的铁电体是非常重要的一类。大量固有偶极子的出现有效提升了材料在兆赫兹频段以下的介电常数,从而能够实现高电容、小体积的实际器件。第1章已经介绍了结构相变和铁电体的基本知识。铁电体中的自发极化方向是一系列等效的方向。理想的无外场情况下,自发极化沿这些方向取向的概率应当是一致的,从而可能在铁电材料中出现多个沿特定方向排列的小区域。这些自发极化方向一致的小区域称为(铁电)畴,相邻畴之间的界面区域称为畴壁。

畴结构的具体形态是体系自由能最低化的结果[1-2]。畴内取向一致的电偶极矩可以在畴界面处诱导出表面电荷,增大体系能力。在没有外来电荷平衡的情况下,这种电荷会诱导出退极化场,从而抵消铁电极化,维持整体电中性,因此将这部分能量称为退极化能。畴壁两边的极化方向不一致,这种极化不均匀性也会增加体系的自由能。此外电畴可视为原顺电相沿某个特定方向发生微小形变形成的结构,所以不同方向的电畴间还存在应力,从而增加应变能。由于这两部分能量均与畴壁有关,因此统称为畴壁能。因此,在处理铁电体自由能时,还需要加入以上两项讨论。当畴尺寸减小时,对应的退极化能和应变能都将降低,但能量较高的畴壁的单位体积占比将上升,从而使得平衡态下的畴和畴壁均具有有限尺寸。相关结构参数与不同能量间具有一定的热力学关系,可利用实验数据进行能量估计。这部分内容与本章主旨无关,可在其他书籍或论文中找到。

除尺寸外,另一个重要参数是畴与畴之间的夹角。显然,畴之间的夹角将受到体系自发极化方向的限制。如图6.1所示,以钛酸钡($BaTiO_3$,BTO)为例,其可能存在的畴形式有180°畴和90°畴两种。根据对称性的差异,还存在71°、109°等夹角类型。需要指出的是,几种不同夹角的畴结构可以在陶瓷中并存,形成复杂的组装结构。

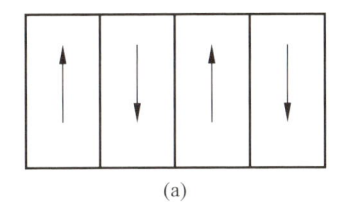

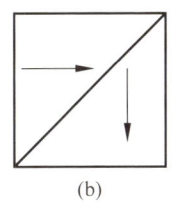

图 6.1 BTO 中典型的畴结构示意图
(a) 180°畴;(b) 90°畴

6.1.2 畴的观察

作为铁电体内主要的微结构形态,有必要对畴的形态和分布进行实验观察。常用的观测技术包括光学成像、透射电镜(transmission electron microscope,TEM)和原子力显微镜(atomic force microscope,AFM)三类[3-4]。

首先是光学成像技术。该方法是较早用于观测铁电畴结构的手段之一。可以通过化学腐蚀的办法处理陶瓷样品,电畴不同端的腐蚀速率不一致,从而能在光镜下显示出不同的腐蚀结果。如图 6.2 所示,BTO 样品的表面经过蚀刻处理后呈现出交替排列的深色和白色条纹,宽度为几微米,代表着两种可能的畴结构。该图像也表明畴壁比畴本身要薄得多。该方法虽然对设备要求不高,但很难细致地分析畴的具体取向,且受到腐蚀速率的限制,属于破坏性测试。另一种利用光学成像的手段是基于铁电体的非线性光学效应,探测二次或三次谐波信号从而分析对应极化行为[5-6]。通过该手段可以实现百纳米级分辨率的成像(接近阿贝衍射极限)。该方法除成像外,还可以通过偏振光模式确定铁电体的空间群信息,集成变温、变电压等组件后还能提供畴的原位演变特征。因此也是一类重要的畴结构研究手段。

图 6.2 BTO 陶瓷片在光镜下的电畴成像[7]

电子显微技术是探测材料内部微观结构强有力的手段之一。可以通过 TEM 观察铁电体的畴结构。尺寸较大(百纳米及以上)的畴结构可以直接在低倍 TEM 图像中观察到,不同取向的畴将呈现出不同的衬度[8-9]。此外,通过获取高分辨原子像,结合其晶体构型,还可以标定每个原子柱的平均位移方向。如图 6.3 所示,作者团队在铁酸铋($BiFeO_3$,BFO)-钛酸锶($SrTiO_3$,STO)固溶体薄膜中通过该方法标定了不同晶胞的极化取向。首先采集原子像图片,随后利用钙钛矿(ABO_3)结构中 A、B 位原子的相对移动来确定极化的方向,最后根据面分布图绘制出相应的畴结构。可以看到,仅在数十纳米的尺寸就有三个不同极化方向的畴存在,这是弛豫铁电体的纳米极性微区特征。该方法是最直观观察材料内部极化的方式,但需要的设备较为昂贵,实验过程也比较复杂耗时。TEM 所需要的薄片样品(厚度通常小于 50 nm)需要离子减薄;高分辨原子像的获取通常需要基于(双)球差校正的扫描透射电镜,设备较为昂贵和稀少。

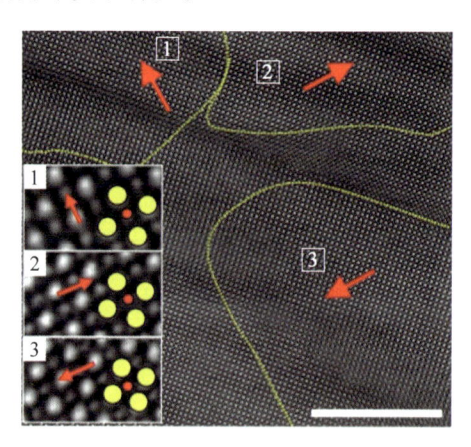

图 6.3 BFO-STO 固溶体薄膜的原子像和畴结构标定[10],标尺为 10 nm

原子力显微镜及其变体(压电力显微镜和导电原子力显微镜)非常适合表征铁电畴形态和研究铁电畴的动力学行为[2,11-13]。可以通过压电力显微镜(piezoelectric force microscopic,PFM)去探测其局部畴结构的取向,通常分为面内和面外信息。结合样品的旋转,可以进一步界定面内信号的取向,从而重构出整体的极化取向分布。如图 6.4 所示,作者团队利用该方法在 BFO 纳米岛中探测了不同区域的极化方向分布。此外,还可以通过在探针处加上足以诱导畴切换(switching)的电压实现"写畴",探究微区畴的弛豫特性。导电原子力显微镜则可以获取微区电导信息,常用在导电畴壁相关研究中。该方法不需要真空环境,适用于各种表面,且面外(厚度)方向精度可达纳米级,面内方向精度与探针宽度有关,一般在数十纳米。

除以上三类手段外,X 射线成像[15-17]、液晶法[18]等手段也可以用于观察电畴

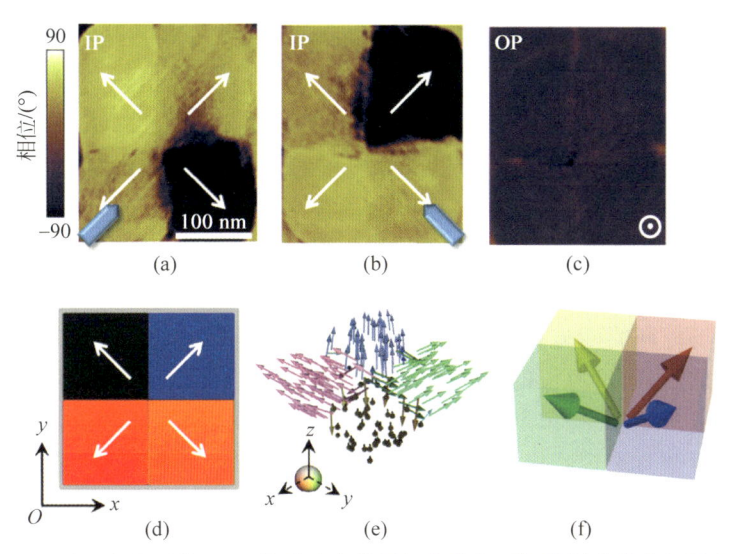

图 6.4　通过面内和面外 PFM 模式确定样品极化方向,黄、紫衬度代表不同方向[14]
(a) 面内相位信号;(b) 旋转 90°后的面内相位信号;(c) 面外相位信号;(d) 面内极化方向示意图;
(e)、(f) 极化方向在三维空间的示意图

结构。每种方法的适用范围和有效性均有所差异,也与待研究材料的本身特性有关。本书不再一一介绍。

6.1.3　极化切换的热力学过程

铁电畴是铁电体的基本结构特征,也是其响应外场行为的结构单元。它的结构和动力学特性对铁电体的一些基本性质,如居里点、电滞回线、自发极化等,有着密切联系。本节将简单介绍在外电场作用下畴的切换响应过程。

在大量实验总结的基础上,考虑 180°畴结构,电场方向为垂直方向。此时极化切换的过程被归纳总结为四个阶段[1]：①新畴形核;②畴的纵向长大;③畴的横向扩张;④畴的合并。其中,形核速率和纵向长大的速率都与电场强度正相关,而横向扩张的速率则不明显依赖于电场强度。非单轴铁电体中存在非 180°的自发极化方向,考虑到弹性力的约束,有可能出现多次非 180°的极化方向切换,从而最终实现 180°切换。以 BFO 为例,其 180°的切换可能是通过 3 次 71°切换实现的(图 6.5)。

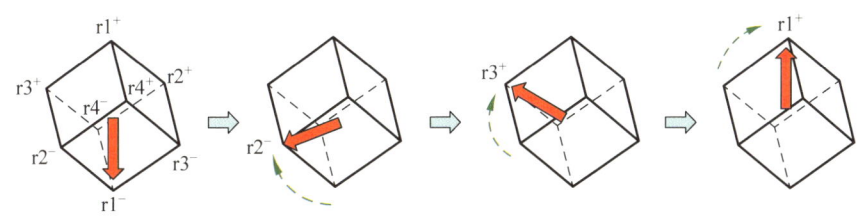

图 6.5　BFO 中实现 180°切换的多步切换模式[19]

可以从势垒角度理解畴的热力学运动：任一切换过程中，偶极子转向时必然会越过一个热力学势垒，同时其最可能的路径都是通过势垒相对平坦的路线。因此铁电体的电滞回线可以通过调节畴的切换势垒来调制，以满足不同应用场景下的需求。值得注意的是，当势垒低到一定程度时，若外电场方向恰好是另一个亚稳相的自发极化方向，那么高电场下有可能出现场致相变[20]。如图6.6所示，在沿 z 轴方向的电场作用下，菱方（rhombohedral，R）相铌镁酸铅-钛酸铅固溶体（$PbMg_{1/3}Nb_{2/3}O_3$-$PbTiO_3$，PMN-PT）的自发极化方向将从原来的⟨111⟩方向逐渐扭转到与外场相同的四方（tetragonal，T）相的⟨001⟩方向，过程中将经历数个亚稳的单斜相。此时，通过原位的X射线漫散射测试可以发现相变过程中PNRs发生了旋转和变形，相应的漫散射谱图从蝴蝶状逐渐变为圆盘样的弥散状，这一点再次证实了畴的运动与宏观响应之间的一致性。

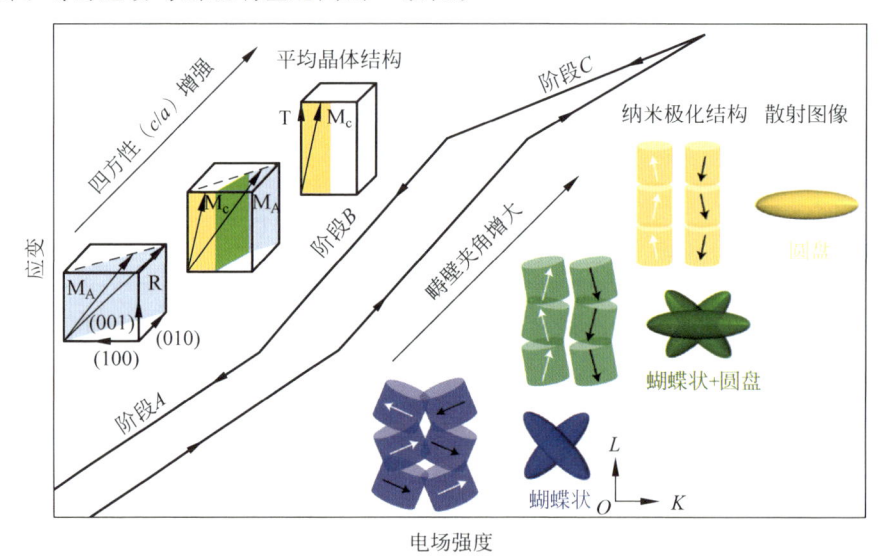

图6.6 PMN-PT的场致相变过程示意图[21]

不难看出，调控畴结构的形态和分布可以有效作用在铁电体的宏观物性上，从而调制出需要的性能，该策略称为畴工程。目前普遍研究的畴工程包括纳米畴工程、拓扑畴结构和畴壁电子学等。

6.2 纳米畴工程

6.2.1 尺寸效应和弛豫铁电体

诸如应力夹持、晶粒尺寸、空间电荷等参数均会影响畴态切换的热力学或动力学过程，使体系性能发生变化。其中，尺寸效应是非常常见的一种现象[22-23]。随着电畴尺寸的减小，畴切换过程中的势垒也会随之降低，从而出现电滞回线的改变，从原来的高极化、高滞回的电滞回线逐渐演变为低极化、低滞回的类顺电相的电滞回线[24-25]。因此，可以通过晶粒尺寸这一机械边界条件来约束材料内的畴尺寸并实现畴的细化和物理行为的调控。如图 6.7 所示，通过扫描隧道显微镜（scanning force microscope，SFM）可以获得针尖区域（约 25 nm）的畴切换信号。对比宏观测试得到的宏畴信号，纳米畴的切换需要的电场有所提升，且可逆信号贡献增加，剩余极化降低。

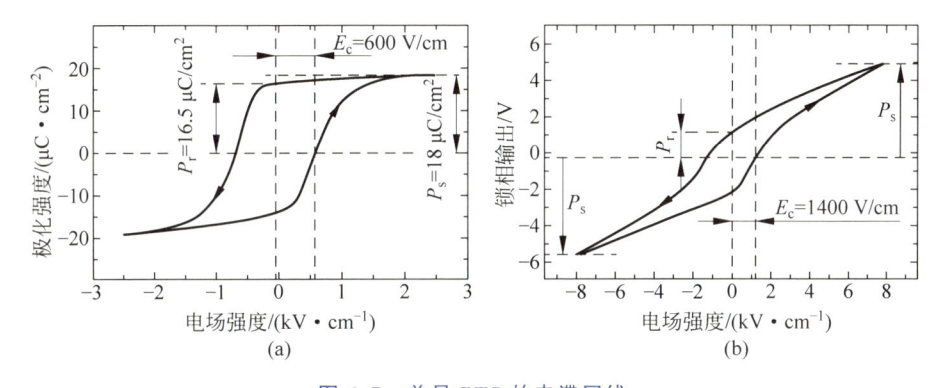

图 6.7 单晶 BTO 的电滞回线
(a) 宏畴；(b) SFM 探针测试的纳米微区

这些效应揭示了畴尺寸对宏观物性调控的有效性。除利用晶粒尺寸的机械边界条件去约束畴尺寸的超细纳米晶陶瓷外，另一类具有纳米尺度铁电畴的材料是弛豫铁电体。这些材料通常是一些具有复杂成分的铁电体，具有弥散的相变特征。此时，相变的温度不再是一个定值，而会随着测试频率的变化而移动。测试频率越高，相变温度越高。另外，对比典型铁电体的尖锐峰形，弛豫铁电体具有更为平缓的峰形；介电常数虚部的峰值温度会低于实部的温度，并且随着测试频率的增高，差异变大。用于解释弥散性相变的理论有很多，包括成分起伏[26]、超顺电模型[27]、随机场理论[28]等。这些模型的共性是在单一体系中引入局部分布，从而利用分布函数处理相关物理量。实验观察发现，其中的局部通常为纳米级微区，也称为 PNRs。局部性质的差异被广泛认为是由于掺杂的异质原子、晶格内固有缺陷等引起的，从而可以通过简单的掺杂或者固溶方式实现铁电体的弛豫化和纳米畴。该方式也是纳米畴工程的主要思路。

6.2.2 基于弛豫铁电体的压电陶瓷

压电效应是联系材料应变和电荷之间的效应，其必要条件是晶体结构不具有对称中心。如前所述，铁电体所属的极性点群都是非中心对称的，从而具有压电效应。自 20 世纪 40 年代发现 BTO 中优异的压电性能（$d_{33} > 100 \text{ pC} \cdot \text{N}^{-1}$）之后，压电材料的研究便聚焦到了铁电材料，先后经历了具有准同型相界的 PZT 陶瓷和以 PMN-PT 为代表的弛豫铁电体时期。目前最优异的压电材料是弛豫铁电单晶。作为介电陶瓷一类重要的应用，将在第 12 章详细介绍该领域的进展。本节仅对弛豫铁电体具有优异压电性能的起源做简单的介绍。

压电性能包括本征和非本征两部分。如图 6.8 所示，本征压电性能来源于自发极化的拉伸所带来的晶格常数变化；非本征压电性能则来源于畴壁运动，是与外电场不同向的自发极化方向的旋转[29]。弛豫铁电体中提升的压电响应通常源自极化切换势垒的降低。势垒的降低，一方面可以使畴壁能够更快地运动；另一方面可以在电场方向与极化方向不一致时，促进场致相变，实现极化旋转，增加应变响应。例如在 PZT 陶瓷中通过微量元素的软性掺杂使畴壁运动能力提升，进而增大压电效应[30]。但基于畴壁运动的压电响应会受限于其运动的动力学特性，具有较高的响应滞后[31]。R 相的 PMN-PT 单晶和薄膜中则通常可以观察到极化方向的旋转，从而增加压电响应[20-21]。

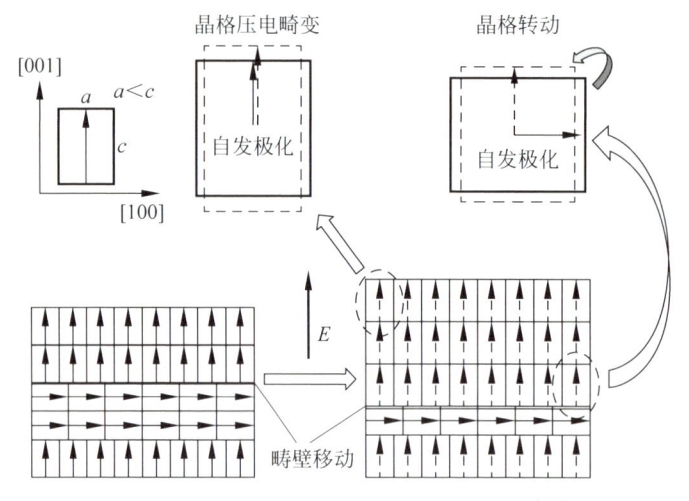

图 6.8 本征压电效应和畴壁运动示意图[29]

6.2.3 从纳米畴到极性团簇的储能电介质

近年来，用于储能的电介质研究逐渐成为介电领域的新热点，其原理是基于电容器储存和释放电荷的过程中伴随的能量变化。该过程仅涉及电荷的输运和感生极化，响应时间极短，因此常被用于脉冲电路或一些需要超高功率（兆瓦量级以上）的场景，如电磁武器、聚变点火等[32-33]。如图 6.9 所示，通常采用电滞回线换算的办法去计算准静态过程的能量密度和效率，相应放电能量密度 U_e 和储能效率 η 计

算公式为

$$U_e = \int_{P_r}^{P_m} E \, dP \tag{6.1}$$

$$\eta = \frac{U_e}{U_{loss} + U_e} = \frac{\int_{P_r}^{P_m} E \, dP}{\int_0^{P_m} E \, dP} \tag{6.2}$$

式中，U_{loss}为充放电过程中损失的能量，通常是极化切换过程中不能完全恢复的部分和加电场过程中漏电流带来的热损耗。

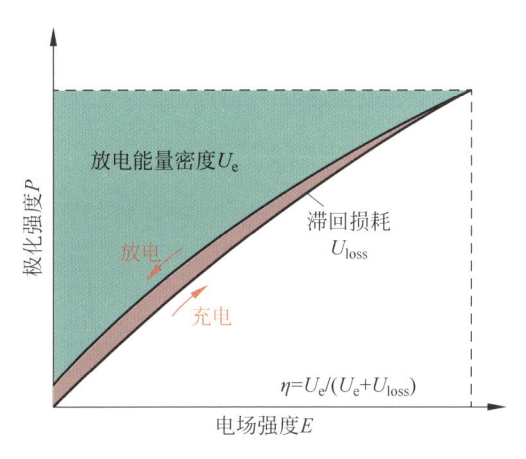

图 6.9 电介质的电滞回线及储能密度与效率的计算示意图[34]

不难看出，调控的核心参数为极化特性（P_m、P_r）和介电强度（也称为耐击穿强度）E_b。假定E_b不变，则P_m越大、P_r越小的材料储能密度越高；假定P_m、P_r不变，材料的E_b越高，储能密度越高。铁电体中近似矩形的电滞回线并不适合储能，虽然其极化很高，但在外电场撤去后仍会有大的剩余极化存在，不利于能量释放，故充放电效率极低。相对地，将宏畴破碎成高活性的PNRs可以降低切换势垒，使剩余极化大幅降低，从而降低极化切换过程中带来的能量损失，提高储能密度和效率。随着畴尺寸的不断减小，极化切换的势垒可以逐渐降低至热扰动的量级（k_BT）。从而在热扰动的作用下，使自发极化方向近似可以任意取向，近乎没有铁电滞回。

如图6.10所示，作者团队较早地在外延薄膜中提出了将畴纳米化的策略[10]，并陆续拓展出了多形态畴[35]和超顺电态策略[34]，两次刷新无铅介电储能薄膜的储能密度纪录。这些结果有力地证实了该策略的有效性。在块体陶瓷中亦有很多人借鉴了作者团队的设计思路，取得了不少成果。特别地，在超顺电态设计中，PNRs进一步缩小为仅具有数个晶胞的极性团簇，从而具有类似顺电的响应特性。

作者团队认为,对于储能电介质而言,在尽可能缩小畴尺寸的情况下,维持高的畴体积比例是获得高综合储能性能的核心思路。陶瓷块体多为多晶材料,此时晶界也会产生机械约束作用,影响电畴结构和电滞回线。综合来看,具有多个不同对称性的自发极化方向,且平均畴尺寸在 10 nm 以下的高度弛豫化的铁电体材料普遍显示出较高的储能性能。

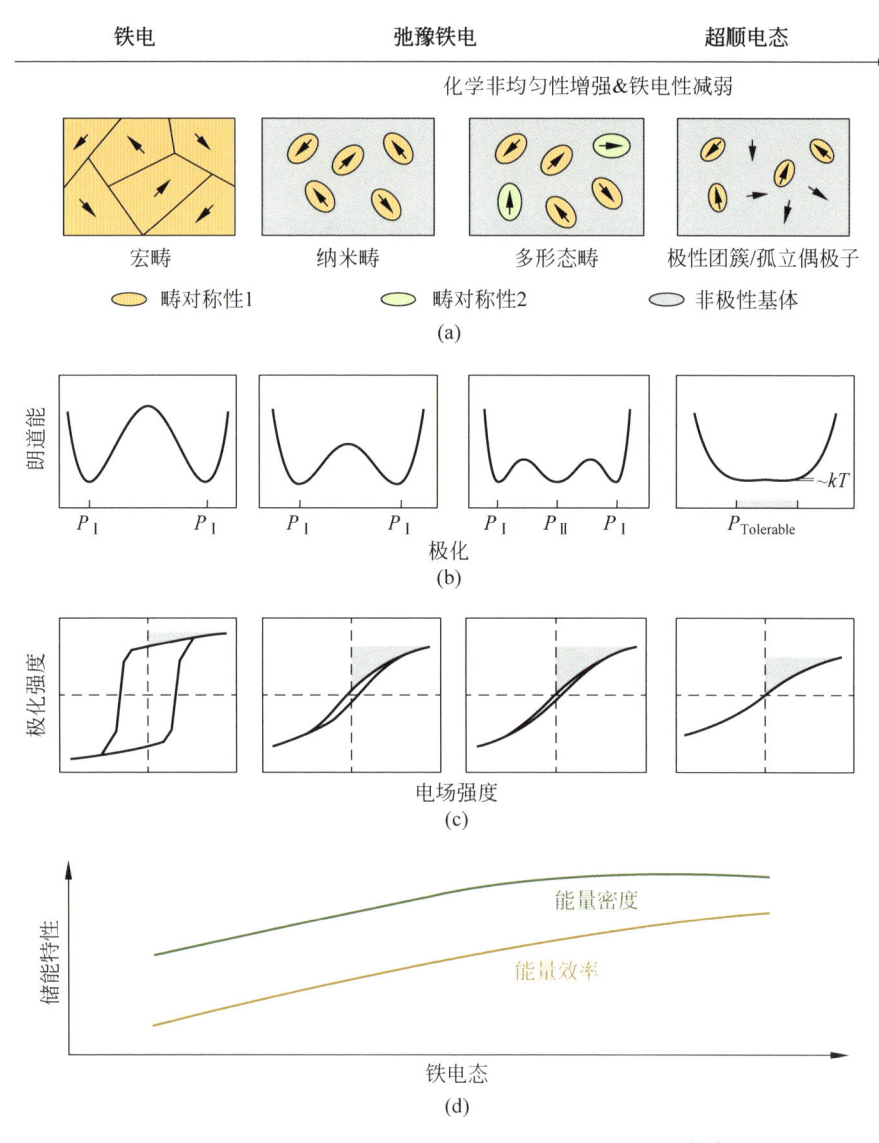

图 6.10　用于储能的铁电体纳米畴工程的示意图[36]
(a) 畴结构;(b) 朗道能曲线;(c) 电滞回线;(d) 储能密度和效率

6.3 拓扑畴结构

拓扑结构是指受到拓扑保护的某种序参量的特殊几何形态,通常表现为涡旋、反涡旋、通量闭合型、斯格明子等[37]。在凝聚态物理中,拓扑结构具有拓扑不变量,从而具有较强的稳定性,需要对系统施加足够强的外部刺激才能破坏拓扑结构。因此,可以将拓扑结构视为一种特殊的准粒子,并研究其不寻常的动力学行为。拓扑结构的研究热潮始于磁存储领域。研究者试图通过磁性拓扑结构(如斯格明子等)来实现高密度、低能耗的信息存储[38]。

理论计算表明,相较于块体材料,纳米尺度的薄膜或者颗粒中更容易实现拓扑结构[39-41]。实验方面,如图 6.11 所示,Rodriguez 等在 2009 年报道了 AAO 模板

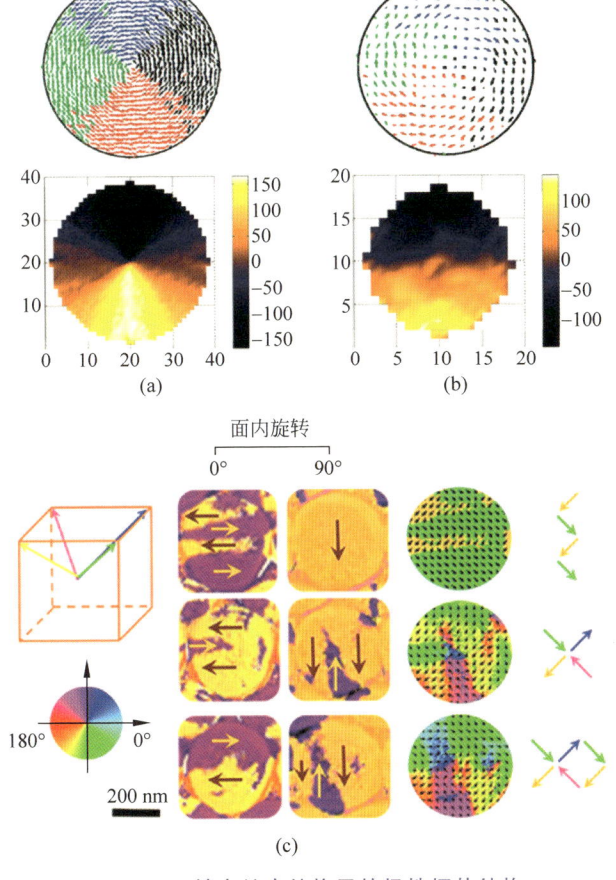

图 6.11 铁电纳米结构里的极性拓扑结构

(a)无应变和(b)压缩应变为 -0.009 的 PZT 纳米点中的模拟重建极化态和面内 PFM 图像[42];
(c)BFO 纳米点的面内 PFM 图像和模拟重建极化态[43]

熵利用脉冲激光沉积法制备的 PZT 纳米点阵列中发现了面内的极化涡旋态[42];随后南京大学刘俊明课题组在 BFO 纳米点中也发现了中心发散、中心收敛、涡旋等拓扑结构[43-44]。类似的报道还有一些,此处不再一一列举。这些结果证实了构建极性拓扑结构的可行性。然而,这些工作主要是结合 PFM 和相场模拟重建出来的畴结构。受分辨率限制,这些结构的尺寸较大,很难确定极化在晶胞尺度是否是连续的涡旋结构。此外,进一步实现可控、可重复的大面积极性拓扑结构是迈向实际应用的关键难题。

作者团队在前期自组装 BFO 纳米岛的工作基础上,在基片上刻蚀出优先形核位点,成功实现了有序的 BFO 纳米岛阵列并具有中心发散或中心收敛的拓扑结构,或可为后续应用提供一条思路[45]。类似地,在铁电超薄薄膜中也观察到了一些零散的极性拓扑结构,分布在衬底与薄膜的界面附近或者畴壁交汇处,但在单层薄膜中依然很难实现拓扑结构的有序排布。

铁电纳米点和超薄薄膜中观察到的拓扑结构不连续的原因可能是退极化场还不够大,以及表面电荷或者点缺陷的过度屏蔽[46]。理论模拟预测在铁电/顺电超晶格中将出现极性涡旋结构和斯格明子,为实验提供了新的路线[39,47]。2015 年,Tang 等首次报道了在单晶 DyScO$_3$ 基片上生长的[PTO/STO]$_n$ 超晶格薄膜中的规则排列的通量闭合型拓扑结构阵列(图 6.12(a))[48]。随后 Ramesh 课题组在超晶格中的单层减薄,观察到了完美的涡旋结构阵列(图 6.12(b)),并通过层厚控制

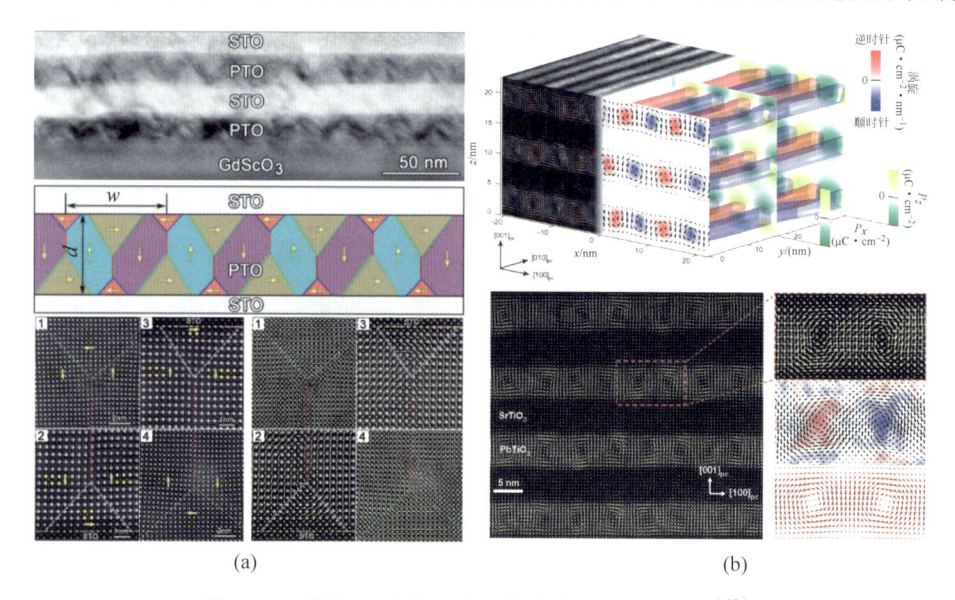

图 6.12 铁电/顺电超晶格结构中的极性拓扑结构[49]
(a) PTO/STO 超晶格中的通量闭合型拓扑结构阵列;(b) PTO/STO 超晶格中的涡旋型拓扑结构阵列

观察到了手性、斯格明子、负电容等物理特征和性质[49-52]。这些结果激发了新的极性拓扑结构的研究热情。这些奇异结构不仅拓展了对铁电物性的理解,也可能应用在未来高密度、低能耗的信息存储器件上。

6.4 畴壁电子学

畴壁通常被视为一种二维缺陷,在铁电块体中常表现为对极化切换的阻碍(畴壁钉扎效应)并引起疲劳。尽管二十世纪七八十年代就已经发现了荷电畴壁(charged domain walls,CDW)的存在,由于其形成能较高,一直未被重视。21 世纪以来,随着氧化物界面和铁电纳米结构研究的增加,CDW 作为潜在的可重构导电路径,或可应用在未来纳米电子器件中,重新引起人们的注意。

作为区分不同铁电畴的特征界面,畴壁具有以下特征:①畴壁处的极化不连续;②界面容易聚集缺陷;③作为屏蔽电荷的载体,畴壁的电荷状态受到两边电畴极化方向的影响。CDW 的出现是这几个特征因素的综合作用。Seidel 等的实验工作[53]和 Spaldin 等的理论模拟[54]均表明极化不连续会带来畴壁处带隙的减小,从而有利于荷电畴壁的形成。此外,Rojac 等揭示了 Fe^{4+} 和 Bi 空位等带电缺陷在畴壁处的累积对 BFO 薄膜中 CDW 的形成具有重要意义[55]。带电缺陷的累积也可以增加畴壁处的潜在载流子浓度,产生缺陷能级。最后,如图 6.13 所示,强荷电畴壁主要出现在畴壁两侧极化方向导致的屏蔽电荷一致的情况下。除图中所示的"头对头"形式外,"尾对尾"结构也具有同样的效果。

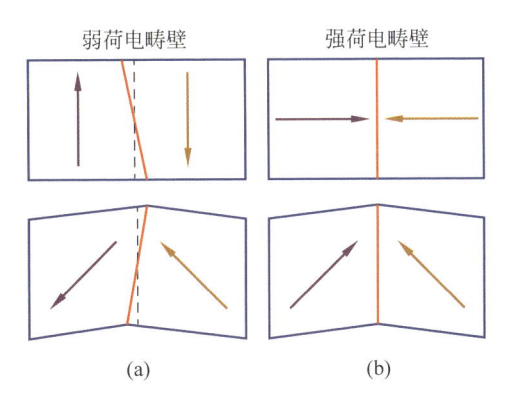

图 6.13　四方钙钛矿铁电体中的畴壁示意图[56]
(a)弱荷电畴壁和(b)强荷电畴壁。上下分别表示 180°畴壁和 90°畴壁,箭头表示电畴的自发极化方向

自发形成的 CDW 形态往往不太固定,需要人为调制出适合应用的畴壁器件。一种常见的办法是 frustrative poling:在非自发极化方向的电场作用下,使 BTO 薄晶从居里温度以上冷却下来,从而令其具有多个沿电场投影方向共线但不同的

极化态。这些极化态之间将出现 CDW,可以通过控制相应条件来调制畴壁密度[57-58]。此外,通过极化-电荷掺杂(polarization-charge doping)的办法也在 La 掺杂的 BFO 薄膜中实现了导电畴壁的写入和擦除[59]。该方法是通过导电探针移动时的"拖尾场"使面内的自发极化方向发生切换,形成具有导电畴壁的"头对头"结构。同时,作者团队发展了一种自组装生长方法,实现了 R 相 BFO 纳米岛嵌入 T 相 BFO 基体中的特殊结构,并且观察到了岛上的中心发散或中心收敛的特殊拓扑结构[14]。在一定条件下,岛中畴壁具有很强的导电性。该方法为 CDW 结构的可控制备提供了新思路。

利用 CDW 的导电特性来制备纳米电子器件是本领域的最终目标。由于畴壁的差异性,可以通过控制电畴极化方向、注入缺陷等方式影响畴壁的性质,从而实现 CDW 的出现和消失。相应地,通过高/低电阻态模拟"0"和"1"实现信息的存储。由于畴壁结构的稳定性,这类器件是非易失性的。如图 6.14 所示,可以通过面内或者面外电场进行控制,且原型器件均展现出了不错的开关比和循环性能。尽管 CDW 的研究取得了很多进展,其仍处于起步阶段,有待持续的研究。

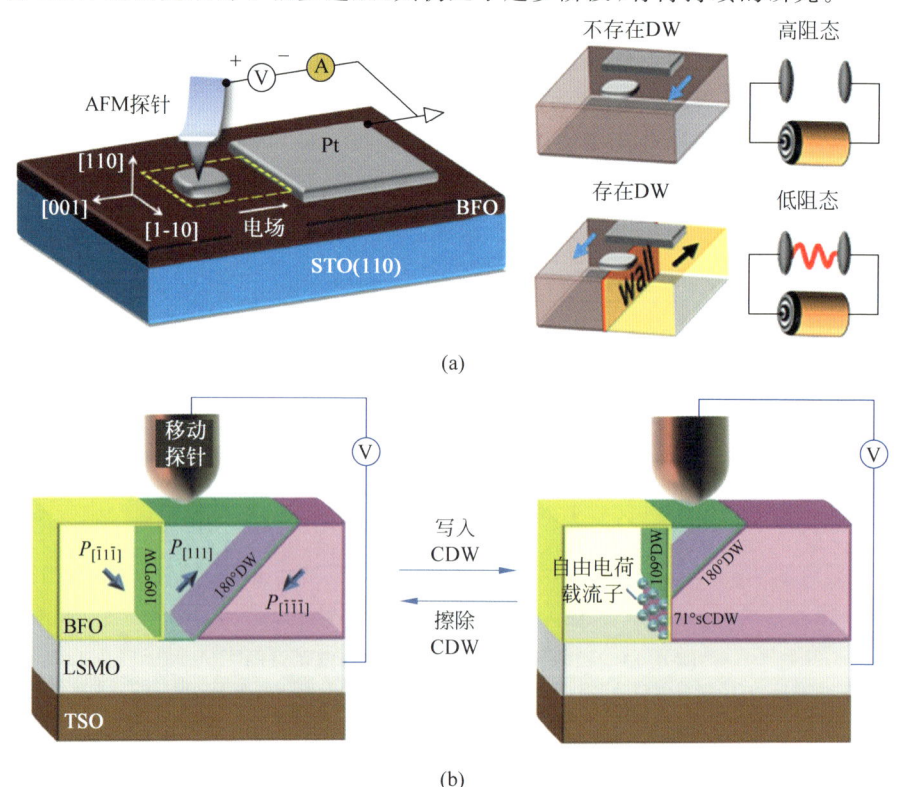

图 6.14 基于导电畴壁的非易失性存储器示意图
(a)面内电场型[60];(b)面外电场型[61]

6.5 模拟方法

如6.1节所述,铁电畴的形成来自铁电体本征的朗道能、应变能(也叫作弹性能)、退极化能(也叫作静电能)和界面能量的竞争。要想模拟铁电畴,必须合理表达这几部分能量。自21世纪初以来,相场方法在模拟铁电体介观尺度(大约与畴处于同一尺度)的结构-功能关联特性方面取得了显著的成效[62-63],下面基于铁电体的相场模拟方法综述铁电畴模拟的进展。

铁电体关于极化P、温度T、电场E、应变S的自由能可以写为[64-65]

$$f = \iiint (f_{\text{Landau}}(P,T) + f_{\text{grad}}(\nabla P) + f_{\text{electric}}(P,E) + f_{\text{elastic}}(P,S))\,\mathrm{d}x\mathrm{d}y\mathrm{d}z \tag{6.3}$$

式中铁电体本征的朗道能f_{Landau}已经在第1章关于铁电体相变的部分给出。梯度能描述了极化梯度对能量的贡献,即界面对能量的贡献

$$f_{\text{grad}}(\nabla P) = \frac{1}{2}\gamma_{ijkl}\frac{\partial P_i}{\partial x_j}\frac{\partial P_k}{\partial x_l} \tag{6.4}$$

静电能可以写为

$$f_{\text{electric}} = -P_i E_i - \frac{1}{2}S_0 k_{ij}^b E_i E_j \tag{6.5}$$

式中,k_{ij}^b为背景介电常数,它的值通常不是1(真空介电常数),与其他极化机制有关[66]。电场通常由静电平衡方程配合边界条件解得。弹性能可以写为

$$f_{\text{elastic}} = \frac{1}{2}c_{ijkl}(S_{ij} - S_{ij}^0)(S_{kl} - S_{kl}^0) \tag{6.6}$$

式中,c_{ijkl}、S_{ij}、S_{ij}^0分别为弹性刚度系数、总应变、本征应变。S_{ij}^0也称为无应力应变,主要取决于电致伸缩系数Q_{ijkl}。

$$S_{ij}^0 = Q_{ijkl}P_k P_l \tag{6.7}$$

除此之外还包括位错、反铁畸变、挠曲电等引起的应变[67-69]。应变场可以通过机械平衡方程配合边界条件解得。求解平衡状态下的畴结构可以通过含时的金兹堡-朗道(Ginzburg-Landau,TDGL)方程迭代演化得到

$$\frac{\partial P}{\partial t} = -L_v \frac{\delta F}{\delta P} \tag{6.8}$$

式中,L_v为动力学系数,决定了畴壁运动速度(演化速度)。

运用该方法,可以在铁电块体中模拟标志性的条纹畴、迷宫畴[70],在铁电薄膜中模拟基底应变、电学边界条件对畴结构的影响[64-65](图6.15)。在铁电超晶格中,通过设定不同层的朗道系数和弹性系数,相场模拟可以得到一系列新奇的拓扑

畴,包括铁电涡旋、反涡旋、斯格明子、半子、极性波、通量闭合畴等[49-50,71-74],并且解释了应变、层厚等引发拓扑畴的机制以及其中出现的负电容效应、双电滞回线等[51,75-77]。通过人工构建纳米结构,设置不同区域的朗道系数、弹性系数和介电常数,相场模拟也可以研究铁电纳米线、纳米棒、纳米管、纳米盘、纳米点、纳米岛等结构中的新奇拓扑结构[14,78-79](图6.16),以及其中的异常介电、铁电、电导特性[80-81]。

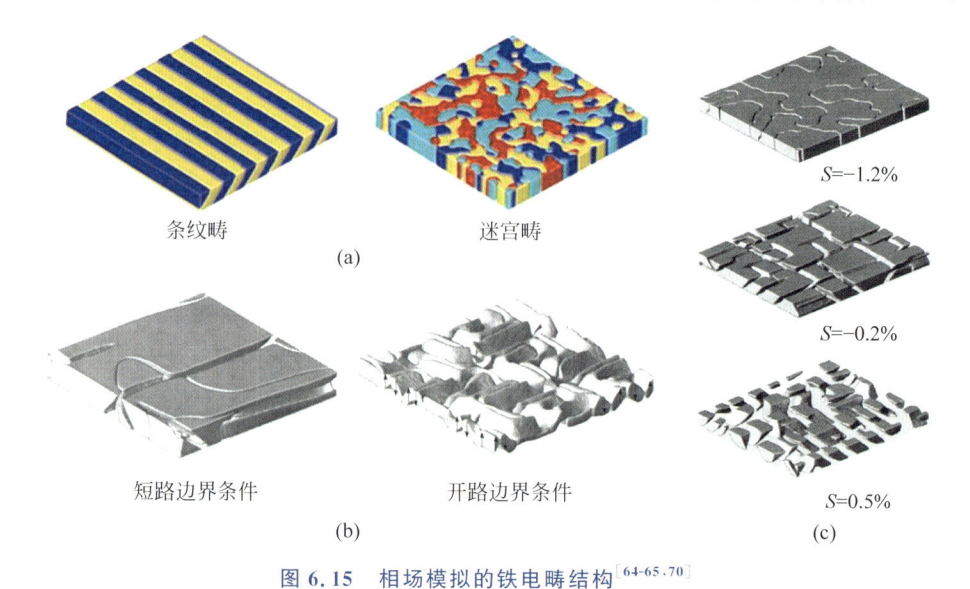

条纹畴　　　　　　　迷宫畴

(a)

$S=-1.2\%$

短路边界条件　　　开路边界条件

$S=-0.2\%$

(b)

$S=0.5\%$

(c)

图 6.15　相场模拟的铁电畴结构[64-65,70]

(a) 条纹畴和迷宫畴;(b) 电学边界条件对畴结构的影响;(c) 基底应变对畴结构的影响

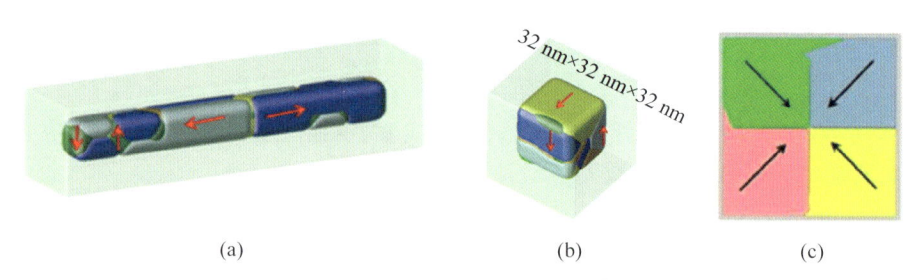

32 nm×32 nm×32 nm

(a)　　　　　　(b)　　　　　　(c)

图 6.16　相场模拟的铁电纳米结构[14,78-79]

(a) 纳米线;(b) 纳米点;(c) 纳米岛

相场模拟中包含电场、力场信息,可以研究畴结构对外加刺激的响应,包括准静态的电滞回线、频率依赖的介电响应、畴翻转机制、缺陷作用、压电效应等[82-85]。特别地,相场模拟还可以引入洛伦兹函数描述探针作用下的局域畴翻转动力学,即满足压电力显微镜(PFM)针尖的电势

$$\varphi(r)=\varphi_0\left(\frac{\alpha_{\mathrm{HMFW}}^2}{\alpha_{\mathrm{HMFW}}^2+r^2}\right) \tag{6.9}$$

式中，φ_0 为电势的峰值，α_{HMFW} 为电势分布的半高宽。同样地，探针对铁电薄膜的作用力亦可通过挠曲电效应实现铁电畴的翻转，这里探针产生的局域应力场可写为

$$\sigma_{33}(r) = -\frac{3p_{\text{tip}}}{2\pi\alpha_{\text{HMFW}}^2}\sqrt{1-\frac{r^2}{\alpha_{\text{HMFW}}^2}}, \quad r \leqslant \alpha \tag{6.10}$$

这种方法可以研究多种铁电/铁弹畴在电场、力场作用下翻转的微观路径和机制[68,86]（图 6.17）。

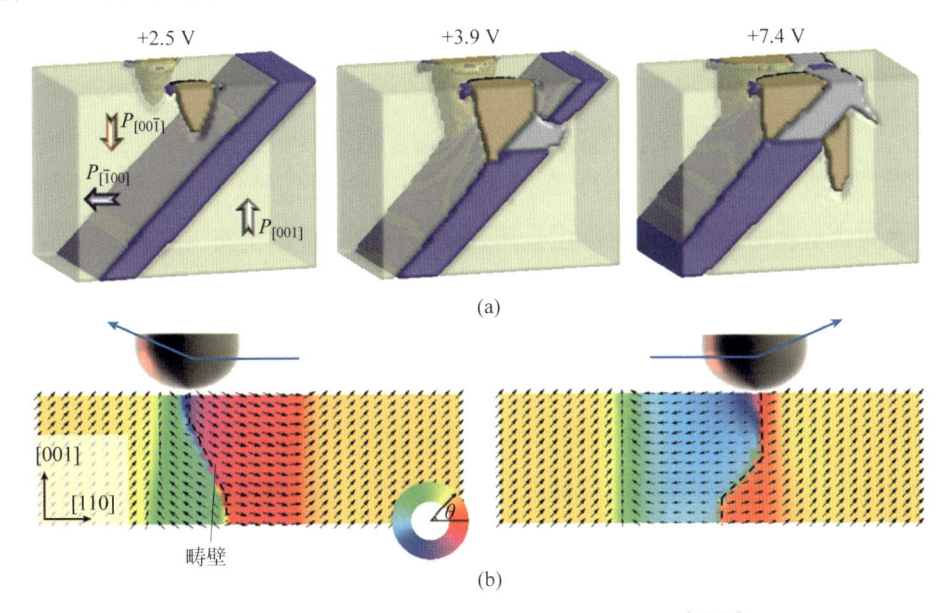

图 6.17 相场模拟的 PFM 下局域铁电畴调控[68,86]
(a) 局域电场对畴结构的调控；(b) 局域力场对畴结构的调控

近年来，随着畴工程的快速发展，弛豫铁电体在高性能压电换能器、高密度储能电容器中得到了广泛的应用，而利用相场模拟的方法描述这种体系已成为一个研究热点。这里介绍三种主要的处理方法。

弛豫铁电体的性能提升主要在于极性纳米微区的构建，这来源于弛豫铁电体中广泛存在的局部非均匀性（local inhomogeneity）。因此模拟弛豫铁电体的行为也可以借用极性纳米微区的模型。在模拟中，将整个体系看作是由极性微区（具有铁电特征）和顺电基体（具有顺电特征）组成的复合物，这可以通过位置依赖的朗道系数实现。利用这种方法，研究者已系统地研究了极性纳米微区对介电常数和压电常数的提升作用，纳米畴和多形态纳米畴对储能密度和效率的提升作用等[34-35,87-88]（图 6.18）。该方法的一个缺点在于其高度依赖预先生成的模型，无法模拟纳米畴随着化学成分变化的演化；同时，真实弛豫铁电体并不会有明显的铁

电/顺电界面，且掺杂后的铁电、顺电区域难以用准确的势函数描述。

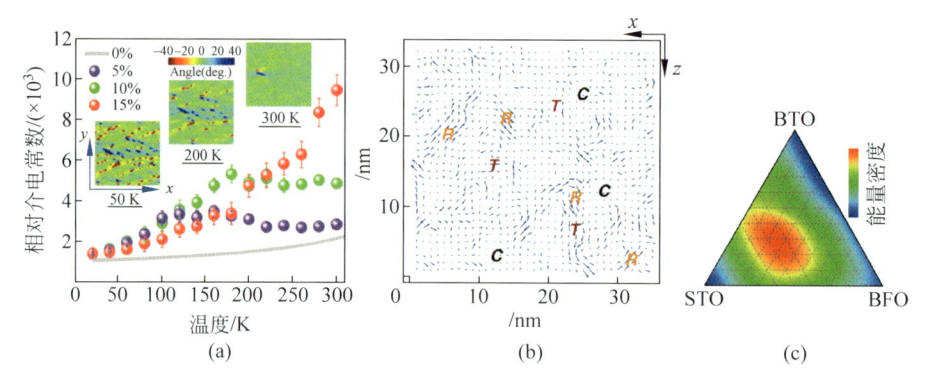

图 6.18 相场方法对介电响应的模拟[35,87]

(a) 极性纳米微区引入对介电常数的提升；(b) 多形态极性纳米微区；(c) 多形态极性纳米微区对储能性能的提升

弛豫铁电体的局部非均匀性还会导致局部晶格电价不平衡、正负电荷中心偏移以及晶格畸变，这必然带来局部的随机场，这种随机场在模拟中是通过一个具有正态分布的电场 E_{random} 实现的。

$$E_{\text{random}} = N(0, E_{\text{mag}}) \tag{6.11}$$

$$f_{\text{electric}} = -P_i(E_i + E_{\text{random}}) - \frac{1}{2}S_0 k_{ij}^b E_i E_j \tag{6.12}$$

式中，E_{mag} 描述了局部随机场的强度。随机场是一个结构变量，不随外场的变化而变化。通过这种处理，可以模拟得到高随机场引起畴尺寸减小、极化分布混乱、电滞回线变细、介电响应弛豫化、压电响应提升等一系列结论，与实验符合较好[82,89-90]。但一个显著的缺点是随机场的大小缺乏定量的指导。

在以上两种方法的启示下，近期研究者开始尝试更综合的建模方案。例如，在考虑极性纳米微区的同时考虑局部朗道能的变化，根据掺杂量调整朗道能平方项系数的居里温度大小来拟合实验结果[91]；在考虑随机场的同时将其和掺杂量（即局部非均匀性强弱）联系起来[92]；等等。这些方法可以描述更复杂的体系，解释随着畴结构演化更多样化的介电性能变化，也避免了预设的畴结构。但它也存在着人为指定参数过多、缺乏物理定量指导等缺点。

参考文献

[1] 钟维烈. 铁电体物理学[M]. 北京：科学出版社，1996.
[2] CATALAN G, SEIDEL J, RAMESH R, et al. Domain wall nanoelectronics[J]. Reviews of Modern Physics, 2012, 84(1): 119-156.
[3] TAGANTSEV A K, CROSS L E, FOUSEK J. Domains in ferroic crystals and thin films[M].

Berlin: Springer, 2010.

[4] POTNIS P R, TSOU N-T, HUBER J E. A review of domain modelling and domain imaging techniques in ferroelectric crystals[J]. Materials, 2011, 4(2): 417-447.

[5] UESU Y, KURIMURA S, YAMAMOTO Y. Optical second harmonic images of 90° domain structure in BaTiO$_3$ and periodically inverted antiparallel domains in LiTaO$_3$[J]. Applied Physics Letters, 1995, 66(17): 2165-2167.

[6] LI W, MA Y, FENG T, et al. Delineating complex ferroelectric domain structures via second harmonic generation spectral imaging[J]. Journal of Materiomics, 2023, 9(2): 395-402.

[7] FOUSEK J, ŠAFRÁNKOVÁ M. On the equilibrium domain structure of BaTiO$_3$[J]. Japanese Journal of Applied Physics, 1965, 4(6): 403.

[8] LUCUŢA P, TEODORESCU V, VASILIU F. SEM, SAED, and TEM investigations of domain structure in PZT ceramics at morphotropic phase boundary[J]. Applied Physics A, 1985, 37: 237-242.

[9] OTONIČAR M, ŠKAPIN S D, JANČAR B, et al. Analysis of the phase transition and the domain structure in K$_{0.5}$Bi$_{0.5}$TiO$_3$ perovskite ceramics by in situ XRD and TEM[J]. Journal of the American Ceramic Society, 2010, 93(12): 4168-4173.

[10] PAN H, MA J, MA J, et al. Giant energy density and high efficiency achieved in bismuth ferrite-based film capacitors via domain engineering[J]. Nature Communications, 2018, 9(1): 1813.

[11] ZAVALICHE F, DAS R, KIM D, et al. Ferroelectric domain structure in epitaxial BiFeO$_3$ films[J]. Applied Physics Letters, 2005, 87(18): 182912.

[12] KHOLKIN A, KALININ S, ROELOFS A, et al. Review of ferroelectric domain imaging by piezoresponse force microscopy[M]//Scanning Probe Microscopy: Electrical and Electromechanical Phenomena at the Nanoscale. New York: Springer, 2007: 173-214.

[13] ZHANG H-Y, CHEN X-G, TANG Y-Y, et al. PFM (piezoresponse force microscopy)-aided design for molecular ferroelectrics[J]. Chemical Society Reviews, 2021, 50(14): 8248-8278.

[14] MA J, MA J, ZHANG Q, et al. Controllable conductive readout in self-assembled, topologically confined ferroelectric domain walls[J]. Nature Nanotechnology, 2018, 13(10): 947-952.

[15] LAANAIT N, SAENRANG W, ZHOU H, et al. Dynamic X-ray diffraction imaging of the ferroelectric response in bismuth ferrite[J]. Advanced Structural and Chemical Imaging, 2017, 3: 1-12.

[16] ROSHCHUPKIN D, IRZHAK D, ANTIPOV V. Study of LiNbO$_3$ and LiTaO$_3$ ferroelectric domain structures using high-resolution X-ray diffraction under application of external electric field[J]. Journal of Applied Physics, 2009, 105(2): 024112.

[17] FOGARTY G, STEINER B, CRONIN-GOLOMB M, et al. Antiparallel ferroelectric domains in photorefractive barium titanate and strontium barium niobate observed by high-resolution X-ray diffraction imaging[J]. Journal of the Optical Society of America B, 1996, 13(11): 2636-2643.

[18] TIKHOMIROVA N, PIKIN S, SHUVALOV L, et al. Visualization of static and the

dynamics of domain structure in triglycine sulfate by liquid crystals[J]. Ferroelectrics, 1980,29(1): 145-156.

[19] BAEK S, EOM C. Reliable polarization switching of BiFeO$_3$ [J]. Philosophical Transactions of the Royal Society A: Mathematical, Physical and Engineering Sciences, 2012,370(1977): 4872-4889.

[20] FU H, COHEN R E. Polarization rotation mechanism for ultrahigh electromechanical response in single-crystal piezoelectrics[J]. Nature,2000,403(6767): 281-283.

[21] KIM J, KUMAR A, QI Y, et al. Coupled polarization and nanodomain evolution underpins large electromechanical responses in relaxors[J]. Nature Physics,2022,18(12): 1502-1509.

[22] LI S, EASTMAN J A, VETRONE J M, et al. Dimension and size effects in ferroelectrics[J]. Japanese Journal of Applied Physics,1997,36(8R): 5169.

[23] ISHIKAWA K, YOSHIKAWA K, OKADA N. Size effect on the ferroelectric phase transition in PbTiO$_3$ ultrafine particles[J]. Physical Review B,1988,37(10): 5852.

[24] BELL A. Calculations of dielectric properties from the superparaelectric model of relaxors[J]. Journal of Physics: Condensed Matter,1993,5(46): 8773.

[25] GLINCHUK M, ELISEEV E, MOROZOVSKA A. Superparaelectric phase in the ensemble of noninteracting ferroelectric nanoparticles[J]. Physical Review B,2008,78(13): 134107.

[26] YE Z-G. Relaxor ferroelectric Pb(Mg$_{1/3}$Nb$_{2/3}$)O$_3$: Properties and present understanding[J]. Ferroelectrics,1996,184(1): 193-208.

[27] CROSS L E. Relaxorferroelectrics: an overview[J]. Ferroelectrics,1994,151(1): 305-320.

[28] PIRC R, BLINC R. Spherical random-bond-random-field model of relaxor ferroelectrics[J]. Physical Review B,1999,60(19): 13470.

[29] 李飞,张树君,李振荣,等. 弛豫铁电单晶的研究进展——压电效应的起源研究[J]. 物理学进展,2012,34(4): 178.

[30] DAMJANOVIC D, DEMARTIN M. Contribution of the irreversible displacement of domain walls to the piezoelectric effect in barium titanate and lead zirconate titanate ceramics[J]. Journal of Physics: Condensed Matter,1997,9(23): 4943.

[31] DAMJANOVIC D. Logarithmic frequency dependence of the piezoelectric effect due to pinning of ferroelectric-ferroelastic domain walls[J]. Physical Review B,1997,55(2): R649.

[32] YANG L, KONG X, LI F, et al. Perovskite lead-free dielectrics for energy storage applications[J]. Progress in Materials Science,2019,102: 72-108.

[33] FENG Q-K, ZHONG S-L, PEI J-Y, et al. Recent progress and future prospects on all-organic polymer dielectrics for energy storage capacitors[J]. Chemical Reviews,2021, 122(3): 3820-3878.

[34] PAN H, LAN S, XU S, et al. Ultrahigh energy storage in superparaelectric relaxor ferroelectrics[J]. Science,2021,374(6563): 100-104.

[35] PAN H, LI F, LIU Y, et al. Ultrahigh-energy density lead-free dielectric films via polymorphic nanodomain design[J]. Science,2019,365(6453): 578-582.

[36] LIU Y, YANG B, LAN S, et al. Perspectives on domain engineering for dielectric energy storage thin films[J]. Applied Physics Letters,2022,120(15): 150501.

[37] CHEN S,YUAN S,HOU Z,et al. Recent progress on topological structures in ferroic thin films and heterostructures[J]. Advanced Materials,2021,33(6):2000857.

[38] FERT A,REYREN N,CROS V. Magnetic skyrmions: advances in physics and potential applications[J]. Nature Reviews Materials,2017,2(7):1-15.

[39] NAUMOV I I, BELLAICHE L, FU H. Unusual phase transitions in ferroelectric nanodisks and nanorods[J]. Nature,2004,432(7018):737-740.

[40] NAUMOV I,FU H. Vortex-to-polarization phase transformation path in ferroelectric Pb (ZrTi) O$_3$ nanoparticles[J]. Physical Review Letters,2007,98(7):077603.

[41] PROSANDEEV S,PONOMAREVA I,KORNEV I,et al. Controlling toroidal moment by means of an inhomogeneous static field: an ab initio study[J]. Physical Review Letters, 2006,96(23):237601.

[42] RODRIGUEZ B,GAO X,LIU L,et al. Vortex polarization states in nanoscale ferroelectric arrays[J]. Nano Letters,2009,9(3):1127-1131.

[43] TIAN G,CHEN D,FAN H,et al. Observation of exotic domain structures in ferroelectric nanodot arrays fabricated via a universal nanopatterning approach[J]. ACS Applied Materials & Interfaces,2017,9(42):37219-37226.

[44] LI Z,WANG Y,TIAN G,et al. High-density array of ferroelectric nanodots with robust and reversibly switchable topological domain states[J]. Science Advances,2017,3(8): e1700919.

[45] WANG Y,GUO C,CHEN M,et al. Mechanically driven reversible polarization switching in imprinted BiFeO$_3$ thin films[J]. Advanced Functional Materials,2023,33(31):2213787.

[46] 谭丛兵,钟向丽,王金斌. 铁电材料中的极性拓扑结构[J]. 物理学报,2020,69:127702.

[47] PROSANDEEV S,BELLAICHE L. Characteristics and signatures of dipole vortices in ferroelectric nanodots: First-principles-based simulations and analytical expressions[J]. Physical Review B,2007,75(9):094102.

[48] TANG Y L,ZHU Y L,MA X L,et al. Observation of a periodic array of flux-closure quadrants in strained ferroelectric PbTiO$_3$ films[J]. Science,2015,348(6234):547-551.

[49] YADAV A K,NELSON C T,HSU S L,et al. Observation of polar vortices in oxide superlattices[J]. Nature,2016,530(7589):198-201.

[50] DAS S,TANG Y L,HONG Z,et al. Observation of room-temperature polar skyrmions[J]. Nature,2019,568(7752):368-372.

[51] YADAV A K,NGUYEN K X,HONG Z,et al. Spatially resolved steady-state negative capacitance[J]. Nature,2019,565(7740):468-471.

[52] SHAFER P,GARCÍA-FERNÁNDEZ P,AGUADO-PUENTE P,et al. Emergent chirality in the electric polarization texture of titanate superlattices[J]. Proceedings of the National Academy of Sciences,2018,115(5):915-920.

[53] SEIDEL J,MARTIN L W,HE Q,et al. Conduction at domain walls in oxide multiferroics[J]. Nature Materials,2009,8(3):229-234.

[54] LUBK A,GEMMING S,SPALDIN N. First-principles study of ferroelectric domain walls in multiferroic bismuth ferrite[J]. Physical Review B,2009,80(10):104110.

[55] ROJAC T,BENCAN A,DRAZIC G,et al. Domain-wall conduction in ferroelectric BiFeO$_3$ controlled by accumulation of charged defects[J]. Nature Materials,2017,16(3):322-327.

[56] BEDNYAKOV P S,STURMAN B I,SLUKA T,et al. Physics and applications of charged domain walls[J]. npj Computational Materials,2018,4(1):65.

[57] WADA S,YAKO K,YOKOO K,et al. Domain wall engineering in barium titanate single crystals for enhanced piezoelectric properties[J]. Ferroelectrics,2006,334(1):17-27.

[58] BEDNYAKOV P S, SLUKA T, TAGANTSEV A K, et al. Formation of charged ferroelectric domain walls with controlled periodicity[J]. Scientific Reports,2015,5(1):15819.

[59] CRASSOUS A,SLUKA T,TAGANTSEV A K,et al. Polarization charge as a reconfigurable quasi-dopant in ferroelectric thin films[J]. Nature Nanotechnology,2015,10(7):614-618.

[60] SHARMA P,ZHANG Q,SANDO D,et al. Nonvolatile ferroelectric domain wall memory[J]. Science Advances,2017,3(6):e1700512.

[61] LI L,BRITSON J,JOKISAARI J R,et al. Giant resistive switching via control of ferroelectric charged domain walls[J]. Advanced Materials,2016,28:6574-6580.

[62] CHEN L-Q. Phase-field models for microstructure evolution[J]. Annual Review of Materials Research,2002,32(1):113-140.

[63] CHEN L Q,SHEN J. Applications of semi-implicit Fourier-spectral method to phase field equations[J]. Computer Physics Communications,1998,108(2-3):147-158.

[64] LI Y L,HU S Y,LIU Z K,et al. Effect of electrical boundary conditions on ferroelectric domain structures in thin films[J]. Applied Physics Letters,2002,81(3):427-429.

[65] LI Y L,HU S Y,LIU Z K,et al. Effect of substrate constraint on the stability and evolution of ferroelectric domain structures in thin films[J]. Acta Materialia,2002,50(2):395-411.

[66] TAGANTSEV A K. Landau expansion for ferroelectrics:Which variable to use?[J]. Ferroelectrics,2008,375(1):19-27.

[67] LI L,JOKISAARI J R,ZHANG Y,et al. Control of domain structures in multiferroic thin films through defect engineering[J]. Advanced Materials,2018,30(38):e1802737.

[68] PARK S M,WANG B,DAS S,et al. Selective control of multiple ferroelectric switching pathways using a trailing flexoelectric field[J]. Nature Nanotechnology,2018,13(5):366-370.

[69] XUE F, LIANG L, GU Y, et al. Composition-and pressure-induced ferroelectric to antiferroelectric phase transitions in Sm-doped BiFeO$_3$ system[J]. Applied Physics Letters,2015,106(1):012903.

[70] WINCHESTER B,WU P,CHEN L Q. Phase-field simulation of domain structures in epitaxial BiFeO$_3$ films on vicinal substrates[J]. Applied Physics Letters,2011,99(5):052903.

[71] ABID A Y, SUN Y, HOU X, et al. Creating polar antivortex in PbTiO$_3$/SrTiO$_3$ superlattice[J]. Nature Communications,2021,12(1):2054.

[72] WANG Y J,FENG Y P,ZHU Y L,et al. Polar meron lattice in strained oxide ferroelectrics[J]. Nature Materials,2020,19(8):881-886.

[73] GONG F-H,TANG Y-L,ZHU Y-L,et al. Atomic mapping of periodic dipole waves in ferroelectric oxide[J]. Science Advances,2021,7(28):eabg5503.

[74] TANG Y L,ZHU Y L,MA X L,et al. Observation of a periodic array of flux-closure

quadrants in strained ferroelectric PbTiO$_3$ films[J]. Science,2015,348(6234): 547-551.
[75] DAS S,HONG Z,STOICA V A,et al. Local negative permittivity and topological phase transition in polar skyrmions[J]. Nature Materials,2021,20(2): 194-201.
[76] LIU Y,LIU J,PAN H,et al. Phase-field simulations of tunable polar topologies in lead-free ferroelectric/paraelectric multilayers with ultrahigh energy-storage performance[J]. Advanced Materials,2022,34(13): 2108772.
[77] HONG Z,DAMODARAN A R,XUE F,et al. Stability of polar vortex lattice in ferroelectric superlattices[J]. Nano Letters,2017,17(4): 2246-2252.
[78] WANG J J,MA X Q,LI Q,et al. Phase transitions and domain structures of ferroelectric nanoparticles: Phase field model incorporating strong elastic and dielectric inhomogeneity[J]. Acta Materialia,2013,61(20): 7591-7603.
[79] TIAN G,YANG W,CHEN D,et al. Topological domain states and magnetoelectric properties in multiferroic nanostructures[J]. National Science Review,2019,6(4): 684-702.
[80] CAI Z,ZHU C,WU L,et al. Vortex domain configuration for energy-storage ferroelectric ceramics design: A phase-field simulation[J]. Applied Physics Letters,2021,119(3): 032901.
[81] LIU Z,YANG B,CAO W,et al. Enhanced energy storage with polar vortices in ferroelectric nanocomposites[J]. Physical Review Applied,2017,8(3): 034014.
[82] HONG Z,KE X,WANG D,et al. Role of point defects in the formation of relaxor ferroelectrics[J]. Acta Materialia,2022,225: 117558.
[83] SHI Q,PARSONNET E,CHEN X,et al. The role of lattice dynamics in ferroelectric switching[Z]. Research Square,2021. 10.21203/rs.3.rs-778321/v1.
[84] LI L,CHENG X,JOKISAARI J R,et al. Defect-induced hedgehog polarization states in multiferroics[J]. Physical Review Letters,2018,120(13): 137602.
[85] QIU C,WANG B,ZHANG N,et al. Transparent ferroelectric crystals with ultrahigh piezoelectricity[J]. Nature,2020,577(7790): 350-354.
[86] GAO P,BRITSON J,JOKISAARI J R,et al. Atomic-scale mechanisms of ferroelastic domain-wall-mediated ferroelectric switching[J]. Nature Communications,2013,4(1): 2791.
[87] LI F,ZHANG S,YANG T,et al. The origin of ultrahigh piezoelectricity in relaxor-ferroelectric solid solution crystals[J]. Nature Communications,2016,7: 13807.
[88] LI F,LIN D,CHEN Z,et al. Ultrahigh piezoelectricity in ferroelectric ceramics by design [J]. Nature Materials,2018,17(4): 349-354.
[89] WANG S,YI M,XU B-X. A phase-field model of relaxor ferroelectrics based on random field theory[J]. International Journal of Solids and Structures,2016,83: 142-153.
[90] LIU H,SHI X,YAO Y,et al. Emergence of high piezoelectricity from competing local polar order-disorder in relaxor ferroelectrics[J]. Nature Communications,2023,14(1): 1007.
[91] YANG B,ZHANG Q,HUANG H,et al. Engineering relaxors by entropy for high energy storage performance[J]. Nature Energy,2023,8(9): 956-964.
[92] SHU L,SHI X,ZHANG X,et al. Partitioning polar-slush strategy in relaxors leads to large energy-storage capability[J]. Science,2024,385(6705): 204-209.

第7章

多尺度结构设计

电介质材料的功能属性与结构之间存在着密切且错综复杂的关联,这种关联主要来源于结构设计对材料的原子和分子的排列方式、电子态分布、电荷输运特性以及机械特性的深刻影响。因此,通过巧妙地设计与调控材料的结构发展,可以定向优化电介质材料的功能属性,使其在相关的应用领域发挥重要的作用。本章根据材料结构设计的维度,从化学缺陷结构调控、纳米晶-非晶双相结构构建、核-壳结构的设计以及多层结构的设计方面展开,详细深入地探讨电介质材料结构设计与性能之间的内在联系。

7.1 化学缺陷结构

电介质材料的化学缺陷主要指的是点缺陷,其来源主要分为以下四个方面。

(1) 元素挥发/变价导致的空位缺陷。当材料中存在易挥发的元素(如 Bi、Pb、Na 等)时,在高温下热处理的过程中,元素来不及形成稳定的化合物,容易挥发,留下空位缺陷。典型地,如在 $BiFeO_3$ 基的化合物中,Bi 元素容易和氧结合,形成 Bi_2O_3 挥发,形成了铋空位和氧空位(如式(7.1))[1]。此外,材料中存在易变价的离子时,也会导致空位缺陷的产生。还是以 $BiFeO_3$ 基材料为例,其中 Fe 元素通常以二价和三价的形式存在,当部分三价铁以二价铁形式存在时,为了平衡材料的电中性,会自发产生氧空位缺陷(如式(7.2))[2]。

(2) 低价元素取代导致的氧空位缺陷(也称为受主掺杂)。为了保持材料整体的电中性,往往会伴随着产生氧空位。典型地,在 $Pb(Zr,Ti)O_3$ 化合物中,当部分 Zr^{4+}/Ti^{4+} 被 Mn^{2+} 取代时,生成了多余的氧空位(如式(7.3))[3]。

(3) 高价元素取代导致的阳离子空位缺陷(也称为施主掺杂)。类似于受主掺杂,通过产生阳离子空位平衡材料的整体电中性[4]。

(4) 非化学计量比(non-stoichiometry),即材料中各元素的摩尔比偏离理想化学计量比的现象。在陶瓷材料的晶体结构中起着至关重要的作用,对材料的介电性能有着显著的影响。通过非化学计量比的调控，可以有效优化陶瓷材料的介电常数、介电损耗和温度稳定性等性能。

$$2Bi^{3+} + 3O^{2-} = 2V'''_{Bi} + 3V^{\cdot\cdot}_{O} \tag{7.1}$$

$$Fe^{2+} + Fe^{3+} = 2Fe'_{Fe} + V^{\cdot\cdot}_{O} \tag{7.2}$$

$$Mn^{2+} + Zr^{4+} = Mn''_{Zr} + V^{\cdot\cdot}_{O} \tag{7.3}$$

缺陷的生成会对材料的功能属性产生重要的影响，如何准确地观察材料中缺陷的类型及其分布是实现对电介质材料性能调控的关键。当前，已经发展了一系列有效的表征手段，可以帮助研究者更好地认识材料中的缺陷。主要包括 X 射线电子能谱（XPS）[5]、电子顺磁谐振（EPR）[6]、正电子湮没寿命谱（PALS）[7]、拉曼（Raman）光谱[8]等。通过对数据谱的拟合分析，可以得到关于缺陷的详细信息。比如 XPS 测试不仅可以用来确定材料的元素组成和比例，还可以通过拟合的方式获得每种存在的价态形式等。类似地，EPR 可以给出材料中顺磁离子的电子性质和结构特征，通过对 EPR 自旋哈密顿量的磁相互作用分析，可以得到掺杂离子的价态以及其取代的位置情况等。材料中的化学结构缺陷可以显著改变材料的局域结构的特征和电子态。通过控制缺陷的类型、浓度和分布，可以调控电介质材料的极化行为和电学特征。

7.1.1　极化行为的调控

缺陷通过相互作用可以结合成缺陷偶极子。缺陷偶极子极化与电介质材料自发极化之间最大的区别在于两者对电场的响应方式不同。在外电场下，自发极化主要通过离子位移或者转向实现极化的翻转，这个过程不涉及元素的迁移/扩散等行为，因此可以快速随着外电场方向的改变而翻转。而缺陷偶极子极化主要是通过离子的迁移实现的（如氧空位的迁移等），其具有小的迁移速率。因此在外电场下，缺陷偶极子往往难以跟上外电场的变化。在电介质材料中，通过调整缺陷偶极子的分布状态，可以改变材料的电极化行为[9]。

如图 7.1(a1)所示，对于一个具有极性的电介质材料来说，在居里温度以上时，电介质是顺电相，缺陷偶极子是随机分布的。通过快速降温的方式，随机分布的偶极子被保留在电介质的极化畴内，其方向与电介质自发极化方向不同。当施加外电场时，随机分布的偶极子相互抵消（图 7.1(a2)），对材料中的自发极化翻转几乎没有影响，电介质呈现典型的电滞回线（图 7.1(a3)）。当电介质处于居里温度以下的亚稳态时，由于静电能的作用，随机分布的偶极子趋于沿着自发极化方向排列（图 7.1(b1)）。在外电场下，自发极化随着电场方向排列，然而偶极子由于响应速度较慢，停留在之前的取向（图 7.1(b2)）。当撤去外电场后，在偶极子的作用力下，翻转的自发极化畴快速回到原始态，剩余极化为零，呈现了束腰的双电滞回线

(图 7.1(b3))。若电介质材料在降温到居里温度以下过程中,施加直流电极化,则电介质中偶极子的方向与自发极化方向一致(图 7.1(c1))。当再次施加同方向的电场时,偶极子有助于自发极化沿着同方向翻转,而阻碍沿着反方向的翻转(图 7.1(c2)),呈现偏置的电滞回线(图 7.1(c3))。通过偶极子分布的调控,可有效调控电介质材料的性能,如通过偶极子对极化畴运动的钉扎效应,可显著提升压电材料的品质机械因子等。

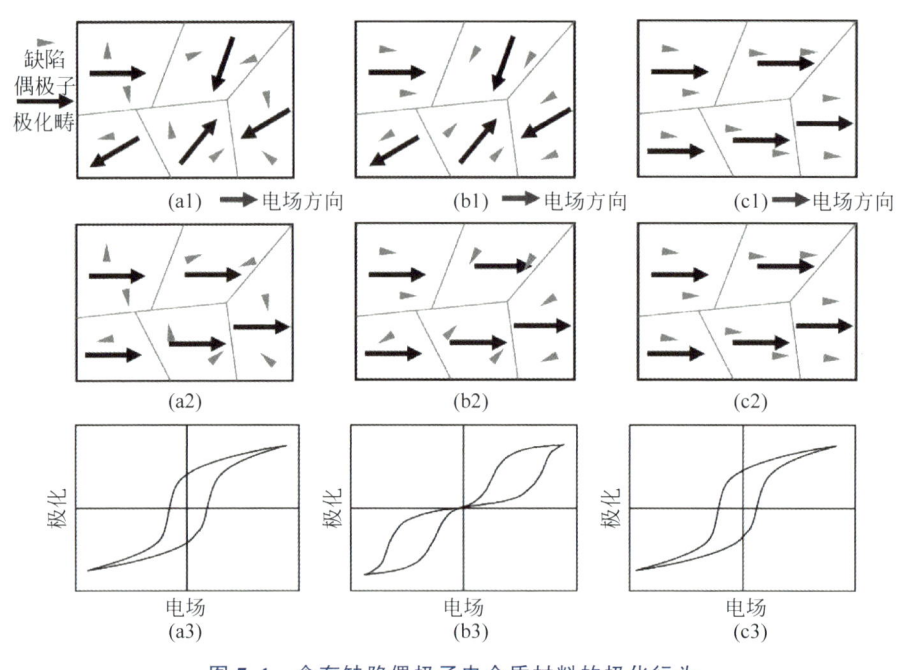

图 7.1 含有缺陷偶极子电介质材料的极化行为

(a1)~(a3) 缺陷偶极子随机分布时,电介质在外场下的行为;(b1)~(b3) 缺陷偶极子沿着极化畴方向时,电介质在外场下的行为;(c1)~(c3) 电介质材料预极化后在外场下的行为

7.1.2 介电强度的调控

在电介质材料中,缺陷通常被认为作为浅层电荷载流子陷阱,严重降低了电介质材料的电阻率,导致漏电流增大、击穿强度降低、介电损失增加、介电极化不稳定,最终导致材料的可靠性下降[10-11]。在以往的研究中,研究者通过各种方式,如离子掺杂、固溶、工艺调控等,抑制材料中的缺陷浓度,从而提升电介质材料的性能[12-15]。考虑到氧化物电介质材料中的缺陷通常位于能带间隙中较浅的位置(例如,V_{Bi}''' 约为 0.13 eV,$V_O^{\cdot\cdot}$ 约为 0.60 eV)[16-17],在热力学上完全消除这些缺陷是不实际的,因此将这些浅层缺陷转化为更深层的缺陷是一种可行有效的方法,从而减少激活的电荷载体并增加电阻率。为此,构建具有相互吸引的相反电荷缺陷形

成的缺陷复合体可能是一种有前景的策略。当前已有相关的研究表明，He^{2+} 轰击氧化物薄膜，如 $BiFeO_3$[18]、$PbTiO_3$[19] 和 $Pb(Mg_{1/3}Nb_{2/3})O_3$-$PbTiO_3$[20]，可以同时诱导阳离子空位和氧空位，形成更深能级的缺陷复合体。例如，在 $PbTiO_3$ 薄膜中，形成 $V_O^{\cdot\cdot}-V_{Pb}''$ 和 $V_O^{\cdot\cdot}-V_{Ti}''''-V_O^{\cdot\cdot}$ 的缺陷复合体，其具有约 1.0 eV 的能级势垒，从而抑制了浅能级缺陷 Pb^{3+}（约 0.26 eV）和 V_{Pb}''（约 0.56 eV）缺陷。基于此，其显著提升了电介质薄膜材料的电阻率。近期，作者团队使用脉冲激光沉积工艺，通过调控 $BiFeO_3$-$BaTiO_3$-$SrTiO_3$ 薄膜在生长过程中的氧压，在薄膜中同时引入氧空位和铋空位，形成了深能级的缺陷复合体[21]。如图 7.2(a)~(c) 所示，在合适的氧空位和铋空位条件下，材料的电阻明显提升了，这可归因于深能级的缺陷复合体具有更高的激活能（图 7.2(d)~(f)）。通过缺陷复合体的设计，可以改善电介质材料的电阻，优化介电强度，使其在电介质电容器储能、电卡制冷等领域发挥很好的作用。

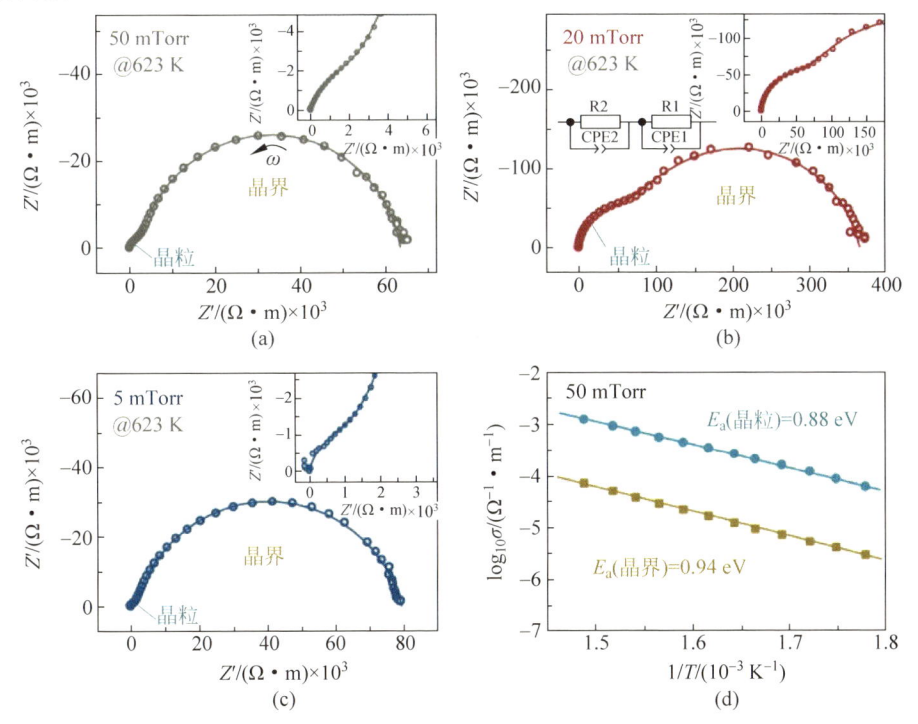

图 7.2 $BiFeO_3$-$BaTiO_3$-$SrTiO_3$ 薄膜的阻抗谱和导电激活能拟合[21]，在 623 K 下复数阻抗 Z'-Z'' 谱，薄膜生长在以下氧压条件
(a) 50 mTorr；(b) 20 mTorr；(c) 5 mTorr；插图显示了高频率范围内的细谱结构，圆圈表示实验结果，线表示基于等效电路的拟合结果（图(a)~(c)的插图）。在不同氧压下，$BiFeO_3$-$BaTiO_3$-$SrTiO_3$ 薄膜的界面和晶粒导电激活能与温度 T 的关系：(d) 50 mTorr；(e) 20 mTorr；(f) 5 mTorr

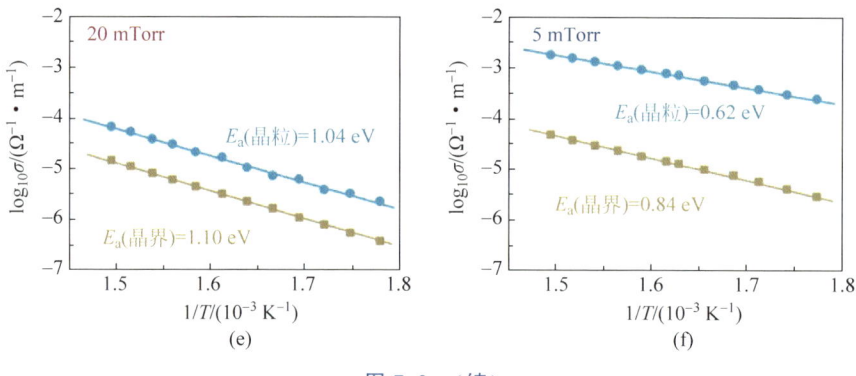

图 7.2 （续）

7.1.3 对介电行为的调控

Lee 等[22]通过非化计量比调控,在双轴应变的 $Sr_{n+1}Ti_nO_{3n+1}$ 相中($n \geqslant 3$),加强局部铁电不稳定性,实现了一个高度可调的基态,如图 7.3 所示。材料的介电、铁电、T_C 随 n 的增加而系统变化。

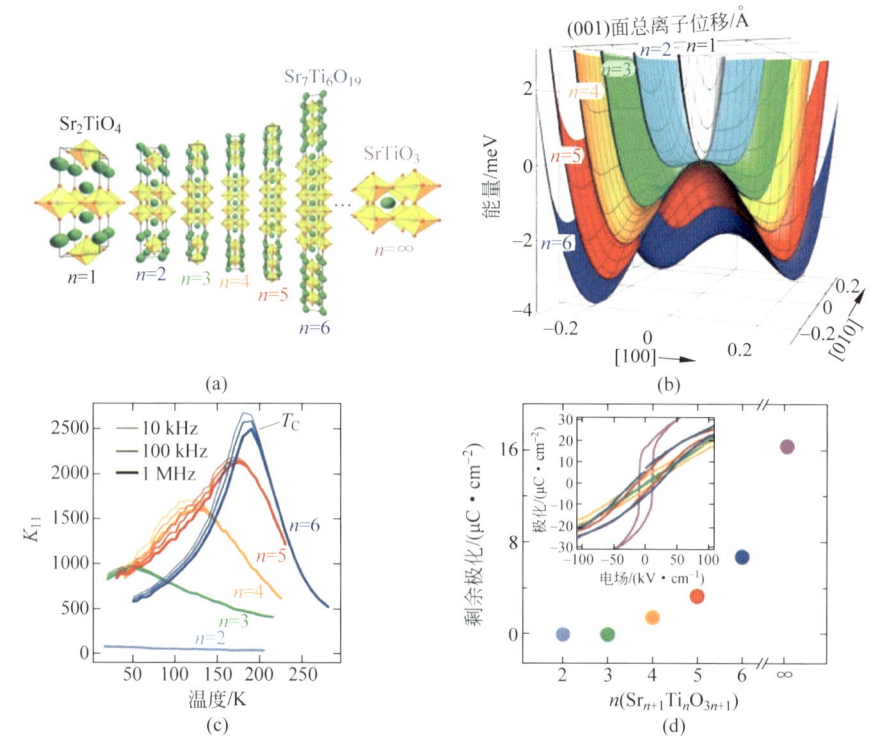

图 7.3 （a）晶体结构单元格的图（$n=1,6$ 和 $n=\infty$）；（b）（001）平面上的极性畸变相对于非极性态的能量；（c）在（110）$DyScO_3$ 上沉积的 $n=2 \sim 6$ 薄膜介温曲线及（d）铁电性能[22]

7.1.4 对损耗/传导的调控

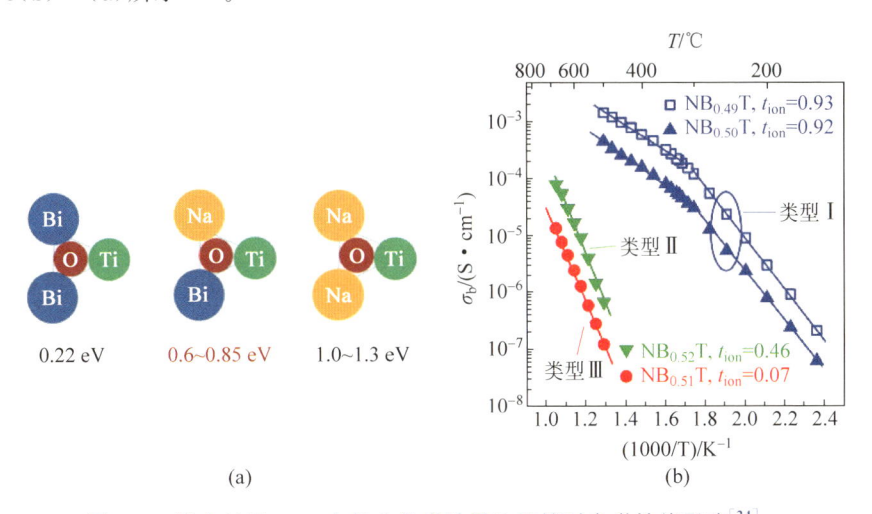

在电介质中,通过精确控制材料的化学组成和掺杂策略,可以有效抑制漏导和介电损耗,从而实现性能的可调性。例如,典型的非铅基铁电钙钛矿材料,钛酸铋钠($Na_{0.5}Bi_{0.5}TiO_3$,NBT)展现出三种不同的电气行为,即氧离子导电(类型Ⅰ)、混合离子-电子导电(类型Ⅱ)和绝缘/介电(类型Ⅲ)。通过调整 Na/Bi<1 的名义组成、施主掺杂,或利用氧空位与一些 B 位受主掺杂剂之间的捕获效应,可以部分或完全抑制氧离子导电,显著降低了介电损耗,使 NBT 基材料成为高温介电材料的优秀候选,适用于电容器应用[23]。基于第一性原理计算表明,在 NBT 中,氧离子迁移的最低能量障碍发生在铋-铋-钛离子之间的鞍点位置(0.22 eV),而对于钠-铋-钛(0.6~0.85 eV)和钠-钠-钛(1.0~1.3 eV)鞍点,则观察到更高的阻碍,如图 7.4(a)所示。此外,在 NBT 材料中可通过增加 Bi 离子含量改变电子传导状态。例如,在 $NB_{0.51}T$ 组分中,电子传导占主导地位。进一步提高起始的铋含量($NB_{0.52}T$),可以显著增加 NBT 材料中的氧离子电导率。$NB_{0.52}T$ 表现出混合传导行为,离子和电子传导的贡献相当,离子传输数 t_{ion} 接近 0.5,这可能与 NBT 主相中铋含量的变化有关,或者是由于存在富 Bi 的第二相而产生空间电荷效应,如图 7.4(b)~(d)所示[23]。

图 7.4 铁电材料 NBT 中的非化学计量比调控对电学性能影响[24]

(a) NBT 中氧离子迁移的鞍点构型示意图及相应的激活能[25];(b) NBT 材料的体电导率(σ_b)随温度变化的阿伦尼乌斯图;(c) 在 1 MHz 频率下,介电损耗随温度变化的情况,非化学计量比:$Na_{0.5}Bi_{0.49}TiO_{2.985}$(标记为 $NB_{0.49}T$)、$Na_{0.5}Bi_{0.5}TiO_3$(标记为 $NB_{0.50}T$)、$Na_{0.5}Bi_{0.51}TiO_{3.015}$(标记为 $NB_{0.51}T$)和 $Na_{0.5}Bi_{0.52}TiO_{3.03}$(标记为 $NB_{0.52}T$);(d) 非化学计量比钛酸钠铋块体陶瓷在 600℃时的体电导率[23]

图 7.4 （续）

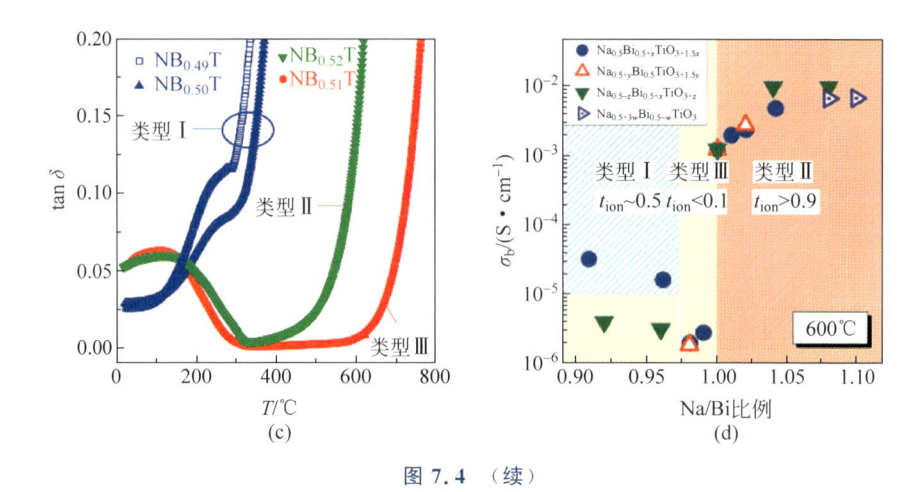

7.2 纳米晶-非晶双相结构

在电介质材料中，晶粒具有长程有序的原子排列结构，显示了高比表面积和丰富的晶界，可以产生独特的介观效应[26-27]。而非晶相则显示了无长程有序的原子排列，展现出优异的柔韧性、可加工性和高的电阻[28-29]。通过控制电介质材料中晶粒尺寸和非晶相的比例，形成纳米晶-非晶双相结构，可以获得兼具高介电常数、高电阻和优异机械性能的电介质材料。下面以电介质电容器储能应用为目标，介绍实现纳米晶-非晶双相结构的调控方式以及它们对电介质材料电学性能的调控效应。

7.2.1 传统工艺调控

通过材料制备过程中热处理温度的调控是最简单，也是最直接的方式生成纳米晶-非晶的双相结构[30-34]。不同相结构的电介质材料往往具有不同的成相结晶温度，当材料的热处理温度远高于成相温度时，材料会形成长程有序的结晶状态，并伴随着晶粒的长大。相反，当热处理温度低于成相温度时，材料往往以非晶相的形式存在。因此，通过控制热处理温度可以改变电介质材料的微观结构特征，实现功能属性的调控。

基于铁电材料 $Bi_3NdTi_3O_{12}$，作者团队在理论和实验上解析了通过热处理工艺调控对电介质材料微观结构和储能性能的影响机制[30]。我们的理论模拟表明：随着热处理温度的降低，电介质材料的晶粒尺寸逐渐减小，热处理温度降低到一定程度时，出现了非晶相（图7.5(a)）。由于晶界的边界效应，减小的晶粒尺寸还会导致电介质材料中极化畴尺寸降低，形成了细小的纳米畴结构（图7.5(b)）。基于尺寸效应，促使 $Bi_3NdTi_3O_{12}$ 的宏观极化行为从典型的铁电性逐渐转变为类弛豫铁电性和线性(图 7.5(c))。随着纳米晶-非晶双相结构的出现,另一个重要的电学特征是材料电阻的改变。一方面,晶界处容易聚集/耗尽大量的缺陷,形成更高的输运势垒,有助于提升电介质材料的电阻;另一方面,非晶相由于缺乏长程结构,会增强载流子在输运过程中的散射效应,进一步提高电介质材料的电阻。所以,随着晶粒尺寸减小和非晶相的出现,电介质材料的介电强度显著增加了(图 7.5(d))。进一步地,实验结果证明了理论模拟的可靠性。基于纳米晶-非晶双相结构的设计,在电介质电容器中获得了超高的储能表现。

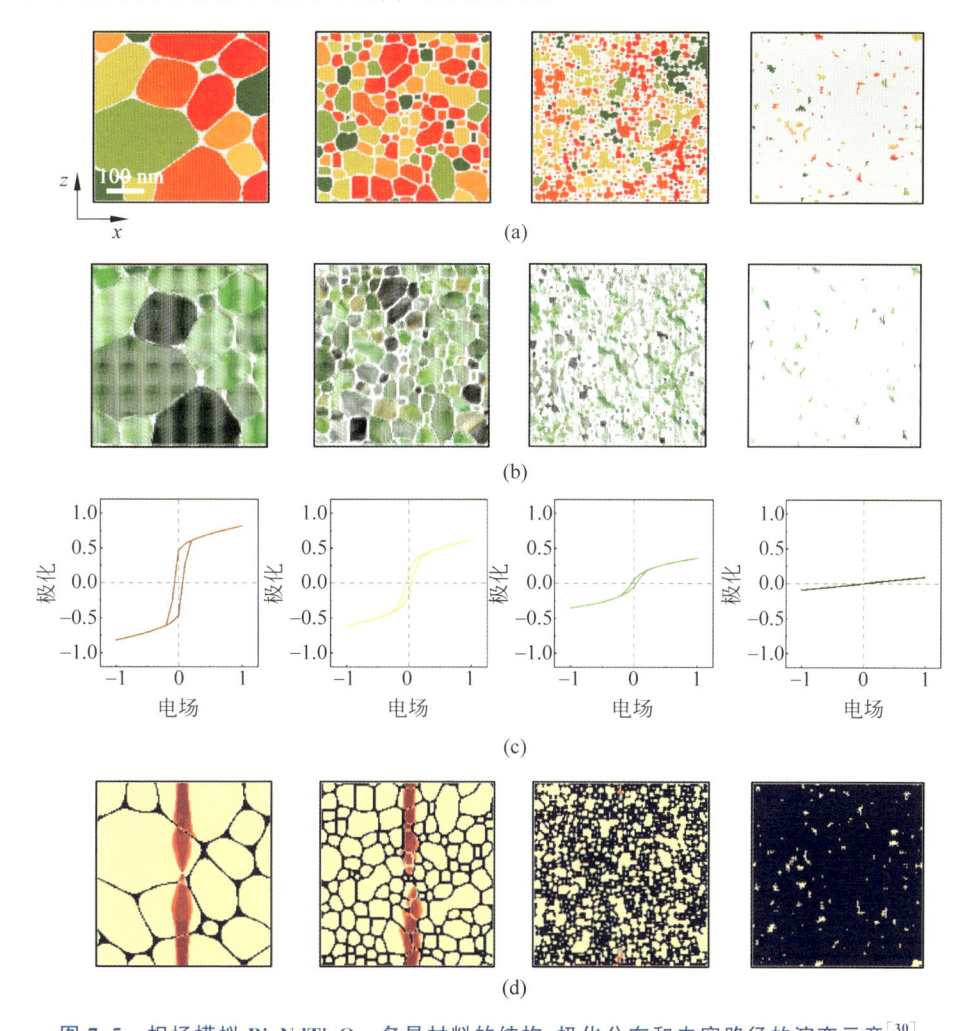

图 7.5 相场模拟 $Bi_3NdTi_3O_{12}$ 多晶材料的结构、极化分布和击穿路径的演变示意[30]
(a) 相场模拟的晶粒演化,从左到右表示晶粒尺寸和结晶度逐渐减小,其中颜色对应不同的晶粒取向;(b) 在电场方向为正 z 方向时,多晶材料的极化分布图。不同颜色的极化标记不同的铁电畴取向;(c) 在相同的电场下,极化-电场的滞回曲线,从左到右表示随着结晶度的减小;(d) 固定电场下,不同多晶材料结构的击穿路径

此外，在热处理工艺调控中，不仅会发生晶粒和非晶相等结构的改变，受限于不同材料的成相温度不同，还可能伴随着结晶相的晶体结构转变。例如，Li 等研究结果表明，在 $(Pb,Ca)ZrO_3$ 薄膜中，随着热处理温度的降低，薄膜晶粒尺寸减小，并且出现了非晶相（图 7.6）。并且，材料的相结构也逐渐由钙钛矿结构转变为烧绿石结构，这是因为相比钙钛矿的 $(Pb,Ca)ZrO_3$，烧绿石结构具有更低的成相温度[31]。

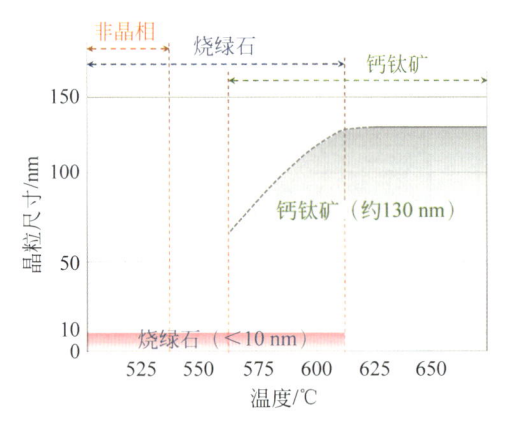

图 7.6 $(Pb,Ca)ZrO_3$ 薄膜的相结构、晶粒尺寸和退火温度之间的关系[31]

7.2.2 熵效应调控

基于传统的工艺设计，可以实现对电介质材料微观结构的调控，获得纳米晶-非晶的双相结构。但是由于材料本征成相温度的限制，难以精确地调整纳米晶和非晶各自的演变。也就是说，通常可以获得较大的晶粒和少量的非晶相或是细小的纳米晶和大量的非晶相，但是难以获得兼具细小的纳米晶和少量非晶相的同时共存。这是由材料的本征热力学特性决定的。近年来，在合金化合物中发展的高熵设计为电介质材料结构的设计带来了新的调控手段。在高熵化合物中，多组元的元素同时共存，显著提升了材料的构型熵，由于每种元素在热处理过程中的扩散系数不同以及材料中存在大的晶格扭曲，大大延缓了材料的成相与结晶速率（称为高熵的缓慢动力学效应，在后续的说明中会详细介绍）[35-36]。通过材料构型熵的设计，有助于较为精细地调控电介质材料的晶粒尺寸和非晶相的发展。

作者团队结合实验和球差电镜表征技术，详细地证明了构型熵调控对电介质材料微观结构的影响[37-39]。如图 7.7 所示，结果表明，由于各个成分的离子半径、质量以及电负性等的差异，在高熵的成分中存在着严重的晶格畸变（图 7.7(a)、(b)）。结合低倍的透射电镜结构特征和纳衍射技术，清晰地分析出了材料中的晶粒尺寸大小、分布以及非晶相的分布情况（图 7.7(c)、(d)）。根据统计的结构表明，随着构型熵的增加，材料的晶粒尺寸减小，非晶相的比例增加(图7.7(e),(f))。在高熵的成分中，可以获得细小的纳米晶(约10 nm)和少量均匀分布的非晶相(约20%)共存。这对电介质材料来说，不仅可以保证材料具有一定的极化值，还可以大幅提升材料的介电强度，从而获得高的电介质电容器储能性能。

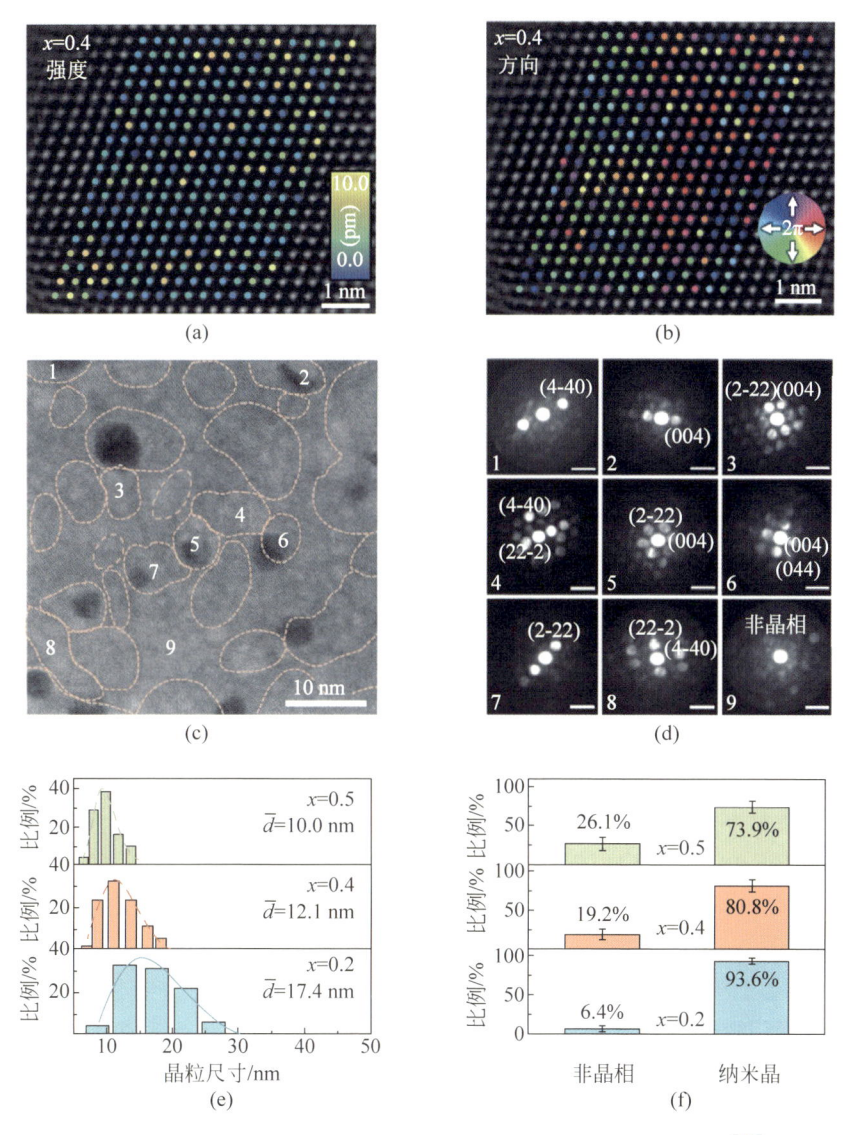

图7.7 高熵电介质薄膜中的晶格畸变、纳米晶粒和非晶相演变[37]

(a),(b) 高熵($Bi_{3.25}La_{0.75}$)($Ti_{3-3x}Zr_xHf_xSn_x$)薄膜中阳离子位移的大小(a)和方向(b)，证明存在严重的晶格畸变；(c) 高熵薄膜的低倍率透射电镜图像，显示纳米晶粒(编号为1~8)和非晶相(编号为1~8)共存；(d) 通过纳衍射技术证明图(c)中1~9标记的纳米晶颗粒和非晶相；(e),(f) 统计的晶粒尺寸和非晶相比例随熵的变化极化行为和击穿特性是电介质材料的两个重要电学行为特征，这两者之间往往存在着倒置耦合的关系，即高电极化强度的材料，介电强度一般较低；相反，高的介电强度往往以牺牲电极化强度为代价。如何平衡/解耦两者之间的关系，是电介质材料研究领域的一个重要课题。基于微观结构的纳米晶-非晶双相调控是一个重要的手段，利用结晶相的高极化和非晶相/晶界的高击穿可以有效平衡极化与击穿的倒置关系，为电介质材料的应用（如电介质储能、电卡制冷等），提供更好的基础。此外在电介质材料中构筑非晶结构还可以弱化材料中的键合强度，改善电介质材料的力学性能，有望获得优异的柔韧性，为未来柔性电子器件的发展提供选择。

7.3 核壳结构

在核壳结构中，核心和壳层具有不同的微观结构与物理特性，可以实现功能分离和协同效应。通过设计核/壳的组分、比例和形状，可以有效调控电介质材料的功能特性。调控电介质材料的介电稳定行为：具有核壳结构的电介质材料的介电行为遵循 Lichtenecker 公式[40]：

$$\log\varepsilon = \Omega_1 \log\varepsilon_1 + \Omega_2 \log\varepsilon_2 \tag{7.4}$$

式中，ε 是核壳结构的介电常数，ε_1 和 ε_2 表示核、壳的介电常数，Ω_1 和 Ω_2 表示核、壳结构分别占据的体积分数。因此，核壳结构可以通过叠峰效应弱化介电常数随温度的波动，增加电介质材料在宽温区范围内的介电性能温度稳定性。基于此，Huang 等在 MgO 掺杂的 $0.97BaTiO_3$-$0.03BiYO_3$ 中实现了很好的温度稳定性（$55\sim150℃$，$\Delta C/C_{25} \leqslant 15\%$），满足工业上 X8R 的要求[40]。此外，在设计核壳结构时，还可以通过调控元素在核与壳结构之间扩散，形成局部的成分梯度，这有助于提升电介质材料的弛豫特性，也可以改善电介质材料的温度稳定性。Wu 等在 $BaTiO_3@BiScO_3$ 的结构中观察到 Bi 和 Sc 元素在晶界处含量较高，随着接近晶粒内部，其含量逐渐降低，对应的材料的弛豫性增加，介电随温度的稳定性得到了很大的提升（图 7.8）[41]。

此外，基于核壳结构的设计还可以优化基于电介质材料的电容器储能性能。可以充分利用核与壳各自的结构优势实现对电介质材料极化行为和击穿特性的调控[42-43]。Jin 等在 $BaTiO_3@Na_{0.5}K_{0.5}NbO_3$ 的研究中表明，核中的 $BaTiO_3$ 成分具有纳米尺度的畴结构有助于材料具有高的极化强度，同时保持小的电极化回滞，而壳中的 $Na_{0.5}K_{0.5}NbO_3$ 成分可以限制 $BaTiO_3$ 晶粒的生长，获得超细的晶粒（图 7.9(a)）[42]。通过核与壳的协同作用，在保持相对高的极化强度同时，成功抑制了材料的极化回滞和提升了电阻和击穿强度（图 7.9(b)），从而获得了高的电介

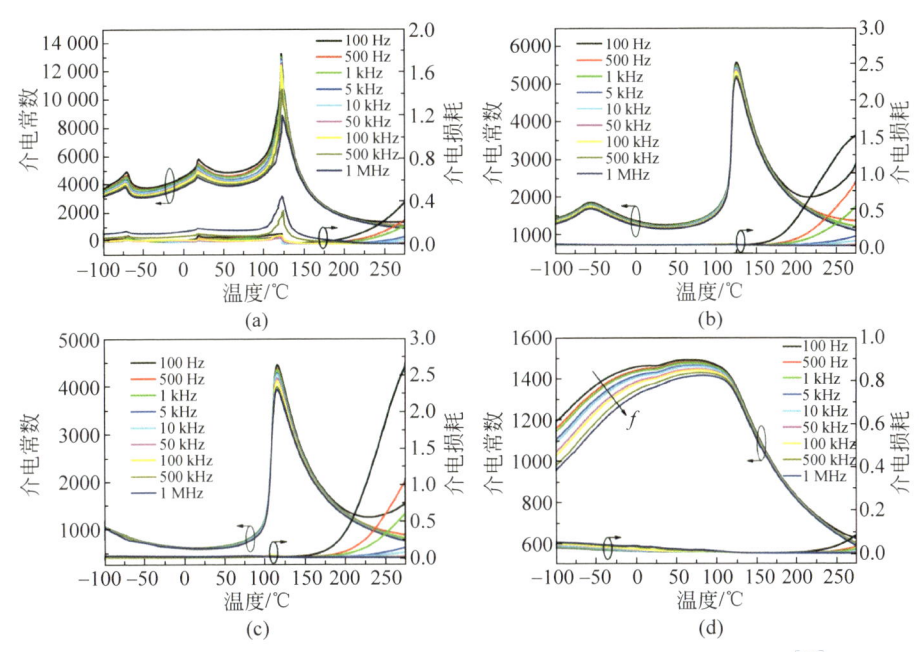

图 7.8 核壳结构的 $BaTiO_3@BiScO_3$ 材料的介电性能随温度的变化[41]

(a) $BaTiO_3$；(b) $BiScO_3$ 含量的摩尔分数为 1%；(c) $BiScO_3$ 含量的摩尔分数为 2%；(d) $BiScO_3$ 含量的摩尔分数为 3%

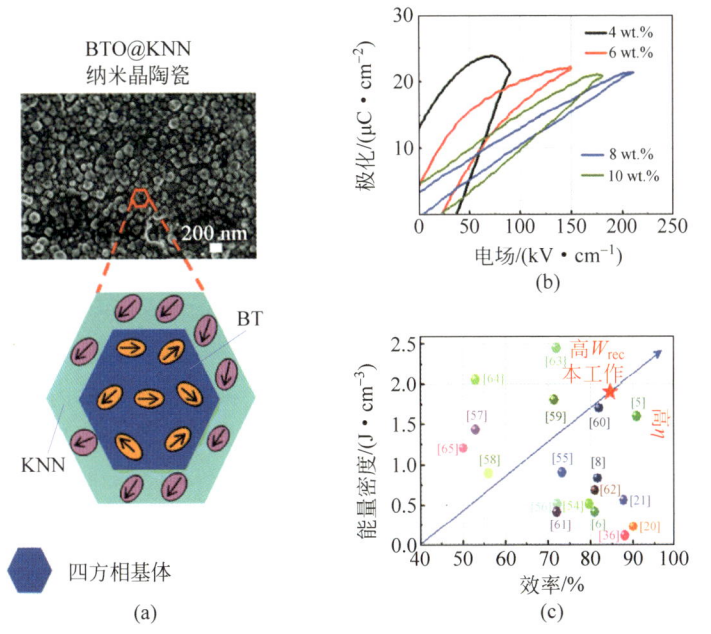

图 7.9 核壳结构的 $BaTiO_3@Na_{0.5}K_{0.5}NbO_3$（BTO@KNN）材料的微观结构与电学特性[42]

(a) 超细晶的 BTO@KNN 核壳结构；(b) BTO@KNN 核壳结构的电滞回线随 KNN 质量百分比的演变；(c) BTO@KNN 核壳结构储能性能与其他材料的对比

质电容器储能密度和效率(图 7.9(c))。还可以通过选择不同的壳层材料,优化电介质的电学性能,例如选择高绝缘的材料(如 SiO_2、Al_2O_3 等)作为壳层同样可以显著增加电介质材料的电阻和提升介电强度。Huang 等在 $Ba_{0.4}Sr_{0.6}TiO_3$ 外层包裹一层 SiO_2 后,电介质材料的介电强度明显提升了,帮助 $Ba_{0.4}Sr_{0.6}TiO_3$ 获得了高的储能性能[44]。

7.4 多层结构

电介质材料的多层结构是指通过设计和制造多层结构的电介质材料,利用界面效应、各层的特征属性以及协同效应大幅提升电介质材料的性能和应用。这种设计方法可以通过控制材料的层厚、种类、层间距等参数实现。从以下两方面理解多层结构设计对电介质材料性能的影响机制。

7.4.1 对击穿的影响

在多层电介质材料设计中,界面处往往具有较高的载流子输运势垒,从而可以阻碍电子树在材料中的延伸发展[45-47]。因此,多层结构设计对电介质材料最显著的影响之一是提升介电强度。Sun 等基于 $Ba_{0.7}Ca_{0.3}TiO_3$(BCT)和 $BaZr_{0.2}Ti_{0.8}O_3$(BZT)两种电介质材料设计了不同周期层的 $[Ba_{0.7}Ca_{0.3}TiO_3/BaZr_{0.2}Ti_{0.8}O_3]_N$($N=2,4,8$,$N$ 表示周期数)结构[45]。通过韦布尔分布拟合表明,随着周期数的增加,介电强度显著提升:$N=2$ 时为 $3.3\ \text{MV}\cdot\text{cm}^{-1}$,$N=4$ 时为 $4.3\ \text{MV}\cdot\text{cm}^{-1}$,$N=8$ 时为 $4.7\ \text{MV}\cdot\text{cm}^{-1}$(图 7.10(a))。为了了解界面对介电强度增强的影响机制,基于有限元方法的数值模拟被用来研究多层系统中电子树的生长-阻塞过程。电子树分支生长的概率被计算来量化预测多层系统的击穿强度,层数 N 从 2 到 8。如图 7.10(b)所示,模拟的介电强度(圆圈)与实验数据(方块)非常吻合。图 7.10(c)~(e)分别显示了 $N=2,4$ 和 8 多层结构在相同的电场强度($4\ \text{MV}\cdot\text{cm}^{-1}$)下的电子树发展情况。对于 $N=2$,电子树穿透整个多层薄膜,表明电击穿发生。相比之下,在相同的电场下,电子树被阻塞在 $N=4$ 和 8 多层结构内部,表明电击穿没有发生。从模拟结果可以得出结论,界面起到了阻碍电子树发展的作用,导致击穿强度随着界面数量的增加而增加。

7.4.2 对极化的影响

一方面,通过多层结构设计,可以耦合强极化的材料单元进入多层结构中,提升电介质材料的总极化强度。另一方面,在界面处会聚集多余的偶极子,形成界面的偶极子极化,提升材料的总极化强度[48-49]。Zhou 等通过多层结构的设计来优

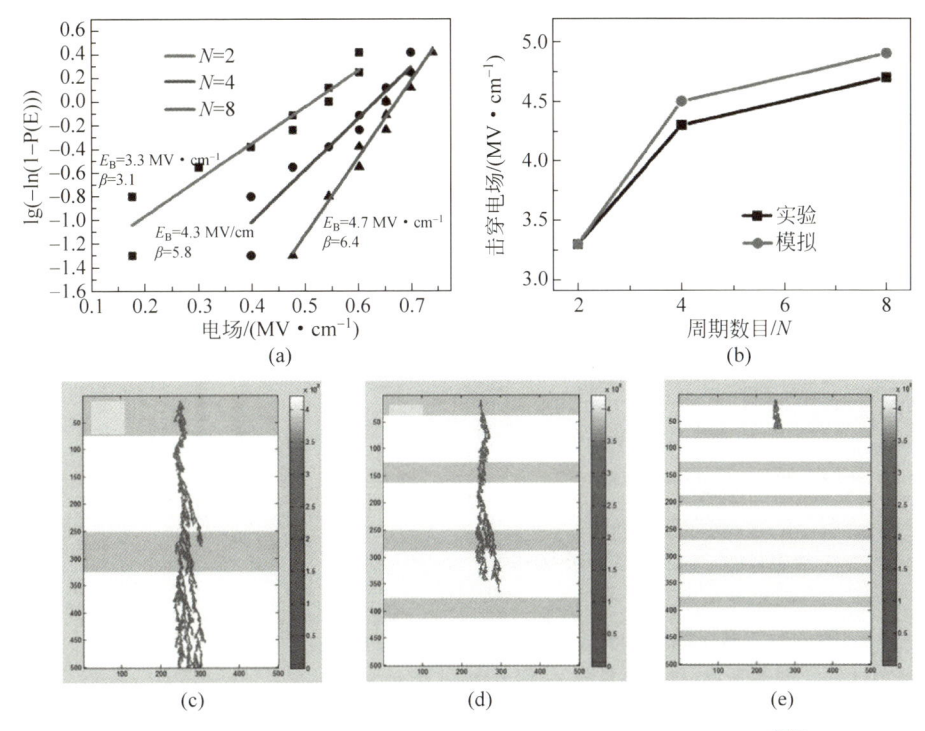

图 7.10 基于 $Ba_{0.7}Ca_{0.3}TiO_3/BaZr_{0.2}Ti_{0.8}O_3$ 设计的多层结构[45]

(a) 韦布尔分布用于拟合多层结构的介电强度；(b) 实验和模拟结果显示了多层系统($N=2,4,8$)的介电强度；(c)～(e) 模拟结果显示了多层系统($N=2,4,8$)在 4 MV·cm^{-1} 电场下的电子树的发展。电子树穿透整个薄膜系统($N=2$)的厚度，代表完全击穿。在 BCT/BZT 多层系统($N=4$ 和 8)中，电子树在 4 MV·cm^{-1} 电场下停止在多层系统内部，证明了界面对电子树发展的阻碍作用

化电介质电容器的储能性能。结晶性较差的 $BaHf_{0.5}Ti_{0.5}O_3$ 具有顺电体的特性，在外电场下呈现线性的极化行为(图 7.11(a))，是高效率储能电介质电容器的候选材料之一。然而其极化强度较小，限制其储能密度的提升。相反，$Bi_4Ti_3O_{12}$ 是铁电体材料，具有高的极化强度，但是其饱和的极化回滞不利于储能的应用(图 7.11(b))。Zhou 等设计了 $BaHf_{0.5}Ti_{0.5}O_3/Bi_4Ti_3O_{12}$ 的双层结构，通过在 $BaHf_{0.5}Ti_{0.5}O_3$ 中引入 $Bi_4Ti_3O_{12}$，在低场下显著提升了材料的总极化强度(图 7.11(c))。随着电场的进一步增加，由于分配在 $Bi_4Ti_3O_{12}$ 层的电场强度大于其矫顽电场，双层结构的极化行为转变为铁电型。在实验上，通过介电和铁电性能的测试(图 7.11(d) 和 (e))，表明高极化单元层的引入可以显著提升电介质材料总的介电常数和极化强度，从而提升了电介质电容器的储能性能(图 7.11(f))。

当然，在多层结构的实际设计过程中，除了简单考虑界面效应和介质层本身的特征属性，其他因素也需要考虑。典型地，在多层结构中各介质单元的介电常数相差不能太大。根据电磁场理论，基于两种不同电介质在界面处电位移矢量的连续

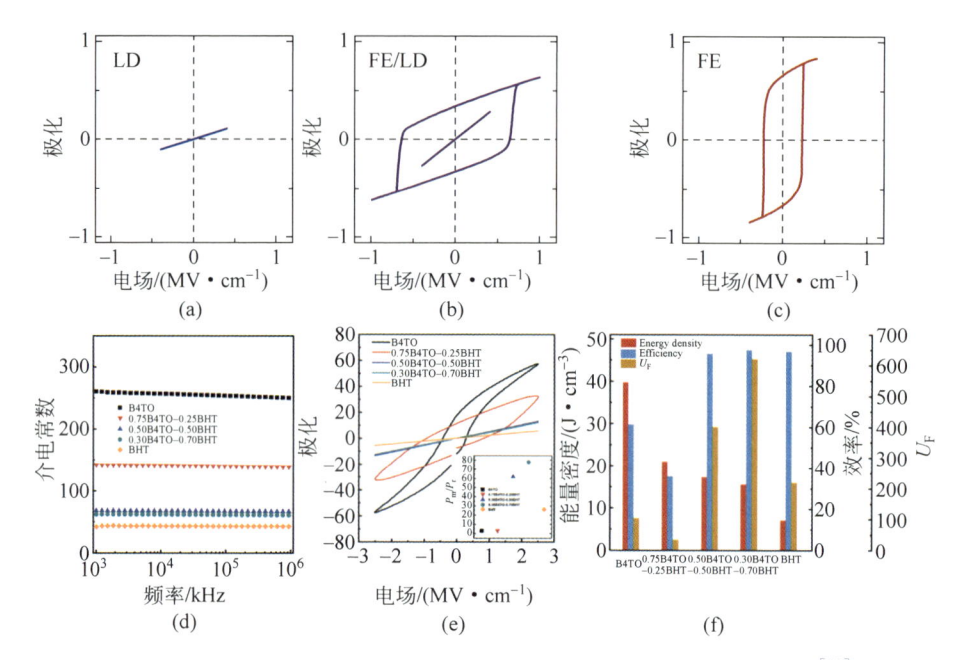

图 7.11 基于顺电 BaHf$_{0.5}$Ti$_{0.5}$O$_3$ 和铁电 Bi$_4$Ti$_3$O$_{12}$ 设计的多层结构[49]

(a)～(c) 基于相场模拟，探究顺电（LD）的 BaHf$_{0.5}$Ti$_{0.5}$O$_3$，铁电（FE）的 Bi$_4$Ti$_3$O$_{12}$ 以及双层的 BaHf$_{0.5}$Ti$_{0.5}$O$_3$/Bi$_4$Ti$_3$O$_{12}$ 的电滞回线；(d) 实验上观察双层结构的介电性能；(e) 实验上观察双层结构的电滞回线；(f) 双层结构设计对电容器储能的影响

性，可以得到介电常数与电场强度的关系[50-51]：

$$D = \varepsilon_1 E_1 = \varepsilon_2 E_2 \tag{7.5}$$

式中，D 表示多层结构的电位移，$\varepsilon_{1(2)}$ 表示不同单元层的介电常数，$E_{1(2)}$ 表示不同单元层的电场强度。可见，在施加的外电场下，各个电介质单元层承受的电场强度与其本征的介电常数大小成反比。如果不同单元层之间的介电常数差别较大，则会导致局部电场畸变严重，大幅降低多层结构的介电强度以及引起高的介电损耗，不利于电介质材料的应用。

参考文献

[1] LI M, PIETROWSKI M J, DE SOUZA R A, et al. A family of oxide ion conductors based on the ferroelectric perovskite Na$_{0.5}$Bi$_{0.5}$TiO$_3$[J]. Nature Materials, 2013, 13(1)：31-35.

[2] ZHANG Q, SANDO D, NAGARAJAN V. Chemical route derived bismuth ferrite thin films and nanomaterials[J]. Journal of Materials Chemistry C, 2016, 4(19)：4092-4124.

[3] LUO X, ZENG J, SHI X, et al. Dielectric, ferroelectric and piezoelectric properties of MnO$_2$-doped Pb(Yb$_{1/2}$Nb$_{1/2}$)O$_3$-Pb(Zr,Ti)O$_3$ ceramics[J]. Ceramics International, 2018, 44(7)：8456-8460.

[4] KHOMCHENKO V,PAIXÃO J. Ti doping-induced magnetic and morphological transformations in Sr-and Ca-substituted BiFeO$_3$[J]. Journal of Physics：Condensed Matter,2016,28(16)：166004.

[5] QIAO H,HE C,WANG Z,et al. Effect of Mn-doping on the structure and electric properties of 0.64Pb(In$_{0.5}$Nb$_{0.5}$)O$_3$-0.36PbTiO$_3$ ceramics[J]. Materials & Design,2017,117：232-238.

[6] EICHEL R A. Characterization of defect structure in acceptor-modified piezoelectric ceramics by multifrequency and multipulse electron paramagnetic resonance spectroscopy[J]. Journal of the American Ceramic Society,2008,91(3)：691-701.

[7] DU H,SHI X,CUI Y. Defect structure and electrical conduction behavior of Bi-based pyrochlores[J]. Solid State Communications,2010,150(27-28)：1213-1216.

[8] TIAN Y,CAO L,ZHANG Y,et al. Defect dipole-induced high piezoelectric response and low activation energy of amphoteric Yb^{3+} and Dy^{3+} co-doped 0.5BaTi$_{0.8}$Zr$_{0.2}$O$_3$-0.5Ba$_{0.7}$Ca$_{0.3}$TiO$_3$ lead-free ceramics[J]. Ceramics International,2020,46(8)：10040-10047.

[9] 杜刚,梁瑞虹,李涛,等.压电材料中缺陷偶极子特性的研究进展[J].无机材料学报,2013,28(2)：123-130.

[10] PALNEEDI H,PEDDIGARI M,HWANG G T,et al. High-performance dielectric ceramic films for energy storage capacitors：progress and outlook[J]. Advanced Functional Materials,2018,28(42)：1803665.

[11] YANG L,KONG X,LI F,et al. Perovskite lead-free dielectrics for energy storage applications[J]. Progress in Materials Science,2019,102：72-108.

[12] JIANG Z,YANG H,CAO L,et al. Enhanced breakdown strength and energy storage density of lead-free Bi$_{0.5}$Na$_{0.5}$TiO$_3$-based ceramic by reducing the oxygen vacancy concentration[J]. Chemical Engineering Journal,2021,414：128921.

[13] ZHOU Y,CHEN J,YANG B,et al. Ultrahigh energy storage performances derived from the relaxation behaviors and inhibition of the grain growth in La doped Bi$_5$Ti$_3$FeO$_{15}$ films[J]. Chemical Engineering Journal,2021,424：130435.

[14] JIN L,TANG X,SONG D,et al. Annealing temperature effects on (111)-oriented BiFeO$_3$ thin films deposited on Pt/Ti/SiO$_2$/Si by chemical solution deposition[J]. Journal of Materials Chemistry C,2015,3(41)：10742-10747.

[15] TANG Z,HUANG Y,WU K,et al. Significantly enhanced breakdown field in Ca$_{1-x}$Sr$_x$Cu$_3$Ti$_4$O$_{12}$ ceramics by tailoring donor densities[J]. Journal of the European Ceramic Society,2018,38(4)：1569-1575.

[16] ZHANG Z,WU P,CHEN L,et al. Density functional theory plus U study of vacancy formations in bismuth ferrite[J]. Applied Physics Letters,2010,96(23)：232906.

[17] CLARK S,ROBERTSON J. Energy levels of oxygen vacancies in BiFeO$_3$ by screened exchange[J]. Applied Physics Letters,2009,94(2)：022902.

[18] SAREMI S,XU R,DEDON L R,et al. Electronic transport and ferroelectric switching in ion-bombarded,defect-engineered BiFeO$_3$ thin films[J]. Advanced Materials Interfaces,2018,5(3)：1700991.

[19] SAREMI S, XU R, DEDON L R, et al. Enhanced electrical resistivity and properties via ion bombardment of ferroelectric thin films[J]. Advanced materials, 2016, 28(48): 10750-10756.

[20] KIM J, SAREMI S, ACHARYA M, et al. Ultrahigh capacitive energy density in ion-bombarded relaxor ferroelectric films[J]. Science, 2020, 369(6499): 81-84.

[21] PAN H, FENG N, XU X, et al. Enhanced electric resistivity and dielectric energy storage by vacancy defect complex[J]. Energy Storage Materials, 2021, 42: 836-844.

[22] LEE C-H, ORLOFF N D, BIROL T, et al. Exploiting dimensionality and defect mitigation to create tunable microwave dielectrics[J]. Nature, 2013, 502(7472): 532-536.

[23] LI L, LI M, ZHANG H, et al. Controlling mixed conductivity in $Na_{1/2}Bi_{1/2}TiO_3$ using A-site non-stoichiometry and Nb-donor doping[J]. Journal of Materials Chemistry C, 2016, 4(24): 5779-5786.

[24] YANG F, LI M, LI L, et al. Optimisation of oxide-ion conductivity in acceptor-doped $Na_{0.5}Bi_{0.5}TiO_3$ perovskite: approaching the limit[J]. Journal of Materials Chemistry A, 2017, 5(41): 21658-21662.

[25] HE X, MO Y. Accelerated materials design of $Na_{0.5}Bi_{0.5}TiO_3$ oxygen ionic conductors based on first principles calculations[J]. Physical Chemistry Chemical Physics, 2015, 17(27): 18035-18044.

[26] WANG J, NEATON J, ZHENG H, et al. Epitaxial $BiFeO_3$ multiferroic thin film heterostructures[J]. Science, 2003, 299(5613): 1719-1722.

[27] CHON U, JANG H M, KIM M, et al. Layered perovskites with giant spontaneous polarizations for nonvolatile memories[J]. Physical Review Letters, 2002, 89(8): 087601.

[28] NASYROV K A, GRITSENKO V A. Transport mechanisms of electrons and holes in dielectric films[J]. Physics-Uspekhi, 2013, 56(10): 999.

[29] LIU J, BUCHHOLZ D B, HENNEK J W, et al. All-amorphous-oxide transparent, flexible thin-film transistors. Efficacy of bilayer gate dielectrics[J]. Journal of the American Chemical Society, 2010, 132(34): 11934-11942.

[30] YANG B, LIU Y, LI W, et al. Balancing polarization and breakdown for high capacitive energy storage by microstructure design[J]. Advanced Materials, 2024, 36(32): e2403400.

[31] LI Y Z, LIN J L, BAI Y, et al. Ultrahigh-energy storage properties of $(PbCa)ZrO_3$ antiferroelectric thin films via constructing a pyrochlore nanocrystalline structure[J]. ACS Nano, 2020, 14(6): 6857-6865.

[32] WANG K, OUYANG J, WUTTIG M, et al. Superparaelectric $(Ba_{0.95},Sr_{0.05})(Zr_{0.2},Ti_{0.8})O_3$ ultracapacitors[J]. Advanced Energy Materials, 2020, 10(37): 2001778.

[33] XIE J, LIU H, YAO Z, et al. Achieving ultrahigh energy storage performance in bismuth magnesium titanate film capacitors via amorphous-structure engineering[J]. Journal of Materials Chemistry C, 2019, 7(43): 13632-13639.

[34] HUANG R, WANG H, TAO C, et al. Evolution of polarization crystallites in $0.92BaTiO_3$-$0.08Bi(Ni_{0.5}Zr_{0.5})O_3$ microcrystal-amorphous composite thin film with high energy storage capability and thermal stability[J]. Chemical Engineering Journal, 2022, 433: 133579.

[35] OSES C, TOHER C, CURTAROLO S. High-entropy ceramics[J]. Nature Reviews

Materials, 2020, 5(4): 295-309.

[36] TSAI K-Y, TSAI M-H, YEH J-W. Sluggish diffusion in Co-Cr-Fe-Mn-Ni high-entropy alloys[J]. Acta Materialia, 2013, 61(13): 4887-4897.

[37] YANG B, ZHANG Y, PAN H, et al. High-entropy enhanced capacitive energy storage[J]. Nature Materials, 2022, 21(9): 1074-1080.

[38] ZHANG M, LAN S, YANG B B, et al. Ultrahigh energy storage in high-entropy ceramic capacitors with polymorphic relaxor phase[J]. Science, 2024, 384(6692): 185-189.

[39] YANG B, LIU Y, GONG C, et al. Design of high-entropy relaxor ferroelectrics for comprehensive energy storage enhancement[J]. Advanced Functional Materials, 2024: 2409344.

[40] HUANG X, LIU H, HAO H, et al. Microstructure effect on dielectric Properties of MgO-doped $BaTiO_3$-$BiYO_3$ ceramics[J]. Ceramics International, 2015, 41(6): 7489-7495.

[41] WU L, WANG X, LI L. Core-shell $BaTiO_3$ @ $BiScO_3$ particles for local graded dielectric ceramics with enhanced temperature stability and energy storage capability[J]. Journal of Alloys and Compounds, 2016, 688: 113-121.

[42] JIN Q, ZHAO L, CUI B, et al. Enhanced energy storage properties in lead-free $BaTiO_3$ @ $Na_{0.5}K_{0.5}NbO_3$ nano-ceramics with nanodomains via a core-shell structural design[J]. Journal of Materials Chemistry C, 2020, 8(15): 5248-5258.

[43] MA R, CUI B, SHANGGUAN M, et al. A novel double-coating approach to prepare fine-grained $BaTiO_3$ @ La_2O_3 @ SiO_2 dielectric ceramics for energy storage application[J]. Journal of Alloys and Compounds, 2017, 690: 438-445.

[44] HUANG Y H, WU Y J, LIU B, et al. From core-shell $Ba_{0.4}Sr_{0.6}TiO_3$ @ SiO_2 particles to dense ceramics with high energy storage performance by spark plasma *sin*tering[J]. Journal of Materials Chemistry A, 2018, 6(10): 4477-4484.

[45] SUN Z, MA C, LIU M, et al. Ultrahigh energy storage performance of lead-free oxide multilayer film capacitors via interface engineering[J]. Advanced Materials, 2017, 29(5): 1604427.

[46] LU R, SHEN Z, MA C, et al. Ultrahigh-temperature film capacitors via homo/heterogeneous interfaces[J]. Journal of Materials Chemistry A, 2022, 10(33): 17166-17173.

[47] FAN Z, LI L, MEI X, et al. Multilayer ceramic film capacitors for high-performance energy storage: progress and outlook[J]. Journal of Materials Chemistry A, 2021, 9(15): 9462-9480.

[48] YANG B, GUO M, JIN L, et al. Ultrahigh energy storage in lead-free $BiFeO_3$/$Bi_{3.25}La_{0.75}Ti_3O_{12}$ thin film capacitors by solution processing[J]. Applied Physics Letters, 2018, 112(3): 033904.

[49] ZHOU Z, LIU Y, LAN S, et al. Optimized energy storage performance in bilayer heterogeneous films[J]. Scripta Materialia, 2024, 243: 115968.

[50] WANG J, GUAN F, CUI L, et al. Achieving high electric energy storage in a polymer nanocomposite at low filling ratios using a highly polarizable phthalocyanine interphase[J]. Journal of Polymer Science Part B: Polymer Physics, 2014, 52(24): 1669-1680.

[51] ZHU L. Exploring strategies for high dielectric constant and low loss polymer dielectrics[J]. The Journal of Physical Chemistry Letters, 2014, 5(21): 3677-3687.

第三篇　电介质陶瓷的应用

第8章

微波介质陶瓷材料

8.1 微波介质材料的一般要求

微波介质陶瓷是一种在微波频率范围内(通常为 300 MHz 至 300 GHz)使用的高性能陶瓷材料。它们在现代电子和通信技术中扮演着至关重要的角色,尤其是在绝缘基片、微波介质滤波器、谐振器、微波电路、天线系统和射频识别(RFID)等作为核心关键材料[1-2]。微波介质陶瓷是近几十年来迅速发展起来的一系列新型功能陶瓷,其关键特性包括低损耗、高品质因数(Q 值)和适当的介电常数。近年来,微波介质陶瓷的研究十分活跃,已成为目前功能陶瓷领域的研究热点之一[3]。

随着 5G 和下一代通信技术的发展,对微波介质陶瓷的需求日益增长,要求更高的数据传输速率和更低的延迟,这就需要具有更优异介电特性的微波介质陶瓷来实现更高性能的电路设计。微波介质陶瓷所应用的微波频段是指介于无线电波谱中的超短波和红外波之间的电磁波(图 8.1),其频率范围为 300 MHz~3000 GHz,涵盖波长范围为 0.1 mm~1 m。一般可以将其划分为四个波段,例如较低的频率(如 300 MHz 到 3 GHz)常用于广播、电视和民用无线电通信,而较高的频率(如 30 GHz 到 3000 GHz)则用于卫星通信、雷达系统和高速数据传输。

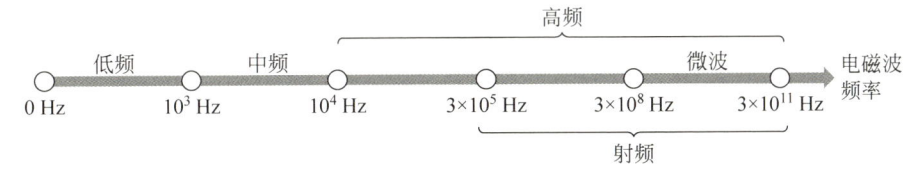

图 8.1 电磁波谱及微波对应频率

8.2 微波介质材料的基本性能

微波介质陶瓷材料的介电性能和主要参数包括介电常数(k)、介电损耗($\tan\delta$ 或品质因数 Q)及温度稳定系数。

8.2.1 介电常数

由于微波介质陶瓷在微波频率下使用,其介电性能主要受离子位移极化的影响。电子位移极化对介电常数的贡献较小,可以忽略不计。离子位移极化是由晶体点阵的振动引起的,这种极化机制在微波频率下对介电性能有显著贡献。根据晶体点阵振动的一维模型理论,此时的复介电常数 $\varepsilon_r^*(\omega)$ 可以通过下述表达式进行理论预测[4-5]:

$$\varepsilon_r^*(\omega) - \varepsilon_\infty = \frac{\frac{(ze)^2}{m\Omega_c}\varepsilon_s}{\omega_r^2 - \omega^2 - j\gamma\omega} = \varepsilon_r'(\omega) - j\varepsilon_r''(\omega) \tag{8.1}$$

式中,z 代表离子价态;ω_r 代表色散角频率;Ω_c 是晶胞体积;m 是离子换算质量,其表达式为 $m = m_1 m_2/(m_1 + m_2)$(m_1 是正离子质量,m_2 是负离子质量);γ 是衰减常数。同时,相邻离子间的力常数可以表示为

$$m\omega_T^2 = \beta - \frac{(ze)^2 \varepsilon_s}{3\Omega_c \varepsilon_s} \tag{8.2}$$

式中,ω_T 代表点阵振动横向光学模的角频率。

一般微波范围内的离子晶体中满足 $\omega_T^2 \gg \omega^2$,可以求得近似解:

$$\varepsilon_r^*(\omega) = \varepsilon_\infty + \frac{\frac{(ze)^2}{m\Omega_c \varepsilon_s}}{\omega_T^2} \tag{8.3}$$

在微波频段,介质材料的介电常数表现出与频率无关的特性,这与低频环境下介电常数随频率变化的情况形成对比。目前所研究的各类微波介质陶瓷材料已经通过实验验证了这一特性。因此,微波介质陶瓷的介电常数主要受材料的晶体相结构和制造工艺影响,而与工作频率的关系不大。为了获得较高的介电常数,从陶瓷工程的角度出发,除了需要在材料组成上考虑晶体相的种类和组合,还应在工艺上采取措施促进晶粒的生长。通过优化制备工艺,可以改善材料的微观结构,从而提高其介电性能。

8.2.2 品质因数

品质因数 $Q(1/\tan\delta)$ 是衡量谐振器或谐振系统性能的一个重要参数,反映了

谐振器存储能量的能力与每周期消耗能量的比值。微波频段范围内，结合式(8.2)和式(8.3)，Q 可以表示为

$$Q = \frac{1}{\tan\delta} = \frac{\varepsilon_r'(\omega)}{\varepsilon_r''(\omega)} \approx \frac{\omega_T^2}{\gamma\omega} = \frac{\omega_T^2}{\gamma 2\pi f} \tag{8.4}$$

容易看出，其与频率直接相关。在实际的微波介质陶瓷中，Q 将受到以下三类因素的影响。

(1) 介质损耗，通常由材料内部的微观缺陷、杂质、晶界等引起，可以通过介质损耗角正切 $\tan\delta_d$ 量化。介质损耗角正切 $\tan\delta_d$ 越小，表示介质损耗越低，Q 越高。

(2) 欧姆损耗，由材料的导电性引起，特别是在高频下，电子在材料中的迁移会导致能量的损失。这类损耗可以通过电阻率 ρ 和欧姆损耗角正切 $\tan\delta_\Omega$ 描述。

(3) 辐射损耗，由电磁波在谐振器外部的辐射引起，这种损耗与谐振器的几何形状、尺寸以及周围环境有关。这类损耗表示为辐射损耗角正切 $\tan\delta_{rad}$。

因此，可以将 Q 的表达式改写为

$$Q = \frac{1}{\tan\delta_d} + \frac{1}{\tan\delta_\Omega} + \frac{1}{\tan\delta_{rad}} \tag{8.5}$$

在微波介质陶瓷的损耗机制中，本征损耗与非本征损耗的性质不同。本征损耗与材料的晶体结构相关，介质损耗的本征效应主导，主要受点阵振动的非谐性影响。非谐性指的是晶体结构中原子振动偏离理想谐振状态的程度，这种非谐性可能导致能量的非弹性散射，从而增加损耗。而非本征损耗与材料的制备工艺、晶界、气孔等有关。通过优化制备工艺，可以降低非本征损耗，从而提高品质因子 ($Q \times f$)。此时 $Q \times f$ 满足[6]：

$$Q \times f = \frac{f}{\tan\delta} \approx \frac{\omega_T^2}{2\pi\gamma} \tag{8.6}$$

近似为常数。这一点在大多数微波介质陶瓷材料中都得到了较好的实验验证。

通常高介电常数材料具有相对较低的 $Q \times f$；低介电常数材料具有较高的 $Q \times f$，如图 8.2(a)所示。

8.2.3 温度稳定系数

微波介质陶瓷的介电温度稳定性(TCε)可以用谐振频率温度系数(τ_f)表示，由于其直接关系到器件的工作稳定性和可靠性，因此其介电特性的温度稳定性也极为重要。τ_f 越接近零，表明材料的热稳定性越好。

微波介质陶瓷的介电温度系数可以通过特定的公式来计算：

$$TC\varepsilon = \frac{1}{\varepsilon_r}\frac{d\varepsilon_r}{dT} \tag{8.7}$$

微波介质陶瓷需与线膨胀系数 α_l 相互匹配。介质谐振器谐振频率 f_0 的温度

稳定系数在一定的条件下与 TCε 有如下关系：

$$\tau_{f_0} = \frac{1}{f}\frac{\mathrm{d}f_0}{\mathrm{d}T} = -\left(\alpha_l + \frac{1}{2}\mathrm{TC}\varepsilon\right) \quad (8.8)$$

一般而言，陶瓷介电常数越高，相应谐振频率温度系数越正，如图 8.2(b)所示。

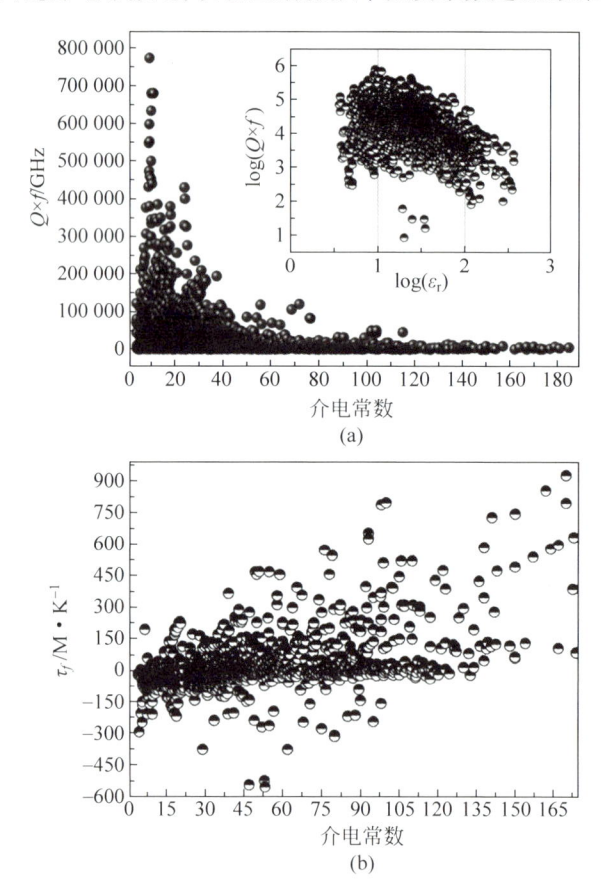

图 8.2 (a)$Q \times f$ 随相对介电常数的变化及(b)谐振频率的温度变化系数随相对介电常数的变化[7]

8.3 微波介质陶瓷的性能测试方法

微波介质陶瓷材料已经被广泛应用于制作各种微波器件及介质基片、天线和片式电容等。因此，对于准确地衡量介电材料的介电性能指标尤为重要。在微波频率下，主要采用传输线法和谐振法两大类测定材料的介电性能。传输线法包括反射法和透射法，适用于不同频率和介电常数范围的材料测试；而谐振法分为谐振器法和微扰法，适用于精确测量介电常数和品质因数。在实际应用中，选择合适的测试方法需要考虑测量频率、材料的介电常数大小、损耗大小以及样品尺寸等因素。随着微波通信技术和微波介质材料的迅速发展,测试技术也在不断进步,以满足对材料介电性能更精确的测量需求。

8.3.1 传输线法

传输线法是一种常用的微波介质陶瓷材料介电性能测试方法,其基本原理是利用介质材料充填波导后对电磁波传播特性的影响来确定材料的复介电常数。在传输线路中装入介质后,波导波长与复介电常数有如下关系:

$$\lambda_g = \frac{\lambda_0}{\sqrt{\varepsilon_r^*}} \tag{8.9}$$

式中,λ_g 表示波导波长,λ_0 为自由空间波长,ε_r^* 表示复介电常数。

根据样品厚度,将比测试频率的管内波长短的试样装入线路的短路端或断路端,测定线路反射特性变化的方法则称为反射法。反射法是微波介电性能测试中最经典的方法,也是将介质放在电磁波中测定的最原始方法。相反,将比测试频率的管内波长长的试样装入线路而测得传输特性变化的方法为透射法。此外,传输线法能够提供介电常数随频率变化的连续分布,这有助于分析材料在不同频率下的介电性能。且比较适合于高损耗介质材料的测试,因为该方法可以测量材料对电磁波的吸收和反射特性。但当试样与波导接触不良时,可能会导致测试精度下降。这是因为接触不良会引入额外的反射和传输损耗,影响测量结果的准确性。

8.3.2 谐振器法

谐振器法是将样品作为谐振结构的一部分来测量介电常数的方法,分为微扰法、全部填充谐振器空间的方法以及部分填充谐振器空间的方法。其中谐振器法是目前微波介电性能测量中使用最广泛的一种方法。在实际测定中采用的方法有两端短路型、微波集成电路型及镜像型介质谐振器法。

1. 两端短路型介质谐振器法(Hakki-Coleman 法)

Hakki 和 Coleman 提出了一种开放式边界谐振结构,通过将圆柱形介质试样夹在两平行导电板之间,构成 TE_{0mp} 谐振器,利用 TE 模式进行主振荡,从而实现对材料介电常数的测量,如图 8.3 所示。由于电场在导体表面为零,这种配置能够减少试样与导电板间空隙的影响,提高测量精度。但由于使用了短路导电金属板,电导损耗较大,因此由此计算出的介质损耗会有较大误差。减小和消除此种误差的办法是对两个高度相差整数倍的圆柱介质谐振器的无负载 Q 值进行测定,进而高精度标定导体的表面阻抗 R_s,从而减小测量误差。

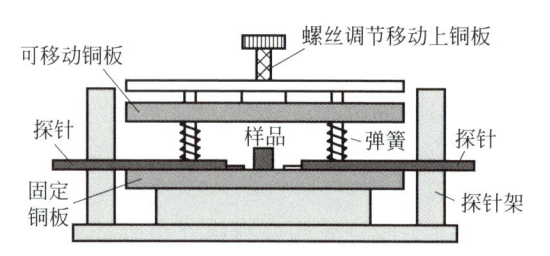

图 8.3 在两端短路条件下测量介电常数的科特妮装置示意[7]

描述各向同性谐振器在 TE_{0mp} 模式下的特征方程如下[7]：

$$a_\alpha \frac{J_0(\alpha)}{J_1(\alpha)} = a_\beta \frac{K_0(\beta)}{K_1(\beta)} \tag{8.10}$$

式中，$J_0(\alpha)$ 及 $J_1(\alpha)$ 分别是第一类贝塞尔函数（Bessel functions）的零阶和一阶贝塞尔函数，$K_0(\beta)$ 及 $K_1(\beta)$ 分别是第二类贝塞尔函数的零阶和一阶贝塞尔函数，参数 a_α 和 a_β 是几何形状、谐振波长和介电常数的函数：

$$a_\alpha = \frac{2\pi r_\alpha}{\lambda_0} \sqrt{\varepsilon_r - \left(\frac{c}{\nu_n}\right)^2} \tag{8.11}$$

$$a_\beta = \frac{2\pi r_\alpha}{\lambda_0} \sqrt{\left(\frac{c}{\nu_n}\right)^2 - 1} \tag{8.12}$$

式中，c 为光速，r_α 为谐振器半径，ν_n 是谐振器中的相位速度。联立式(8.10)至式(8.12)，可得

$$\frac{c}{\nu_m} = \frac{m\lambda_0}{2t} \tag{8.13}$$

式中，m 为沿轴线和 $\lambda_0 = c/f_0$ 的场纵向变化次数。而 ν_m 可以根据厚度和谐振频率计算得出；相应地，a_β 可以根据 ν_m、频率和半径计算得出。

2. 镜像型和 MIC 型介质谐振器法

将两端短路型的上导电板离开圆柱介质端面，即得到镜像型介质谐振器。若再在圆柱介质下端面和下导电板之间填入低介电常数基板，便得到微波集成电路（MIC）型介质谐振器。在这两种介质谐振器中，介质的介电常数、介质损耗和介质表面电阻的值可由谐振频率 f_0、功率半高值之差 $f_2 - f_1$ 和插入损耗 IL_0 计算出来。此两种方法是高精度测试介质复介电常数的重要方法，由于导电板损耗的影响比两端短路型损耗更小，因此适用于高精度损耗的测试。

3. 微扰法

微扰法是一种精确测定复介电常数的方法，其理论基础是微波谐振腔的微扰理论。该方法通过在谐振腔壁上开孔或附近加探针、合环等手段，使空腔谐振器受

到扰动,引起固有参数发生变化,从而借助未受微扰的已知解来近似求出微扰后的解。最近,针对多层基片材料和多层型微带滤波器材料的复介电常数测试,出现了非破坏的微扰法测试方法,即用两个圆柱形中空谐振器相向夹住大块平板试样。由于 TE 模的谐振频率移向低频侧,从其变化量即可求出介质的介电常数。介质损耗则是利用装入试样前后的损耗差求出。这种方法特别适合薄而大的试样的高效率及较高精度的测试,同时还具有在很宽的频带中测定介电性能的优点。不过,它的缺点在于试样体积的精确测定困难,以及因舍去了扰动的高次项而使测试、计算精度受到一定影响。

在谐振腔微扰法测定微波电介质的介电常数的实验中,首先需要了解微波介质材料的介电常数和介电损耗角正切是研究材料微波特性和设计微波器件的重要参数。实验采用谐振腔微扰法测量介质的介电常数,通过测量放入样品前后谐振腔的谐振频率、有载品质因子以及谐振腔和样品的体积,可以求得电介质的介电常数和损耗角正切。实验中使用的仪器包括微波信号源、隔离器、衰减器、环形器、谐振腔、波长计、检波器和示波器等。

4. 其他测试方法及小结

除上述方法和六端口技术等,还有自由空间法。它的原理可参考线路传输法,通过测得传输系数和反射系数,改变样品数据和频率得到介电常数。该方法的特点是可以在较宽的频率范围内对材料的介电特性进行测量,并且适用于多种不同特性的材料。在实际应用中,自由空间法可以通过数值模拟进行优化,并与实际值进行比较以验证其准确性。

六端口技术是 20 世纪 70 年代发展起来的一项微波自动测量技术,具有造价低廉和结构简单等优点。目前六端口技术广泛应用于安全防护、微波计量和工业在线测量中。表 8.1 总结了各种测试方法的适用场合及优、缺点。

表 8.1 测量介电常数方法总结

测量方法	应用场合	优 点	缺 点
谐振器法	测试频率范围从 1 GHz 到 10 GHz 为最佳;适用于低损材料	高精度单模性好,Q 值高,加工简单	损耗测量精度有限;只能在分离频点进行测量;存在较多误差源
传输线法	可以在任意频率下进行测量,多数方法用于测量低、中损材料,一般用于测量 ε_r 较大的材料	简单,精度高,适用于任何频率	存在多值问题或需要求解方程组;对样品尺寸有具体要求;对薄膜和表面粗糙材料测量不准确

续表

测量方法	应用场合	优 点	缺 点
集中电路法	测试频率范围一般不超过 100 MHz；测量的 $\tan\delta$ 在 10^{-4} 左右	原理简单，易于理解和操作	对于低损耗材料的测量精度不高
自由空间法	测试频率范围从 3 GHz 到 100 GHz 之间为最佳；适用于高损耗材料	材料与波导壁无需完全接触；测量频率宽	由于测量频率低，在现有通信条件下已经不经常应用
六端口技术	测试频率范围从 10 MHz 到 100 GHz	结构简单，精度较高	尚未有成熟的标准

8.4 微波介质材料调控策略

微波介质材料的调控策略主要包括化学组成调整、微观结构优化、烧结工艺优化、第二相添加、多层结构设计、表面改性、纳米复合技术应用、温度稳定性提升、机械加工性能改善以及环境稳定性增强。这些方法共同作用，旨在提升材料的介电性能和品质因数，同时确保在不同环境下的可靠性和耐用性，满足微波通信和电子设备中的高性能需求。通过这些综合调控手段，可以实现材料性能的精确控制，以适应特定应用场景的需求。

1. 容忍因子调控及八面体倾转

在钙钛矿材料中，氧八面体的倾转是普遍存在的一种结构变形，对材料的性能有重要影响。研究者通过几何分析方法，以理想刚性氧八面体为模型，仅考虑氧八面体倾转造成的形变，来探讨钙钛矿中氧八面体倾转的问题。例如，基于 Sr 和 Ba 的复合钙钛矿结构的微波介质陶瓷通常具有的在 25 到 40 之间的相对介电常数材料体系。Reaney 等[8-9]提出基于容忍因子，从理论上定量描述钙钛矿结构的倾转和扭曲程度对钙钛矿结构介电性能的构效关联(式(4.1))。如图 4.2(a)所示，统计了十几种不同的复合钙钛矿结构，依据容忍因子划分为三个不同的相变区间(phase transition)，即对应的 $t_G=0.92\sim0.96$ 八面体反相和同相倾转区间，$t_G=0.965\sim0.985$ 八面体反相倾转区间，以及 $t_G=0.985\sim1.064$ 的非倾转区间。当容忍因子在 1.064 到 0.985 之间时，τ_ε 最初接近零。随着倾斜转变接近但不高于室温，τ_ε 减少到最低值 $-300 \text{ ppm}\cdot\text{K}^{-1}$。当容忍因子接近 0.985 时，$\tau_\varepsilon$ 急剧增加，这与室温以上八面体倾斜转变的开始有关，并持续到 $t_G=0.965\sim0.985$，与八面体在反相和同相旋转有关，并在此区间后 τ_ε 随着容忍因子减小而增加。容忍因子不仅控制相变的起始温度，还控制着在任何给定钙钛矿晶体结构中八面体在室温下的旋转幅度。

2. 价键工程

价键工程在微波介电陶瓷性能调控中起着重要作用。它通过分析材料中化学键的离子性和共价性，帮助研究者了解材料的微观结构与宏观微波介电性能之间的关系。基于键价模型理论(bond valence sum，BVS)为微波介电陶瓷的性能优化提供了一种理论基础和调控手段，有助于实现材料设计的预测性和精确性。通过深入理解化学键的性质及其对介电性能的影响，可以更有效地开发出满足特定应用需求的微波介质陶瓷材料。研究人员将 τ_f 与 B 位 M^{2+} 的键价和 BVS 进行了对比，并观察到了强线性相关性，如图 8.4 所示。

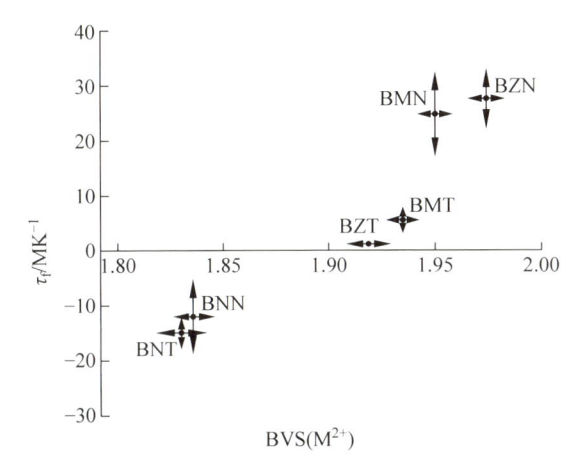

图 8.4 1∶2 型复合钙钛矿体系中平均介电温度系数(τ_f)与 M^{2+} 的价键关系。误差线代表标准偏差[10]

$Ba(Ni_{1/3}Ta_{2/3})O_3$；BNN，$Ba(Ni_{1/3}Nb_{2/3})O_3$；BZT，$Ba(Zn_{1/3}Ta_{2/3})O_3$；BMT，$Ba(Mg_{1/3}Ta_{2/3})O_3$；BMN，$Ba(Mg_{1/3}Nb_{2/3})O_3$；BZN，$Ba(Zn_{1/3}Nb_{2/3})O_3$

3. 阳离子有序度

材料中阳离子的有序度对材料微波介电性能也会有明显影响。例如，在商业化陶瓷材料掺杂的 $Ba(Zn_{1/3}Ta_{2/3})O_3$(BZT)材料中有序度对于其微波介电性能有明显影响。Kawashima 等[11]报道了 BZT 的初始微波特性，其相对介电常数 k 为 30，12 GHz 时的品质因数 Q 为 6500，且温度系数 τ_f 接近零。研究发现，对样品进行控制烧结/退火可以提高材料的 Q 值。Galasso 和 Pyle 等[12]进一步做了详细研究发现，BZT 是一种三斜钙钛矿，在 B 位的 Zn 和 Ta 离子之间沿着 $[111]_p$ 方向存在 1∶2 有序排列。有序的开始使得原始单元格在 $[111]_p$ 方向上扩展，从而导致 $(422)_p$ 和 $(226)_p$ 峰的劈裂。如果 Zn 和 Ta 存在无序排列，则保持立方结构。Kawashima 等[11]研究了不同烧结温度下 BZT 的有序程度。图 8.5(a)显示了在 1350℃烧结时

(422)$_p$ 和(226)$_p$ 峰随烧结时间的分裂。在烧结 2 h 时,没有晶格畸变(峰分裂),因此没有或者只有短程有序(SRO)。烧结 8 h 的样品则晶格发生畸变(峰分裂发生),表明长程 B 位点有序性的开始,有序性随品质因数 Q 的增加而增加,在 12 GHz 时达到最大值 14 000。此外,在 BZT 体系中掺杂 $BaZrO_3$ 也会提高材料的烧结和晶化,并且相应地提升了 Q 值。Reaney 等[13-14]研究了未掺杂的 BZT 和商业 0.95BZT-0.05SGT 陶瓷在不同温度下进行退火,并使用 X 射线衍射和透射电子显微镜确定有序-无序相变温度。对于未掺杂的 BZT,有序/无序相变温度发生在 1600℃至 1625℃之间。向 BZT 中添加 5 mol% SGT 导致有序/无序相变温度降低至约 1500℃。基于 BZT 的陶瓷在约 1550℃下烧结,低于未掺杂 BZT 的有序/无序相变,但高于 0.95BZT-0.05SGT 的相变。因此,0.95BZT-0.05SGT 需要在有序/无序相变以下进行退火以诱导 1∶2 有序性,从而优化 Q 值。图 8.5(b)展示了 0.95BZT-0.05SGT 样品的/110Sp 区域轴衍射模式,包括未烧结和退火后的情况。暗场图像揭示了与有序过程相关的微观结构。退火后,短程有序性(SRO)转变为 1∶2 三斜 P3m1 长程有序性,$Q \times f$ 显著提高至 150 000 GHz。

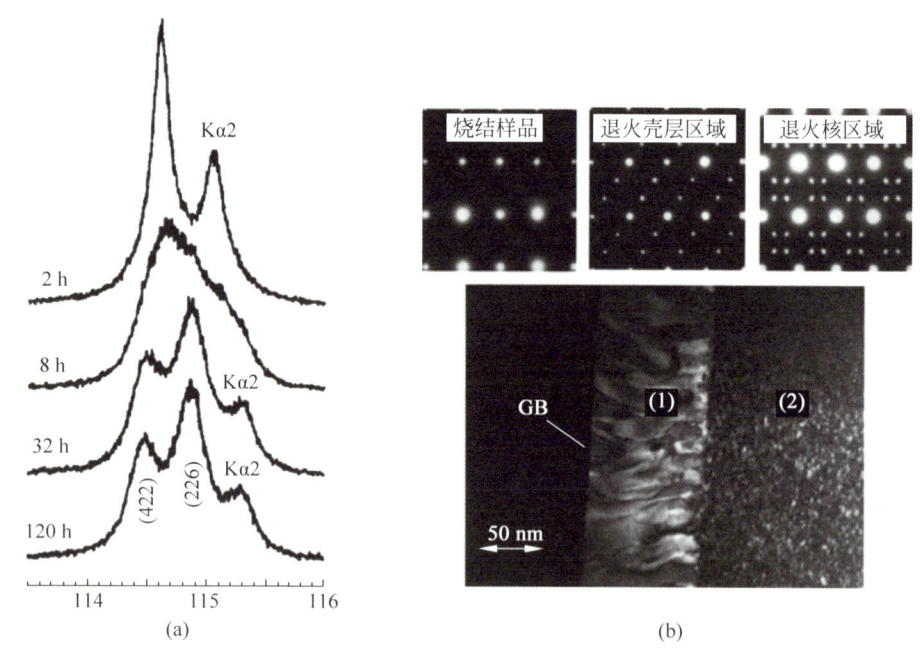

图 8.5 (a)不同烧结条件的 BZT 陶瓷(422)及(226)晶面峰劈裂,(b)$0.95BaZn_{1/3}Ta_{2/3}O_3$-$0.05SrGa_{1/2}Ta_{1/2}O_3$〈110〉带轴的烧结样品,[11]退火的壳层(1),以及退火的核层区域(2)的选取电子衍射图[13]

4. 复合组分设计

微波介电性能不仅可以通过化学方法进行调整，例如掺杂、非化学计量偏差，而且可以通过设计具有相反温度系数的复合材料来实现综合性能尤其是温度系数的提升。在进行复合调控之前，需要对材料体系进行精心设计。常用的表述模型比如有效介质近似模型(effective medium approximation，EMA)和微分有效介质理论模型(differential effective medium theory，DEM)，为预测复合微波介质陶瓷的温度稳定性提供了理论基础。目前，预测复合微波介质陶瓷谐振频率温度系数的主要方法包括 Lichtenecker 对数规则、布鲁格曼(Bruggeman)规则以及麦克斯韦-加内特(Maxwell-Garnet)规则。这些规则是当前研究中较为流行的预测手段，帮助研究者在设计复合介质陶瓷时，能够更准确地估算和调控其温度系数。通过这些理论模型和预测规则，可以更有效地实现材料设计的优化，以达到所需的微波介电性能和温度补偿效果。复合体系被视为具有层状结构，该结构可能与施加的电场方向成垂直或平行状态。根据层状结构的取向，等效电路可以类比于串联或并联的电容元件，因而展现出不同的预测规律，见表 8.2。

表 8.2 复合微波介质陶瓷的介电性能预测模型

模 型	介电常数	谐振频率温度系数
并联线路模型	$\varepsilon_r = V'\varepsilon_r' + V''\varepsilon_r''$	$\tau_f = \dfrac{1}{\varepsilon_r}(V'\varepsilon_r'\tau_f' + V''\varepsilon_r''\tau_f'')$
对数线性模型	$\ln\varepsilon_r = V'\ln\varepsilon_r' + V''\ln\varepsilon_r''$	$\tau_f = V'\tau_f' + V''\tau_f''$
串联线路模型	$\dfrac{1}{\varepsilon_r} = \dfrac{V'}{\varepsilon_r'} + \dfrac{V''}{\varepsilon_r''}$	$\tau_f = \varepsilon_r\left(\dfrac{V'}{\varepsilon_r'}\tau_f' + \dfrac{V''}{\varepsilon_r''}\tau_f''\right)$

Breeze 等[15]研究了一种通过在氧化铝陶瓷表面涂覆 TiO_2 薄膜实现温度补偿的新方法。通过调整 TiO_2 体积分数在复合材料中的占比，1400℃共烧的陶瓷呈现可设计的温度系数。一般而言，复合材料的设计思路是，通过添加 TiO_2、$CaTiO_3$ 或 $SrTiO_3$ 等具有高正 τ_f 的材料，来设计具有负 τ_f 的材料。同样，通过添加具有负 τ_f 的材料来定制正 τ_f 材料。例如，在 $ZnAl_2O_4$ 中添加约 17 mol% 的 TiO_2 可以得到几乎为零的 τ_f 品质因数，相对介电容率也随着 TiO_2 含量的变化而变化，如图 8.6(a)所示[16]。

叠层式设计是一种通过叠加不同材料来调整其谐振频率随温度变化系数 τ_f 的材料设计思路。通过将两个由不同材料制成的圆柱形谐振器叠加在一起实现温度补偿，如图 8.6(b)显示了堆叠的设计图以及在正 τ_f (+78 ppm/℃) 谐振器 $Ba_5Nb_4O_{15}$ 中复合负 τ_f (-266 ppm/℃) 谐振器 $Sr(Y_{1/2}Nb_{1/2})O_3$ 的体积分数函

数上的 τ_f 变化[17]。值得注意的是,在叠层谐振器的制备方法上,共烧结法要求材料之间烧结特性和热膨胀系数相近;而胶合法则对所使用的绝缘胶种类和厚度有严格的要求,并且绝缘胶在谐振器工作过程中的损耗也是一个不可忽视的因素,样品可以使用低损耗黏合剂连接,但使用黏合剂会降低品质因数。此外,用于叠层的材料之间不能发生化学反应,这些要求限制了叠层谐振器在研究和应用上的普适性。

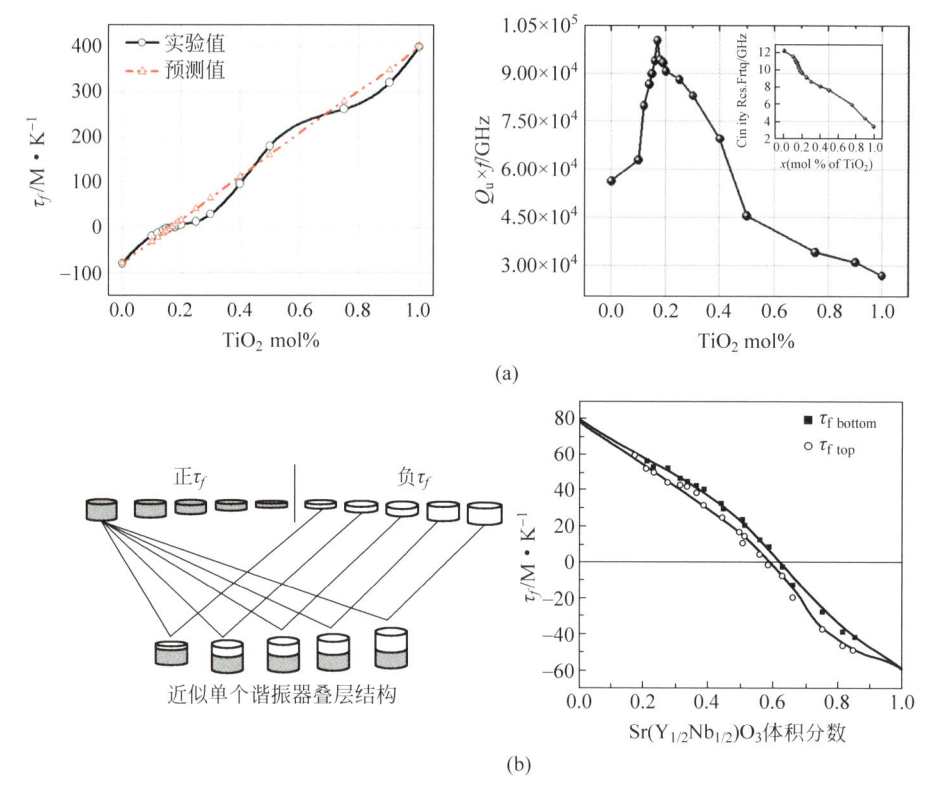

图 8.6 介电材料结构设计性能调控
(a) $(1-x)ZnAl_2O_4$-$xTiO_2$ 复合材料介电性能变化。插图显示了谐振频率随 TiO_2 含量的变化;
(b) 堆叠的设计谐振器示意图及性能[16-17]

8.5 典型的微波介质陶瓷体系、分类及应用

在移动技术发展之初,常使用因瓦合金空气腔作为基站和手机的谐振器和滤波器。这些腔体又大又笨重,到了 20 世纪 80 年代,它们被基于 $(Mg,Ca)TiO_3$、$ZrTiO_4$ 和 $BaTi_4O_9$ 的第一代陶瓷谐振器所取代。到了 20 世纪 90 年代初,手机和基站的陶瓷技术发展出现了分歧。基站需要更高 Q 值的陶瓷,($Q\times f$ 为 40 000 GHz

到 250 000 GHz 之间），且 k 在 25～50。由于手机中的陶瓷技术受到小型化的驱动，使用了具有更高 k(70～120)的近零温度系陶瓷(C0G)材料。微波介质陶瓷材料根据其相对介电常数的大小，通常分为三类，即低介电常数材料、中介电常数材料以及高介电常数材料，其发展路线如图 8.7 所示。

陶瓷材料发展路线图

高介电常数
高 Q
温度稳定

手持设备和基站陶瓷技术

手持设备
基站

ε_r 75~90
NP0 chips

ε_r 120, Q 5000
@ 900 MHz

ε_r 55
Q 16 000
@ 3 GHz

ε_r 45, Q 16 000
@ 3 GHz

简单钙钛矿

ε_r 39, Q 22 000
@ 3 GHz

复杂钙钛矿

ε_r 29, Q 30 000
@ 3 GHz

ε_r 35, Q 30 000
@ 3 GHz

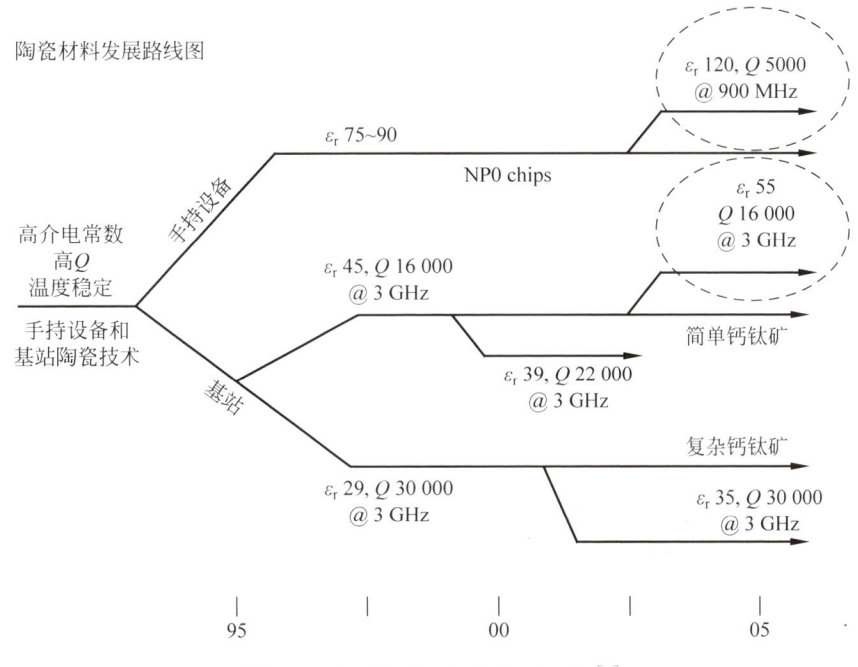

95   00   05

图 8.7　不同介电常数材料路线图[9]

表 8.3 显示了所有当前商用微波介质陶瓷材料。其主要用作数字电视接收器的材料。$CaTiO_3$-$NdAlO_3$(CTNA) 和 $ZrTiO_4$-$ZnNb_2O_6$(ZTZN) 基陶瓷主导了基站谐振器市场。$Ba(Co,Zn)_{1/3}Nb_{2/3}O_3$(BCZN) 基陶瓷是最近的发展，实际上是对更昂贵的 $BaZn_{1/3}Ta_{2/3}O_3$(BZT) 基材料的一种更经济的替代品。

表 8.3　当前商用微波介质陶瓷材料

材料体系	介电常数	$Q \times f$/GHz	TCC	结构
$BaMg_{1/3}Ta_{2/3}O_3$	24	250 000	C0G	复合钙钛矿
$BaZn_{1/3}Ta_{2/3}O_3$	59	150 000	C0G	复合钙钛矿
$Ba(Co,Zn)_{1/3}Nb_{2/3}O_3$	34	90 000	C0G	复合钙钛矿
$SrTiO_3$-$LaAlO_3$	39	60 000	C0G	单一钙钛矿
$CaTiO_3$-$NdAlO_3$	45	48 000	C0G	单一钙钛矿
$ZrTiO_4$-$ZnNb_2O_6$	44	48 000	C0G	α-PbO_2
$Ba_4Nd_{9.333}Ti_{18}O_{54}$	80	10 000	C0G	钨青铜

8.5.1 低介微波陶瓷及应用

通常定义低介微波陶瓷材料的 k 小于 20，品质因数与频率乘积 $Q \times f$ 大于 50 000 GHz。低介微波陶瓷主要用于 10 GHz 及以上的卫星直播等微波通信领域。随着微波通信技术向更高频发展，对于具有更低介电常数（$k<15$）和高 Q 值的超低介微波介质材料的需求日益增加。

在过去几十年中，随着粒子加速器技术的发展，加速器在很多科技领域和工业及医疗领域都起到了极大的推动作用。大型加速器装置是人们进行科学研究的重要工具。如图 8.8(a)所示，高能物理的探索、太电子伏能量量级的直线对撞机方案的需要，以及自由电子激光的发展均对直线加速器提出了更高的要求。此外，高效紧凑的小型直线加速器也越来越广泛地用于工业和医疗领域。近年来，研究者在提高加速结构的加速梯度方面取得了显著进展。例如，通过使用高介电常数的电介质材料，可以显著提高加速器的加速梯度。这些材料的性能（如介电常数和损耗），对于加速器的性能至关重要。研究人员正在探索如何通过材料改性来提高这些性能，以实现更高效、更紧凑的加速器设计。

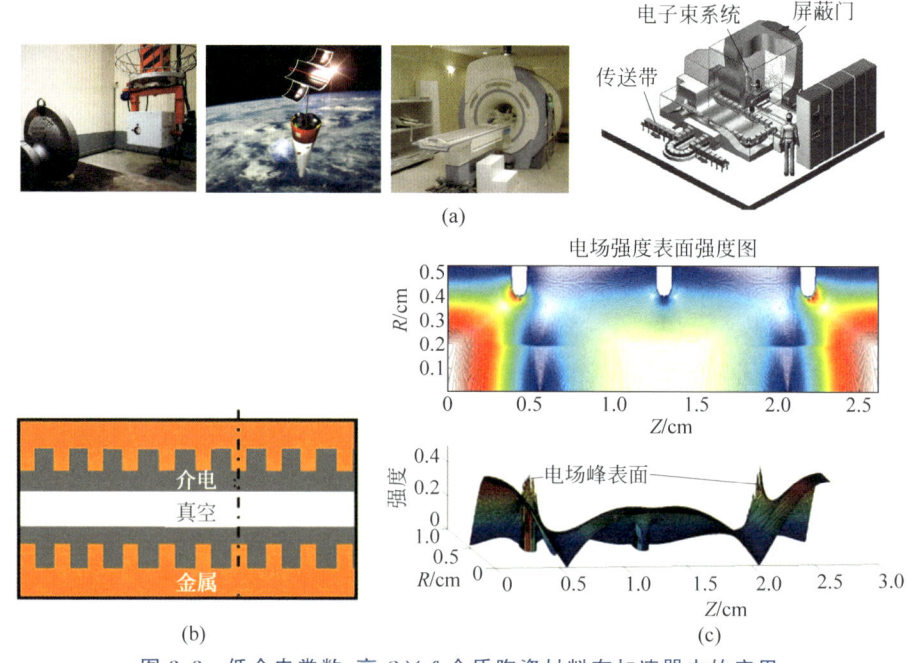

图 8.8 低介电常数、高 $Q \times f$ 介质陶瓷材料在加速器中的应用
(a) 不同应用场景；(b) 介质圆波导管示意图；(c) 介质盘荷波导加速结构模式电场分布图

介质加速结构是在谐振腔中以一定的方式插入介质，如图 8.8 所示。对介质一般要求低的介电常数、低损耗、高热传导系数、高温度稳定性与高介电强度，因此

常使用低损耗且具有适当大小介电常数的微波介质陶瓷。空腔谐振腔谐振频率的表达式为

$$\omega = \frac{2.405c}{r_a\sqrt{k\mu_r}} \qquad (8.14)$$

式中 μ_r 为磁导率。由于强磁场会使磁性材料饱和并失去磁性特性且磁性材料会大量消耗射频频率，因此只能选择介电材料。当谐振腔加载电介质时，腔内质量因数 Q 和 RF 功率损失发生变化。

加载电介质后的谐振腔的 Q 值表达式为

$$\frac{1}{Q} = \frac{1}{Q_{\text{wall}}} + \frac{1}{Q_{\text{diel}}} \qquad (8.15)$$

谐振腔的品质因数 Q 定义为一个电磁场变化周期内，谐振腔储存能量与消耗能量之比的 2π 倍，因此介质损耗 $\tan\delta$ 越小，谐振腔消耗的能量越小，发热越小。通常高介电常数和高品质因数是一对相互矛盾的性能参数，因此兼顾二者只能选择适当大小且稳定的介电常数；此外，在适当的介电常数温度系数 τ_f，τ_f 越接近零，表明材料的热稳定性越好。目前，由作者团队研发的 K6 超低介电损耗微波介质瓷环具有介电损耗低、性能稳定优势，具有工程实际价值，目前已被应用于介质盘荷波导加速结构，为新一代国产大功率直线加速器奠定了良好的基础。

8.5.2 中介微波陶瓷及应用

中介微波陶瓷具有 $20 \leqslant k \leqslant 70$ 的相对介电常数范围，$Q \times f$ 通常大于 20 000 GHz。这类材料广泛应用于微波军用雷达和微波通信系统中，作为介质谐振器件使用。移动通信基站的小型化需求推动了对频率温度系数小、高 Q、中等 k 的微波介质陶瓷新材料的研究开发。

8.5.3 高介微波陶瓷及应用

高介微波陶瓷($k > 70$)因其在微型化介质谐振器和微波设备方面的应用而受到广泛关注。与低介和中介微波介质陶瓷相比，高介微波陶瓷的种类较少，主要应用于 2 GHz 以下的民用移动通信中。高性能微波陶瓷的理想特性包括高介电常数、高品质因数和低谐振频率的温度系数。在报道的数千种微波介电材料中，具有高介电常数、良好品质因数和低谐振频率温度系数的化合物数量较少，如图 8.9(a)所示。主要包括 $BaO\text{-}Ln_2O_3\text{-}TiO_2$ 体系、TiO_2 基体系、$Sr_{1-3x/2}Ce_xTiO_3$ 体系、$AgNbO_3$ 体系、$(Pb_{1-x}Ca_x)(Fe_{1/2}B_{1/2})O_3(B=Nb, Ta)$ 基体系等，而通常高介电常数具有更负电容温度系数(TCk)。

具有超高介电常数($k > 120$)材料且同时拥有低介电损耗、近零温度系数的陶瓷材料可以用于精密陶瓷电容，如图 8.9(b)~(e)所示。作者团队基于钨青铜结

构，通过引入强共价性元素，打破临近氧八面体对称性，通过诱导 A 位重元素极性位移，维持了热膨胀过程中的净晶格极化。从而在单相改性钨青铜结构中实现超高介电常数(k~180)，近零温度稳定特性(TCk≤30 ppm·K^{-1})及低介电损耗(约为0.0002)。利用该陶瓷材料制备的超小型化单层介质电容相比其他单层芯片电容相对体积减小最高 80%，推动了精密芯片电容的小型化发展。

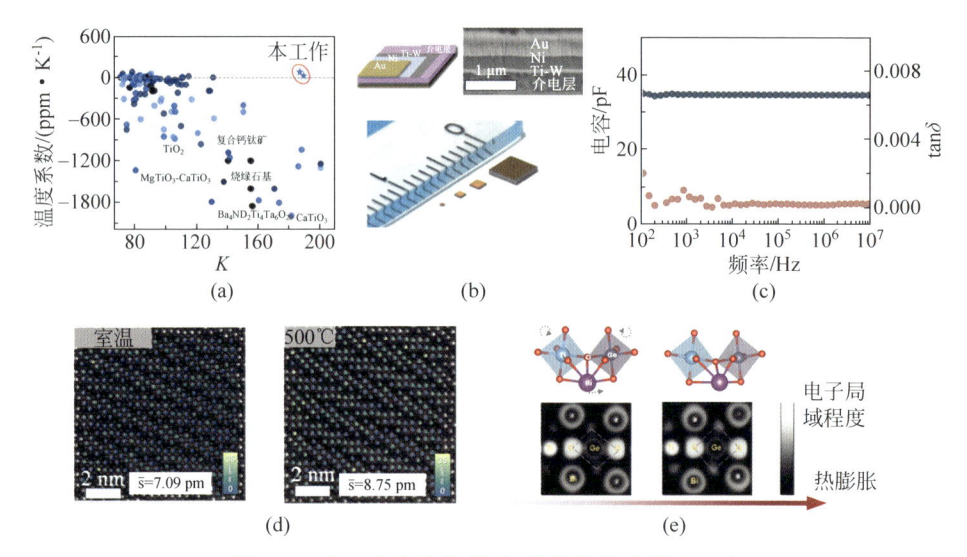

图 8.9 高 k 电容陶瓷材料、器件及性能调控机制

（a）当前最高具有近零温度系数的超高介电常数型材料；(b）制备单层精密芯片电容器实现器件小型化；
（c）电容频率稳定特性；(d）解耦温度系数与介电常数矛盾，陶瓷材料的变温原子相(室温和 500℃)；
（e）DFT 模拟计算相邻八面体结构在热膨胀过程中的原子极性位移

参考文献

[1] NARANG S B, BAHEL S. Low loss dielectric ceramics for microwave applications：a review[J]. Journal of Ceramic Processing Research, 2010, 11(3)：316-321.

[2] CAVA R J. Dielectric materials for applications in microwave communications[J]. Journal of Materials Chemistry, 2001, 11(1)：54-62.

[3] UBIC R, SUBODH G, SEBASTIAN M T. High permittivity materials[M]. New Jersey：Microwave Materials and Applications 2V Set, 2017：149-202.

[4] 李标融，王筱珍，张绪礼. 无机电介质[M]. 武昌：华中理工大学出版社，1995.

[5] 何进，杨传仁. 微波介质陶瓷材料的研究进展[J]. 电子元件与材料，1995，14(2)：7-13.

[6] 陈国华，黄冰虹. 低温共烧低介电常数微波介质陶瓷的研究进展[J]. 材料导报，2023，37(20)：22050128.

[7] SEBASTIAN M T, UBIC R, JANTUNEN H. Low-loss dielectric ceramic materials and their properties[J]. International Materials Reviews, 2015, 60(7)：392-412.

[8] REANEY I M, COLLA E L, SETTER N. Dielectric and structural characteristics of Ba-and Sr-based complex perovskites as a function of tolerance factor[J]. Japanese Journal of Applied Physics, 1994, 33(7A): 3984-3990.

[9] REANEY I M, IDDLES D. Microwave dielectric ceramics for resonators and filters in mobile phone networks[J]. Journal of the American Ceramic Society, 2006, 89(7): 2063-2072.

[10] LUFASO M W. Crystal structures, modeling, and dielectric property relationships of 2∶1 ordered $Ba_3MM'_2O_9$ (M = Mg, Ni, Zn; M' = Nb, Ta) perovskites[J]. Chemistry of Materials, 2004, 16(11): 2148-2156.

[11] KAWASHIMA S, NISHIDA M, UEDA I, et al. $Ba(Zn_{1/3}Ta_{2/3})O_3$ ceramics with low dielectric loss at microwave frequencies[J]. Journal of the American Ceramic Society, 1983, 66(6): 421-423.

[12] GALASSO F S, PYLE J. Ordering in compounds of the $A(B'_{0.33}Ta_{0.67})O_3$ type[J]. Inorganic Chemistry, 1963, 2: 482-484.

[13] REANEY I M, WISE P L, QAZI I, et al. Ordering and quality factor in $0.95BaZn_{1/3}Ta_{2/3}O_3$-$0.05SrGa_{1/2}Ta_{1/2}O_3$ production resonators[J]. Journal of the European Ceramic Society, 2003, 23(16): 3021-3034.

[14] REANEY I M, QAZI I, LEE W E. Order-disorder behavior in $Ba(Zn_{-1/3}Ta_{2/3})O_3$[J]. Journal of Applied Physics, 2000, 88(11): 6708-6714.

[15] BREEZE J, PENN S J, POOLE M, et al. Layered Al_2O_3-TiO_2 composite dielectric resonators[J]. Electronics Letters, 2000, 36(10): 883-884.

[16] SURENDRAN K P, SANTHA N, MOHANAN P, et al. Temperature stable low loss ceramic dielectrics in $(1-x)ZnAl_2O_4$-$xTiO_2$ for microwave substrate applications[J]. The European Physical Journal B-Condensed Matter and Complex Systems, 2004, 41(3): 301-306.

[17] LI L, CHEN X M. Adhesive-bonded $Ca(Mg_{1/3}Nb_{2/3})O_3/Ba(Zn_{1/3}Nb_{2/3})O_3$ layered dielectric resonators with tunable temperature coefficient of resonant frequency[J]. Journal of the American Ceramic Society, 2006, 89(2): 544-549.

第9章

温度稳定型X7R/X8R类介质陶瓷材料

9.1 概述

电子工业的发展推动着各行各业的转型升级,反之,行业与市场需求也影响着电子工业的发展方向。在航空航天、深地钻探、极地探索等领域,存在超低温或超高温等恶劣的工作环境,这对电子设备中元器件材料性能的温度稳定性提出了更高的要求,X7R、X8R等稳定级瓷介电容器的需求量与日俱增。电容器瓷介材料介电性能的温度稳定性决定了其应用场景。美国电子工业协会标准EIA-198-1-F按温度特性将瓷介电容器分为4大类(Ⅰ类、Ⅱ类、Ⅲ类、Ⅳ类)。其中Ⅰ类瓷介材料电容受温度变化影响小,属于超稳定级电介质,用于谐振电路或其他需要高品质因数和高稳定性的电容器;Ⅱ类、Ⅲ类瓷介材料电容受温度变化影响较大,分别属于稳定级、可用级电介质,用于旁路、解耦等电路中。Ⅱ类、Ⅲ类瓷介材料容值温度特性代码见表9.1。前述X7R标准表示在-55~125℃温度范围内,陶瓷介质电容的最大变化量为±15%;X8R标准表示在-55~150℃温度范围内,陶瓷介质电容的最大变化量为±15%。

表9.1 Ⅱ类、Ⅲ类瓷容值温度特性代码(EIA-198-1-F标准)

首位～最低温度界限	次位～最高温度界限	末位～最大电容值变化率
X～-55℃	2～+45℃	A～±1%
Y～-30℃	4～+65℃	B～±1.5%
Z～+10℃	5～+85℃	C～±2.2%
	6～+105℃	D～±3.3%
	7～+125℃	E～±4.7%
	8～+150℃	F～±7.5%
	9～+200℃	P～±10%
		R～±15%

续表

首位～最低温度界限	次位～最高温度界限	末位～最大电容值变化率
		S～±22%
		T～−33%～+22%
		U～−56%～+22%
		V～−82%～+22%

注：EIA 标准中电容变化率为规定温度范围内任一温度下的电容较 25℃ 电容的变化率。

在电子工业小型化、集成化的发展趋势下，对电容器瓷介材料的介电性能的期望是更高的介电常数和在更宽温度范围内具有更好的稳定性。铁电陶瓷具有介电常数高的优点，但其在居里点处发生铁电-顺电相变会引起介电常数的突变，导致其介电性能稳定温区往往受制于居里温度。通过成分、工艺的调整，改善铁电陶瓷的介电性能温度稳定性，可获得理想的瓷介材料。

9.2 介温特性调控机制

9.2.1 相变扩散

铁电体陶瓷随温度的变化发生晶体结构的转变，当温度由低温升至居里温度时，发生铁电-顺电相变。居里温度以下，铁电体中的偶极子相互作用而有序排列，形成电畴结构，表现为铁电相；居里温度以上，分子的热运动完全破坏了有序排列，自发极化消失，表现为非铁电相或顺电相。相应地，铁电陶瓷的介电常数随温度变化发生改变，处于居里温度时出现最大值，在介电常数随温度的变化曲线上表现为突出的介电峰，称为居里峰。如图 9.1 所示，$BaTiO_3$ 在 120℃ 附近出现居里峰，$KNbO_3$ 在 435℃ 附近出现居里峰。理想的一级相变铁电体在居里温度处发生介电常数的"突变"，但实际上铁电陶瓷的介电常数并不在居里温度处发生绝对突变，而是在居里温度附近有一定程度的展开，即其居里峰的峰形不是绝对尖锐的，居里峰两侧覆盖的温度区间称为居里区，这就是扩散相变现象，或可称为相变扩散。

居里峰的形成与电畴定向激活能有关，在居里温度处电畴定向激活能接近零，此时微小的外加电场也能使电畴充分定向，从而获得介电常数最大值；当温度低于居里点时，电畴定向激活能迅速增加，同样的外加电场下无法使其充分定向，故介电常数迅速降低；当温度高于居里点时，材料变为非铁电相。居里峰的扩散现象通常归因于"异相共存"，铁电体的宏观居里温度并不是唯一的相变温度，在整个居里区都发生着不同比例的铁电-顺电相变，即在一定温度范围内有不同比例的铁电相和非铁电相共存，出现最大介电常数的温度为具有最高比例铁电-顺电相变发

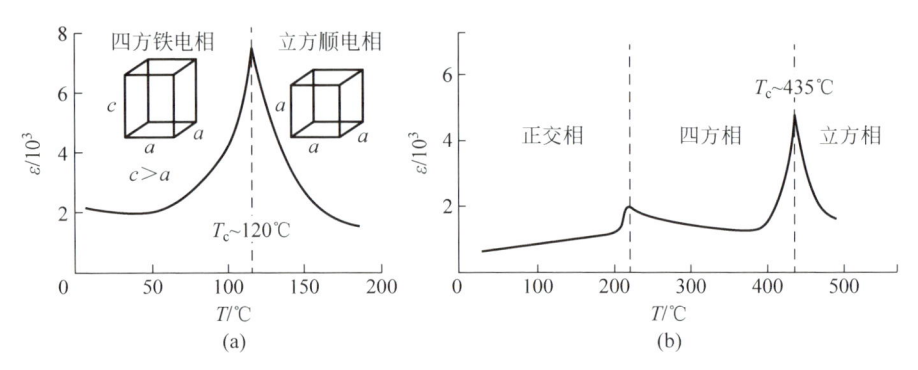

图 9.1 铁电陶瓷介电常数随温度的变化曲线

(a) $BaTiO_3$；(b) $KNbO_3$

生的统计居里温度。陶瓷材料内的热起伏、应力起伏、成分起伏(结构起伏)都会带来相变扩散[1]。

1. 热起伏相变扩散

物体的温度是其微观质点运动状态的统计平均表达。当物体处在某一温度下时，其内部分子运动并不是绝对均匀地处在该温度下，而是相对于该温度有不同程度的上下偏离。这种微观上温度的不均匀，即热的不均匀，称为热起伏或热涨落。

热起伏与物质的微观结构特点、微观质点的运动方式有关，也影响着物质微观质点的运动状态和宏观性能表现。Känzig[2]通过X射线获得$BaTiO_3$晶格的电信号，对$BaTiO_3$晶体在铁电-顺电相转变过渡区的微观结构进行了详细的观察与分析。研究表明，在居里点处由于热起伏的存在，$BaTiO_3$晶体微区状态在两相之间波动，或者说两相以动态的方式共存。热起伏使所处温度偏低的微区出现自发极化，呈四方铁电相；热起伏使温度偏高的微区自发极化消失，呈立方非铁电相。根据统计观察结果，Känzig认为这种微区的线度为10～100 nm。这种由热起伏所导致的微区使铁电体的铁电-顺电相变温度沿居里点展宽。详细来看，正处于居里温度时，铁电体大部分区域进行着跳跃式的铁电-顺电相转变。当温度降低至略低于居里温度时，铁电体大部分区域正处于铁电相，而热起伏使得少部分区域仍为顺电相或正在发生铁电相变。当温度升高至略高于居里温度时，大部分区域为非铁电相，而热起伏使得少部分区域仍为铁电相或正在发生相转变。

Känzig[3]详细整理了$BaTiO_3$、$KNbO_3$等一系列铁电陶瓷的铁电-顺电相变的相关研究，在良好的$BaTiO_3$晶体中，共存的温度间隔比热滞后要小得多。在$KNbO_3$中，在整个热滞后范围内都能观察到两相共存。由于热起伏的温度范围一般不会超过几摄氏度，所以热起伏引起的相变扩散有限。

2. 应力起伏相变扩散

外加机械力会影响铁电体的相转变温度。一般来说，施加压应力时，体积缩小型的相转变更容易发生,相转变温度向更低温移动;反之,体积膨胀型的相转变受阻,相转变温度向更高温移动。例如对于 $BaTiO_3$ 单晶来说,对其实施等静压时,原本在 $-90℃$ 左右发生的三方晶系向正交晶系的膨胀型相变温度升高,在 $0℃$、$120℃$ 附近分别发生的正交晶系向四方晶系和四方晶系向立方晶系的收缩型相变温度降低。对铁电体单晶实施均匀的外力,可看作介质各个部分受力均匀,此时居里峰向高温或低温移动,但其峰形不会改变,不存在相变扩散。但在铁电陶瓷中,由于完全随机的晶粒取向、晶界、杂质等的作用,会使微区实际所受应力出现方向、大小的偏差。陶瓷内每一个晶粒所处应力环境不一,这种复杂应力的作用会使其相转变温度分散、居里峰峰形扩张。

无论有无外加机械力,多晶陶瓷的晶粒间都是存在内应力的。这些内应力来源于陶瓷的制备加工工艺和材料本身结构。陶瓷一般都经历由粉料到成型再经烧结的过程:固体粉料成型体加热到低于熔点的温度进行保温,从而发生致密化和强硬化,最终成为具有一定性能和集合形状的整体。烧结所得的陶瓷为多相体系:主要组成相为结晶相,决定陶瓷的性能;少量非晶态的玻璃相,是为了陶瓷成型或助烧而加入的未挥发的辅料;少量气相,是致密化不充分形成的气孔;以及其他缺陷或杂相。这些异相在陶瓷中随机分布,其膨胀系数各异且取向随机。由于这些膨胀系数的不匹配,当制备完成的陶瓷由烧结温度降低至室温时,压应力、拉应力、剪切应力、扭转力等各种形式的内应力在不同晶粒或同一晶粒不同位置上随机出现。忽略热起伏的影响,在温度完全均匀的微区,也会存在应力大小和方向的偏离,最终该微区的相转变温度亦为温度分布函数,函数形状与应力起伏状态有关。这就是应力起伏相变扩散。经估算[1],由应力起伏引起的异相共存温区为 $5\sim10℃$。陶瓷所受外力越大,或物相组成越复杂分散,晶粒间内应力越大,所引起峰相变扩散越明显。

3. 成分起伏相变扩散(也称为弥散相变)

前述热起伏或应力起伏引起的相变扩散效果较小,当单一化合物陶瓷(如 $BaTiO_3$)的晶粒粒径不小于 $10~\mu m$ 左右时,其居里峰仍较尖锐。然而,$(Ba_{1-x}Pb_x)TiO_3$、$Ba(Ti_{1-x}Sn_x)O_3$、$(Na_{1/2}Bi_{1/2})TiO_3$、$(K_{1/2}Bi_{1/2})TiO_3$、$Pb(Mg_{1/3}Nb_{2/3})O_3$ 等一系列具有钙钛矿结构的复合化合物铁电体或反铁电体具有明显的相变扩散,其电容温度特性呈现出相当宽的平缓峰,居里区可宽达数百摄氏度。与前述简单钙钛矿型固溶体不同,这类钙钛矿型复合氧化物的 A 位、B 位分别被两种或两种以上不等价离子占据。当微区成分偏离宏观成分,微区结构将偏离宏观结构。这类化合物的相变扩散可以归因于成分起伏和随之而来的结构起伏作用。

在这些固溶体中,同一等效晶格格位上存在多种随机占据的离子。从宏观来看,这些异类离子均匀分布,构成了确定的宏观成分;从微观角度分析,随着考察区域不断缩小,这些异类离子的随机分布使得微区成分较于宏观成分有所偏离。苏联学者研究表明,以可以无限固溶的两种物质所组成的固溶体来看,理论上固溶体宏观浓度越接近0或1(即单一物质组成)时,其微区成分分布宽度为0,宏观浓度越接近0.5时,其微区成分分布越宽;对于当固溶体宏观浓度恒定时,所考察的微区越小,其成分较于宏观成分的偏离越大,统计观察微区成分分布宽度越大,即成分起伏越大。铁电体的成分与相转变温度密切相关,确定的组分对应着确定的居里温度,即居里峰的峰位;但当铁电体中微区成分有起伏,其宏观相变温度分散程度,即居里峰的峰形与峰宽,将由微区分布情况决定。

固溶型铁电体中由成分起伏带来的相变扩散可达十至十几摄氏度。对于$(Ba_{1-x}Pb_x)TiO_3$铁电陶瓷来说,随着Pb的固溶浓度x由0升高至1,其居里温度由纯$BaTiO_3$的120℃逐渐升高至纯$PbTiO_3$的490℃;当x为0.5时,可观察到扩散程度最高的居里区。不过对于铁电体间的相互固溶,任何成分时都仍具有较为明显的居里峰,扩散不算强烈。当铁电体与非铁电体相互固溶时,随着非铁电体成分的增加,会出现强烈的相变扩散。如图9.2所示,向铁电体$BaTiO_3$中固溶非铁电体$BaSnO_3$,随着固溶浓度的增加,居里峰大幅度展宽,介温曲线逐渐趋于平坦。这个过程中,非铁电组分浓度较低时,固溶体保持明显的铁电性,组分的变化主要带来居里点的移动,由成分起伏带来的相变扩散不明显,其居里峰仍较陡。随着非铁电组分浓度升高,出现非铁电微区概率增加。一方面,连续的铁电区被分裂,铁电微区缩小,成分起伏加大,相变扩散程度增加,从而使居里区展宽;另一方面,固溶体的铁电性被大幅度削弱,居里区随之逐渐削弱直至消失。

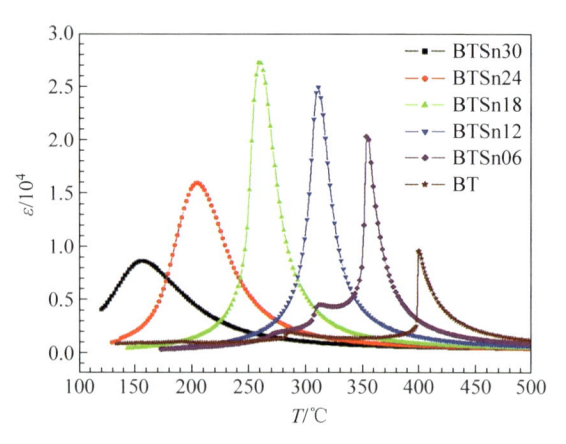

图 9.2 $(1-x)BaTiO_3$-$xBaSnO_3$($x=0,0.06,0.12,0.18,0.24,0.30$)陶瓷介电常数与温度的关系[4]

在这类复杂铁电体中,无序的异质离子分布也将导致结构上的无序。以$Pb(Mg_{1/3}Nb_{2/3})O_3$为例,其晶胞结构为$Pb_3(MgNb_2)O_9$,即每三个氧八面体间隙中必有一个由 Mg 占据、两个由 Nb 占据。当以某一氧八面体为参考中心时，与它顶角相连的、第一近邻的 6 个八面体间隙中应有 2 个 Mg 和 4 个 Nb，但 Mg、Nb 的分布是无序的、任意的。而间隙离子具体的分布方式决定着晶格场的状态，即决定着原子的振动模式（频率、振幅）。从较大区域来看，这些振动方式的综合将决定着铁电相与非铁电相的转变温度。从整个晶体来看，结构是无序的，不同区域的结构倾向也是有差异的。这种由成分起伏和结构无序所带来的相变扩散效果明显。

  成分起伏还会影响应力起伏，进一步改变相变扩散情况。对于铁电体形成的固溶体来说，在电畴的定向过程中，存在相互约制的内电场和由极化引起的晶格形变所产生的内应力。电畴运动激活能较大，当温度略偏离居里温度时，介电常数就显著下降，表现为较陡的居里峰。而在由铁电体与非铁电体形成的固溶体中，非铁电区一定程度上隔离了铁电区，削弱了铁电区电畴所受内场和内应力的制约。当温度略偏离居里温度时，介电常数的下降得到了缓冲，表现为介温曲线更为平缓。总地来说，由于成分起伏和结构起伏，在铁电晶体内分布着许多相变温度不同的自发极化微区。宏观来看，在一定温度范围内、任一温度下都有不同比例的相变发生，即在这个温度区间内一直有铁电相和非铁电相共存，所以铁电陶瓷实际的居里峰其实是具有一定宽度的居里区。

  以上为影响相变扩散的因素及作用机制。宏观的介电性能是微观所有区域行为的包迹，相变扩散的关键在于行为一致的等效铁电微区的临界尺寸、存在形式与分布状态。

9.2.2 展宽效应

  居里峰的展宽包括居里峰的压低和居里区的扩展，即在介电-温度曲线上居里温度附近介电常数的突变被削弱。显然，前述相变扩散具有展宽效果。但在烧结良好的陶瓷中，对于确定的铁电体材料来说，其介电性能的温度特性是确定的，也就是由相变扩散带来的宽化的居里峰是确定的。在此基础上，如果要使居里峰进一步展宽，就需要针对居里区宽化实施改性。具体地，总结出两种可实施改性的展宽效应：固溶缓冲型展宽效应、晶界缓冲型展宽效应。

1. 固溶缓冲型展宽效应

  一些固溶于铁电体后、能使该铁电体的居里峰显著展宽的添加物称为展宽剂。对于 $BaTiO_3$ 或其铁电固溶体来说，常见的展宽剂见表 9.2，有 Ca、Bi、Mg 的钛酸盐、锆酸盐、锡酸盐等。当这些盐类固溶于 $BaTiO_3$ 中时，溶质中的 A 离子和 B 离子总是被 A 位或 B 位取代，统计均匀地随机分布于基质相应的晶格格位上，并不能指望以其分子形式固溶。这就需要考虑掺杂离子的单独作用及其协同作用。

表 9.2 BaTiO$_3$ 常见展宽剂[1]

A 位离子及其半径/pm	B 位离子及其半径/pm			
	Ti^{4+}(61)	Zr^{4+}(72)	Sn^{4+}(69)	Sb^{5+}(61)
Ba^{2+}(160)				BaSb$_2$O$_6$
Pb^{2+}(149)				PbSb$_2$O$_6$
Sr^{2+}(144)				SrSb$_2$O$_6$
Ca^{2+}(135)	CaTiO$_3$	CaZrO$_3$	CaSnO$_3$	
Bi^{3+}(120)	Bi$_{2/3}$TiO$_3$	Bi$_{2/3}$ZrO$_3$	Bi$_{2/3}$SnO$_3$	
Mg^{2+}(98)	MgTiO$_3$	MgZrO$_3$	MgSnO$_3$	MgSb$_2$O$_6$
Ni^{2+}(78)			NiSnO$_3$	
Fe^{3+}(73)			Fe$_{2/3}$SnO$_3$	

ABO$_3$ 型钛酸盐或钡的锆酸盐、锡酸盐、锑酸盐固溶于 BaTiO$_3$ 中时，只发生 A 位或 B 位一个位置上的离子取代。其中，未被表 9.2 归纳为展宽剂的 PbTiO$_3$、SrTiO$_3$、BaZrO$_3$、BaSnO$_3$ 固溶于 BaTiO$_3$ 后，对居里区的展宽效果不佳或需大量固溶。而 CaTiO$_3$、MgTiO$_3$、Bi$_{2/3}$TiO$_3$、BaSb$_2$O$_6$ 是有效的展宽剂，可以说 Ca、Mg、Bi、Sb 等这些离子单独作用就有展宽效果（图 9.3）。这些起展宽作用的离子固溶于 BaTiO$_3$ 后，都能使 A 位离子半径变小，而且变化程度与展宽效果有关。详细来看，当 A 位由 Pb^{2+} 或 Sr^{2+} 取代时，溶质离子半径略小于 Ba^{2+} 半径，展宽效果不佳；当 A 位由 Ca^{2+}、Mg^{2+}、Bi^{3+} 等离子取代时，溶质离子半径更小，具有不错的展宽作用，且其中离子半径相对较大的 Ca^{2+} 的展宽效果不如 Mg^{2+}；此外，当 Bi^{3+} 取代 Ba^{2+} 或 Sb^{5+} 取代 Ti^{4+} 时，会产生降价 Ti^{3+} 缺陷或 A 位空缺型补偿，A 位离子空缺可看作 A 位溶质离子半径极小，通常具有强烈的展宽作用。

这些占 A 位、具有展宽作用的离子，其相应的钛酸盐晶格常数比 BaTiO$_3$ 小，它们与氧离子共同组成面心立方密堆积时，所形成的氧八面体间隙甚至比 Ti^{4+} 半径小。Ti^{4+} 没有活动余地，不能形成自发极化，这些钛酸盐都不是铁电体。它们固溶于 BaTiO$_3$ 时，将引入晶格畸变，与它们第一近邻的 8 个氧八面体间隙将显著缩小，氧八面体中心 Ti^{4+} 被冻结，局部铁电性消失。随着展宽剂浓度增加，非铁电微区增加。宏观来看，铁电体的铁电性被削弱，居里峰展宽。对于 Pb^{2+} 和 Sr^{2+} 来说，它们的离子半径与 Ba^{2+} 相近，其本身钛酸盐具有铁电性，对 Ti^{4+} 的自发极化行为影响不大，无法引入非铁电微区，故其钛酸盐不能算展宽剂。

基于掺杂离子对近邻八面体间隙的影响，可以进一步说明展宽剂中离子的协同作用。对于 Zr^{4+} 和 Sn^{4+} 来说，它们的离子半径比 Ti^{4+} 大，它们的加入会使其所在的八面体扩张，从而导致与之近邻的钛氧八面体被压缩，同样使 Ti^{4+} 移动困难，形成非铁电微区。但由于氧八面体间隙本身大于 Ti^{4+} 半径,所以 B 位被离子半径稍大于 Ti^{4+} 的离子取代时,相应的八面体的扩张不会非常大。$BaZrO_3$、$BaSnO_3$ 只有在浓度较高时才出现明显的展宽作用,所以 Zr^{4+}、Sn^{4+} 一般与其他具有展宽作用的离子组合,协同展宽。例如,在含 Ca^{2+} 取代的 $BaTiO_3$ 中引入 Zr^{4+},一方面 A 位小半径离子带来的晶格常数降低阻碍 Ti^{4+} 的移动,另一方面 B 位大半径离子压缩了近邻的钛氧八面体。这两种离子的单独作用展宽效果有限,但在协同作用下,加剧了近邻 Ti^{4+} 的"冻结",即使是极低的固溶浓度也能获得显著的展宽效果(图 9.4)。

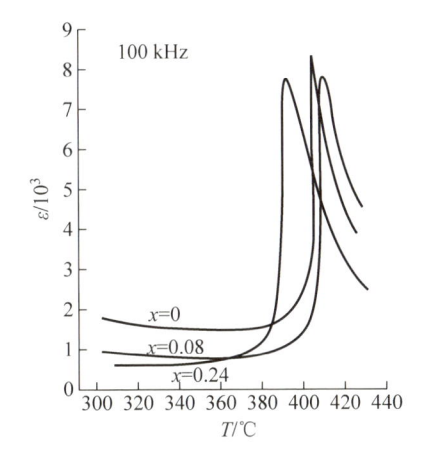

图 9.3 $(Ba_{1-x}Ca_x)TiO_3$ 陶瓷的介电常数与温度的关系[5]

图 9.4 $(1-x)BaTiO_3$-$xCaZrO_3$ 陶瓷的介电常数与温度的关系[1]

总结来看,$BaTiO_3$ 的展宽剂发挥展宽效应的本质如下:

(1) A 位被离子半径小于 Ba^{2+} 的离子取代或形成空缺,致使其近邻八面体间隙缩小;

(2) B 位被离子半径大于 Ti^{4+} 的离子取代,致使与其共角的氧八面体间隙缩小;

(3) 基于上述两种情况,使展宽离子附近的氧八面体中心的 Ti^{4+} 难以或不能参与自发极化定向,因而使局部出现非铁电微区。

加入展宽剂后,晶粒中非铁电微区的增加,使总自发极化电矩减少,所以居里峰峰值下降。但有时,在 $T<T_C$ 的一定温度范围内,介电常数不仅不下降,反而还有所上升。其原因之一是由于非铁电微区的存在使自发极化微区变小,使铁电区的成分起伏加大、相变扩散加强;更主要的原因是非铁电微区的存在,使自发极化区在自发极化时产生的体积效应、机械应力、内电场约制得到了缓冲,从而使居里区外原来被束缚的、难以在弱电场下发生极化的部分得到了"解放",所以铁电区介

电常数有所上升。在 $T>T_C$ 时，体系内非铁电微区占大部分或已经完全不具备铁电性了，能在非铁电微区的缓冲下解放的"可极化性"已经完成了，只剩可极化性因晶格缩小而降低的问题了，所以 T_C 右侧的介电常数不会大于展宽前。

2. 晶界缓冲型展宽效应

铁电陶瓷的细晶化也能起到明显的展宽效果，这主要是由于晶界的缓冲效应。

晶界为晶粒内周期性结构的中断处，其原子排列、晶格场及作用力与晶粒内部都有所不同，故其性质往往不同于晶粒内部。在铁电陶瓷中，原子无规则排布的、有一定厚度的晶粒间界面区域将丧失自发极化能力。也就是说，在铁电晶粒外包裹着一层非铁电晶界。这种非铁电层的存在，使晶粒在自发极化过程中出现的机械应力约制和内电场约制得到了缓冲，从而在温度低于居里温度时，电畴仍能作较充分的定向。这就是晶界的缓冲作用。显然，这种缓冲作用的大小及有效程度与铁电晶粒的大小及晶界的有效厚度密切相关。随着晶粒尺寸降低，其比表面积增加，而晶界厚度始终约为几个原胞厚。故当晶粒粒径降低时，晶界占比增加，即非铁电层增多，缓冲作用更明显，可以获得很好的展宽效应。

无论是单一盐类(如 $BaTiO_3$)还是具有复杂固溶成分的铁电瓷，在其平均粒径由 15 μm 下降至零点几微米时，居里区明显展宽，且 $T<T_C$ 侧介电常数抬高，如图 9.5 所示。不过在平均晶粒尺寸大于 20 μm 时，其介电常数与温度的关系和晶粒粗细关系不大。

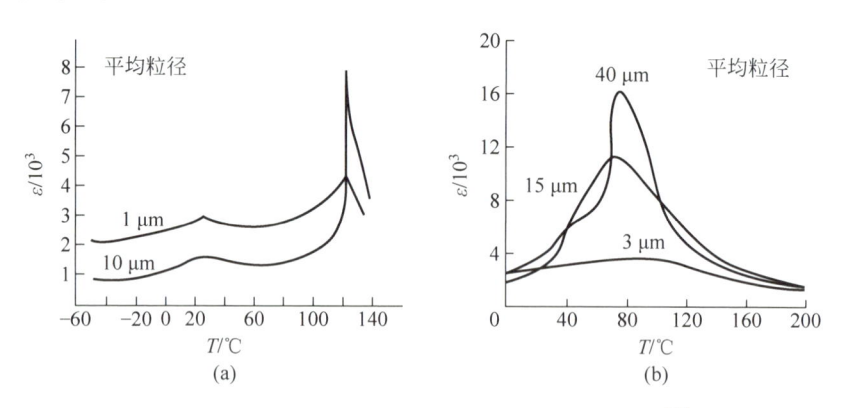

图 9.5 不同粒径的陶瓷的介电常数与温度的关系[1]

(a) $BaTiO_3$ 陶瓷；(b) $(Ba_{0.87}Ca_{0.13})(Ti_{0.88}Zr_{0.12})O_3$

可以通过调节制备工艺使陶瓷晶粒细化，也可以加入晶粒生长阻滞剂抑制晶粒长大。此外，当晶界中含有较大量的杂质或玻璃相时，其缓冲作用加强。例如在 $BaTiO_3$ 中加入含 Bi_2O_3 的展宽剂，过量的 Bi_2O_3 往往倾向于存在晶界上，以类似玻璃相的形式存在。这将使其介电常数的温度特性变得非常平坦。

以上为两种展宽效应的机理。可以认为使铁电陶瓷介电常数温度特性变平坦的关键在于：适量的、合理分散的非铁电区的存在，一方面使铁电区电矩总和降低，居里峰峰值下降；另一方面使自发极化过程中所产生的几何形变、机械应力和内场约制得到了有效缓冲，居里温度以下自发极化能充分发生，居里峰左侧肩部抬高。

9.2.3 移峰效应

铁电陶瓷居里点的移动通常指其居里峰峰值所在温度的移动，即居里峰峰位的移动。铁电体的居里温度受化学组成、晶粒尺寸、缺陷、应力等的影响。元素掺杂是最普遍的移动 $BaTiO_3$ 居里点的方法，常见元素的移动效应如图 9.6 所示。

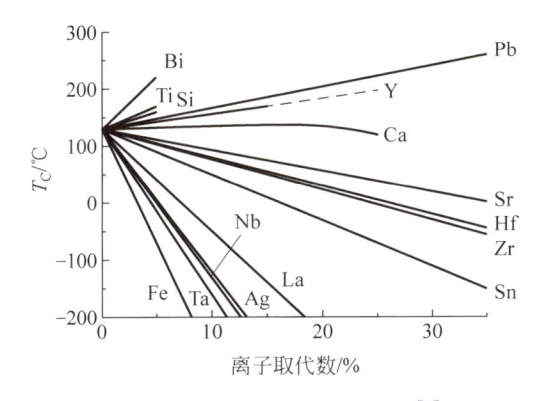

图 9.6　$BaTiO_3$ 中的移动效应[6]

含这些具有移动作用离子的、使铁电体的居里点发生改变的添加剂叫作移峰剂。铁电体移峰剂（例如 $PbTiO_3$、$SrTiO_3$）与 $BaTiO_3$ 形成的固溶体的居里点基本上按两成分的摩尔浓度在两成分纯物质的居里点间作线性移动，其移动效率可由下式计算：

$$\zeta = \frac{T_{CB} - T_{CA}}{100} \tag{9.1}$$

式中，ζ 为移动效率，单位可定为℃/mol%，表示每 1 mol%移动剂，或 1 mol%的 A 位或 B 位离子被取代时，产生的居里点移动度数；T_{CA} 为基质铁电体的居里温度；T_{CB} 为第二种铁电体（移动剂）的居里温度。$PbTiO_3$-$SrTiO_3$ 等一些等价、等数、等位取代两组元铁电体固溶体系同样可采用式（9.1）。

钙钛矿结构、铌酸锂结构或钨青铜结构的铁电体都是位移型铁电体，其铁电性主要来源于氧八面体间隙离子偏离中心产生的自发极化。居里点的高低是这种自发极化状态稳定程度的宏观体现，而这种自发极化状态稳定程度与中心离子所处环境密切相关，主要由近邻的氧离子与其之间的相互作用能决定。对于确定的晶型来说，这种相互作用能主要取决于原子间距离及化学键的性质。一方面，当氧八面体间隙较大时，间隙离子偏离中心位置后与近邻氧离子间化学键缩短，具有较大的相互作用能，只有在较高的温度下，获得较大的热运动能，才能进入平衡中心位置，即居里点较高；另一方面，由于离子键没有方向性，当氧离子与其他阳离子间相互作用能加大，例如钙钛矿结构中 A—O 键相互作用能大，则氧离子更多地为 A 位离子"锁定"，难以被 B 位离子所极化和变形，也就是说 B—O 键将减弱，B—O 间相互作用能降低，此时对应着较低的居里点。

详细来看，对于单一化合物铁电体来说，在 $SrTiO_3$、$PbTiO_3$ 和 $BaTiO_3$ 中，A 位离子半径依次递增，晶格常数增加、氧八面体的间隙递增。如果只考虑原子间距，它们的居里点也应依次递增。但实际上 $PbTiO_3$ 的居里点为 490℃，远高于 $BaTiO_3$ 的 120℃。考虑到 PbO、BaO、SrO 三种金属氧化物的熔点依次递增，可以反映出三种金属离子与氧离子的结合能依次递增。可以推论在由上述金属离子作 A 位离子与氧离子作立方密堆形成的钙钛矿型结构中，A—O 键的键能大小亦如上。在 $PbTiO_3$ 晶体中，Pb—O 的结合弱，所以 Ti^{4+} 偏离中心位后更易使氧离子极化，即 Ti—O 键增强，使 Ti^{4+} 的偏离处于稳定状态。所以 $PbTiO_3$ 具有较高的居里点，反之，$SrTiO_3$ 具有极低的居里点。

在不同的钙钛矿型铁电体中，中心离子所处的氧八面体环境不一，偏离中心位置的程度和稳定性也不一样，即中心离子具有不同的自由能状态。当这些同型铁电体两两固溶，发生等价、等数、等位取代时，处于晶格畸变和能量传递影响范围内的中心离子将处于一种协同、折中的状态，表现为具有折中的居里温度。

移峰剂的作用是复杂的，除上述特殊的情况外，通常无法定量地讨论移峰剂的移动效果。例如，对于非铁电性的移峰剂，由于其本身没有居里点，故谈不上适用式(9.1)；对于多种离子共掺时铁电体移峰剂的非等价、等数、等位取代，亦需要具体问题具体分析。例如一定浓度的 $KNbO_3$（居里点为 453℃）固溶于 $BaTiO_3$（居里点为 120℃），反而会使 $BaTiO_3$ 居里温度显著下降。此外，掺杂和工艺协同作用下引起的 $BaTiO_3$ 陶瓷晶粒尺寸、四方率、氧空位浓度、内应力等的变化都会对居里温度带来影响，值得进一步深入研究讨论。

9.3 温度稳定型 $BaTiO_3$ 基陶瓷

9.3.1 $BaTiO_3$ 的结构与介电特性

20 世纪 40 年代，$BaTiO_3$ 的铁电性被研究者发现，它是继罗谢尔盐和磷酸钾后被发现的第三种铁电体。较于含结晶水而易溶于水的罗谢尔盐和在 -148℃ 极低温度以下才具有铁电性的磷酸钾来说，既不溶于水又在较高温具有稳定铁电性的 $BaTiO_3$ 具有一定的优势。由于 $BaTiO_3$ 陶瓷电容率高，且制备工艺简便，一经发现，便立即被用来作为电容器材料，逐渐成为电路元件中不可或缺的材料。

$BaTiO_3$ 具有如图 9.7 所示的钙钛矿型结构，Ba^{2+} 位于晶胞的 8 个顶角，O^{2-} 位于 6 个面心位置，Ti^{4+} 位于体心位置。在 $BaTiO_3$ 中，由于 Ba^{2+} 半径较大，由 O^{2-} 和半径较大的 Ba^{2+} 共同组成立方最密堆积，Ti 离子填充在 1/4 氧八面体空隙，且该氧八面体空隙空间较 Ti^{4+} 半径更大。

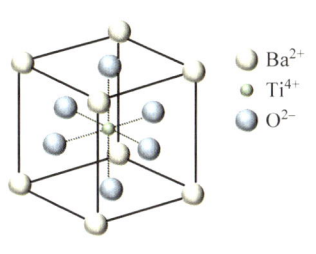

图 9.7 $BaTiO_3$ 晶体结构

$BaTiO_3$ 的晶体结构及晶格参数随温度的变化如图 9.8 所示。在高于 120℃ 的温度下，$BaTiO_3$ 为立方晶系 m3m 点群，Ti 离子位于氧八面体空隙中央，无偶极矩产生，为顺电相。当温度降低至 120℃，发生顺电-铁电相变。在 120℃ 以下，结构转变为四方晶系 4 mm 点群，c 轴略有伸长，Ti 离子沿 c 轴发生位移，晶胞中正负电荷重心不一，产生自发偶极电矩，即有 [001] 方向的自发极化，$BaTiO_3$ 为铁电相。温度下降至 5℃ 以下时，晶格结构转变为正交晶系，对称性降为 mm2 点群，依旧具有铁电性，自发极化沿 [011] 方向。通常将正交晶系的 a 轴取在极化方向上，b 轴取相邻立方体的 $[01\bar{1}]$ 方向，c 轴垂直于 a、b 轴，平行于原来立方晶系棱边 [100]。为方便起见，使用单斜晶系的参量 $a'=b'$、c' 及 θ_γ 角来描述正交晶系的单胞，两晶系的晶格参数关系为

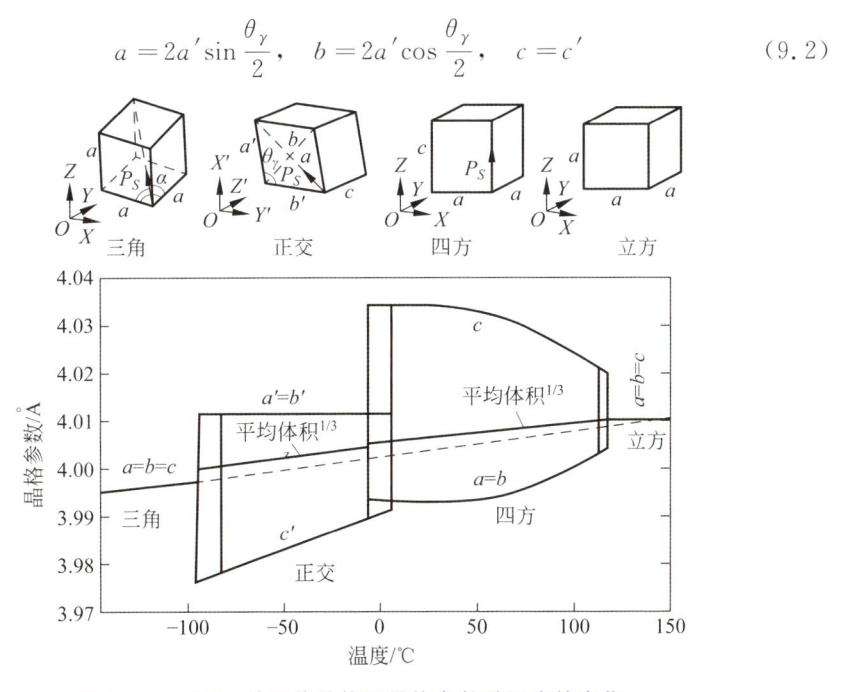

$$a = 2a'\sin\frac{\theta_\gamma}{2}, \quad b = 2a'\cos\frac{\theta_\gamma}{2}, \quad c = c' \tag{9.2}$$

图 9.8 $BaTiO_3$ 的晶体结构及晶格参数随温度的变化

这样，可以方便地看出正交晶系中自发极化的情况，此时 $\theta_\gamma = 90°8'$。当温度继续降至 $-80℃$ 以下，$BaTiO_3$ 成为三角晶系 3 m 点群，此时晶体仍有铁电性，自发极化方向为[111]。此时单胞的三棱边相等，$\alpha = 89°52'$。

$BaTiO_3$ 单晶的介电常数随温度的变化如图 9.9 所示，在相转变温度处发生介电常数的突变。单晶具有明显的方向性，所以不同轴有不同的介电常数。而 $BaTiO_3$ 陶瓷是由许多取向随机的晶粒构成，其性质取决于单晶晶粒各轴向的平均值，由于陶瓷中结构、缺陷、应力等关系复杂，所以在相转变点处介电常数峰不如单晶中尖锐。

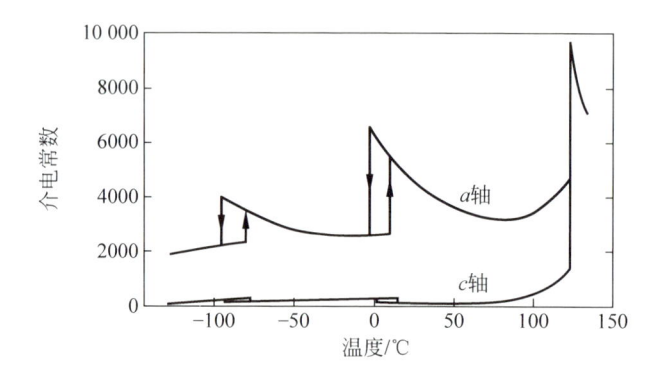

图 9.9 $BaTiO_3$ 单晶的介电常数随温度的变化

尽管 $BaTiO_3$ 陶瓷具有介电常数高的优点，但其在居里点处的介电常数突变导致其工作温度受限。陶瓷电介质材料的介电性能是决定 MLCC 产品性能最关键的因素之一，而 $BaTiO_3$ 是经典的 MLCC 瓷介材料。为了获得高介电常数、高温度稳定性的 MLCC，国内外科研工作者对提升 $BaTiO_3$ 基陶瓷的温度稳定性进行了广泛研究。

9.3.2 核壳结构设计

核壳结构是 $BaTiO_3$ 基陶瓷获得满足 X7R、X8R 标准的高介电温度稳定性的最有效方案。具有核壳结构的陶瓷晶粒如图 9.10(a)所示。室温下，核区为具有铁电畴条纹的铁电相，壳区为非铁电相。这种核壳结构由化学成分的非均匀性带来。如图 9.10(b)所示，晶粒的壳区有掺杂元素聚集，相当于改性 $BaTiO_3$ 基陶瓷，通常是被降低居里温度的 $BaTiO_3$ 基陶瓷，故在室温下呈非铁电性；晶粒的核区几乎不含掺杂元素，相当于纯 $BaTiO_3$ 陶瓷，在室温下具有铁电性。

具有核壳结构的陶瓷的介电常数 ε 可由 Lichtenecker 方程计算[7]（式(7.4)）。根据该方程，具有核壳结构的陶瓷的介电常数-温度曲线如图 9.11 所示，出现明显的双介电峰。在居里点附近的高温介电峰对应着正在发生铁电-顺电相变的晶粒

第9章 温度稳定型X7R/X8R类介质陶瓷材料

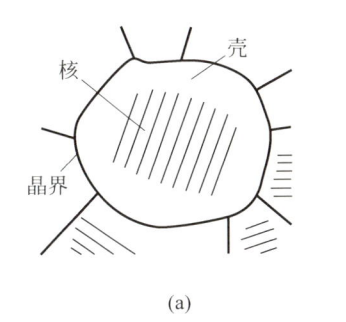

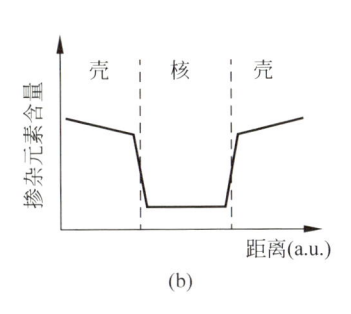

图 9.10 核壳结构示意图
(a) 具有核壳结构的晶粒；(b) 核壳结构成分分布

核区域和保持非铁电相的晶粒壳区域。根据式(7.4)，晶粒核的高介电常数被晶粒壳的低介电常数中和，表现为 $BaTiO_3$ 基陶瓷的居里峰被压低。低温处出现的介电峰由晶粒壳决定，由于聚集的掺杂元素使晶粒壳为具有化学梯度和低居里温度的区域，导致晶粒壳在较低温度下、一定温度区间内发生弥散的铁电-顺电相变，表现为 $BaTiO_3$ 基陶瓷在低温区域的介电常数被抬高。综上所述，从整个温度区间来看，核壳结构的存在大幅度平缓了 $BaTiO_3$ 基陶瓷的介电常数-温度区间。

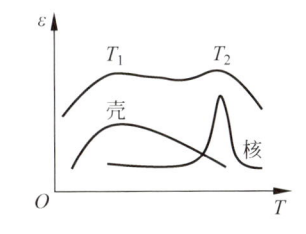

图 9.11 具有核壳结构的陶瓷介电常数-温度依赖性

这种化学成分的非均匀性的形成机制通常有两种：一种是基于掺杂剂从晶粒表面到中心的固体扩散，另一种是基于溶解-沉淀传质的外延生长。对于前者来说，掺杂离子对 $BaTiO_3$ 的扩散速率是影响核壳结构形成的关键因素。当掺杂离子在 $BaTiO_3$ 晶格的扩散速率低，在短时间内其对 $BaTiO_3$ 晶粒的扩散深度浅，且由晶粒边界至核心将产生掺杂浓度梯度。此时，仅在靠近晶界的壳形区域内有掺杂离子聚集，形成非铁电相壳。随着烧结保温时间延长或烧结温度升高，晶粒中壳层变厚，核区域缩小，晶粒生长受限，粒径变化不大。Kishi[8]等研究了 $BaTiO_3$-MgO-R_2O_3 体系中 Mg 和稀土离子对微观结构的影响，发现由于 Mg 在 $BaTiO_3$ 中的扩散速率低、扩散深度浅，会限制稀土离子向晶粒中心的扩散，促成核壳结构的形成；并且，与小半径稀土离子（Dy、Ho、Er）掺杂的样品相比，具有更高扩散率的大半径稀土离子（La、Sm）掺杂样品需要更多的氧化镁来抑制晶粒生长。对于基于溶解-沉淀传质的外延生长机制形成的核壳结构，通常认为是由于可溶于钙钛矿结构的添加剂和掺杂剂的加入，在烧结过程中掺杂剂和 $BaTiO_3$ 小颗粒部分先溶解为液相，然后在未溶解的纯 $BaTiO_3$ 大颗粒表面沉积，由 $BaTiO_3$ 大颗粒表面外延生长的部分即含有掺杂剂的改性 $BaTiO_3$ 壳区，纯 $BaTiO_3$ 大颗粒即核区。随着烧结温度适当提高、保温时间适当延长，晶粒的尺寸会变大，晶粒中壳的厚度增加，壳区域中掺杂元素的有效浓度逐渐下降，但晶粒中核尺寸基本不变。Hennings 和 Randall 等[7-9]认为，他们制备的添加了助烧剂的 $BaTiO_3$ 陶瓷的化学不均匀性来源于溶解-沉淀传质。对于烧结过程中产生液相的体系来说，核壳结构的形成与演化主要是基于溶解-沉淀机制，但也依旧存在离子扩散。核壳结构的化学非均匀分布是一种热力学上不稳定的状态。核壳结构内显著的化学梯度是离子扩散的驱动力，过高的烧结温度或过长的保温时间会促进添加剂的均匀分布，最终导致化学非均匀性消失、核壳结构溶解。

通过组分设计和工艺优化，可以获得具有核壳结构、温度稳定性良好的 $BaTiO_3$ 基陶瓷。

1. 组分设计

对 $BaTiO_3$ 进行单掺通常难以获得满足 X7R、X8R 标准的瓷介材料，往往需要在多种元素的协同作用下，构建具有合适的介电性能的核壳结构。而元素的协同作用是复杂的，具有高介电常数、高温度稳定性的 $BaTiO_3$ 基陶瓷的组成可能非常复杂，在此难以总结出普适性的规律来选择掺杂元素，大方向是使改性 $BaTiO_3$ 壳区具有低居里温度的、展宽的介电峰，核区保持纯 $BaTiO_3$ 或使其居里点向高温移动、居里峰展宽。

经典的 X7R、X8R 型 $BaTiO_3$ 基陶瓷体系有 $BaTiO_3$-Nb_2O_5 过渡金属氧化物体系和 $BaTiO_3$-MgO/MnO_2 稀土氧化物体系，以及在这两种体系的基础上进一步添加展宽剂和移峰剂而发展出的一系列复杂体系，见表 9.3。

表 9.3 常见的温度稳定型 $BaTiO_3$ 基陶瓷

组　　成	介电常数	介电损耗	温度特性	文献来源
$BaTiO_3$-$0.0125Nb_2O_5$-$0.0033Co_3O_4$	3500		X7R	[10]
$0.9BaTiO_3$-$0.1Na_{0.5}Bi_{0.5}TiO_3$-$0.02Nb_2O_5$	1800	<2%	X9R	[11]
$BaTiO_3$-0.2wt.% $Mn_2NbO_{4.5}$-0.9wt.% $Ni_3Nb_1O_{13}$-3.5wt.% $CaZrO_3$	4330	1.05%	X8R	[12]
$BaTiO_3$-1% Nb_2O_5-1% $Zn_{0.8}Mg_{0.2}TiO_3$	2004	0.84%	X8R	[13]
$0.96BaTiO_3$-$0.04Bi(Mg_{1/2}Ti_{1/2})O_3$-1.25wt.% Nb_2O_5	2285	1.9%	X8R	[14]
$BaTiO_3$-1.5%MgO-0.7%MnO_2-2%R_2O_3 (R = Dy, Ho, Y, Er, Yb)	2400～2800		X8R	[15]
$BaTiO_3$-2%MgO-0.5%MnO_2-2%Y_2O_3-2%$CaZrO_3$	2650		X8R	[16]
$BaTiO_3$-0.5%MgO-1%Y_2O_3-1%Bi_2O_3-0.5%Nd_2O_3	2880	1.10%	X8R	[17]
$0.95BaTiO_3$-$0.05(0.5Bi_2O_3$-$0.67MgO$-$0.33ZrO_2)$	2020	1.59%	X8R	[18]

在 $BaTiO_3$-Nb_2O_5 过渡金属氧化物体系中，Nb 对 $BaTiO_3$ 的扩散难度大，极易形成化学非均匀性。Chazono 等[19]认为，Nb_2O_5 与过渡金属氧化物 Co_3O_4 共掺时，有利于离子进入 $BaTiO_3$。所以调节 Nb 与过渡金属元素的比例，就可以调整掺杂元素进入 $BaTiO_3$ 的速率与深度，从而改善核壳比例，获得温度稳定性更佳的材料组成。此外，Nb^{5+} 取代 Ti^{4+} 位，将产生 Ti 空位，导致 $BaTiO_3$ 居里温度降低。有 Nb 掺杂的壳区具有低居里点，有利于抬高低温介电常数，平缓介温曲线。在此基础上，李波等[11]对晶粒核进行了改进，$Na_{0.5}Bi_{0.5}TiO_3$ 固溶于 $BaTiO_3$ 将居里点提高至 190℃，再进一步加入 Nb_2O_5 形成核壳结构，这意味着介电常数突变在更高温度下发生，所得陶瓷的介电性能稳定温区被拓宽，最终获得了满足 X9R 标准的陶瓷样。

对于 $BaTiO_3$-MgO/MnO_2 稀土氧化物体系，Mg 离子对 $BaTiO_3$ 的低扩散速率被认为是形成核壳结构的关键，它还会限制其他稀土离子向晶粒中心的扩散，有利于保持化学非均匀性。且 MgO 对 $BaTiO_3$ 具有展宽居里峰、降低居里温度的作用[20]。李波等[15]研究了 $BaTiO_3$-MgO/MnO_2-R_2O_3（R=La，Ce，Pr，Nd，Sm，Gd，Dy，Ho，Y，Er，Yb）体系的掺杂效应，发现大离子半径稀土掺杂更容易形成均匀晶粒，小离子半径稀土掺杂会形成具有核壳结构的晶粒，且晶粒尺寸和稀土离子的固溶度大致随着镧系收缩而减小。所以小半径稀土掺杂样品的介温曲线呈双峰特征，高温介电峰峰值被压低、峰位向高温移动，最终电容变化的温度特性达到 X8R 标准。单一的稀土掺杂往往导致 $BaTiO_3$ 居里点下降，但在该体系中由于小半径稀土掺杂的样品形成了核壳结构，晶粒壳的相对体积膨胀对晶粒核产生了张应力，使居里点处四方晶系向立方晶系的收缩型相变温度升高，所以小半径稀土掺杂能保持甚至提升 $BaTiO_3$ 陶瓷的居里点。

此外，$BaTiO_3$-$BiMeO_3$（Me=Fe，Al，Y，Sc，In，$Mg_{2/3}Nb_{1/3}$，$Mg_{1/2}Ti_{1/2}$，$Mg_{1/2}Zr_{1/2}$，$Zn_{2/3}Nb_{1/3}$，……）复合钙钛矿型弛豫铁电体在温度稳定型 MLCC 的应用中具有广泛关注。但在这类固溶体中，$BiMeO_3$ 含量往往在 5%~30%，会大幅度削弱 $BaTiO_3$ 的铁电性，导致介电常数的恶化。例如 Liu 等[21]制备的 $0.7BaTiO_3$-$0.3BiAlO_3$ 在 -55~440℃ 温度范围内电容变化率的绝对值低于 15%，但其介电常数值仅有 660。可以结合弛豫铁电体和核壳结构的设计思路，引入 Nb、Mg 等抑制离子扩散的掺杂元素，将 $BiMeO_3$ 的固溶深度限制于晶粒的壳区域。例如，Xie 等[15]制备的 $0.95BaTiO_3$-$0.05(0.5Bi_2O_3$-$0.67MgO$-$0.33ZrO_2)$，其掺杂思路可看作在 $0.95BaTiO_3$-$0.05BiMg_{1/2}Zr_{1/2}O_3$ 的固溶组成基础上加入了促进核壳结构的 MgO，所得陶瓷介温曲线具有双峰特征，温度稳定性提高的同时保留了铁电 $BaTiO_3$ 的高介电常数。Yu 等[14]制备的 Nb_2O_5 掺杂的 $0.96BaTiO_3$-$0.04Bi(Mg_{1/2}Ti_{1/2})O_3$ 也形成了核壳结构，最终获得了介电常数高、温度稳定性好的 X8R 型陶瓷材料。

2. 工艺优化

核壳结构形成的关键是维持化学非均匀性,通过湿化学包覆法、两步固相包覆等分步合成方式可以更可控地调节核壳的组成。Liu 等[22]将含 Nb^{5+} 的溶液加入含 $Ba_{0.991}Bi_{0.006}TiO_3$ 的浆料中,通过调节 pH 值使 Nb^{5+} 形成沉淀包覆于分散的 $Ba_{0.991}Bi_{0.006}TiO_3$ 粉末颗粒上,最终得到具有均匀的核壳结构、温度稳定性满足 X8R 的陶瓷材料。Appiah 等[23]通过两步固相反应削弱了低熔点 Bi_2O_3 对均匀固溶体形成的促进作用,利用 Bi_2O_3 助烧作用的同时维持了陶瓷晶粒的核壳结构。

烧结温度、保温时间、烧结气氛对核壳结构的演化有重要影响。合理的烧结温度和保温时间才能获得具有适当核壳比的核壳结构。当烧结保温时间过长时,核壳结构中壳占比增加、元素分布均匀化程度上升,核壳结构逐渐溶解,陶瓷样的介电温度曲线双峰特征逐渐消失,最终导致温度稳定性恶化。烧结气氛主要影响陶瓷中的缺陷浓度从而影响掺杂离子在 $BaTiO_3$ 中的扩散和固溶。李波等[24]在不同烧结气氛下制备了 Er-Mg 和 Er-Mn 掺杂的 BTO 基陶瓷,研究发现较于空气气氛下烧结的陶瓷样,还原气氛下烧结的样品 Er 固溶度降低,导致晶粒中核壳比降低、居里峰未被有效压低。

9.4 其他的温度稳定型介质陶瓷

为了适应在恶劣环境中的应用,将高介电常数无铅陶瓷的工作温度范围拓宽是一个重要的研究课题。$Na_{0.5}Bi_{0.5}TiO_3$-$NaNbO_3$、$Bi_{0.5}Na_{0.5}TiO_3$-$BaTiO_3$-$K_{0.5}Na_{0.5}NbO_3$、$Ba_{0.8}Ca_{0.2}TiO_3$-$Bi(Mg_{0.5}Ti_{0.5})O_3$、$K_{0.5}Bi_{0.5}TiO_3$-$Ba(Zr_{0.2}Ti_{0.8})O_3$-$Bi(Zn_{2/3}Nb_{1/3})O_3$ 等复合钙钛矿型多元固溶体组成的弛豫铁电体具有较宽温度范围内的稳定的介电性能[25-28]。在这些体系中,可以较易实现由约 100℃ 至 400~600℃ 的温度范围内保持介电常数为 (1000±15)%,或是从 -55℃ 至 200~300℃ 温度范围内保持较低介电常数(约为 500)。然而,由零下低温到较高温度(大于 200℃)范围内同时实现良好的温度稳定性和高介电常数仍然是一个挑战,最有希望的是基于高水平晶格取代的钙钛矿型弛豫电介质。

$Bi_{0.5}Na_{0.5}TiO_3$ 是一种兼具离子位移和氧八面体扭转的钙钛矿结构弛豫铁电体,其明显的弥散相变(T_{m1}~200℃,T_{m2}~320℃)特征被认为是实现超宽温度范围内介电稳定性的重要基础。纯 $Bi_{0.5}Na_{0.5}TiO_3$ 在相变峰附近的介电常数变化幅度大,与 $NaNbO_3$、$BaTiO_3$、$NaTaO_3$、$LiTaO_3$、$Bi_{0.5}K_{0.5}TiO_3$、$BiAlO_3$ 组成二元、三元或其他更为复杂的多元体系可加强其弛豫特性,获得更加展宽、平缓的介温平台。Xu 等[22]研究发现,随着 $NaNbO_3$ 含量增加,$(1-x)Bi_{1/2}Na_{1/2}TiO_3$-$xNaNbO_3$

陶瓷中的高极化的菱方相含量逐渐减少而极化较弱的四方相含量逐渐增多，陶瓷样品整体的铁电性减弱，相应的介温峰也变得更加平坦。当 $x=0.25\sim0.35$ 时，陶瓷样的容温变化率可以在 $-60\sim400$ ℃的温度范围内保持在 $\pm11\%$以下，且室温介电常数较高（约为1000），室温介电损耗较低（小于或等于0.02）。

与对 $Bi_{0.5}Na_{0.5}TiO_3$ 的改性机理相似，通过固溶、高掺，增强 $Bi_{0.5}K_{0.5}TiO_3$、$K_{0.5}Na_{0.5}NbO_3$ 等钙钛矿型陶瓷的弛豫特性，有望获得高介电常数、宽温度稳定性的电介质材料。

参考文献

[1] 李标荣. 无机电介质[M]. 武汉：华中理工大学出版社，1995.

[2] KÄNZIG W. Röntgenuntersuchungen über die seignetteelektrizität von bariumtitanat[J]. Helvetica Physica Acta,1951,24：175-216.

[3] KÄNZIG W. Ferroelectrics and antiferroeletrics[M]. New York：Academic Press,1957：1-197.

[4] LEI C B A,YE Z. Ferroelectric to relaxor crossover and dielectric phase diagram in the $BaTiO_3$-$BaSnO_3$ system[J]. J. Appl. Phys. ,2007,101：084105.

[5] MITSUI T,WESTPHAL W B. Dielectric and X ray studies of $Ca_xBa_{1-x}TiO_3$ and $Ca_xSr_{1-x}TiO_3$[J]. Physical Review,1961,124(5)：1354-1359.

[6] 唐斌,张树人,袁颖. 钛酸钡陶瓷中居里点移动规律与机理研究进展[J]. 真空科学与技术学报,2007,28(2)：120-124.

[7] HENNINGS D,ROSENSTEIN G. Temperature-stable dielectrics based on chemically inhomogeneous $BaTiO_3$[J]. Journal of the American Ceramic Society,1984,67(4)：249-254.

[8] KISHI H K N,SUGINO J. The effect of rare-earth (La,Sm,Dy,Ho and Er) and Mg on the microstructure in $BaTiO_3$[J]. Journal of the European Ceramic Society,1999,19：1043-1046.

[9] RANDALL C,WANG S,LAUBSCHER D. Structure property relationships in core-shell $BaTiO_3$-LiF ceramics[J]. Journal of Materials Research,1993,8：871-879.

[10] HENNINGS D S B. Temperature-stable dielectric materials in the system $BaTiO_3$-Nb_2O_5-Co_3O_4[J]. Journal of the European Ceramic Society,1994,14(5)：463-471.

[11] 厉琨,张蕾,郭瑞. 具有"芯-壳"及纳米畴结构的X9R型钛酸钡基陶瓷介电性能研究[J]. 集成技术,2022,11(2)：79-88.

[12] LI L,YU J,LIU Y,et al. Synthesis and characterization of high performance $CaZrO_3$-doped X8R $BaTiO_3$-based dielectric ceramics[J]. Ceramics International,2015,41(7)：8696-8701.

[13] 唐斌,张树人,周晓华. $BaTiO_3$ 陶瓷中 Nb_2O_5-$Zn_{0.8}Mg_{0.2}TiO_3$ 的掺杂效应[J]. 压电与声光,2008,30(2)：205-210.

[14] YU H-M,GO S-H,CHAE S-J,et al. Large dielectric constants and good thermal stability of Nb$_2$O$_5$-doped BaTiO$_3$-Bi(Mg$_{1/2}$Ti$_{1/2}$)O$_3$ ceramics with core-shell structure[J]. Ceramics International,2023,49(13):21695-21707.

[15] 李波,张树人,钟朝位. BaTiO$_3$-R$_2$O$_3$-MgO 系介质的稀土掺杂效应[J]. 材料研究学报,2008,22(4):433-438.

[16] YAO G,WANG X,SUN T,et al. Effects of CaZrO$_3$ on X8R nonreducible BaTiO$_3$-based dielectric ceramics[J]. Journal of the American Ceramic Society,2011,94(11):3856-3862.

[17] LIU R,CHEN Z,LU Z,et al. Effects of sintering temperature and Bi$_2$O$_3$,Y$_2$O$_3$ and MgO co-doping on the dielectric properties of X8R BaTiO$_3$-based ceramics[J]. Ceramics International,2022,48(2):2377-2384.

[18] XIE J,LI L,WANG M,et al. Structural evolution and dielectric properties of (Bi,Mg,Zr)-doped BaTiO$_3$ ceramics for X8R-MLCC application[J]. Materials Chemistry and Physics,2022,277:125263.

[19] CHAZONO H,KISHI H. Sintering characteristics in BaTiO$_3$-Nb$_2$O$_5$-Co$_3$O$_4$ ternary system:I,electrical properties and microstructure[J]. Journal of the American Ceramic Society,1999,82(10):2689-2697.

[20] NAGAI T,IIJIMA K,HWANG H J,et al. Effect of MgO doping on the phase transformations of BaTiO$_3$[J]. Journal of the American Ceramic Society,2000,83(1):107-112.

[21] LIU M,HAO H,ZHEN Y,et al. Temperature stability of dielectric properties for xBiAlO$_3$-(1-x)BaTiO$_3$ ceramics[J]. Journal of the European Ceramic Society,2015,35(8):2303-2311.

[22] LIU Y,CUI B,WANG Y,et al. A novel precipitation-based synthesis for the formation of X8R-type dielectrics composition based on monodispersed submicron Ba$_{0.991}$Bi$_{0.006}$TiO$_3$@Nb$_2$O$_5$ particles[J]. Journal of the European Ceramic Society,2015,35(9):2461-2469.

[23] APPIAH M,HAO H,LIU Z,et al. The influence of processing methods on the dielectric properties of BaTi$_{1-x}$Gd$_x$O$_{3-x/2}$-Based materials[J]. Ceramics International,2021,47(17):24360-24371.

[24] LI B Z S,WANG S. Effect of sintering atmosphere on dielectric properties of Er-Mg and Er-Mn doped BaTiO$_3$[J]. Journal of Inorganic Materials,2007,22(5):821-826.

[25] XU Q,SONG Z,TANG W,et al. Ultra-wide temperature stable dielectrics based on Bi$_{0.5}$Na$_{0.5}$TiO$_3$-NaNbO$_3$ system[J]. Journal of the American Ceramic Society,2015,98(10):3119-3126.

[26] DITTMER R,JO W,DAMJANOVIC D,et al. Lead-free high-temperature dielectrics with wide operational range[J]. Journal of Applied Physics,2011,109(3):034107.

[27] ZHANG Q,LI Z,LI F,et al. Structural and dielectric properties of Bi(Mg$_{1/2}$Ti$_{1/2}$)O$_3$-BaTiO$_3$ lead-free ceramics[J]. Journal of the American Ceramic Society,2011,94(12):4335-4339.

[28] ZEB A,MILNE S J. High temperature dielectrics in the ceramic system K$_{0.5}$Bi$_{0.5}$TiO$_3$-Ba(Zr$_{0.2}$Ti$_{0.8}$)O$_3$-Bi(Zn$_{2/3}$Nb$_{1/3}$)O$_3$[J]. Ceramics International,2017,43(10):7724-7727.

第10章

巨介电陶瓷材料

10.1 概述

随着微电子产业的快速发展和现代社会对于能源的巨大需求,包括航空航天、5G通信、医疗设备、军事装备等在内的许多现代工业领域都对电子元器件提出了更高的要求,促使它们继续向小型化、轻量化、集成化方向发展。

电容器作为电子电路的重要组成部分之一,在滤波、调谐、传感等众多基础器件中起着重要的作用。在小型化、高容量的使用需求背景下,研究开发更小尺寸的高性能电容器成为广受关注的研究热点。电容器的基本构造包括上下表面的正对电极和夹在中间的介质材料,对于陶瓷电容器来说,中间层的介质材料为陶瓷介质材料。陶瓷电容器又可以进一步分为多层和单层陶瓷电容器,其中多层陶瓷电容器(MLCC)具有体积小的优势,同时通过叠层技术获得高体积容量比,被称为电子工业的"大米",也是当下应用最广的电容器。然而目前包括叠层工艺在内的器件加工工艺已逐渐接近发展瓶颈,单一靠工艺的优化难以进一步减小器件尺寸,因此寻找具有高介电常数、低介电损耗且稳定性良好的电介质材料是当下备受关注且亟待解决的研究课题。各性能参数之间的耦合和矛盾关系也为这一研究方向带来了一定的挑战性。

为了方便描述,本章所述的介电常数均为相对介电常数。一般称介电常数较高的介质材料为巨介电材料。通常其介电常数高于10^3,甚至可高达10^5。这类材料最早在20世纪末21世纪初被首次报道,此后随着研究人员对巨介电材料认识的逐步深入,越来越多种材料体系相继被证实可表现出超高介电常数,发展到今天,大部分巨介电相关体系已可以稳定实现介电常数高于10^4甚至达到10^5的水平。

根据材料组成,可大致将巨介电材料分为复相和单相两大类。其中,复相巨介电材料一般选用高分子/金属相与陶瓷相复合,利用两相间的界面效应以及绝缘/

导电结构引起的"渗流效应"[1]实现高介电常数。相比之下，单相巨介电材料在极大程度简化工艺的同时往往表现出更为稳定的性能，是当下巨介电材料领域的研究重点。

最早被关注和研究的具有高介电常数的陶瓷材料主要是一些铁电体或弛豫铁电体。随着功能陶瓷体系设计策略的优化和合成技术的提高，以钛酸钡基[2-3]、锆钛酸铅基[4]陶瓷及其改性材料为代表的一类铁电体陶瓷材料成为主流巨介电材料，并广泛应用于各种电子器件的制造。居里温度处的铁电-顺电相变是这类材料获得高介电常数的主要原因，虽然可以通过成分设计将居里峰移动和拉宽以改善温度稳定性适应使用需求，但往往介电常数也会降低，从而极大限制了其使用温度范围和应用场景。另外含铅材料虽然表现出优异的介电性能，但往往会给生态环境带来不利影响。为了获得环境友好的高温度稳定性介电材料，人们逐渐将研究重心转向无铅非铁电材料，致力于开发具有应用前景的新型高介电常数陶瓷介质材料。

21世纪初，人们首次发现钛酸铜钙（CCTO）陶瓷材料在室温下表现出超高介电常数（大于10^4）和优异的宽温稳定性（$100\sim600$ K），同时证实其高介电性能与相变无关。此后，在CCTO的研究基础上，一系列具有类钙钛矿结构的CCTO基陶瓷材料被广泛报道，在追求更高介电性能的同时重点聚焦于讨论其巨介电起源。近年来，巨介电材料的研究面逐渐拓宽，涌现出许多新型巨介电材料体系，目前关注度较高且研究较为深入的体系主要有CCTO及其改性陶瓷材料、NiO基陶瓷材料、TiO_2基陶瓷材料以及$SrTiO_3$基陶瓷材料。

对巨介电材料体系进行性能评价所关注的核心参数指标主要包括介电常数、介电损耗、温度/频率稳定性、绝缘电阻率等。针对不同的使用场景及需求，各性能参数的要求不同。理想情况下，介电常数越高，介电损耗越低，能够保持介电性能稳定的温度和频率范围越宽，绝缘性越高越好。但实际上由于这些参数间有一定的耦合关系，很难同时达到最佳。以应用广泛的普通单层电容Ⅲ类瓷介质材料为例，通常其性能要求如下：介电常数达15 000以上，同时温度系数低于$\pm15\%$（$-55\sim125$℃）；介电损耗（室温 1 kHz）低于2.5%；室温下绝缘电阻率达10^8 Ω·cm，能够承受约1000 V/mm的直流电场。

近年来，随着电子工业的蓬勃发展，市场对巨介电材料的需求不断增大，相关研究受到了越来越多的关注。现阶段这一领域的主流研究方向主要有三个：一是不断寻找探索新型巨介电材料体系，以期获得介电行为更稳定更易实现放大应用的新材料；二是在当前已被广泛报道的巨介电材料体系基础上进行成分、结构、工艺的设计优化，以期进一步提升其介电性能或实现多参数指标间的平衡；三是探讨特定材料体系巨介电行为的本质及其来源，以期总结归纳出普适性物理规律用以指导巨介电材料的设计和性能改进。

巨介电陶瓷材料一般作为介质材料应用于陶瓷电容器,与其他种类的电容器相比,陶瓷电容器兼具比电容大、稳定性高、损耗低以及耐腐蚀、耐潮湿等优点,因此广泛应用于电子电路。根据国家标准,陶瓷电容器可以细分为三大类:其中Ⅰ类瓷介电常数较低,一般低于1000,介电损耗低且温度稳定范围宽,主要应用于高频电路;Ⅱ类瓷介电常数比Ⅰ类瓷稍高,可达上万,但损耗比Ⅰ类瓷大得多,温度稳定区间较窄,主要适用于低频电路;Ⅲ类瓷介电常数很高,一般为10 000以上,甚至可达100 000,有利于实现电容器的小型化,可应用于各种电子电路,是巨介电陶瓷材料应用的主要方向。

10.2 巨介电常数产生的机理

自2000年研究人员首次报道了CCTO陶瓷材料的超高介电常数以后,二十多年来不断有相关工作发表,分析讨论以CCTO为代表的一系列巨介电陶瓷材料优异介电性能的本质和来源。对CCTO的研究开始得最早也进行得最深入,随着研究的不断进行,多种关于CCTO巨介电的物理机制被提出,早期报道主要认为这一特殊的介电响应为材料的本征介电响应,但到目前为止仍没有唯一确定的解释,主流看法有以下几种,都是基于CCTO晶体结构的分析结果。

1. 应力引起的极化率增加

率先报道CCTO巨介电性能的研究团队Subramanian等[5]认为CCTO的高介电常数和内应力有关。他们对其结构进行了精细分析后发现,CCTO结构中Ca—O间距小于理论预测值,Ca离子所处的A^{2+}位置过小迫使其向外扩张导致晶格膨胀,Ti—O键处于较大的应力状态,从而增加了八面体的极化率,使得介电常数增大。

2. 高度极化弛豫模型

进一步对CCTO进行低温介电性能测试后,Ramirez等[6]发现CCTO的介电常数在高频下稳定在约10^4,但在温度降至100 K附近时迅速衰减至约10^2,同时介电损耗温谱中产生相应的一组损耗峰,随频率增大向高温方向移动。这一实验现象符合德拜弛豫模型,故他们认为CCTO的巨介电现象可以用高度极化的弛豫模型解释。

3. 电偶极矩的形成与冻结

Homes等[7]通过制备CCTO单晶样品并进行光学测试分析得到了和Ramirez团队相似的结果,认为高度极化机制赋予了CCTO高的介电常数,来源为Ti原子偏离中心形成的局域性电偶极矩；而低温区介电常数的急剧下降则与偶极矩被冻结有关。

以上本征机制虽能够在一定程度上解释 CCTO 的巨介电特性，但均不完善，在研究不断推进的过程中遇到了实验和理论上的挑战。随着多种巨介电陶瓷材料的出现，这些理论已不能很好地解释巨介电的来源，相较而言非本征机制更符合实验结果，能提供更合理的物理解释。非本征机制主要包括晶粒-晶界、畴-畴界、电极-介质界面产生的界面极化效应，以及材料内部的缺陷作用。

10.2.1　内部阻挡层电容效应

内部阻挡层电容(internal barrier layer capacitance，IBLC)效应是一种由介质内部产生电学非均质结构引起的非本征机制，来源于麦克斯韦-瓦格纳(Maxwell-Wagner)界面极化，这也是目前接受程度相对较高的巨介电机制。这一模型建立于 2002 年，Sinclair 等[8]利用交流复阻抗谱测试发现 CCTO 陶瓷材料内部存在不均匀导电结构，主要包括绝缘晶界和半导晶粒，模型示意图如图 10.1 所示。在外加电场下，高电阻率的晶界对电流起阻挡作用，电荷聚集在晶界两侧，产生了大量晶粒-晶界-晶粒组成的小电容并在一定串并联模式上进行连接，从而引发巨介电效应。

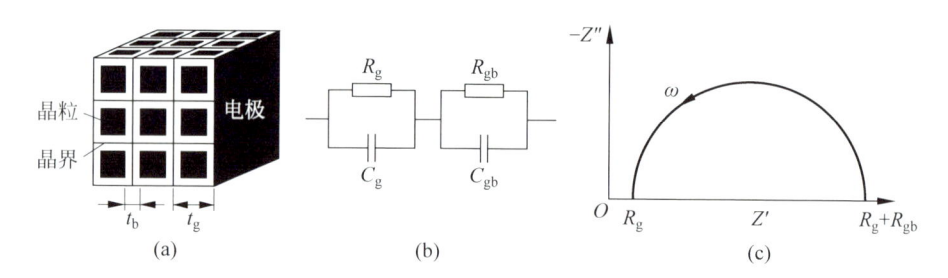

图 10.1　陶瓷内部晶粒晶界电学非均质结构[9]
(a) 模型；(b) 等效电路；(c) 复阻抗示意图

根据这一模型，假设平均晶粒尺寸为 A_g，平均晶界厚度为 l_{gb}，晶界电阻远远大于晶粒电阻，则可以将晶界层电容器公式进行转化，得到近似的有效介电常数：

$$\varepsilon_{eff} = \varepsilon_{gb} \frac{A_g}{l_{gb}} \tag{10.1}$$

根据式(10.1)，若 IBLC 效应主导陶瓷材料的介电性能，则介电常数将与晶粒尺寸和晶界厚度强相关，晶粒尺寸越大，晶界厚度越小，则表观介电常数越高。该规律得到了后续多个相关实验工作的验证，表明陶瓷巨介电行为确与 IBLC 效应有关。

事实上，在陶瓷烧结过程中不可避免地会出现：高温条件下晶粒内部小部分氧缺失导致晶粒半导，晶界在降温过程中被再氧化提高绝缘性，少量第二相富集在晶界使其电阻率提高等现象，最终导致晶粒晶界的电学非均质结构产生，因此 IBLC 效应被认为普适性地存在于多种陶瓷材料体系中，对表观巨介电行为均有贡献。显然，这一模型无法直接用于解释单晶 CCTO 的巨介电行为。对于不存在晶界的单晶巨介电材料，作为势垒层的可能是畴界、孪晶界面、反相和组分有序畴界等各类阻挡层[10-12]。

10.2.2 表面阻挡层电容效应

表面阻挡层电容(surface barrier layer capacitance，SBLC)效应是样品与电极之间的界面产生肖特基势垒进而形成小电容引发的巨介电效应，与 IBLC 效应相同，本质均为麦克斯韦-瓦格纳界面极化。这一机制首次提出于 2002 年，Lunkenheimer 等[13]报道了 CCTO 介电常数测试值与金属电极种类、样品厚度之间存在的依赖关系(图 10.2)，进而提出表面阻挡层模型用以解释 CCTO 的巨介电行为。此后针对这一理论研究者进行了充分的实验验证，Ramirez 等[14]在 CCTO 样品和电极之间增加了一层 Al_2O_3 绝缘层以隔绝样品与电极的直接接触，发现 CCTO 的巨介电行为并未消失；苏州大学杨静等[15]通过气氛处理，结合样品表面电阻率探究了不同功函数电极与介电性质的关系，发现当样品表面电阻率很高呈绝缘态时，电极的影响可以基本忽略，巨介电行为主要由 IBLC 效应贡献，而经过气氛处理后样品表面电阻率下降呈半导态时，巨介电常数除来源于 IBLC 效应外还与电极-样品界面形成的肖特基势垒高度密切相关。

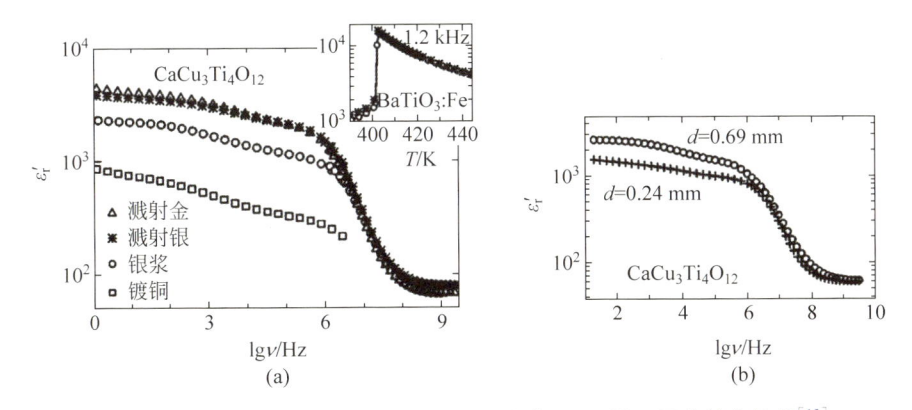

图 10.2　CCTO 陶瓷介电常数对(a)电极种类和(b)样品厚度的依赖性[13]

10.2.3 电子钉扎的缺陷偶极效应

自 CCTO 的巨介电效应被首次报道并引发广泛关注后，TiO_2 基巨介电材料的出现及创造性提出的电子钉扎的缺陷偶极(EPDD)巨介电机制又掀起了新一轮研究热潮。2013 年,澳大利亚国立大学的刘芸研究组[16]报道了一种新的巨介电材料体系:Nb、In 共掺杂的金红石型 TiO_2,结合 XPS、EPR、第一性原理等测试和计算结果,他们认为材料内部缺陷耦合形成的缺陷偶极子及其对电子的局域化作用是巨介电性能的主要来源,缺陷结构如图 10.3 所示。这一现象的发现和物理机制的提出被认为极大地推动了巨介电材料的发展,此后涌现出了大量相关研究工作,证实掺杂离子不局限于 Nb + In,施主受主共掺可以作为一个普适的策略应用于 TiO_2 基巨介电材料的成分设计[17-19]。施主和受主同时引入基体中会促进氧空位的产生和 Ti^{4+} 向 Ti^{3+} 的转化,在此过程中,缺陷间相互作用形成缺陷偶极子和缺陷偶极子团簇,既贡献了巨介电常数,同时也由于产生了对电子的束缚作用限制了其长程跃迁而避免了高介电损耗。

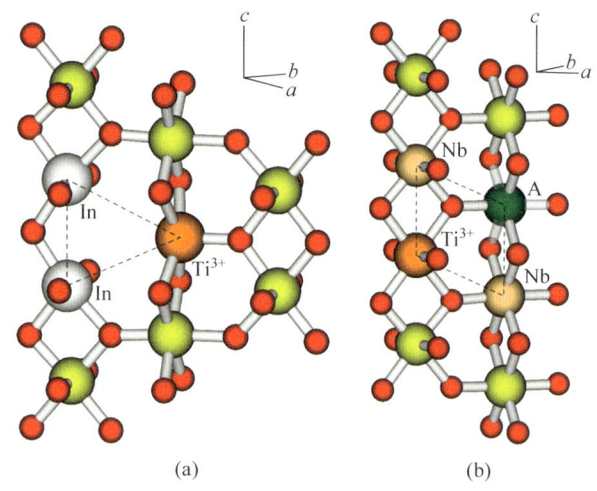

图 10.3 Nb + In 共掺 TiO_2 中的缺陷结构[16]
(a) 三角形 $In_2^{3+}V_O^{\cdot\cdot}Ti^{3+}$ 缺陷;(b) 菱形 $Nb_2^{5+}Ti^{3+}A_{Ti}$ 缺陷

IBLC、SBLC、EPDD 效应是接受程度相对较高的几种巨介电物理机制,对于不同的材料体系,主导机制不同,目前仍难以定量分析各效应对巨介电常数的贡献程度。各种巨介电材料的巨介电常数起源现在还存在争议,因此也是这一领域重点关注和不断深入研究的方向之一。

10.3 常见巨介电陶瓷材料设计策略

10.3.1 $BaTiO_3$ 基

巨介电材料在电子器件中发挥重要的作用,目前实际投入使用且发展相对成熟的高介电常数材料还是以具有自发极化的传统铁电陶瓷为主。$BaTiO_3$ 是最基本的钙钛矿结构铁电氧化物材料,凭借其优异的介电性能(室温介电常数约为1800,居里温度附近介电常数约为10^4)被广泛应用于陶瓷电容器、压电、传感等众多技术领域。

纯$BaTiO_3$的高介电常数来源于相变,其介电性能随温度变化而剧烈变化,当温度由室温升至约120℃时,结构由四方转变为立方,发生铁电-顺电相变。在居里温度附近,$BaTiO_3$表现出高介电常数和相对较低的介电损耗,然而该性质只能维持在一个狭窄的温度区间内,导致了$BaTiO_3$介电-温度的强依赖性,限制了实际应用。随着21世纪初以来巨介电材料相关研究的不断推进,研究人员也陆续报道了$BaTiO_3$基陶瓷材料中异于单一铁电极化诱导产生的巨介电现象。在$BaTiO_3$中实现巨介电常数的手段主要是掺杂和使用特殊烧结工艺。

Zhao等[3]报道了$BaTi_{0.9}(Ni_{1/2}W_{1/2})_{0.1}O_3$陶瓷微观结构与烧结温度间的关系,同时发现当晶粒尺寸较大时表现出巨介电行为,且在宽温度和频率范围内稳定,其介电特性与大晶粒内部产生的微畴有关。Fukunaga等[20]将La/Cr分别掺入$BaTiO_3$的Ba位和Ti位,在高于居里温度的温区观察到了类似CCTO的巨介电现象,他们将其归因于界面极化效应。Ren等[21]利用传统固相烧结法制备了Nb掺杂的$BaTiO_3$并在N_2气氛中进行了退火处理,在室温1 kHz下获得了80 888的介电常数和仅有3%的介电损耗,他们认为缺陷偶极子增强极化和抑制损耗的作用是介电性能提高的主要原因。Han等[22]利用放电等离子烧结技术制备了纯$BaTiO_3$陶瓷材料,并提出高达10^5的介电常数主要是晶界处的界面极化效应和晶粒内部极化子跳跃的共同作用结果,电极效应也有小部分贡献。

10.3.2　$CaCu_3Ti_4O_{12}$基

$CaCu_3Ti_4O_{12}$是一种典型$ACu_3Ti_4O_{12}$(A=Ca,Ba,Sr等)复合氧化物陶瓷材料,具有体心立方类钙钛矿ABO_3结构(图10.4(a)),其中A位被Ca^{2+}和Cu^{2+}以1∶3的化学计量比共同占据。在CCTO晶格中,Ca^{2+}占据立方体体心和顶点位置,Cu^{2+}占据棱心和面心位置且与周围四个O^{2-}键合形成杂化正方形平面CuO_4。CCTO的晶体结构早在20世纪就被确定,但直到21世纪初才发现了其具有超高介电常数(约为10^4)。此外不同于$BaTiO_3$,CCTO中形成的Cu^{2+}平面正方结构使得Ti—O八面体发生倾斜并受到限制,导致它难以发生铁电相变,因此具有良好的温度稳定性[5-6](图10.4(b))。21世纪以来,以CCTO为代表的ACTO结构陶瓷材料受到了广泛研究,主要的研究内容包括:①巨介电ACTO基材料的设计与制备;②CCTO介电性能的提高(降低损耗,提高稳定性等);③CCTO的介电特性起源。

CCTO陶瓷材料虽然容易获得高介电常数,但同时其介电损耗也相对较高,往

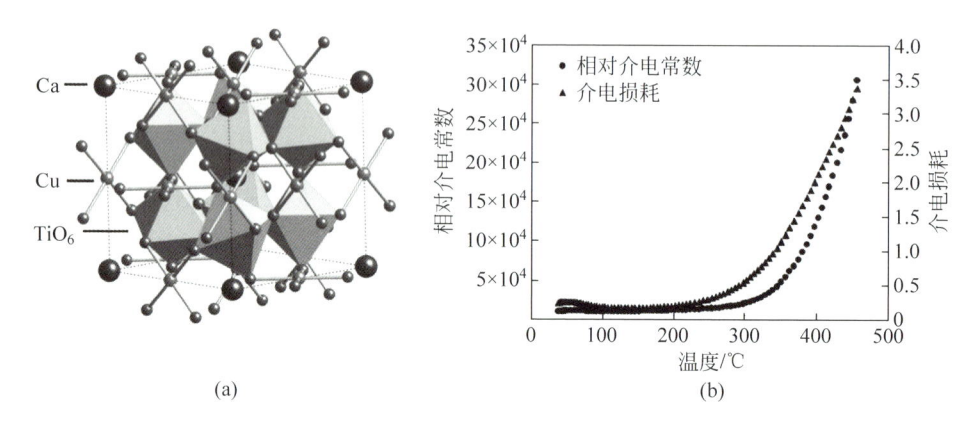

图 10.4　CCTO 陶瓷的(a)晶体结构和(b)1 MHz 下介电性能[5]

往高于 5%,对于实际应用的需求仍有差距。为了降低损耗,研究者先后通过制备技术的改进以及掺杂/复合成分设计等手段对 CCTO 基陶瓷介电性能进行优化[23-25]。

Thongbai 等[26]采用改良的溶胶凝胶湿化学工艺制备了性能优异的纯 CCTO 巨介电陶瓷材料,室温 1 kHz 下介电常数为 9516,同时介电损耗仅有约 0.02。类似地,Sun 等[23]进一步优化了烧结条件,获得了 18 225 的介电常数和 0.028 的损耗。可以看出,仅仅改进制备技术对 CCTO 巨介电性能的提高效果十分有限,采用元素掺杂优化电学性能是当下使用最多的一种行之有效的手段。

对于 CCTO,Ca/Cu 位或 Ti 位都可以作为离子掺杂的位点。Chen 等[27]选择 Zn 元素对 Cu 进行取代,制备的 $Ca(Cu_{1-x}Zn_x)_3Ti_4O_{12}$ 在 $x=0.1$ 时表现出约为 9×10^4 的巨介电常数,较未掺杂的样品相比介电常数提高了三倍。他们认为 Zn 的引入促进了体系内部 Cu 和 Ti 的变价,巨介电行为与形成的混合价态结构有关。Luo 等[28]发现 Ti 位 Y 掺杂可以在维持介电损耗的同时提高介电常数,他们的研究表明 Y 掺杂会促进 Cu 在晶界处的富集,增强晶界势垒高度,从而对介电常数起到增强作用。双掺策略可以很好地综合各掺杂元素的优势,合适的掺杂元素可以在介电性能的提高上达到协同效果。Thongbai 团队[29]提出的(Y+Mg)共掺杂 CCTO 体系表现出优于两元素分别单掺的介电性能,介电损耗显著减小,性能的提高主要来源于 Y+Mg 共掺杂带来的晶粒细化和晶界电阻提高。

向 CCTO 基体中引入添加剂进行两相复合的研究也很广泛,常见的添加剂主要包括 ZrO_2、CuO、NiO、SnO_2、SiO_2、Al_2O_3 等氧化物[30-32]。通过筛选合适的添加剂种类和用量,可以达到调控晶粒尺寸、晶界厚度、晶界电阻率等关键因素的目的,从而实现介电性能的综合提高。

10.3.3 NiO 基

NiO 作为一种具有单一岩盐结构的简单氧化物,已被广泛研究并应用于各个领域。纯 NiO 是一种莫特-哈伯德(Mott-Hubbard)绝缘体,室温下介电常数只有约 30,且在很宽的温度范围内都表现出低介电常数[33]。但当 NiO 掺杂了其他元素后,介电常数会有显著提高,甚至达到 10^4 量级。2002 年,Nan 等[34]首先报道了 NiO 基巨介电材料的成功合成,他们采用溶胶凝胶法制备了 Li+Ti 掺杂的 NiO 陶瓷,将介电常数提高到约 50 000,同时表现出高温度稳定性。通过对样品进行显微结构分析,他们发现 Ti 元素引入后会在晶界处富集,形成绝缘的晶界壳层;Li 元素的引入则导致 Ni 的化合价变化,形成半导的晶粒核,整体上组成一种核壳结构,界面效应引起材料介电常数的显著提高。目前该材料体系的巨介电来源一般被归结为 IBLC 效应,可以用麦克斯韦-瓦格纳理论解释[35-36]。

自 NiO 基巨介电现象被发现以来,研究者在此基础上进行了大量工作优化其介电性能,通过低价和高价离子共掺的策略在陶瓷内部诱导形成非均质电学结构。其中低价离子一般仍选用 Li,高价离子主要包括 Ti、Al、La 等[34,36-37]。到目前为止,虽然有许多工作尝试通过成分设计调控微观结构从而提高介电常数,但该体系所伴随的高介电损耗(大于 10%)仍难以得到有效抑制,与其他巨介电体系性能有一定差距,因此限制了其实际应用。

10.3.4 TiO$_2$ 基

TiO$_2$ 是广泛存在于自然界的一种氧化物,具有金红石、锐钛矿和板钛矿三种典型结构,多作为半导体材料加以应用,此前鲜少关注其电学性能。纯金红石结构的 TiO$_2$ 介电常数仅有约 200。2013 年,首次在 Nb+In 共掺杂的金红石型 TiO$_2$ 材料中实现了介电性能的突破,该体系不仅具有巨介电常数(大于 10^5)还保持了低介电损耗(小于 0.05)[16],其介电频谱如图 10.5 所示。不同于其他巨介电材料体系,研究人员提出了全新的电子钉扎缺陷偶极(DD)效应用以解释 TiO$_2$ 基巨介电行为的本质,该工作发表后得到了广泛的关注。众多科研工作者在此基础上进行拓展和改性,不断有性能优异的 TiO$_2$ 基巨介电材料出现。

相较而言,TiO$_2$ 基巨介电材料的成分设计可操作空间小,目前相关工作基本都采用施主受主共掺杂的设计思路,其中施主离子主要为 Nb、Ta、Sb 等五价离子,受主离子主要为 In、Al、Ga、Tb、Mg、Zn、Ca 等二价、三价离子[17-19,38-41]。大量的实验结果表明,虽然在共掺杂 TiO$_2$ 中实现巨介电并不困难,但离子种类的选择对性能有显著影响。在施主离子同为 Nb^{5+} 的条件下,比较受主离子分别选用 In^{3+}、Al^{3+}、Ga^{3+} 的 TiO$_2$ 陶瓷介电响应,可以发现受主离子半径大小与介电响应之间

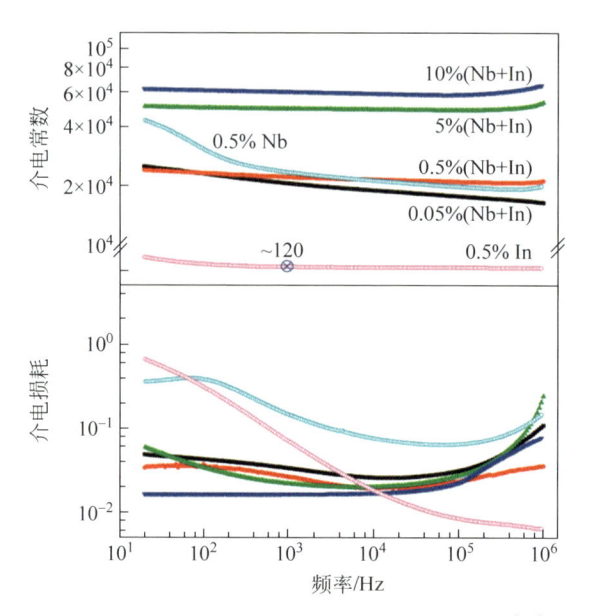

图 10.5 Nb + In 共掺 TiO$_2$ 陶瓷的介电频谱[16]

的联系(图 10.6)。当受主离子半径较大(如 In^{3+})时[16],替位缺陷可以与邻近的氧空位相互作用,缺陷偶极效应贡献高介电常数;当受主离子半径小于 Ti^{4+}(如 Al^{3+})时[17],将成为间隙阳离子,难以形成缺陷偶极,表观巨介电行为主要由 Ti^{3+} 的浓度梯度分布引起;当受主离子半径与 Ti^{4+} 相近(如 Ga^{3+})时[18],则巨介电性能由 EPDD 效应和 SBLC 效应共同贡献。

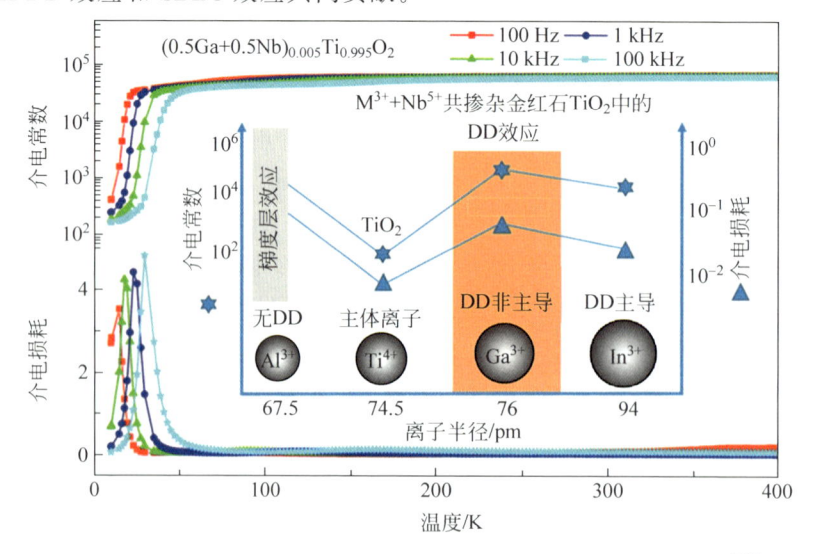

图 10.6 Nb+M(M=Al,Ga,In)共掺 TiO$_2$ 陶瓷的巨介电主导机制[18]

通过离子共掺可以实现 TiO_2 材料优异的巨介电性能，介电常数能够显著提高，同时具有良好的温度和频率稳定性。但是综合现有研究结果可以发现，这类巨介电材料的介电损耗并不总能维持在较低水平，介电性能的实验重复性较差。此外 TiO_2 基材料的低击穿电压仍未得到很好解决，限制了其实际应用。

10.3.5 $SrTiO_3$ 基

$SrTiO_3$ 具有典型钙钛矿结构，表现出宽带隙（约为 3.2 eV）、高绝缘电阻（大于 10^{12} $\Omega \cdot cm$@100V DC）、高介电强度（大于 200 $kV \cdot cm^{-1}$）和极低的介电损耗（小于 0.01）。同时作为量子顺电体，其在宽温宽频范围内保持稳定的介电性能。因此其是一种具有应用前景的介电材料，可以作为巨介电低损耗材料的理想候选基体。2015 年，Cao 等[42]报道了一种巨介电 $SrTiO_3$ 陶瓷材料，通过 N_2 气氛烧结将 $SrTiO_3$ 的介电常数由 300 左右提高了两个数量级。近些年来，大部分 $SrTiO_3$ 基巨介电陶瓷材料的合成是综合了离子掺杂和气氛烧结的手段，其中成分设计上普遍选取 n 型掺杂，对 A/B 位的改性均被证实可实现高介电常数。同时众多实验结果表明 $SrTiO_3$ 基巨介电性能的实现离不开还原或保护气氛下烧结[43-46]。

一直以来，提高 STO 陶瓷的介电常数的同时保持低介电损耗和高电阻率都是该领域的重要目标和重点内容。在 STO 基巨介电陶瓷材料的研究中，研究人员主要通过调控化学计量比、引入第二相、离子掺杂、添加物改性以及调节烧结工艺等手段优化介电性能。

（1）调控化学计量比。Wang 等[47]通过改变 Sr/Ti 比并在 N_2 气氛中烧结发现，$Sr_{0.996}TiO_3$ 陶瓷可以获得巨介电低损耗性能，室温 1 kHz 下 ε_r 为 30 722，$\tan\delta$ 为 0.0042，并认为巨介电性能来源于缺陷偶极子；而同样制备条件下获得的 $Sr_{1.004}TiO_3$ 陶瓷较纯 $SrTiO_3$ 并无明显提高，并将其介电性能归因于界面极化。

（2）引入第二相。Yu 等[48]将 CCTO 与 STO 进行固溶，形成的固溶体陶瓷兼具 CCTO 的高介电常数和 STO 的高绝缘性，随着体系中 CCTO 含量比例的升高，固溶体陶瓷介电常数逐渐增大，但同时介电损耗也增加。

（3）离子掺杂。对 STO 陶瓷 A 位和/或 B 位进行离子掺杂是最常见的改性手段。通常选择不等价掺杂以形成特定的点缺陷，设计构筑缺陷偶极子、缺陷偶极子团簇等结构（图 10.7），从而利用偶极子极化效应和对自由电子的束缚效应达到巨介电低损耗的设计目的[42,45,49-52]。

（4）添加物改性。在 STO 基陶瓷体系中引入高绝缘性添加物可以有效提高体系的电阻率和耐电压性能，延长使用寿命。Wang 等[53]向 $SrTiO_3$ 中引入了微量的 ZrO_2 添加物，发现随 ZrO_2 含量增加，晶粒尺寸逐渐减小，陶瓷致密化提高，晶界厚度增大，体系击穿强度增大，其中添加了 0.4 mol% ZrO_2 的样品实现了

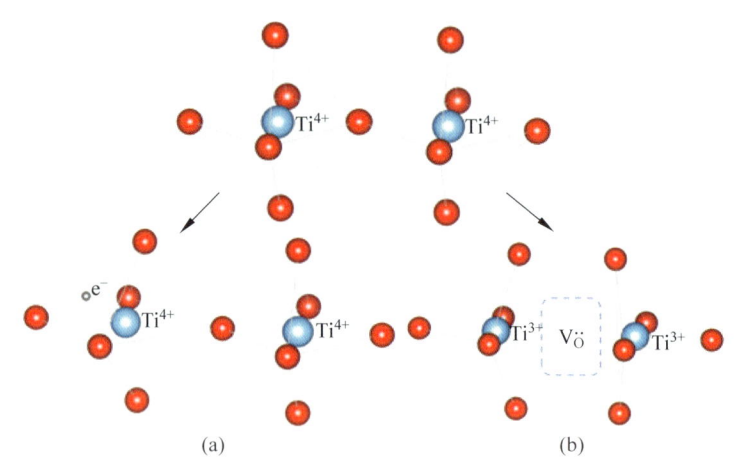

图 10.7　掺杂 SrTiO₃ 陶瓷中缺陷偶极子的形成示意图[49]

(a) Ti^{3+}/Ti^{4+} 极性有序结构；(b) $[Ti^{4+} \cdot e\text{-}V_O^{\cdot\cdot}\text{-}Ti^{4+} \cdot e]$ 缺陷偶极子

289 kV/cm 的击穿强度。Qi 等[54]设计将 SiO_2 包覆在 $Sr_{0.985}Ce_{0.01}TiO_3$ 陶瓷颗粒外部,形成核壳结构,降低了材料的漏导电流,提高了击穿强度。

(5) 调节烧结工艺。绝大多数 STO 基巨介电陶瓷的制备都需在还原或保护性气氛中进行烧结,使陶瓷内部产生多种缺陷,达到增加介电常数的目的,但同时也会使陶瓷绝缘性变差。Guo 等[55]在烧结后进行氧化气氛下的退火处理,使得晶界处的部分氧空位得到回填,增大了晶界电阻,提高了陶瓷材料的绝缘性,机理示意图如图 10.8 所示。

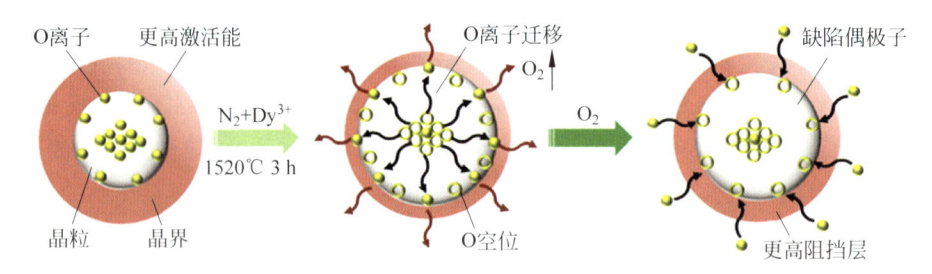

图 10.8　$SrTiO_3$ 巨介电陶瓷退火处理提高晶界电阻机理示意图[55]

参考文献

[1] MEIR Y. Percolation-type description of the metal-insulator transition in two dimensions[J]. Physical Review Letters,1999,83(17): 3506-3509.

[2] GUILLEMET-FRITSCH S,VALDEZ-NAVA Z,TENAILLEAU C,et al. Colossal permittivity in ultrafine grain size $BaTiO_{3-x}$ and $Ba_{0.95}La_{0.05}TiO_{3-x}$ materials[J]. Advanced Materials,

2008,20(3):551-555.

[3] ZHAO F,YUE Z X,PEI J,et al. Dielectric abnormities in $BaTi_{0.9}(Ni_{1/2}W_{1/2})_{0.1}O_3$ giant dielectric constant ceramics[J]. Applied Physics Letters,2007,91(5):052903.

[4] NIE H C,DONG X L,CHEN X F,et al. Formation mechanism of intragranular pores in $Pb(Zr_{0.95}Ti_{0.05})O_3$ ferroelectric ceramic[J]. Journal of the American Ceramic Society,2012,95(1):223-226.

[5] SUBRAMANIAN M A,LI D,DUAN N,et al. High dielectric constant in $ACu_3Ti_4O_{12}$ and $ACu_3Ti_3FeO_{12}$ phases[J]. J. Solid State Chem.,2000,151(2):323-325.

[6] RAMIREZ A P,SUBRAMANIAN M A,GARDEL M,et al. Giant dielectric constant response in a copper-titanate[J]. Solid State Communications,2000,115(5):217-220.

[7] HOMES C C,VOGT T,SHAPIRO S M,et al. Optical response of high-dielectric-constant perovskite-related oxide[J]. Science,2001,293(5530):673-676.

[8] SINCLAIR D C,ADAMS T B,MORRISON F D,et al. $CaCu_3Ti_4O_{12}$:One-step internal barrier layer capacitor[J]. Applied Physics Letters,2002,80(12):2153-2155.

[9] SULAIMAN M A,HUTAGALUNG S D,MOHAMED J J,et al. High frequency response to the impedance complex properties of Nb-doped $CaCu_3Ti_4O_{12}$ electroceramics[J]. Journal of Alloys and Compounds,2011,509(18):5701-5707.

[10] FANG T T,LIU C P. Evidence of the internal domains for inducing the anomalously high dielectric constant of $CaCu_3Ti_4O_{12}$[J]. Chemistry of Materials,2005,17(20):5167-5171.

[11] FANG T T,MEI L T,HO H F. Effects of Cu stoichiometry on the micro structures, barrier-layer structures, electrical conduction, dielectric responses, and stability of $CaCu_3Ti_4O_{12}$[J]. Acta Materialia,2006,54(10):2867-2875.

[12] COHEN M H,NEATON J B,HE L X,et al. Extrinsic models for the dielectric response of $CaCu_3Ti_4O_{12}$[J]. Journal of Applied Physics,2003,94(5):3299-3306.

[13] LUNKENHEIMER P,FICHTL R,EBBINGHAUS S G,et al. Nonintrinsic origin of the colossal dielectric constants in $CaCu_3Ti_4O_{12}$[J]. Physical Review B,2004,70(17):172102.

[14] RAMIREZ A P,LAWES G,BUTKO V,et al. Colossal dielectric constants in braced lattices with defects[J]. arXiv preprint condmat/0209498,2002.

[15] 杨静,沈明荣,方亮. 电极对 $CaCu_3Ti_4O_{12}$ 陶瓷介电性能的影响[J]. 功能材料 2006(2):234-237.

[16] HU W B,LIU Y,WITHERS R L,et al. Electron-pinned defect-dipoles for high-performance colossal permittivity materials[J]. Nature Materials,2013,12(9):821-826.

[17] HU W B,LAU K,LIU Y,et al. Colossal dielectric permittivity in (Nb + Al) codoped rutile TiO_2 ceramics:Compositional gradient and local structure[J]. Chemistry of Materials,2015,27(14):4934-4942.

[18] DONG W,HU W B,BERLIE A,et al. Colossal dielectric behavior of Ga + Nb co-doped rutile TiO_2[J]. Acs Applied Materials & Interfaces,2015,7(45):25321-25325.

[19] FAN J T,LENG S L,CAO Z Z,et al. Colossal permittivity of Sb and Ga co-doped rutile TiO_2 ceramics[J]. Ceramics International,2019,45(1):1001-1010.

[20] FUKUNAGA M,UESU Y,LI G. $CaCu_3Ti_4O_{12}$ type colossal dielectric relaxation in

complex perovskite (Ba$_{1-x}$La$_x$)(Ti$_{1-x}$Cr$_x$)O$_3$[J]. Ferroelectrics,2007,354(1): 106-114.

[21] REN P R,HE J J,WANG X,et al. Colossal permittivity in niobium doped BaTiO$_3$ ceramics annealed in N$_2$[J]. Scripta Materialia,2018,146: 110-114.

[22] HAN H,VOISIN C,GUILLEMET-FRITSCH S,et al. Origin of colossal permittivity in BaTiO$_3$ via broadband dielectric spectroscopy[J]. Journal of Applied Physics,2013,113(2): 024102.

[23] SUN L,WANG Z D,SHI Y J,et al. Sol-gel synthesized pure CaCu$_3$Ti$_4$O$_{12}$ with very low dielectric loss and high dielectric constant[J]. Ceramics International,2015,41(10): 13486-13492.

[24] LIANG P F,YANG Z P,CHAO X L,et al. Giant dielectric constant and good temperature stability in Y$_{2/3}$Cu$_3$Ti$_4$O$_{12}$ ceramics[J]. Journal of the American Ceramic Society,2012,95(7): 2218-2225.

[25] JIA R,ZHAO X T,LI J Y,et al. Colossal breakdown electric field and dielectric response of Al-doped CaCu$_3$Ti$_4$O$_{12}$ ceramics[J]. Mater. Sci. Eng. B-Adv. ,2014,185: 79-85.

[26] VANGCHANGYIA S,SWATSITANG E,THONGBAI P,et al. Very low loss tangent and high dielectric permittivity in pure-CaCu$_3$Ti$_4$O$_{12}$ ceramics prepared by a modified sol-gel process[J]. Journal of the American Ceramic Society,2012,95(5): 1497-1500.

[27] NI L,CHEN X M. Enhancement of giant dielectric response in CaCu$_3$Ti$_4$O$_{12}$ ceramics by Zn substitution[J]. Journal of the American Ceramic Society,2010,93(1): 184-189.

[28] LUO F C,HE J L,HU J,et al. Electric and dielectric behaviors of Y-doped calcium copper titanate[J]. Journal of the American Ceramic Society,2010,93(10): 3043-3045.

[29] BOONLAKHORN J,PUTASAENG B,KIDKHUNTHOD P,et al. Improved dielectric properties of (Y + Mg) co-doped CaCu$_3$Ti$_4$O$_{12}$ ceramics by controlling geometric and intrinsic properties of grain boundaries[J]. Materials & Design,2016,92: 494-498.

[30] PATTERSON E A,KWON S,HUANG C C,et al. Effects of ZrO$_2$ additions on the dielectric properties of CaCu$_3$Ti$_4$O$_{12}$[J]. Applied Physics Letters,2005,87(18): 182911.

[31] MARCHIN L,GUILLEMET-FRITSCH S,DURAND B,et al. Grain growth-controlled giant permittivity in soft chemistry CaCu$_3$Ti$_4$O$_{12}$ ceramics[J]. Journal of the American Ceramic Society,2008,91(2): 485-489.

[32] LIU L J,HUANG Y M,LI Y H,et al. Dielectric and non-Ohmic properties of CaCu$_3$Ti$_4$O$_{12}$ ceramics modified with NiO,SnO$_2$,SiO$_2$,and Al$_2$O$_3$ additives[J]. Journal of Materials Science,2012,47(5): 2294-2299.

[33] LIN Y H,WANG J F,JIANG L,et al. High permittivity Li and Al doped NiO ceramics[J]. Applied Physics Letters,2004,85(23): 5664-5666.

[34] WU J B,NAN C W,LIN Y H,et al. Giant dielectric permittivity observed in Li and Ti doped NiO[J]. Physical Review Letters,2002,89(12): 217601.

[35] LIN Y H,LI M,NAN C W,et al. Grain and grain boundary effects in high-permittivity dielectric NiO-based ceramics[J]. Applied Physics Letters,2006,89(3): 032907.

[36] DAKHEL A A. Dielectric relaxation behaviour of Li and La co-doped NiO ceramics[J]. Ceramics International,2013,39(4): 4263-4268.

[37] MAENSIRI S,THONGBAI P,YAMWONG T. Giant dielectric response in (Li,Ti)-doped NiO ceramics synthesized by the polymerized complex method[J]. Acta Materialia,2007, 55(8):2851-2861.

[38] FAN J T,YANG T T,CAO Y F,et al. Ultralow dielectric loss in Tb+Ta-modified TiO_2 giant dielectric ceramics via designing defect chemistry[J]. Journal of the American Ceramic Society,2023,106(3):1859-1869.

[39] YANG C,TSE M Y,WEI X H,et al. Colossal permittivity of (Mg+Nb) co-doped TiO_2 ceramics with low dielectric loss[J]. Journal of Materials Chemistry C,2017,5(21):5170-5175.

[40] THONGYONG N,TUICHAI W,CHANLEK N,et al. Effect of Zn^{2+} and Nb^{5+} Co-doping ions on giant dielectric properties of rutile-TiO_2 ceramics[J]. Ceramics International, 2017,43(17):15466-15471.

[41] LI Z W,LUO X,WU W J,et al. Niobium and divalent-modified titanium dioxide ceramics:Colossal permittivity and composition design[J]. Journal of the American Ceramic Society,2017,100(7):3004-3012.

[42] WANG Z J,CAO M H,ZHANG Q,et al. Dielectric relaxation in Zr-doped $SrTiO_3$ ceramics sintered in N_2 with giant permittivity and low dielectric loss[J]. Journal of the American Ceramic Society,2015,98(2):476-482.

[43] TSUJI K,CHEN W T,GUO H Z,et al. Valence and electronic trap states of manganese in $SrTiO_3$-based colossal permittivity barrier layer capacitors[J]. Rsc. Adv. ,2016,6(94):92127-92133.

[44] TKACH A,OKHAY O,ALMEIDA A,et al. Giant dielectric permittivity and high tunability in Y-doped $SrTiO_3$ ceramics tailored by sintering atmosphere[J]. Acta Materialia,2017,130:249-260.

[45] QIN M,GAO F,CIZEK J,et al. Point defect structure of La-doped $SrTiO_3$ ceramics with colossal permittivity[J]. Acta Materialia,2019,164:76-89.

[46] HE Z C,CAO M H,FURMAN E,et al. Abnormal dielectric relaxations and giant permittivity in $SrTiO_3$ ceramic prepared by plasma activated sintering[J]. Journal of the American Ceramic Society,2022,105(6):4143-4151.

[47] WANG Z J,CAO M H,YAO Z H,et al. Effects of Sr/Ti ratio on the microstructure and energy storage properties of nonstoichiometric $SrTiO_3$ ceramics[J]. Ceramics International, 2014,40(1):929-933.

[48] YU H,LIU H,HAO H,et al. Dielectric properties of $CaCu_3Ti_4O_{12}$ ceramics modified by $SrTiO_3$[J]. Mater Lett,2008,62(8-9):1353-1355.

[49] HE Z C,CAO M H,ZHOU L,et al. Origin of low dielectric loss and giant dielectric response in (Nb+Al) co-doped strontium titanate[J]. Journal of the American Ceramic Society,2018,101(11):5089-5097.

[50] PAN W G,CAO M H,HAO H,et al. Defect engineering toward the structures and dielectric behaviors of (Nb,Zn) co-doped $SrTiO_3$ ceramics[J]. Journal of the European Ceramic Society,2020,40(1):49-55.

[51] ZHANG X, PU Y P, ZHANG L, et al. Simultaneously achieving colossal permittivity, ultralow dielectric loss tangent, and high insulation resistivity in Er-doped SrTiO$_3$ ceramics via oxygen vacancy regulation[J]. Acs Applied Materials & Interfaces, 2022, 14(43): 48821-48832.

[52] GUO X, PU Y P, WANG W, et al. Colossal permittivity and low dielectric loss in Ta doped strontium titanate ceramics by designing defect chemistry[J]. Journal of Alloys and Compounds, 2020, 818: 152866.

[53] WANG Z J, CAO M H, YAO Z H, et al. Dielectric relaxation behavior and energy storage properties in SrTiO$_3$ ceramics with trace amounts of ZrO$_2$ additives[J]. Ceramics International, 2014, 40(9): 14127-14132.

[54] QI J L, CAO M H, HEATH J P, et al. Improved breakdown strength and energy storage density of a Ce doped strontium titanate core by silica shell coating[J]. Journal of Materials Chemistry C, 2018, 6(34): 9130-9139.

[55] GUO X, PU Y P, JI J M, et al. Colossal permittivity and high insulation resistivity in Dy-modified SrTiO$_3$ lead-free ceramic materials with low dielectric loss[J]. Ceramics International, 2020, 46(8): 10075-10082.

第11章

储能电容器介质陶瓷材料

11.1 介绍

无机电介质是功能陶瓷材料领域的一大类重要材料,基于电介质材料的介电电容器是最基本的储能器件,也是最重要、用量最大的一类无源元器件。相比传统的电化学类储能器件(如电池、电化学电容器等,图 11.1),介电电容器其独特的极化储能机制使其具有极高的功率密度(超高的充放电速率)、高的耐压性和优异的稳定性[1-5],已成为航空电子、汽车工业、军事应用等领域的核心器件。更为重要的,介电电容器是高脉冲功率技术的核心储能器件,有着不可替代的地位,在核爆模拟、高功率脉冲激光器、电磁轨道炮、电磁弹射等现代重大科学研究计划、国防高技术领域具有重大战略需求。然而,介电电容器的储能密度相对较低,限制了其进一步应用[6-7]。如何提高电介质电容器的储能密度成为该领域的研究热点。发展具有高储能密度的介电电容器,将进一步推动先进电子和电气系统朝着小型化、轻量化和集成化的方向发展。中国政府对此也高度重视,在《"十四五"能源领域科技

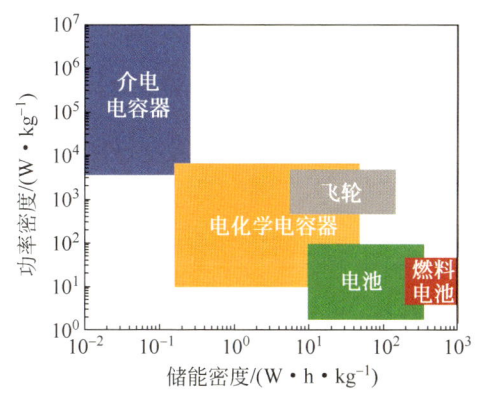

图 11.1 主流的电能存储器件对比图[8]

创新规划》中明确指出，要开展电介质电容器等储能技术攻关，开展长寿命大功率储能器件的研究。

11.2 结构与特性

11.2.1 储能原理

如 6.2.3 节所述和图 6.9 所示，介电电容器储存电能的基本原理是通过电荷在极板间的积蓄实现的。其相应计算式为式(6.1)和式(6.2)。这里对其进行简单推导。考虑最简单的平行板电容器(图1.1)，存储的电荷量 Q_c 为

$$Q_c = CV \tag{11.1}$$

$$C = \varepsilon_0 \varepsilon_r A / l_1 \tag{11.2}$$

式中，C 是电容，A 为两个电极的重叠面积，l_1 为电介质层的厚度。介电电容器的电容仅取决于电容器的几何形状和介电层的相对介电常数。而电容器存储的能量(W)可通过以下公式获得：

$$W = \int_0^{Q_{cmax}} V \mathrm{d}q \tag{11.3}$$

式中，Q_{cmax} 表示在充电过程中积累的最大电荷量，V 表示施加的电压，$\mathrm{d}q$ 表示充电过程中电荷的增量。

充电储能密度，即介电电容器单位体积(Al_1)中存储的能量(U)，用来衡量储能性能的"能力"，表示为

$$U = \frac{W}{Al_1} = \frac{\int_0^{Q_{cmax}} V \mathrm{d}q}{Al_1} = \int_0^{D_{max}} E \mathrm{d}D \tag{11.4}$$

对于具有高介电常数的电介质，D 和 P 几乎相等。因此，方程(11.4)可以重写如下：

$$U = \int_0^{P_{max}} E \mathrm{d}P \tag{11.5}$$

11.2.2 性能参数

评价电介质电容器的储能性质有如下几个关键参数。

(1) 储能密度和效率：放电/可循环的能量密度(U_e)与储能效率(η)是电介质电容器最重要的两个评价参数，可通过电滞回线测试(图11.2(a))。关于储能密度和效率，6.2.3 节已有相关介绍。高的 U_e 有助于储能设备的小型化与轻便化发展[9-11]。在实际应用中，η 与 U_e 一样重要。η 表示电容器在充/放电过程中的能量转换效率。通常，部分储存的能量会在放电过程中耗散，尽管在高电场下充电可

以获得更高的存储能量 U，但材料导电性的同时增加将导致介电/极化损耗，并最终减少放电过程中的 U_e。这种能量损失将导致电容器中的温度上升/发热，从而降低其热稳定性和寿命[12-14]。

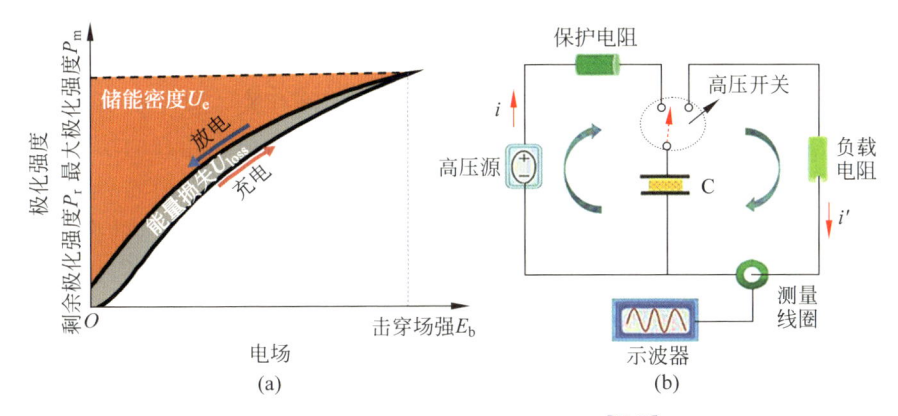

图 11.2 介质储能示意图和电路图[15-17]

(a) 电介质电容器的电滞回线，图中粉红色部分表示可释放的储能密度（U_e），蓝色部分表示储能的损耗（U_{loss}）；(b) 电介质电容器充放电曲线测量电路

除了通过电滞回线测试，电介质电容器的 U_e 还可以根据脉冲充放电测试获得[15-17]。如图 11.2(b) 所示，首先将电容器在恒定电场下充电，然后存储的能量通过负载电阻放电，因此电流波形可以用示波器记录。放电能量密度 U_e 可通过下式计算获得：

$$U_e = \frac{1}{Al} \int_0^t I^2(t) R \, dt \qquad (11.6)$$

式中，R 是负载的电阻，t 是放电的时间，I(t) 是时间为 t 时的电流值。

需要注意的是，由于两种测试方法的机理不同，即使同一种材料，通过两种测试获得的储能密度也会略微不同。通常情况下，通过电滞回线计算的储能密度比通过开关电路获得的储能密度略高。原因是电滞回线的测试频率一般在 1～100 Hz，在开关电路中，测试的频率在 10^5 Hz 量级，在高频率与高电场的测试条件下，由于钉扎的原因，材料中的一些畴结构不能完全反转，而且在高频率下畴结构的翻转往往会导致能量损耗的增加[18]。

（2）介电强度：介电强度（breakdown strength，E_b）是介电材料最重要的参数之一，介电材料会受到高电场的影响。超过高电场，其电阻会急剧降低，这种最大电场称为介电材料的介电强度。E_b 极大影响了介质电容器的可靠性和性能。介质电容器的能量密度与其 E_b 密切相关，大量研究证明，中等介电常数和高 E_b 的电介质总是能达到最高的能量密度。根据测量条件和测试方法的不同，相同的材料也表现出不同的 E_b。影响测量 E_b 的因素包括带隙、介电常数、相结构、晶粒尺寸、缺陷化学、样品厚度、微观结构均匀性、孔隙率以及电极配置、工作（电压、频率、温度）和环境（湿度）条件等[19-22]。

（3）电容器的放电时间：超快的充/放电速率是电介质电容器的一个特性。电容器的放电时间被定义为外接电阻时，释放的能量达到总能量的90%时的时间$\tau_{0.9}$。脉冲功率电容器的放电时间通常在纳秒和微秒之间，其与材料的本身特性（介电常数、薄膜厚度等）以及负载的电阻、施加电压等有关。脉冲功率应用中，放电时间应尽可能短。高的放电速率会产生瞬时大的电流，形成超高的功率密度，在脉冲电子设备中具有重要的应用价值。

（4）电容器的可靠性：电介质电容器的可靠性主要包括充/放电的疲劳性和温度稳定性。充/放电的疲劳性是指在长期的充放电过程中，电容器储能性能的保持特性。通常，在特定电场下重复测量电滞回线评估电容器的疲劳性。随着充放电循环次数的增加，由于缺陷的长程扩散和聚集、畴壁钉扎、电极/电介质界面处低介电常数死层的形成，导致电容器的储能性能下降。除高疲劳耐久性之外，电介质材料的良好热稳定性也是储能电容器的重要要求。温度稳定性是考虑电容器在工作条件下温度变化导致的性能起伏，根据应用和操作环境条件的不同，往往需要承受的温度范围也会有很大的差别（−90~250℃），比如在极高海拔和极地（约−90℃）运行的太阳能和风能发电系统、地下石油和天然气勘探作业（150~200℃）中使用的电子设备以及航空航天电力电子设备（−55~250℃）等。由于温度变化引起的漏电流密度和介电损耗的增加，导致能量损失增加，不利于其储能性能。具有低漏电流密度、低介电损耗、高疲劳耐久性和高温度稳定性的介电材料有望在恶劣环境下用作储能电容器。

11.2.3　材料体系

目前，已被广泛应用于储能电容器的电介质主要包括以下五种，即线性电介质、顺电体、铁电体、弛豫铁电体和反铁电体，如图11.3所示。线性电介质材料通常具有低介电常数、低介电损耗和高介电强度。由于没有永久偶极子，理想线性电介质的介电常数几乎恒定不变。同时，其极化强度随电场的增加而线性增加，无滞后现象。因此，线性电介质通常具有超高的储能效率和中等的储能密度，其高热稳定性、高性能可靠性以及可预测的频率特性，使其广泛应用于数字转换和滤波器应用[9-10]。不同于线性电介质，顺电材料的介电常数随着电场的增加而减小，其极化强度随电场的增加非线性增加，但是由于没有铁电畴，撤去电场后，极化强度衰减为零。

与顺电体相比，铁电体的最大区别是：撤去电场后，铁电体仍存在剩余极化强度，这是由于铁电体中的晶格限制阻止了在电场下形成的离子构型回到其初始状

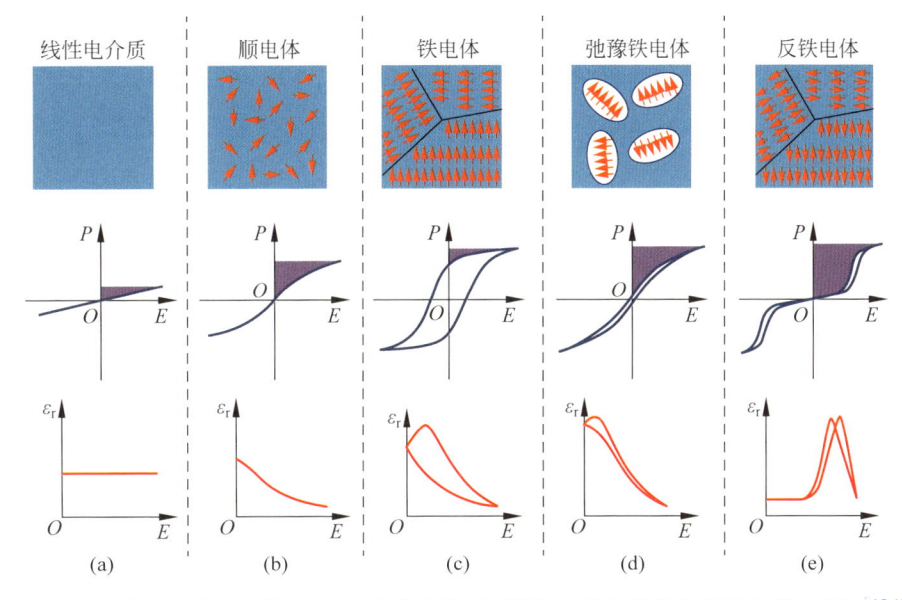

图 11.3　各类材料的畴结构（上图）、电滞回线（中间图）和介电常数与电场曲线（下图）[15-17]
(a) 线性电介质；(b) 顺电体；(c) 铁电体；(d) 弛豫铁电体；(e) 反铁电体

态。虽然铁电体具有高介电常数，但是由于其剩余极化强度大以及介电强度较小，储能密度非常小。因此，铁电体通常不适用于储能应用。为了改善储能性质，在正常铁电体内引入顺电体，可以将微米级的铁电畴转变为纳米级的铁电畴，促使体系从正常铁电体转变为弛豫铁电体，减弱铁电畴之间的耦合，降低极化翻转能垒，从而提高储能性质。与铁电体不同的是，反铁电体中相邻偶极子的极化方向是反平行的，因此反铁电体不显示宏观自发极化。反铁电体材料具有大的自发极化强度和小的剩余极化强度，在储能应用中表现出较好的应用潜力。

11.3　研究现状

根据制造方法和材料厚度，电容器中的介电材料可分为薄膜（小于 1 μm）、厚膜（1～40 μm）和块体材料（大于 40 μm）。尽管厚度在纳米到亚微米级，但由于缺陷和杂质更少，故介电薄膜表现出超高的击穿强度和储能密度。此外，薄膜具有适中的工作电压（几十伏到几百伏）的优点，与常用的电源电压相匹配，更适用于具有缩小几何形状的嵌入式集成电路。但由于薄膜的体积小、总能量容量低，薄膜可能不能满足许多需要高能量水平的电子设备的要求。与薄膜相比，为了实现高击穿强度和大体积，厚膜通常制成多层陶瓷电容器，该电容器由多个平行堆叠并通过端电极连接的陶瓷层组成[23]。此外，多层陶瓷电容器相对较小的体积和较高的介电强度使其比块体陶瓷更有利于器件集成。块体陶瓷具有制造简单、成本低、力学性能优越的优点。块体陶瓷体积较大，使其具有储存更多电能的能力。值得注意的是，如果块体形式的介电材料具有良好的储能性能，则其薄膜或厚膜通常具有更好的储能性能。

11.3.1 薄膜材料研究现状

随着电子设备小型化进程的发展，由于单位体积的缺陷较少，因此薄膜可以在更高的击穿强度下实现超高储能性能。2013年，Spahr等制造了纯Al_2O_3薄膜和基于Al_2O_3/ZrO_2、Al_2O_3/TiO_2的复合薄膜。由高介电常数（ZrO_2、TiO_2）组成的复合薄膜显示出比纯Al_2O_3薄膜更高的相对介电常数和电容密度。相比纯Al_2O_3薄膜，Al_2O_3/TiO_2复合薄膜的储能密度从$50 J·cm^{-3}$提高到$60 J·cm^{-3}$[24]。2016年，Liu等采用磁控溅射在$Pt/Ti/SiO_2/(100)Si$基底上，沉积了BFO/BTO双层厚膜（厚度约为$1 \mu m$）。XRD分析显示，BFO和BTO层均具有(001)择优取向。由于双层膜的空间电荷效应与层间电荷耦合对电荷传输的竞争性影响，该薄膜表现出较小的剩余极化（$P_r \sim 7.8 \mu C·cm^{-2}$）和较大的饱和极化（$P_m \sim 65 \mu C·cm^{-2}$），获得了$71 J·cm^{-3}$的储能密度和61%的效率[25]。2017年，Zhu等同样在外延铁电双层中证明了层间耦合可进一步提高铁电薄膜异质结构中的储能性质。在具有小剩余极化强度（$P_r \sim 3 \mu C·cm^{-2}$）的BTO/SRO异质结构中，顶部原位沉积了一个具有大剩余极化（$P_r \sim 70 \mu C·cm^{-2}$）的铁电BFO层。如图11.4所示，由于空间电荷效应（在低场占主导地位）和层间电荷耦合效应（在高场占主要地位）之间的竞争，获得了小剩余极化强度，饱和极化强度较大（$P_s \gg P_r$），显示出细长的电滞回线，使储能密度增加了约85%[26]。

受益于成熟的制备和集成技术，氧化铪特别适用于纳米级薄膜和3D结构的集成。Ali等对厚度为10 nm的掺硅氧化铪反铁电薄膜进行了详细的储能性能研究。由于高场诱导的高极化和纤细的双电滞回线，在$4.5 MV·cm^{-1}$下实现了极高的储能密度（$61.2 J·cm^{-3}$）。此外，该材料的储能性质在210~400 K的温度范围内表现出良好的热稳定性。同时，在$4.0 MV·cm^{-1}$的高电场下，其充放电循环寿命达到10^9次[28]。2018年，Zhang等构建了双异质结铁电-绝缘-铁电结构，$PbZr_{0.52}Ti_{0.48}O_3$和Al_2O_3作为铁电层和绝缘层。在适当的退火温度下，由于部分晶化的结构，获得了高线性度的电滞回线，实现了高储能密度（$63.7 J·cm^{-3}$）和高储能效率（81.3%）[27]。Yang等通过化学溶液沉积法制备了$BFO/Bi_{3.25}La_{0.75}Ti_3O_{12}$(BLT)薄膜。在双层BFO/BCT薄膜中观察到极高的储能性能，其储能密度为$54.9 J·cm^{-3}$，储能效率为74.4%。通过进一步制备三层结构

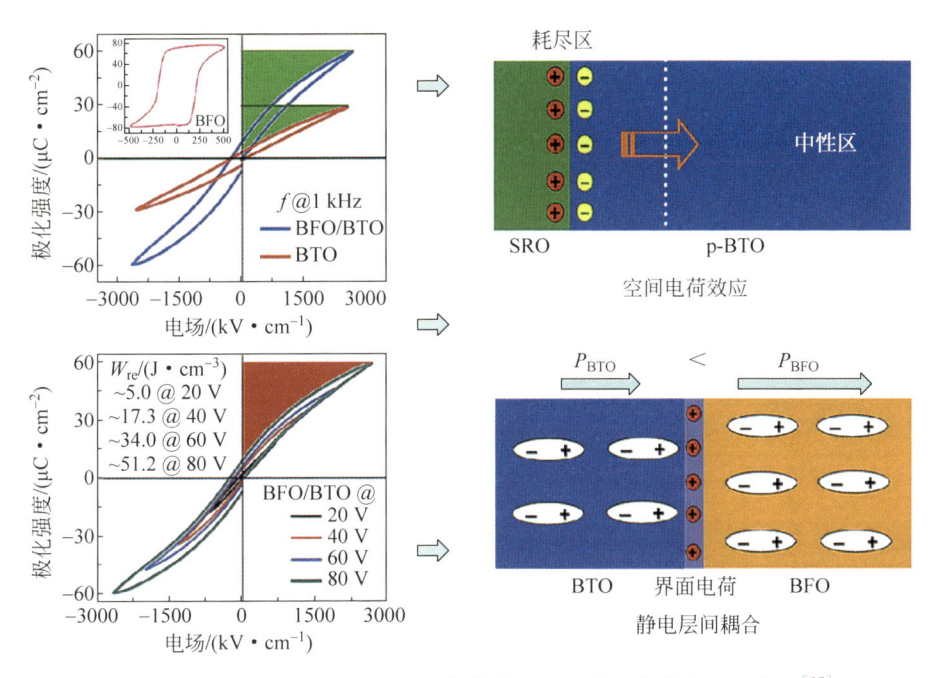

图 11.4　BTO 和 BFO/BTO 双层薄膜的 P-E 回线和相应机理示意图[27]

的 BCT/BFO/BCT 薄膜，储能性能再次提升，在 2753 kV·cm^{-1} 的电场下获得了 65.5 J·cm^{-3} 的储能密度和 74.2% 的储能效率，并且表现出优异的疲劳耐久性，循环次数可达 10^9 次[29]。

由于 BFO 具有大的饱和极化值（约 100 μC·cm^{-2}）、高居里温度（830℃）和丰富的相结构，作者团队通过掺入 STO，将铁电微畴转变为高度动态的极性纳米畴，实现了铁电相到弛豫铁电相的转变，获得了 70 J·cm^{-3} 的能量密度[13]。为了解决掺入 STO 引起的极化值的牺牲，作者团队继续提出了立方顺电基质中菱面体和四方纳米畴共存的策略。如图 11.5 所示，在 BFO-BTO-STO 固溶体薄膜中形成了相当平坦的畴切换路径，导致高极化和低滞回损耗，从而产生 112 J·cm^{-3} 的高能量密度[2]。然而，当前弛豫铁电材料的研发主要集中于 T_f～T_m 温区以实现高的极化能力，但是其电畴翻转能垒引起的损耗限制了储能密度和效率的进一步提升。作者团队革命性地提出了在 T_m～T_B 温区（超顺电态）设计储能介电材料。由于温度诱导有望进一步使弛豫铁电体中电畴体积减小、耦合减弱，其翻转能垒可降至与热扰动同一量级，电畴因此可以更容易地发生极化翻转，从而在保持较高极化的同时显著抑制损耗，实现了最优的 152 J·cm^{-3} 的储能密度（@5.2 MV·cm^{-1}），并实现优异的储能效率（大于 90% @3.5 MV·cm^{-1}；大于 77% @5.2 MV·cm^{-1}）[1]。

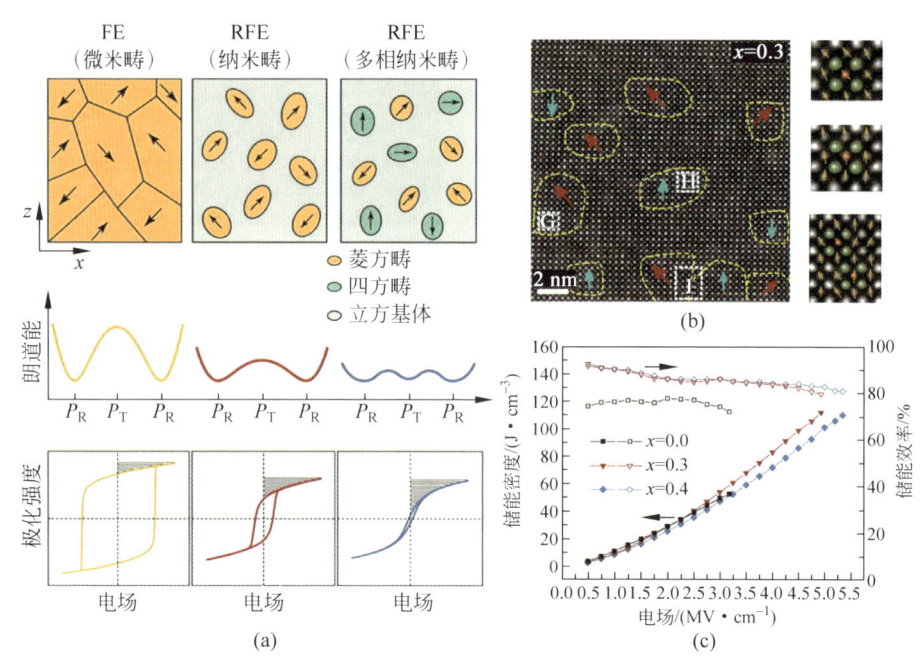

图 11.5　BFO-BTO-STO 固溶体的结构和储能性质[2]

(a) 机理示意图；(b) 畴结构；(c) 储能性质

一般来说，缺陷被认为对(弛豫)铁电体有害，导致高漏电流、老化和其他负面影响。2020 年，Kim 等发现高能离子轰击可改善弛豫铁电薄膜的储能性能。离子轰击本征点产生的缺陷可减少泄漏，延迟低场极化饱和，增强高场极化率，提高击穿强度，储能密度高达 133 J·cm^{-3}，效率超过 75%[30]。最近，受益于高熵效应的相稳定、晶格畸变、缓慢的扩散动力和鸡尾酒效应，2022 年，作者团队获得了热力学上不稳定的 $Bi_2Ti_2O_7$ 基烧绿石相材料，如图 11.6 所示，其显示了大的晶格畸变。通过高熵的调控，降低了漏导与损耗，同时提升了其介电强度，使其在高电场下可以有效降低滞回损耗，从而提升了储能效率，实现了最优的 182 J·cm^{-3} 的储能密度和 78% 的效率[6]。2024 年，Han 等通过将 BTO 层与二维(2D)材料夹在一起，设计了一种 2D/3D/2D 异质结构，通过调控材料界面处的电荷积累，改变了异质结构的弛豫时间。通过对 2D 材料的厚度进行原子级精确控制，可以在控制弛豫时间的同时实现最小的能量损失。使用这种策略，有效地抑制了铁电材料的剩余极化值，同时保持了最大极化值，获得了 191.7 J·cm^{-3} 的储能密度，大于 90% 的储能效率[31]。

第11章 储能电容器介质陶瓷材料 197

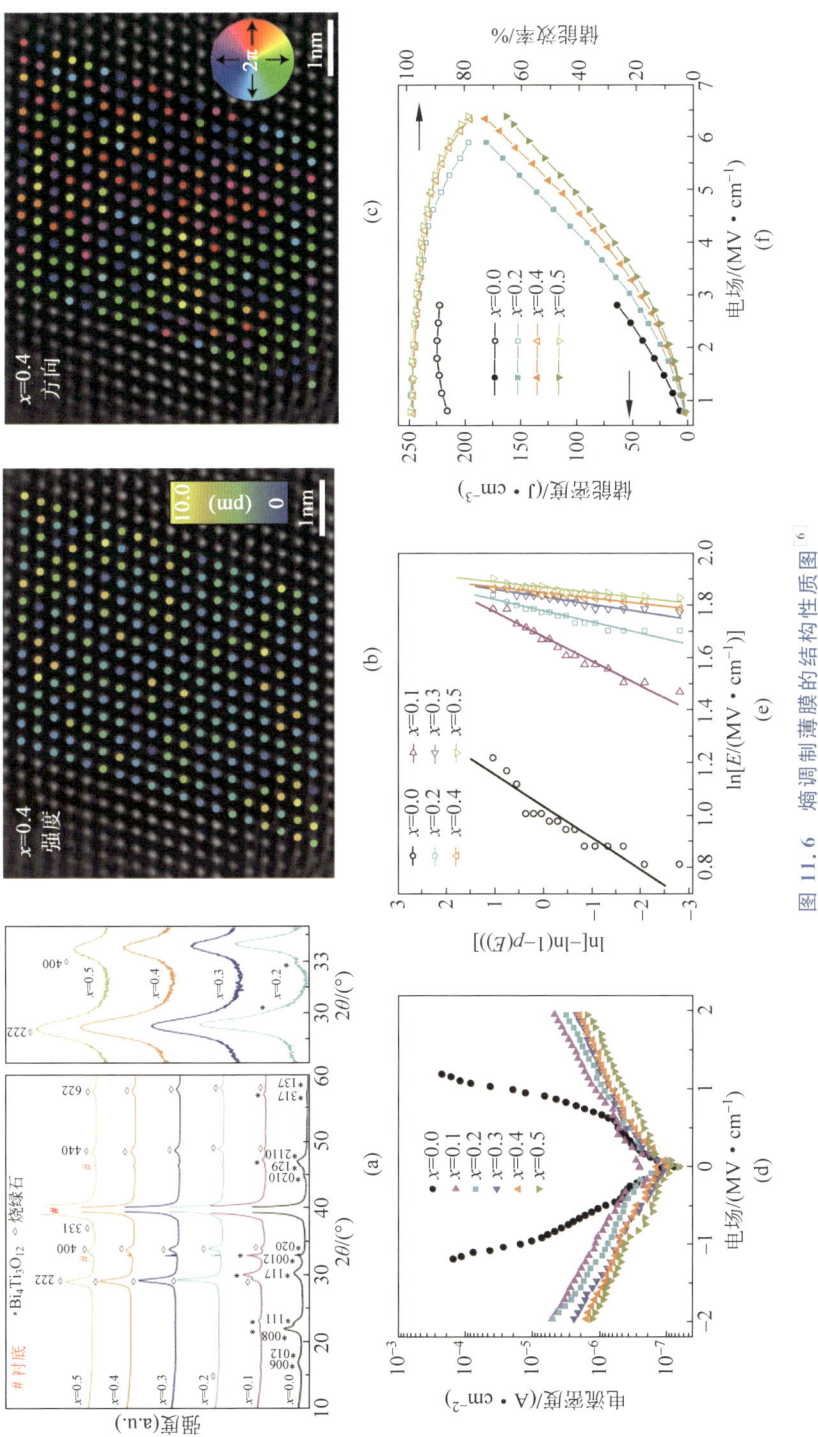

图11.6 熵调制薄膜的结构性质图[6]

(a) 相结构；(b)、(c) 晶格畸变；(d) 漏电流密度；(e) 介电强度；(f) 储能性能

11.3.2 块体材料研究现状

对块体材料的研究,最早可以追溯到 20 世纪 90 年代,但在相对较长的时间内,其储能密度相对较低(约 1 J·cm^{-3})。直到 2009 年,Ogihara 组通过在 BTO 内固溶 BiScO$_3$(BSO),在 0.2 mm 厚度的 0.7BTO-0.3BSO 中获得了 2.3 J·cm^{-3} 的储能密度[32]。尽管研究人员后续相继开发了很多新材料体系,例如 NBT、BFO 等,储能性质的进展一直相对缓慢。2016 年,Yang 等通过在 KNN 中固溶 STO,如图 11.7 所示,晶粒尺寸减小到亚微米级(约 0.30 μm),介电强度提高到了 400 kV·cm^{-1}(0.2 mm 厚度),同时剩余极化强度极大减小,最终在 0.85KNN-0.15STO 中获得了 4.03 J·cm^{-3} 的储能密度[33]。从此,块体储能进入高速发展阶段。

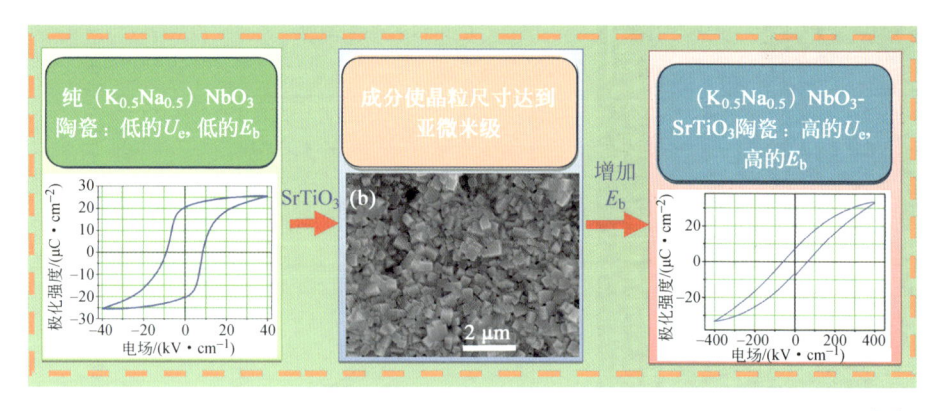

图 11.7 通过将晶粒尺寸减小到亚微米尺度来增加介电强度和储能密度的示意图[33]

2017 年,Zhao 等通过 Ta 掺杂 AN 表明,由于 B 位阳离子的极化率降低,将 Ta 掺入 Nb 位可以增强反铁电性。此外,在 AN 中添加 Ta 导致晶粒尺寸减小和密度增加,增加击穿强度到 240 kV·cm^{-1},使得 AgNb$_{0.85}$Ta$_{0.15}$O$_3$ 陶瓷获得更高的储能密度 4.2 J·cm^{-3},同时储能密度在 20~120℃范围内具有较高的热稳定性(最小变化小于或等于±5%)[34]。2019 年,Qi 等通过在 NBT 中引入容忍因子更小的 NN 稳定高温反铁电相表明,22%的 NN 的引入获得了具有极性纳米区域的弛豫反铁电相。同时,由于存在大随机场,需要高驱动场才能使反铁电相到铁电相的转变。因此,获得了 390 kV·cm^{-1} 的高介电强度、7.02 J·cm^{-3} 的储能密度和 85%的储能效率[35]。同年,他们以 NN 为出发点,固溶 NBT。在正交反铁电相和弛豫相的协同作用下,在 680 kV·cm^{-1} 的电场下,实现了 12.2 J·cm^{-3} 的储能密度和 69%的储能效率[36]。与普通反铁电相相比,弛豫反铁电相基体中大随机场的存在及 NN 基固有的高击穿强度是该体系高储能性能的原因。然而,尽管该体系获得了高的储能密度,69%的储能效率将导致多次运行后的高损耗和高发热,导致电容器发生热击穿,无法正常工作。2022 年,Chen 等报道了通过高熵策略实现储能密度和储能效率的同步提升。如图 11.8 所示,通过多种元素掺杂,构建了菱方-正交-四方-立方多相共存的纳米畴以及随机的氧八面体倾转,获得了超小的极性纳米畴、增强的击穿电场以及延迟极化饱和,实现了 10.06 J·cm^{-3} 的储能密度和 90.8% 的超高效率[37]。

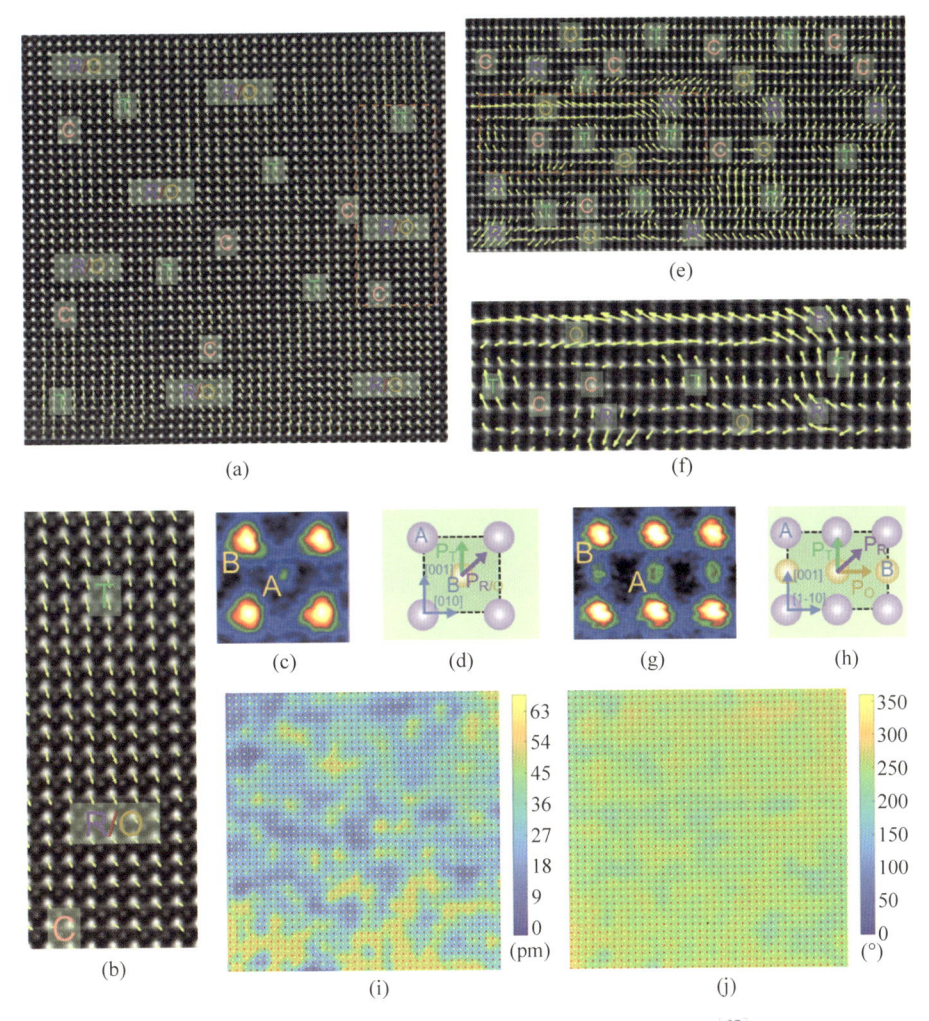

图 11.8 菱方-正交-四方-立方多相共存的纳米畴图[37]

(a) 沿[100]$_c$ 的 HAADF STEM 图像;(b) (a)中标记区域(深红色矩形)的放大图像;(c),(d) 沿[100]$_c$ 单位晶胞的放大图像和示意图投影;(e) 沿[110]$_c$ 的 HAADF STEM 图像;(f) (e)中标记区域(深红色矩形)的放大图像;(g),(h) 沿[110]$_c$ 单位晶胞的放大图像和示意图投影;(i),(j) 沿[100]$_c$ 的极化幅度和极化角度

2023年，Liu等通过结构畸变和容忍因子的调控设计出超高储能电容器。研究结果表明，具有大的结构畸变和容忍因子接近1的材料体系，可在高击穿电场下获得大极化强度和极小的滞回损耗。他们以NBT基固溶体为例，实现了成分驱动的局部原子极性位移的有序-无序特性和强烈的局部极性波动，获得了13.6 J·cm^{-3}的超高储能密度和94%的超高效率[38]。Zhao等以相场法为指导，在NBT中引入$Bi_{0.5}K_{0.5}TiO_3$和$Sr(Sc_{0.5}Nb_{0.5})O_3$，构建了综合储能性质优异且在较宽的工作温度范围下可保持较高储能性能的体系。反复轧膜工艺使得组织结构均匀致密，增强了介电强度(535 kV·cm^{-1})，获得了9.22 J·cm^{-3}的储能密度和96.3%的储能效率。令人受鼓舞的是，在500 kV·cm^{-1}时，也获得了卓越的温度不敏感性能，在25~160℃的测试范围内，储能密度和储能效率的变化率均小于5%[39]。2024年，Sun等通过在0.75NBT-0.25BTO体系引入高极化、异价和大尺寸的Zn^{2+}和Nb^{5+}，如图11.9所示，构建具有强烈增强的局部极化波动的弛豫铁电态，实现了80 kV·cm^{-1}的击穿强度、20.3 J·cm^{-3}的储能密度及89.3%的储能效率[40]。

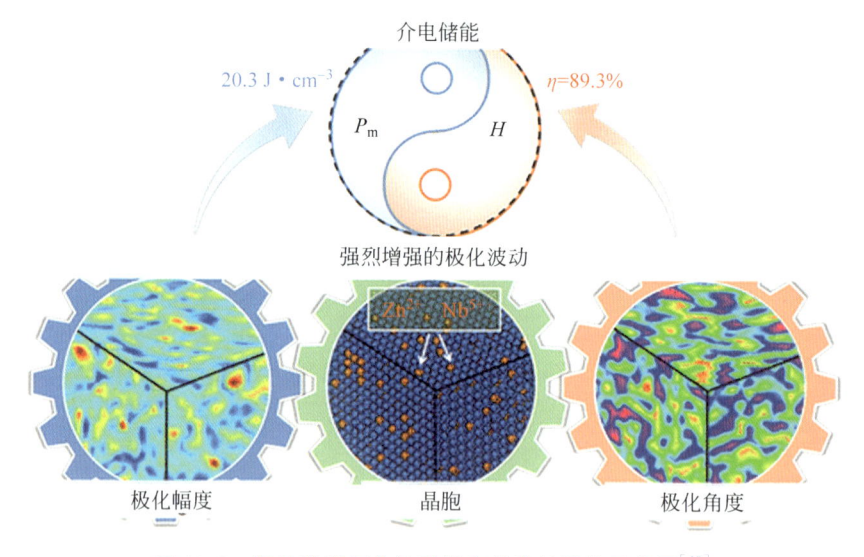

图11.9 通过增强极化波动提高储能性质的示意图[40]

11.3.3 多层陶瓷电容器研究现状

相对于块体材料，由于设备成本高、工艺复杂及工期长等特点，多层陶瓷电容器的研究进展相对缓慢。2015年，Kumar研究了30层BTO-$Bi(Zn_{0.5}Ti_{0.5})O_3$基多层陶瓷电容器(MLCCs)的储能性质，每层厚度约为29 μm。在内电极为40Pt/40Au/20Pd时，该MLCCs的介电强度是330 kV·cm^{-1}，储能密度为

2.8 J·cm^{-3}。当内电极为 70Ag/30Pd 时,该 MLCCs 的储能密度也超过了 2.0 J·cm^{-3},证明了该材料具有优异的储能性能[41]。2018 年,Li 等在 NBT 体系中固溶弛豫铁电体(Sr$_{0.7}$Bi$_{0.2}$)TiO$_3$(SBT)。如图 11.10 所示,得益于阳离子有序无序排列和随机场的存在,该材料体系在纳米尺度上具有异质极性状态,长程铁电畴被破坏,从而获得滞回损耗小的电滞回线。与传统块体陶瓷工艺相比,MLCCs 工艺有利于制备具有较低孔隙率和较细晶粒尺寸的陶瓷层。另外,MLCCs 的厚度减小,因此击穿强度大幅度增加。最终,NBT-SBT 基 MLCCs 实现了 9.5 J·cm^{-3} 的储能密度和 92% 的储能效率[14]。

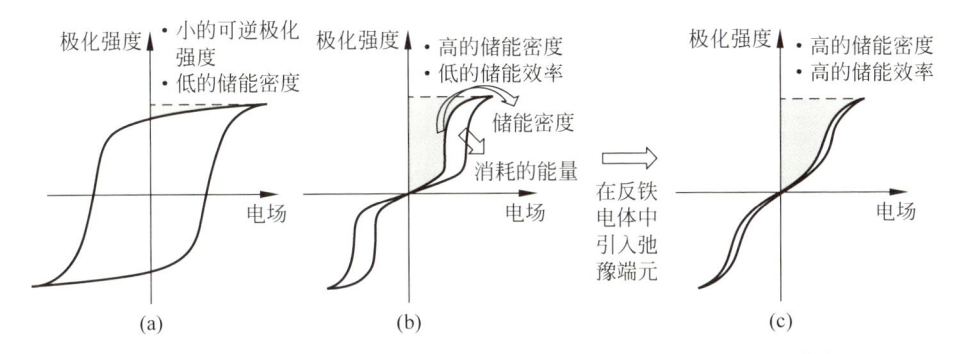

图 11.10 经典铁电、反铁电和弛豫反铁电材料的储能性能示意图[14]
(a) 铁电材料;(b) 反铁电材料;(c) 弛豫反铁电材料

2019—2020 年,MLCCs 的储能性质取得了极大的发展,例如,Wang 等通过电均匀性消除外部效应,在 BFO 基 MLCCs 实现了 950 kV·cm^{-1} 的介电强度和 13.8 J·cm^{-3} 的储能密度[42]。Lu 等首先通过 Nb^{5+} 掺杂消除空穴传导和促进电均匀性来增加电阻率;随后与 BiMg$_{2/3}$Nb$_{1/3}$O$_3$(BMN)固溶,在不降低平均离子极化能力的情况下减少长程极性耦合。通过上述协同策略优化介电强度和最大极化强度,实现了 15.8 J·cm^{-3} 的储能密度[43]。Zhao 等通过多尺度优化策略(包括原子尺度、晶粒尺度和器件尺度)实现了 18.24 J·cm^{-3} 的储能密度和 94.5% 的超高储能效率。如图 11.11 所示,在原子尺度上:通过在 BTO 中固溶 Bi(Zn$_{2/3}$(Nb$_{0.85}$Ta$_{0.15}$)$_{1/3}$)O$_3$(BZNT),将典型铁电体的长程极性有序转变为弛豫铁电体的局部极性纳米微区。在晶粒尺度上:在 BTBZNT 颗粒上引入具有高击穿能的绝缘 SiO$_2$ 包覆层,形成核壳结构,从而导致更高的击穿强度。在器件尺度上:在电极和电介质界面引入 SiO$_2$ 势垒层,提高了电子注入的肖特基势垒高度,降低了漏电流密度,从而大大提高击穿强度[44]。

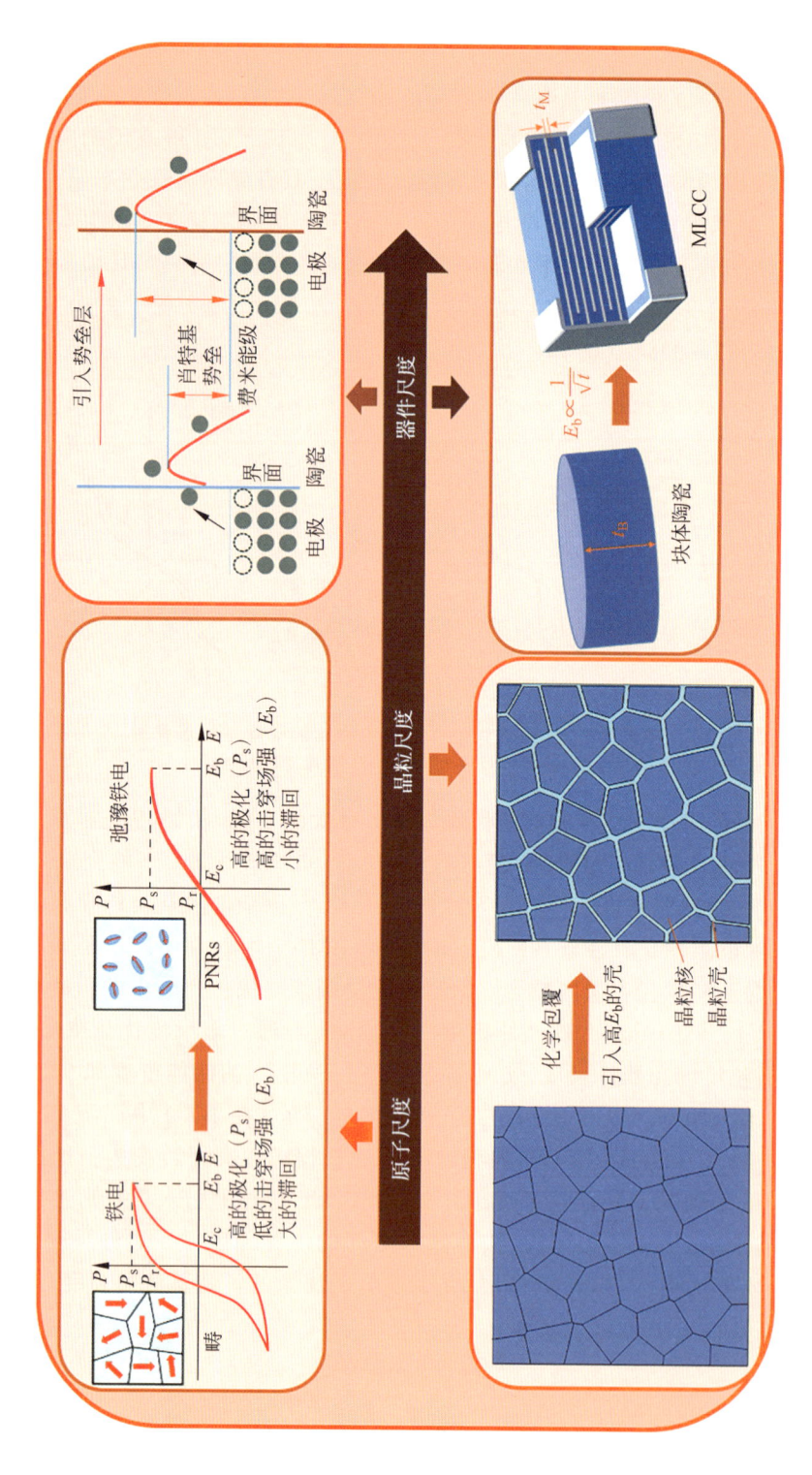

图 11.11 通过多尺度的优化在 MLCCs 中获得超高储能性质[44]

Li等基于外加电场引起的应变和弹性能容易产生微裂纹,提出了晶粒取向工程。测试结果可以看到,⟨111⟩取向的NBT基MLCCs,电致伸缩应变可以大大降低,进一步增强了MLCCs的击穿电场,实现了约21.5 J·cm^{-3}的储能密度[18]。然而,该MLCCs具有相对较低的储能效率(80%),这会在累积的充电/放电循环中降低器件的可靠性。2024年,作者团队提出了多态弛豫相结合高熵策略,如图11.12所示,通过降低畴翻转势垒,有效地降低滞回损耗,并通过高熵效应的晶格畸变和晶粒细化,有效提升击穿强度。得益于多态弛豫相和高熵的协同设计,实现了储能性能的综合提升,获得了20.8 J·cm^{-3}的超高储能密度和97.5%的超高储能效率[45]。

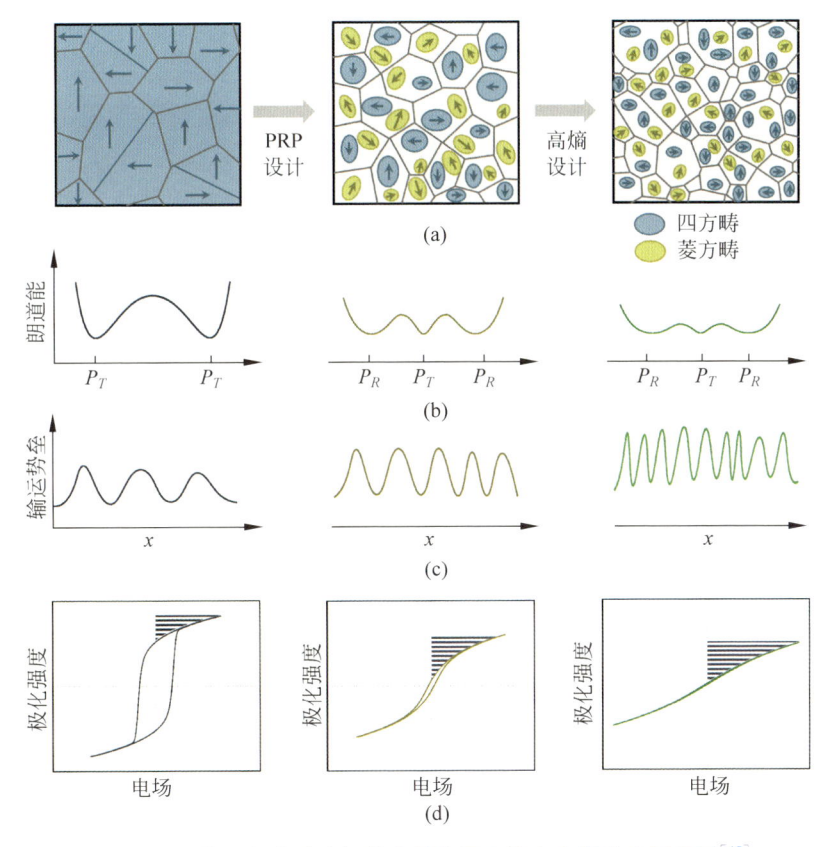

图11.12 基于多态弛豫相的高熵多层陶瓷电容器策略示意图[45]
(a) 晶粒尺寸和畴结构;(b) 朗道能;(c) 输运势垒;(d) 电滞回线

11.4 应用

基于静电电容器的储能介质陶瓷材料因其优越的电学性能和可靠性,在现代电子设备中得到了广泛应用,目前主要分为消费类、工业类及军工类。在消费类应用中,陶瓷储能电容器广泛应用于各种电路中,包括电源管理、电池充电等。例如,智能手机和平板电脑的电源管理系统需要稳压运行,通过陶瓷介质和电极的相互作用,电容器能够在电路中起到储存和释放电荷的作用,以确保稳定的电源供应。村田制作所的GRM系列多层陶瓷电容器在苹果和三星智能手机中广泛应用。这些电容器能够在小体积内提供高电容量,适用于紧凑的电源管理模块。在工业类应用中,陶瓷电容器广泛应用于各种控制器和接口设备中,例如,工业自动化控制系统中的可编程逻辑控制器需要高稳定性和抗干扰能力,以确保系统的稳定运行。Kemet公司的C0G/NPO系列多层陶瓷电容器提供高稳定性和低损耗的电容特性,应用于工业自动化控制系统中的可编程逻辑控制器,适应复杂的工业环境,确保系统的高效运行和可靠性。在军工类应用中,陶瓷电容器因其优越的抗干扰能力和高稳定性,广泛应用于各种通信系统中,包括无线电和雷达系统。例如,军用无线电需要高可靠性的电容器进行电源稳压和信号滤波,以确保通信设备的稳定运行和高质量信号传输。Knowles Precision Devices的军用级多层陶瓷电容器因其高可靠性和抗干扰能力,成为这些应用中的关键元件,确保通信设备在恶劣环境下的稳定性能。战斗机的电子设备需要高可靠性的电容器进行电源管理和信号处理,以确保设备在高温、高压和高振动环境下的可靠运行。陶瓷电容器因其优越的耐高温、高压和高可靠性,能够在极端环境下提供稳定的电容性能,确保战斗机电子系统的可靠性和稳定性。

参考文献

[1] PAN H, LAN S, XU S, et al. Ultrahigh energy storage in superparaelectric relaxor ferroelectrics[J]. Science, 2021, 374(6563): 100-104.

[2] PAN H, LI F, LIU Y, et al. Ultrahigh-energy density lead-free dielectric films via polymorphic nanodomain design[J]. Science, 2019, 365(6453): 578-582.

[3] MA B, HU Z, KORITALA R E, et al. PLZT film capacitors for power electronics and energy storage applications[J]. Journal of Materials Science: Materials in Electronics, 2015, 26(12): 9279-9287.

[4] HAO X. A review on the dielectric materials for high energy-storage application[J]. Journal of Advanced Dielectrics, 2013, 3(1): 1330001.

[5] LI Q, CHEN L, GADINSKI M R, et al. Flexible high-temperature dielectric materials from

polymer nanocomposites[J]. Nature,2015,523(7562):576-579.

[6] YANG B,ZHANG Y,PAN H,et al. High-entropy enhanced capacitive energy storage[J]. Nature Materials,2022,21(9):1074-1080.

[7] YANG Z,DU H,JIN L,et al. High-performance lead-free bulk ceramics for electrical energy storage applications:design strategies and challenges[J]. Journal of Materials Chemistry A,2021,9(34):18026-18085.

[8] YANG L,KONG X,LI F,et al. Perovskite lead-free dielectrics for energy storage applications[J]. Progress in Materials Science,2019,102:72-108.

[9] ZHANG M,ZHU M,CHANG Z,et al. Achieving excellent energy storage performance of $K_{1/2}Bi_{1/2}TiO_3$-based ceramics via multi-phase boundary and bandgap engineering[J]. Chemical Engineering Journal,2023,473:145314.

[10] MA Z,LI Y,ZHAO Y,et al. High-performance energy-storage ferroelectric multilayer ceramic capacitors via nano-micro engineering[J]. Journal of Materials Chemistry A,2023,11(13):7184-7192.

[11] LAN S,MENG F,YANG B,et al. Enhanced energy storage properties in paraelectrics via entropy engineering[J]. Advanced Physics Research,2023:2300006.

[12] ZHAO Y,MENG X,HAO X. Synergistically achieving ultrahigh energy-storage density and efficiency in linear-like lead-based multilayer ceramic capacitor[J]. Scripta Materialia,2021,195:113723.

[13] PAN H,MA J,MA J,et al. Giant energy density and high efficiency achieved in bismuth ferrite-based film capacitors via domain engineering[J]. Nature Communications,2018,9(1):1813.

[14] LI J,LI F,XU Z,et al. Multilayer lead-free ceramic capacitors with ultrahigh energy density and efficiency[J]. Advanced Materials,2018,30(32):1802155.

[15] WANG H,ZHAO P,CHEN L,et al. Effects of dielectric thickness on energy storage properties of $0.87BaTiO_3$-$0.13Bi(Zn_{2/3}(Nb_{0.85}Ta_{0.15})_{1/3})O_3$ multilayer ceramic capacitors[J]. Journal of the European Ceramic Society,2020,40(5):1902-1908.

[16] ZHAO P,WANG H,WU L,et al. High-performance relaxor ferroelectric materials for energy storage applications[J]. Advanced Energy Materials,2019,9(17):1803048.

[17] CHEN L,WANG H,ZHAO P,et al. Multifunctional $BaTiO_3$-$(Bi_{0.5}Na_{0.5})TiO_3$-based MLCC with high-energy storage properties and temperature stability[J]. Journal of the American Ceramic Society,2019,102(7):4178-4187.

[18] LI J,SHEN Z,CHEN X,et al. Grain-orientation-engineered multilayer ceramic capacitors for energy storage applications[J]. Nature Materials,2020,19(9):999-1005.

[19] NEUSEL C,SCHNEIDER G A. Size-dependence of the dielectric breakdown strength from nano-to millimeter scale[J]. Journal of the Mechanics and Physics of Solids,2014,63:201-213.

[20] ZHOU X,ZHAO X,SUO Z,et al. Electrical breakdown and ultrahigh electrical energy density in poly(vinylidene fluoride-hexafluoropropylene) copolymer[J]. Applied Physics Letters,2009,94(16):162901.

[21] MCPHERSON J W, KIM J, SHANWARE A, et al. Trends in the ultimate breakdown strength of high dielectric-constant materials[J]. IEEE T. Electron Dev., 2003, 50(8): 1771-1778.

[22] VON HIPPEL A, MAURER R J. Electric breakdown of glasses and crystals as a function of temperature[J]. Physical Review, 1941, 59(10): 820.

[23] WANG G, LI J, ZHANG X, et al. Ultrahigh energy storage density lead-free multilayers by controlled electrical homogeneity[J]. Energy & Environmental Science, 2019, 12(2): 582-588.

[24] SPAHR H, NOWAK C, HIRSCHBERG F, et al. Enhancement of the maximum energy density in atomic layer deposited oxide based thin film capacitors[J]. Applied Physics Letters, 2013, 103(4): 042907.

[25] PENG B, ZHANG Q, LI X, et al. Giant electric energy density in epitaxial lead-free thin films with coexistence of ferroelectrics and antiferroelectrics[J]. Advanced Electronic Materials, 2015, 1(5): 1500052.

[26] ZHANG Y, LI W, CAO W, et al. Mn doping to enhance energy storage performance of lead-free 0.7NBT-0.3ST thin films with weak oxygen vacancies[J]. Applied Physics Letters, 2017, 110(24): 243901.

[27] ZHU H, LIU M, ZHANG Y, et al. Increasing energy storage capabilities of space-charge dominated ferroelectric thin films using interlayer coupling[J]. Acta Materialia, 2017, 122: 252-258.

[28] ZHANG Y, LI W, QIAO Y, et al. 0.6ST-0.4NBT thin film with low level Mn doping as a lead-free ferroelectric capacitor with high energy storage performance[J]. Applied Physics Letters, 2018, 112(9): 093902.

[29] ZHANG T, LI W, HOU Y, et al. High-energy storage density and excellent temperature stability in antiferroelectric/ferroelectric bilayer thin films[J]. Journal of the American Ceramic Society, 2017, 100(7): 3080-3087.

[30] KIM J, SAREMI S, ACHARYA M, et al. Ultrahigh capacitive energy density in ion-bombarded relaxor ferroelectric films[J]. Science, 2020, 369(6499): 81-84.

[31] HAN S, KIM J S, PARK E, et al. High energy density in artificial heterostructures through relaxation time modulation[J]. Science, 2024, 384(6693): 312-317.

[32] OGIHARA H, RANDALL C A, TROLIER-MCKINSTRY S. High-energy density capacitors utilizing $0.7BaTiO_3$-$0.3BiScO_3$ ceramics[J]. Journal of the American Ceramic Society, 2009, 92(8): 1719-1724.

[33] YANG Z, DU H, QU S, et al. Significantly enhanced recoverable energy storage density in potassium-sodium niobate-based lead free ceramics[J]. Journal of materials chemistry A, 2016, 4(36): 13778-13785.

[34] ZHAO L, LIU Q, GAO J, et al. Lead-free antiferroelectric silver niobate tantalate with high energy storage performance[J]. Advanced Materials, 2017, 29(31): 1701824.

[35] QI H, ZUO R. Linear-like lead-free relaxor antiferroelectric $(Bi_{0.5}Na_{0.5})TiO_3$-$NaNbO_3$ with giant energy-storage density/efficiency and super stability against temperature and

frequency[J]. Journal of Materials Chemistry A,2019,7(8)：3971-3978.

[36] QI H,ZUO R,XIE A,et al. Ultrahigh energy-storage density in NaNbO$_3$-based lead-free relaxor antiferroelectric ceramics with nanoscale domains[J]. Advanced Functional Materials,2019,29(35)：1903877.

[37] CHEN L,DENG S,LIU H,et al. Giant energy-storage density with ultrahigh efficiency in lead-free relaxors via high-entropy design[J]. Nature Communications,2022,13(1)：3089.

[38] LIU H,SUN Z,ZHANG J,et al. Chemical design of Pb-free relaxors for giant capacitive energy storage[J]. Journal of the American Chemical Society,2023,145(21)：11764-11772.

[39] ZHAO W,XU D,LI D,et al. Broad-high operating temperature range and enhanced energy storage performances in lead-free ferroelectrics[J]. Nature Communications,2023,14(1)：5725.

[40] SUN Z,LIU H,ZHANG J,et al. Strong local polarization fluctuations enabled high electrostatic energy storage in Pb-free relaxors[J]. Journal of the American Chemical Society,2024,146(19)：13467-13476.

[41] KUMAR N,IONIN A,ANSELL T,et al. Multilayer ceramic capacitors based on relaxor BaTiO$_3$-Bi(Zn$_{1/2}$Ti$_{1/2}$)O$_3$ for temperature stable and high energy density capacitor applications[J]. Applied Physics Letters,2015,106(25)：252901.

[42] WANG G,LU Z,YANG H,et al. Fatigue resistant lead-free multilayer ceramic capacitors with ultrahigh energy density[J]. Journal of Materials Chemistry A,2020,8(22)：11414-11423.

[43] LU Z,WANG G,BAO W,et al. Superior energy density through tailored dopant strategies in multilayer ceramic capacitors[J]. Energy & Environmental Science,2020,13(9)：2938-2948.

[44] ZHAO P,CAI Z,CHEN L,et al. Ultra-high energy storage performance in lead-free multilayer ceramic capacitors via a multiscale optimization strategy[J]. Energy & Environmental Science,2020,13(12)：4882-4890.

[45] ZHANG M,LAN S,YANG B B,et al. Ultrahigh energy storage in high-entropy ceramic capacitors with polymorphic relaxor phase[J]. Science,2024,384(6692)：185-189.

第12章

压电陶瓷材料

12.1 压电效应与压电材料

12.1.1 压电效应

居里兄弟于1880年首次在α-石英晶体中发现并在实验上验证了压电效应。简而言之,当在对某些材料施加压力时,在特定表面上会产生电荷,这些电荷的总量与所施加的压力成正比,如图12.1所示。李普曼在理论上预测了压电效应的逆效应,在外部电场作用下,某些材料将产生与电场强度相关的形变。这两种效应相互关联,定义为正压电效应和逆压电效应,并常常同时存在于材料中[1-2]。具有正压电效应和逆压电效应的材料定义为压电材料,在实际应用中压电材料可以实现力和电之间的能量转化。

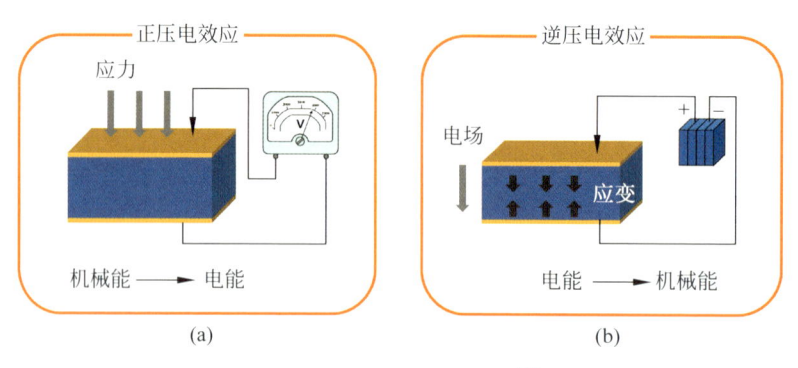

图12.1 压电效应示意图[2]
(a) 正压电效应;(b) 逆压电效应

晶体结构对称性直接决定晶体是否具有压电效应[3]。对于晶体而言,根据对称性可以将其分为32种点群,如图12.2所示。这些点群中有21种具有非中心对称的特点,非中心对称是产生压电效应的基本条件。而在这些非对称点群中,

432(O)点群较为特殊,因为 432 点群具有高度的对称性,因此也不具备压电效应。因此,在 32 种晶体点群中只有 20 种点群结构的晶体可以体现出压电效应。在这 20 种点群中,具有自发极化的晶体称为热释电体。既具有自发极化,自发极化又能在电场的作用下产生翻转的晶体称为铁电体。总体而言,晶体的对称性对于压电效应的存在起着关键作用,而这些特性在压电材料的研究和应用中具有重要的指导意义。

图 12.2　电介质材料中压电体、热释电体、铁电体与点群对称性

12.1.2　压电材料及其主要性能指标

由于陶瓷中的晶粒取向各异,铁电陶瓷材料不能直接表现出宏观压电性能。因此,压电的研究最初只限于单晶材料。20 世纪 40 年代,格雷和罗伯特等在对 $BaTiO_3$ 陶瓷进行极化处理时发现其具有较强的压电性能。自此,压电陶瓷材料得到了迅速的发展。相比压电单晶,压电陶瓷具有如下优势:制备工艺简单,成本较低,易于加工成各种形状以及易制备较大尺寸。经过数十年的发展,如今压电陶瓷材料已经成为市场用量最大的压电材料。

如前文所述,压电陶瓷材料需要经过极化后才能显示出宏观压电性能。图 12.3 显示了铁电陶瓷材料的极化过程。在直流电场作用下,压电陶瓷内部的自发极化将沿外加电场方向定向排列,由于正压电效应与铁电畴自发应变的转向,材料宏观上显示出伸长的应变。撤掉外加电场后,陶瓷内仍保留一定的剩余极化,因此会存在部分剩余应变。由此看出,极化过程对于压电陶瓷来说非常重要。此外,根据上文的论述,非铁电材料中的偶极子即使在极高的外加电场下也不能转向,所以极化过程不适用于非铁电材料。这也是高性能压电材料首先必须是铁电材料的原因。

除了具有一般电介质材料的介电性能与弹性性能,压电材料还具有压电性能。主要的性能参数有压电常数、机电耦合系数(k)、介电常数、机械品质因数(Q_m)、介电损耗、弹性常数等。其中,介电常数、介电损耗和居里温度已经在前述章节介绍了,以下将简要介绍压电性能相关参数。

根据压电效应的原理,压电材料在应用和研究中最重要的压电性能指标是压电常数。而与压电常数相关的应变、应力、电压和刚度中,应变是关注度较高的指

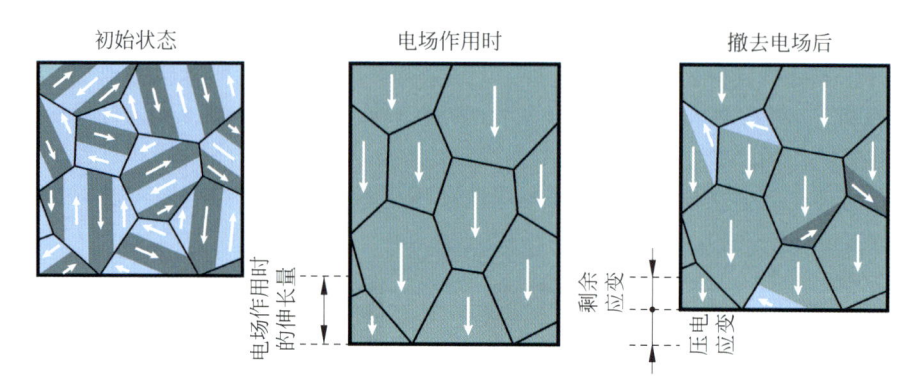

图 12.3　压电陶瓷电畴在电场作用下的应变示意图[4]

标,即压电应变常数(d)。根据边界条件可以建立出应变相关的压电方程集,详细表示为

$$L = d\sigma_T + \varepsilon^\sigma E \tag{12.1}$$

$$S = s^E \sigma_T + d_\sigma E \tag{12.2}$$

式中,L 为位移,σ_T 为应力,E 为电场,S 为应变,ε^σ 代表自由介电常数,s^E 表示短路弹性柔顺系数,d_σ 则是压电常数 d 矩阵的转置矩阵[1,4]。

压电陶瓷在应用时通常需要进行极化处理,极化后压电陶瓷的 d 可以通过三个独立的分量进行描述,包括 d_{31}、d_{33} 和 d_{15}。其中第一个数字代表垂直于电极面的方向(或电场方向),第二个数字表示应变的方向(或应力方向)。上述三个分量中研究最多、应用最广的是 d_{33},它体现压电陶瓷在极化方向受到压应力 T_3 时在其上下电极表面所产生电荷量。d_{33}、T_3 与 L_3 的关系式如下式所示:

$$L_3 = d_{33} T_3 \tag{12.3}$$

式中,d_{33} 可以体现出正压电效应中应力与电荷的关系,而在逆压电效应中往往使用 d_{33}^* 来描述电场和应变量的关系。

12.2　压电材料的分类

12.2.1　铅基压电材料

铅基压电材料是使用最早、应用最广泛的压电材料之一,自发现以来垄断着压电市场。其中以商用锆钛酸铅($Pb(Zr,Ti)O_3$,PZT)陶瓷材料为主,几乎占据了全部民用市场。铅基材料的研究热潮源于 1954—1955 年贾菲等在铁电钛酸铅($PbTiO_3$,PT)和反铁电锆酸铅($PbZrO_3$,PZ)连续固溶体中的一系列重要发现。

1. PZT 基压电陶瓷材料

PZT 陶瓷材料是 PbZrO$_3$-PbTiO$_3$（PZ-PT）固溶体。其中 PT 属于铁电体，其 d_{33}<100 pC·N^{-1}；而 PZ 属于反铁电体。反铁电体的电滞回线呈双矩形，即双电滞回线；其剩余极化强度为零，不呈现压电效应。PZT 固溶体陶瓷的相图如图 12.4 所示[5-6]，PZ 室温下呈菱方相（R），在约 230℃时转变为立方相；而 PT 呈四方相（T），在约 500℃时方可转变为立方相。当二者比例在准同型相界（MPB）纯 PZT 固溶体陶瓷的 MPB 组分摩尔比例 PZ：PT 约为 52：48 时，铁电、压电、介电性能为纯 PZT 陶瓷的最优性能（d_{33}~300 pC·N^{-1}，ε_{33}~1000）[7]。当 PZT 组分位于 MPB 处时，这主要归功于 R-T 相的共存。菱方相有 8 个自发极化取向，而四方相有 6 个自发极化取向。当 PZT 陶瓷相结构处于 R-T 相共存时，共有 14 个可能发生自发极化的取向，压电陶瓷具有更多的自发极化方向。这有利于削弱极化强度的各向异性程度，降低畴壁能，从而提高铁电畴的灵活性，所以此时压电陶瓷的极化强度较高。

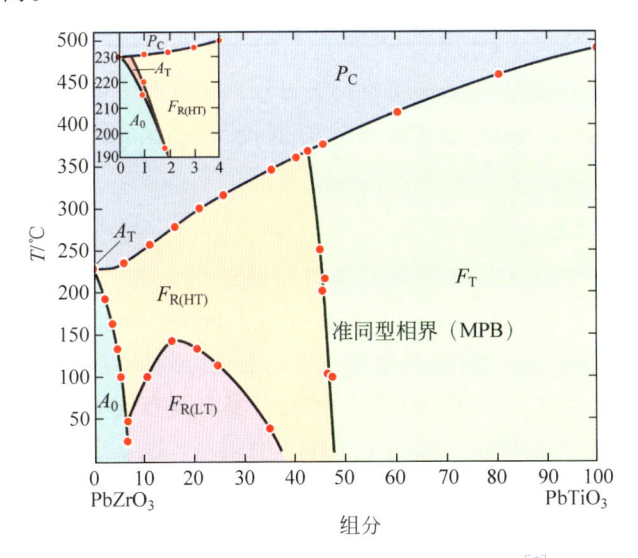

图 12.4 PbZrO$_3$-PbTiO$_3$ 体系的二元相图[6]

自 PZT 基压电陶瓷材料成为换能器、驱动器等器件的主流压电材料后，PZT 压电陶瓷的应用需求不断扩大，研究人员陆续尝试多种方法调控 PZT 基压电陶瓷材料的各项性能，其中最为有效的当属元素掺杂改性。元素掺杂主要分为"软性"掺杂和"硬性"掺杂。"软性"掺杂一般为施主掺杂，即掺杂高价态离子于陶瓷材料中取代较低价态离子，达到电荷平衡的同时会产生阳离子空位。阳离子空位的存在可以提高畴壁运动能力，从而提高极化强度和 d_{33}。然而，畴壁较高的运动能力又导致陶瓷损耗较高。"软性"掺杂优化 PZT 基压电陶瓷材料可以满足一些对压电常数要求较高的应用场景,如大位移驱动器等。"硬性"掺杂一般属于受主掺杂,是在 PZT 基压电陶瓷材料中加入较低价态的离子以替换陶瓷中较高价态的离子。由于电荷平衡原理,在陶瓷中会产生氧空位以中和置换位置的电荷。对于畴壁的运动而言,氧空位起到一定"钉扎"作用,从而限制畴壁的移动。"硬性"掺杂可以极大降低 PZT 压电材料的机械损耗和介电损耗,并提高机械品质因数。这种材料适用于某些大功率和高频作业的应用场景,如大功率发射换能器、高频超声马达等。表 12.1 为商业化应用中典型的软硬掺杂 PZT 压电材料性能分类对比。

表 12.1 商业化应用 PZT 压电材料的性能比较[8]

性 能 参 数	"软性"掺杂		"硬性"掺杂	
	PIC 151	PIC 152	PIC 181	PIC 300
$d_{33}/\mathrm{pC \cdot N^{-1}}$	500	300	265	155
$T_C/℃$	250	340	330	370
$\tan\delta$	0.020	0.015	0.003	0.003
Q_m	100	100	2000	1400

由于 PZT 基压电陶瓷具有优异的综合压电、铁电、介电性能,同时具备较优的性能可调性,包括陶瓷、薄膜、复合材料在内的 PZT 基压电材料目前在压电领域研究中仍然被高度关注。

2. PMN 基压电陶瓷材料

铅基材料中目前的研究热点之一是铌镁酸铅($Pb(Mg_{1/3}Nb_{2/3})O_3$,PMN)钙钛矿型弛豫铁电化合物,PMN 陶瓷材料在介电常数居里峰处会发生介电峰的宽化并伴随频率弥散等现象。PMN 陶瓷与 KNN、BTO、NBT、PZT 等陶瓷不同,它在室温下的晶体结构为立方相,因此 PMN 陶瓷自身不具有压电性。1965 年,乌奇等发现在 PZT 陶瓷材料中固溶 PMN 成分能够优化 PZT 陶瓷材料的压电性能[9]。1980 年,内野发现 PMN 晶体具有较强的电致伸缩特性[10]。随后,科研人员在 PMN 陶瓷材料中掺入 PT 得到 PMN-PT 连续固溶体,在室温下该固溶体的晶体结构随着 PT 组分的增加逐渐从立方相转变为菱方相,同时伴随压电性能的提高。当 PMN-PT 固溶体的摩尔比例 PMN∶PT 约为 65∶35 时,固溶体中出现了类似于 PZT 陶瓷材料中的 MPB 结构。在 MPB 处 PMN-PT 陶瓷材料具有较为优异的压电、介电性能($d_{33} \sim 900 \mathrm{\ pC \cdot N^{-1}}$,$\varepsilon_{33} \sim 6000$)。然而,PMN-PT 的潜力不止于此,PMN-PT 单晶的出现几乎打破了压电常数的畛域。2019 年,李飞课题组在 Science 上报道的 PMN-PT 单晶 d_{33} 可以达到 4100 $\mathrm{pC \cdot N^{-1}}$ [11]。

3. PZN 基压电陶瓷材料

$Pb(Zn_{1/3}Nb_{2/3})O_3$(PZN)陶瓷材料与 PMN 陶瓷材料类似,也属于弛豫铁电化合物。在室温下,PZN 呈菱方相并具有压电性。PZN-PT 二元固溶体成分在摩尔比例 PZN:PT 约为 92:8 时,陶瓷材料中存在 MPB。与 PZT、PMN 相似,PZN-PT 压电陶瓷组分在 MPB 附近时也具有最优的压电和介电性能。1982 年,桑原等利用助溶剂法生长出了性能较为优异的 PZN-PT 单晶材料($d_{33} > 1000$ pC·N^{-1})[12]。1997 年,斯考特课题组生长出了 2 cm×2 cm 的 PZN-PT 单晶,这在当时属于尺寸较大、性能较高的单晶材料[13]。随后科研人员陆续发现,组分在 MPB 附近的 PZN-PT 单晶沿[001]方向极化后压电性能会有显著提升($d_{33} \sim 2500$ pC·N^{-1},场致应变约为 1.7%),并具有极低的损耗和较小的应变滞后[7]。

12.2.2 无铅压电材料

铅基压电陶瓷材料中含有大量的铅元素,如 PZT 中含有约 60% 的铅元素,这将在铅基压电陶瓷材料的生产、使用和回收过程中引发铅污染问题,对人身、水源和土壤造成严重危害。21 世纪初开始,国际上逐渐开始限制铅元素在各种材料中的应用,无铅替代有铅已逐渐成为社会共识[14]。欧盟在 2006 年颁布了《电器电子设备中限制使用某些有害物质指令》(RoHS)来限制含铅材料在电器电子设备中的应用。紧随其后,日美等国家也陆续出台了多项指令限制铅元素的应用。我国也于 2006 年和 2016 年相继颁布了多项法律法规对电子元器件中的铅元素进行了限制。不难发现,无铅压电材料的发展已经成为国际上重要的科学命题。一旦有国家攻克该问题,这很有可能成为中国电子元器件出口的"卡脖子"条款,无铅压电材料的发展对于我国而言刻不容缓。

1980 年以来,学术上对无铅压电材料的研究热度情况如图 12.5(a)所示[2]。不难发现,无铅压电的学术产出自 2000 年以来增长十分迅速,这主要源于无铅压电陶瓷材料的几大里程碑事件,如图 12.5(b)所示。限铅法令的颁布是这一切的关键起源[15]。萨伊托等在铌酸钾钠($K_{0.5}Na_{0.5}NbO_3$,KNN)基压电材料中的突破等一系列重大材料研究进展也陆续引发各种无铅体系的研究热潮[16]。在市场化推进中,无铅压电多层驱动器在面向换能器的应用中发挥着重要的作用[17-18]。在未来的预测中,市场化程度将不断提高,无铅压电在诸多应用领域的发展欣欣向荣,这给无铅化的科研进步带来了巨大的挑战和机遇。

目前面向应用的无铅压电材料主要包括铌酸钾钠体系、钛酸钡体系和钛酸铋钠体系。除此之外,在少数领域中,铁酸铋体系和其他非钙钛矿压电材料也发挥着重要的作用。

1. BTO 基陶瓷

BTO 基陶瓷是迄今为止发现的第一个具有铁电性的多晶陶瓷材料,它具有经典的钙钛矿结构,是最早被广泛研究、投入生产的无铅压电陶瓷材料。在 20 世纪

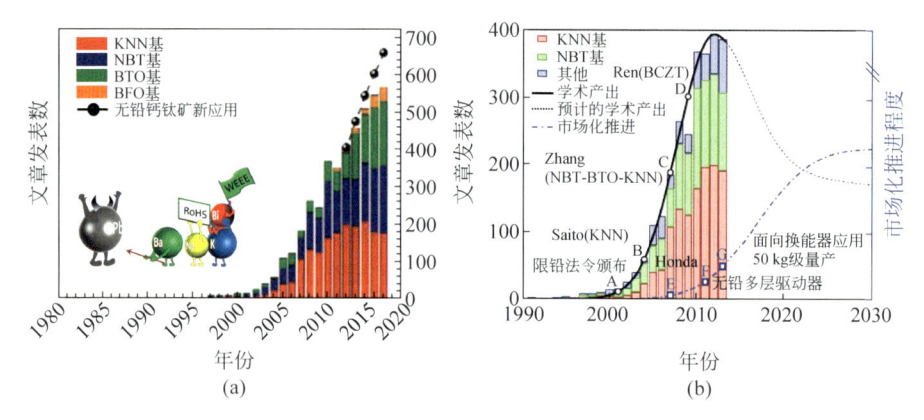

图 12.5 无铅压电材料的研究发展历史

(a) 1980—2018 年,无铅压电陶瓷几大主要体系及无铅应用的文章发表数[2];(b) 无铅压电材料的学术产出和市场化进度随年份的变化预测[15]

50 年代,它被认为是压电换能器应用的重要候选材料,并发展了单畴、单晶态的基本现象逻辑理论[19]。直到 2009 年,刘和任[20] 重新考虑了 BTO 基材料在压电应用方面的潜力,在 Ca 和 Zr 改性的 BTO 中发现的突出的压电特性引发了与无铅压电相关的大量研究[21-23]。然而,尽管 BTO 基的大 d_{33} 受到人们的关注,但这些性质的稳定性相对有限[24]。随着温度的升高,BTO 陶瓷会经历丰富的相变过程[25]。到目前为止,优化后的 BTO 陶瓷居里温度可达 160℃,但仍无法满足部分高温环境下的应用需求,这是限制 BTO 应用和发展的主要因素[26-27]。

2. NBT 基陶瓷

1961 年,Smolenskii 首次发现了 NBT 压电陶瓷材料[28]。由于其巨大的压电响应和优异的储能活性而受到人们的广泛关注[29]。NBT 陶瓷开始被用于制动器、脉冲功率电容器、红外探测器、传感器等方面的应用。其高应变和优异的频率稳定性优于其他钙钛矿基材料[30-33]。NBT 基化合物的三元体系由于其组成引起的铁电相变而表现出巨大的应变[34-35]。通常,NBT 基弛豫铁电体可以产生较大的应变,这使得 NBT 压电陶瓷材料广泛应用于驱动器领域。但是,压电常数和退极化温度在 NBT 基压电陶瓷材料中是一组难以兼得的特性,过低的退极化温度使其在应用中极易失效,这导致其应用领域被严重限制[36]。

3. KNN 基陶瓷

KNN 基陶瓷是由 $KNbO_3$ 与 $NaNbO_3$ 形成的连续固溶体,其中 $KNbO_3$ 具有压电性,$NaNbO_3$ 具有反铁电性,图 12.6(a)为该体系的二元相图[37]。KNN 陶瓷中的压电效应最早是由埃杰顿和狄龙在 1959 年发现的,当 $KNbO_3$ 和 $NaNbO_3$ 的比例为 1∶1 时,陶瓷具有最优异的压电性能[38]。图 12.6(b)是 KNN 基陶瓷升温过程中的相转变过程。然而随着对 KNN 基陶瓷研究的逐渐深入，人们发现其在烧结过程中无法避免的碱金属挥发以及极差的一致性，对于压电材料的应用推广而言是致命的缺陷，其在压电性能等方面同时不具备显著的优势[39]。故而在这之后，KNN 基陶瓷的研究鲜有报道。

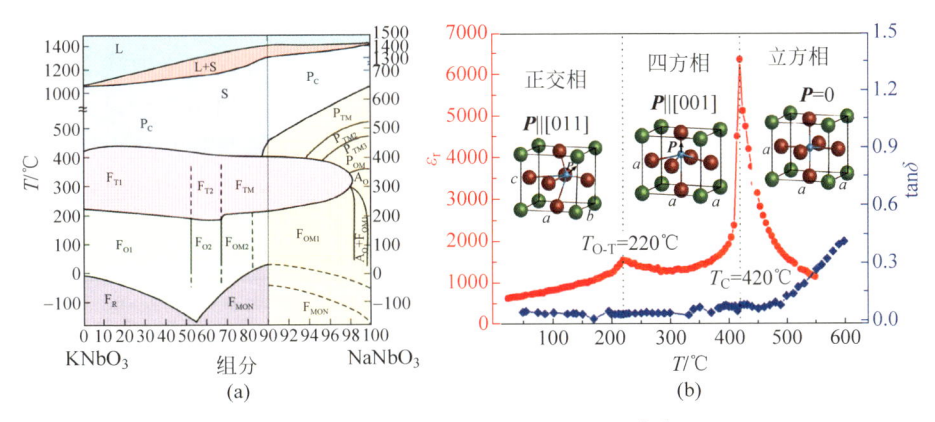

图 12.6　KNN 的相图和相结构信息[37]

(a) $KNbO_3$-$NaNbO_3$ 体系的二元相图；(b) 纯 KNN 基陶瓷相对介电常数和介电损耗随温度的变化，插图为纯 KNN 基陶瓷的不同相结构晶胞结构示意图

直到 2004 年，*Nature* 上报道了一种具备超高压电性的 KNN 基织构陶瓷，性能超越部分铅基材料的同时，还具有较高的居里温度[16]。伴随着国际上对铅基材料的禁止，导致 KNN 研究一跃成为学术界的热点话题，人们开始重拾对 KNN 的信心。近二十年的发展中，研究人员不断克服 KNN 基陶瓷重复性差、制备工艺难、温度稳定性差、烧结窗口窄等问题[5,40-46]。由于其出色的综合性能，目前已初步得到应用，有望对铅基材料进行部分取代[18,47]。

4. BFO 基陶瓷

20 世纪以来，对铋基钙钛矿的研究催生了氧导体、高温电介质和储能材料等新的研究领域[48]。纯 BFO 陶瓷是唯一兼具铁电性和磁性的多铁材料[49]。随着近年来 BFO 基无铅压电材料的发展，拓展了高温压电材料的应用前景，这是因为其 T_C 高达 830℃[50]。然而，BFO 基陶瓷通常伴随着较恶劣的漏电现象，而且目前的一些常规离子取代改性并不能显著优化其性能，其 d_{33} 往往低于 50 pC·N^{-1}[51]。尽管 BFO 可以应用于铁电记忆存储等相关应用领域[52]。然而，目前对 BFO 的研究尚未完全揭示其特殊的机制。

5. 其他非钙钛矿陶瓷

除了以上几种常规的钙钛矿压电材料，一些非钙钛矿压电陶瓷也有用武之地。例如某些钨青铜结构的氧化物自发极化强度较高、光电系数比较大[53]；而某些铋层状结构化合物则因 Q_m 和 T_C 较高而在大功率设备中得到应用[54]。

对于以上几种无铅压电陶瓷体系而言，他们都具备各自显著的特点。尽管目前无铅体系依旧难以完全替代含铅压电材料，可以预见的是，这些体系将分别从不同应用领域对铅基材料进行替代。若要从综合性能上彻底取代铅基材料，显然 KNN 体系是最有希望的体系之一。

不同的无铅压电陶瓷体系各有特点，但目前尚无体系可以完全取代含铅压电陶瓷的应用。因此可以预见，未来无铅压电陶瓷的发展与应用仍将会是多种体系并存的格局。表 12.2 对比了上述几种无铅钙钛矿压电陶瓷与铅基压电陶瓷的压电性能。从中可以看出，KNN 基无铅压电陶瓷是最具潜力替代 PZT 的材料。

表 12.2 不同体系无铅钙钛矿压电陶瓷性能对比

体系	d_{33}/(pC·N^{-1})	ε_r	T_C/℃	优势	劣势
PZT 基	400~650	1500~4000	120~320	性能全面	无明显劣势
BTO 基	190~780	1500~8000	~120	ε_r 较高	退极化温度较低
NBT 基	80~200	~1000	~290	电致应变大	退极化温度低 E_c 较高
BFO 基	30~50	~100	~830	T_C 较高 P_S 较大	漏电流大 E_c 较高
KNN 基	120~650	500~2000	200~400	T_C 较高 d_{33} 较高	温度稳定性较差

12.3 压电材料中的性能调控

迄今为止，科学界已经发展出了多种方法实现 KNN 基压电陶瓷性能的提升，相关工作主要集中于陶瓷的制备工艺优化与化学成分改性两方面。制备工艺优化方法主要指先进烧结制备技术以及织构化等手段。化学成分改性方法因其基础理论较为成熟、制备过程简单以及性能调控可控等优点被认为是优化 KNN 基无铅压电陶瓷的关键手段。以下将详细介绍 KNN 基压电陶瓷的性能调控方法。

12.3.1 相界工程

相界调控被认为是提高软性 KNN 基压电陶瓷压电性能的有效方法。研究表明，多相共存的相结构可以提供更多的自发极化方向，从而使极化翻转的自由能曲线变得平坦，这会导致极化翻转更为容易，进而提高陶瓷的压电活性。通过掺入 Li、Hf、Ta、Sb 等元素，可以降低正交(O)-四方(T)相转变温度 T_{O-T}，在室温下构建 O-T 共存相。2004 到 2010 年期间，大量研究利用室温下构建 O-T 相界的方法，将 KNN 基压电陶瓷的 d_{33} 提升至 230～400 pC·N^{-1}。

在此后一段时期内，尽管研究人员做了大量工作，但性能始终无法继续突破。为此，研究人员借鉴 PZT 陶瓷中的 MPB 结构，在降低 $T_{\text{O-T}}$ 的同时提高菱方(R)-正交相转变温度 $T_{\text{R-O}}$，从而在室温下构建了 R-T 相界，如图 12.7(a)所示。2014 年，王等[55]利用 Sb、Ba、Zr 共掺杂的方法，在室温下构建了 R-T 相界，将 d_{33} 提高至 490 pC·N^{-1}。此后，KNN 体系相关报道中的 d_{33} 不断提高(490～650 pC·N^{-1})。从图 12.7(b)可以看出，研究人员通过上述改性方法，将 KNN 基压电陶瓷的 d_{33} 逐步提高。目前，KNN 陶瓷的 d_{33} 已提升至 500～700 pC·N^{-1}，部分研究报道的压电性能远远超过 PZT 陶瓷。

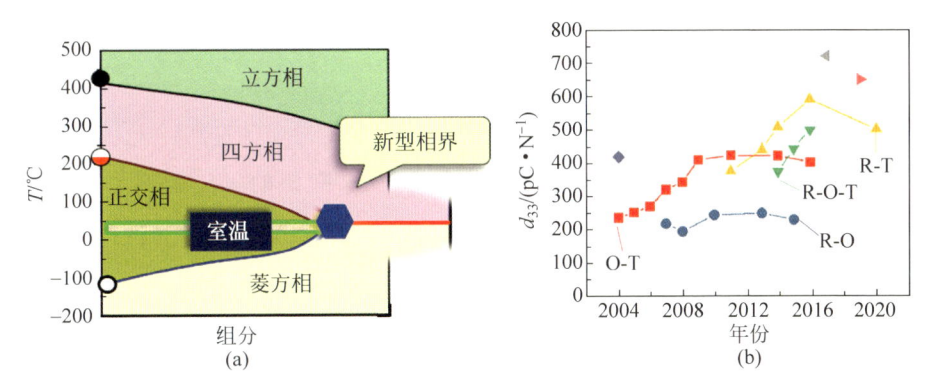

图 12.7　相界调控的优化作用

(a) KNN 基压电陶瓷中相界调控示意图；(b) 过去 17 年中 KNN 基压电陶瓷压电性能调控进展[56]

12.3.2　铁电畴工程

除了相界调控，畴工程也是提高压电材料中压电性能的有效手段。一般而言，压电响应包含本征贡献和非本征贡献两部分。前者源于钙钛矿晶胞中的极化，后者源于畴壁的移动。畴工程即通过提高材料中的非本征压电贡献从而增强压电性能。研究表明，小尺寸的铁电畴有利于提高 KNN 基陶瓷的压电性能，这一现象在 PZT 陶瓷中也有报道。刘等通过晶格软化构建了纳米尺度的多层次畴结构，成功将 d_{33} 提高至 500 pC·N^{-1}。2019 年，陶等[57]利用组分设计，在 KNN 基陶瓷中引入极性纳米微区(PNRs)，提高了极化的各向异性和畴壁密度，获得了高达 650 pC·N^{-1} 的 d_{33}，如图 12.8(a)所示。最近，高等[58]通过对极化矢量的分析以及相场模拟的手段，揭示了多元素掺杂可以诱导纳米尺度的结构不均匀并降低自发极化矢量的角度，从而提高 KNN 基陶瓷的压电性能，如图 12.8(b)所示。

除此之外，研究人员还通过利用改变极化方式来调控畴结构。例如，王等[59]利

(a)　　　　　　　　　　　　　　(b)

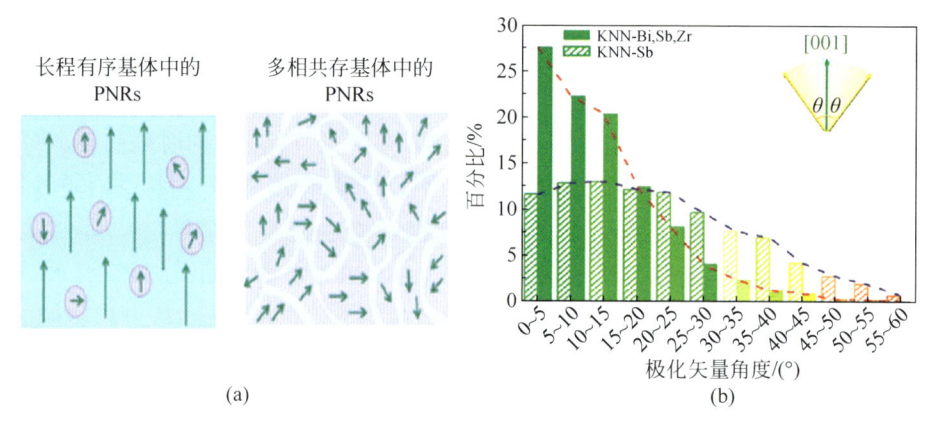

图 12.8　铁电畴调控和化学掺杂的优化作用

（a）KNN 基压电陶瓷中的畴结构调控[57]；（b）化学掺杂诱导 KNN 基压电陶瓷极化矢量角度降低用以提高压电性[58]

用二次极化的方法，成功地将掺杂 KNN 的 d_{33} 从 190 pC·N^{-1} 提高到 324 pC·N^{-1}。陶等[60]利用交流电场极化的方法，使 KNN 基压电陶瓷的 d_{33} 得到了进一步的提高。

12.3.3　缺陷工程

1. 钙钛矿中缺陷的引入和电场调控

缺陷调控不仅可以优化压电材料电致应变，也是调节钙钛矿材料（包括铁电性钙钛矿）性能的一种有效方法[61-62]。例如，锆钛酸铅通常采用缺陷工程技术来获得高压电性、低机械和介电损耗[63-64]。碱金属铌酸盐（如铌酸钠和铌酸钾）中的 A 位空位会使材料形成局部非均质性，从而产生巨大的压电性[65-66]。此外，氧空位对铁电材料具有一定的硬化作用，这可以大大提高换能器的效率[67]。因此，深入了解缺陷形成的本质及其对材料性能的影响是提升缺陷工程应用灵活性的关键。

钙钛矿氧化物压电陶瓷中的点缺陷包含空位缺陷和置换缺陷[68-69]。空位缺陷包括 A 位离子空位（压电陶瓷中一般有 NBT 中的 Bi、Na 离子空位以及 KNN 中碱金属离子空位，PZT 中的 Pb 离子空位）和氧空位。空位缺陷往往是由非化学计量比掺杂、元素的挥发所致，不同价态元素取代也会改变氧空位的浓度。置换缺陷则是利用不同价元素对钙钛矿的 A 位或者 B 位进行施主或受主掺杂所产生的 A 位或 B 位置换缺陷。

对于材料中的缺陷，还可以通过外场进行人为调控。图 12.9 是在中等还原性气氛（在 1073 K，$p_{O_2} = 10^{-18} \sim 10^{-1}$ Pa）退火后的掺 0.15mol% 铁的 $SrTiO_3$ 晶体，对电着色的真实状态（上图）与数值模拟的结果（下图）进行了比较，显示了氧空位浓度分布。退火后的单晶几乎呈无色,在 465 K 和 27 kV·mm^{-1} 的外场作用下,氧空位发生迁移,引起局部 Fe 离子的变价进而是单晶变色。该实验有力地证明了在钙钛矿氧化物中,氧空位可以在电场的作用下发生迁移。除此之外,环境中的氧分压也会引起材料表面氧空位浓度和材料内部的差异。利用外场可以控制材料中氧空位的分布,进而根据需求设计材料的性能。例如,德拉甘等利用电场在结构对称的 CeO_2 材料中实现压电性能[70]。中心对称的萤石 CeO_{2-x} 薄膜通过钆掺杂可以表现出惊人的超高压电响应(26% 的电致应变,有效压电应变系数 d_{33}^* 约为 200 000 pm·V^{-1})。这种显著的响应是通过电场诱导 $V_O^{\cdot\cdot}$ 的重排实现的。值得注意的是,这种令人印象深刻的电响应仅在兆赫兹频率下才能观察到,并且需要施加较强的直流电场实现 $V_O^{\cdot\cdot}$ 的重排来打破晶体反转对称性[70]。

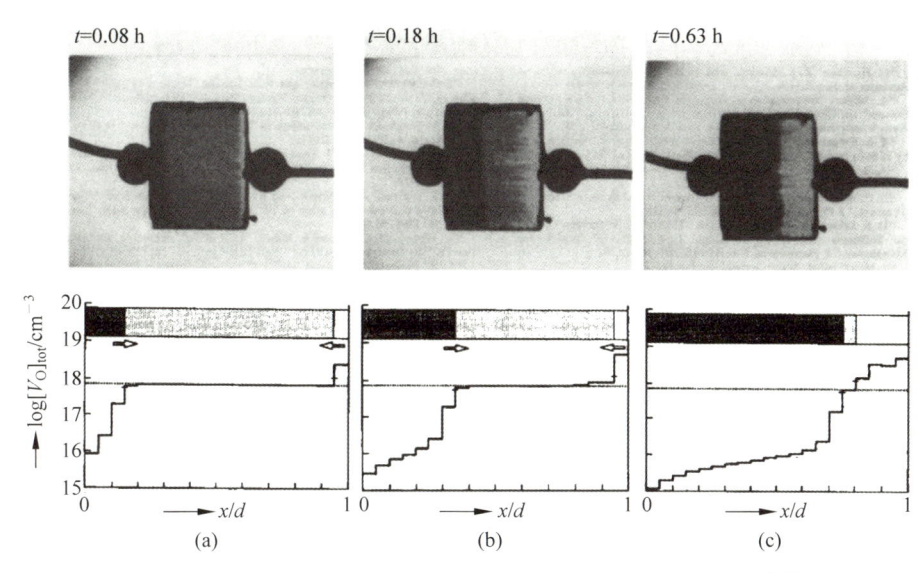

图 12.9　掺铁 $SrTiO_3$ 单晶外场下的电显色过程中的三种状态[71]

(a) $t=0.08$ h; (b) $t=0.18$ h; (c) $t=0.63$ h

2. 钙钛矿中引入缺陷对压电性能的调控

在 PZT 陶瓷的缺陷化学研究中,研究人员总结并建立了缺陷钉扎效应的模型,如图 12.10(a)所示。缺陷对畴壁的运动产生钉扎的可能情况被进一步描述为块体效应、畴壁效应和表面效应,进而实现对 PZT 陶瓷各项电学性能的优化。除此之外,材料中的空位缺陷在库仑力的作用下,可能会与带有相反电性的缺陷形成缺陷偶极子,如图 12.10(b)所示。材料中的缺陷满足对称一致性原理,缺陷偶极子由于其对铁电畴的恢复力等作用促使压电陶瓷产生较大的电致应变[72]。在 KNN 中,低价离子(如 Mn^{2+}、Cu^{2+})取代 Nb^{5+} 后由于电荷平衡等会在材料中产生氧空位，二者容易形成缺陷偶极子[73]。老化后的缺陷偶极子会沿着自发极化方向定向。当撤去压电陶瓷的外加电场时，非180°畴将在被定向的缺陷偶极子的作用下发生更多的翻转。在单极下，这种效应可以获得更高的电致应变[73]。赵等[13]通过在KNN中掺杂Mn元素形成Mn取代缺陷和氧空位之间的缺陷偶极子，进而获得了0.28%的单极应变，相比常规KNN陶瓷提高了近6倍。在实验和理论上，研究人员借助电子顺磁共振[69]和第一性原理计算[74]等方法对含有缺陷偶极子的KNN基陶瓷的结构进行了验证。

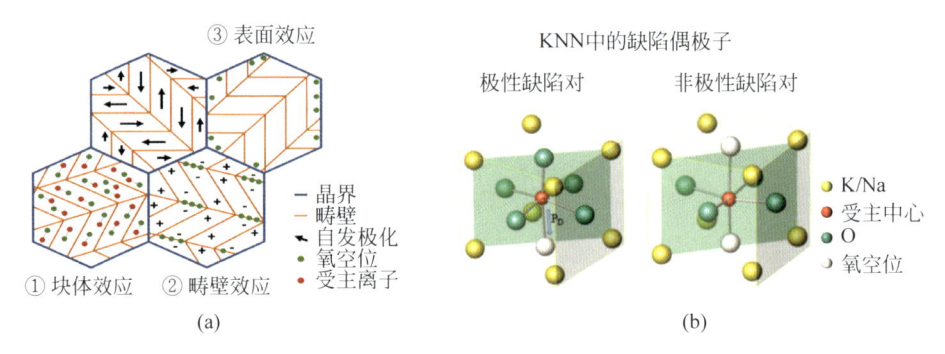

图12.10 压电材料中缺陷优化性能的机理示意图
(a) PZT中缺陷的钉扎效应[75]；(b) KNN晶胞的缺陷偶极子[76]

最近，通过调整 $V_O^{··}-V_A'$ 缺陷偶极子的单向伸缩排列（V_A' 指 ABO_3 钙钛矿中的A位空位），在KNN基陶瓷中实现了优异的抗疲劳电致应变（在 5 kV·mm^{-1} 下为1.05%），而且无需任何合成后处理[77]。随后，由五层高度织构化和缺陷工程化的KNN基陶瓷组成的堆叠型制动器表现出 11.6 μm 的大场致位移[78]。除了缺陷偶极子的方法，薄膜材料还可以进行一些独特缺陷设计[65,79]。Liu等通过调控缺陷引入纳米柱进而设计平面断层以形成局部异质结构，可以在 $NaNbO_3$ 薄膜中产生10%的电致应变[66]。

3. 缺陷分析的发展和困境

锆钛酸铅、铌酸钾钠和钛酸铋钠等铁电性钙钛矿在烧结过程中往往伴随着A位元素的挥发，固有地形成一些缺陷（A位空位或氧空位）。从技术上讲，通过调节缺陷浓度来控制性能不够直接，缺乏指导性的规律。由于电中性条件，引入一个带电缺陷总是会产生另一个的带相反电荷的缺陷。另一个问题是铁电体电性能对缺陷浓度极其敏感，对缺陷的定量分析手段十分紧缺，到目前为止这仍然具有很大的挑战性。因此，开发缺陷的定量表征方法是缺陷工程的重要研究课题。见表12.3，许多技术可用于获得定性的缺陷信息，如电子自旋共振（ESR）[80]和核磁共振（NMR）[81]、正电子湮灭寿命谱（PALS）[82]、阻抗谱（IS）[83-85]、X射线光电子能谱

(XPS)[86]、紫外可见光谱(UV-Vis)[87]、光致发光和透射电子显微镜(TEM)[66]。这些表征常用于研究铁电钙钛矿中的缺陷。其中，XPS、UV-Vis、ESR、NMR、PALS等方法常用于分析钙钛矿中的缺陷，如氧空位、变价离子缺陷(如Mn离子缺陷、Fe离子缺陷)等。这些分析手段只能用于定性分析，并且适用于某些固定种类的缺陷。阻抗谱是一种间接分析缺陷的方法，常用于研究PZT、NBT、BTO等材料。透射电电子显微镜可以直接观察到缺陷，但高能电子束的照射可能会对样品造成潜在的损伤并引入伪影。对样品厚度和取向的严格要求也进一步限制了其在纳米尺度微分析中的应用。在微量定量分析中，如何在微小几何变化条件下获得可靠、准确的结果也是一个普遍存在的问题。迄今为止，由于缺乏一种有效的、通用的宏观缺陷分析方法，研究人员仍然难以分析缺陷浓度和材料性能之间的确切影响关系，这限制了陶瓷材料拓展应用的可能性。

表12.3 可用于缺陷研究的分析方法及其特点

方法	测试/分析难度	分析位置	损伤	缺陷种类
电子自旋共振	适中	整体	无	定性，部分元素
核磁共振	较高	整体	无	定性，部分元素
正电子湮灭寿命谱	较高	表面层	无	定性，部分元素
X射线光电子能谱	适中	表面	无	定性，部分元素
光致发光光谱	较高	表面	无	定性，部分元素
辉光放电原子发射光谱	较高	表面层	有	半定量，大多数元素
二次离子质谱法	较高	表面层	有	半定量，部分元素
紫外可见光谱	适中	表面	无	半定性，部分元素
透射电子显微镜	较高	局部晶胞	有	半定量，大多数元素

4. 缺陷优化压电材料压电性能的瓶颈

受主掺杂诱导的带电氧空位，通常以缺陷偶极子的形式存在于ABO_3钙钛矿中，在老化过程后，缺陷偶极子倾向于沿着自发极化的方向排列。一些研究人员认为，这些缺陷偶极子可以为可逆铁电畴的翻转提供强大的恢复力，最终导致高电应变[88-89]。这种方法帮助各种无铅压电体系实现了电致应变突破，如BTO(在 $0.2\ kV \cdot mm^{-1}$ 下 0.75%)[73]和掺杂Cu或Fe的KNN(在 $5\ kV \cdot mm^{-1}$ 下 $0.4\% \sim 0.5\%$)[72]。如图12.11所示，阴影区域表示材料的固有电应变，而青色部分表示缺陷偶极子的恢复力的贡献[13,73,90-98]。插图为由于缺陷偶极子提供的恢复力促使可逆铁电畴翻转进而导致高电应变的示意图。然而，通过这种恢复力促进铁电畴翻转来增强电致应变的方法受到缺陷偶极子浓度的限制，在临界阈值以上，受主掺杂离子会与材料中更多的氧空位形成非极性的缺陷对，从而导致硬化效应或应变性能的降低，继而导致电应变减小。

此外，如图12.12(a)和(b)所示，B位缺陷和氧空位形成的缺陷偶极子在优化

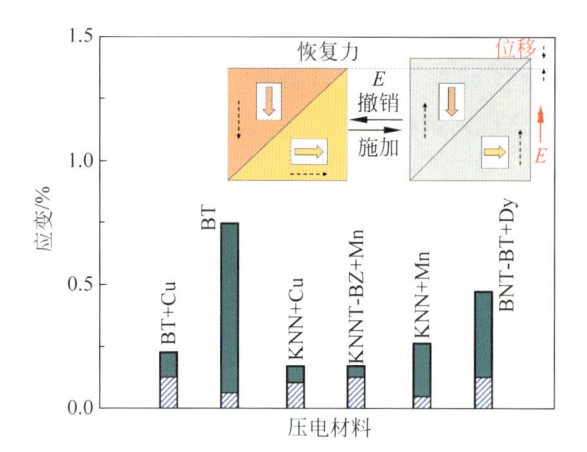

图 12.11 通过增强的可逆铁电畴翻转促进的电致应变，阴影部分为材料自身电致应变[98]

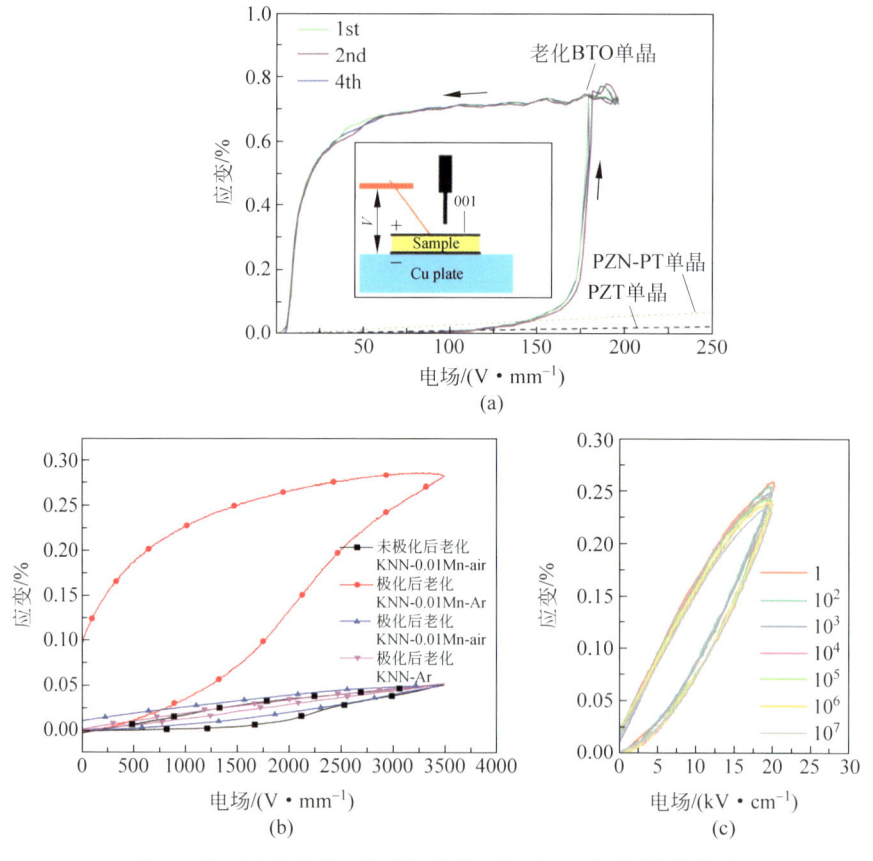

图 12.12 缺陷偶极子优化后压电材料的单极电致应变曲线
(a) BTO 陶瓷[73]；(b) KNN-Mn 陶瓷[13]；(c) KNN-Sr 陶瓷[77]

压电材料电致应变的同时伴随着显著应变滞后。尽管对 A 位缺陷和氧空位形成的缺陷偶极子优化电致应变时应变滞后显著减小，但依旧无法避免，如图 12.12(c) 所示。在应用中，往往对压电材料应变曲线的线性度要求很高，缺陷偶极子的滞后现象限制了压电材料的实际应用。

12.3.4 微观结构工程

陶瓷的物理性质不仅取决于晶体结构和成分，还取决于微观结构。微观结构由晶粒、孔隙和晶界组成。重要的微观结构特征是晶粒大小及其分布、孔隙数量（密度）、孔隙大小和位置等。在压电陶瓷中，通过对微观结构的调控也可以实现对压电性能的优化，例如织构化、晶粒尺寸效应等，这些方法统称为微观结构工程。

1. 织构工程

每个晶粒中晶轴的取向是陶瓷特征之一。通常烧结的陶瓷晶粒取向是随机的。晶轴有意排列的陶瓷称为"织构化""结晶织构化""结晶取向化""晶粒取向化"陶瓷，如图 12.13(a) 和 (b) 所示。晶体的许多物理性质取决于测量方向相对于晶体轴线的方向。通常制备的陶瓷由具有随机取向的晶粒组成，测量的物理性质是每个晶粒的平均值，而且在许多情况下小于单晶体的物理性质。织构陶瓷在晶体轴线的取向方面具有单晶性质，并且物理性质预计会增强。开发烧结陶瓷织构以增强物理性质的技术称为织构工程。

织构陶瓷的压电性能可以达到同组分单晶性能的 60%～80%，织构化成为改善材料铁电和压电性能的一种有效方法。织构陶瓷的发展增强压电陶瓷性能的同时，相较单晶而言，织构陶瓷具有制备工艺简单、成本低、形貌可控、能够制备大尺寸样品的优点，引起了人们的广泛关注[99]。2004 年，萨伊托等通过织构化大幅提高 KNN 的压电性能，使其可以与主流的铅基陶瓷相媲美[16]，如图 12.13(c) 所示。这一度成为 KNN 陶瓷里程碑的发现，开启了 KNN 的研发热潮。近年来，人们研究发现织构化压电陶瓷在压电能量采集器方面具有高的压电能量转换因子。2013 年，严等[100]以 $BaTiO_3$ 作为模板籽晶，采用流延成型工艺制备出〈001〉方向、织构度高达 90% 的 $Pb(Mg_{1/3}Nb_{2/3})O_3$-$PbZrO_3$-$PbTiO_3$（PMN-PZT）压电陶瓷，获得的织构度为 90%，压电常数增加了 5 倍，能量转换因子 $d_{33} \times g_{33}$ 高达 59 000 × 10^{-15} $m^2 \cdot N^{-1}$，大约是传统 PZT 压电陶瓷的 3 倍，如图 12.13 所示。

对于 PZT 压电陶瓷而言，在陶瓷烧结过程中，PZT 粉体会与传统钛酸盐微晶模板（$BaTiO_3$ 或 $SrTiO_3$）发生严重的固相反应，导致微晶模板无法完成引导晶粒定向生长的任务，这也成为困扰 PZT 陶瓷织构化工作的关键难题。2023 年，李飞等团队提出了通过"钝化"模板来实现 PZT 陶瓷高质量织构化的研究思路。一方面，研制出了一种新型锆钛酸钡（$Ba(Zr,Ti)O_3$，BZT）模板，代替传统钛酸盐模板，

图 12.13 织构化对压电陶瓷的性能优化作用[100-101]

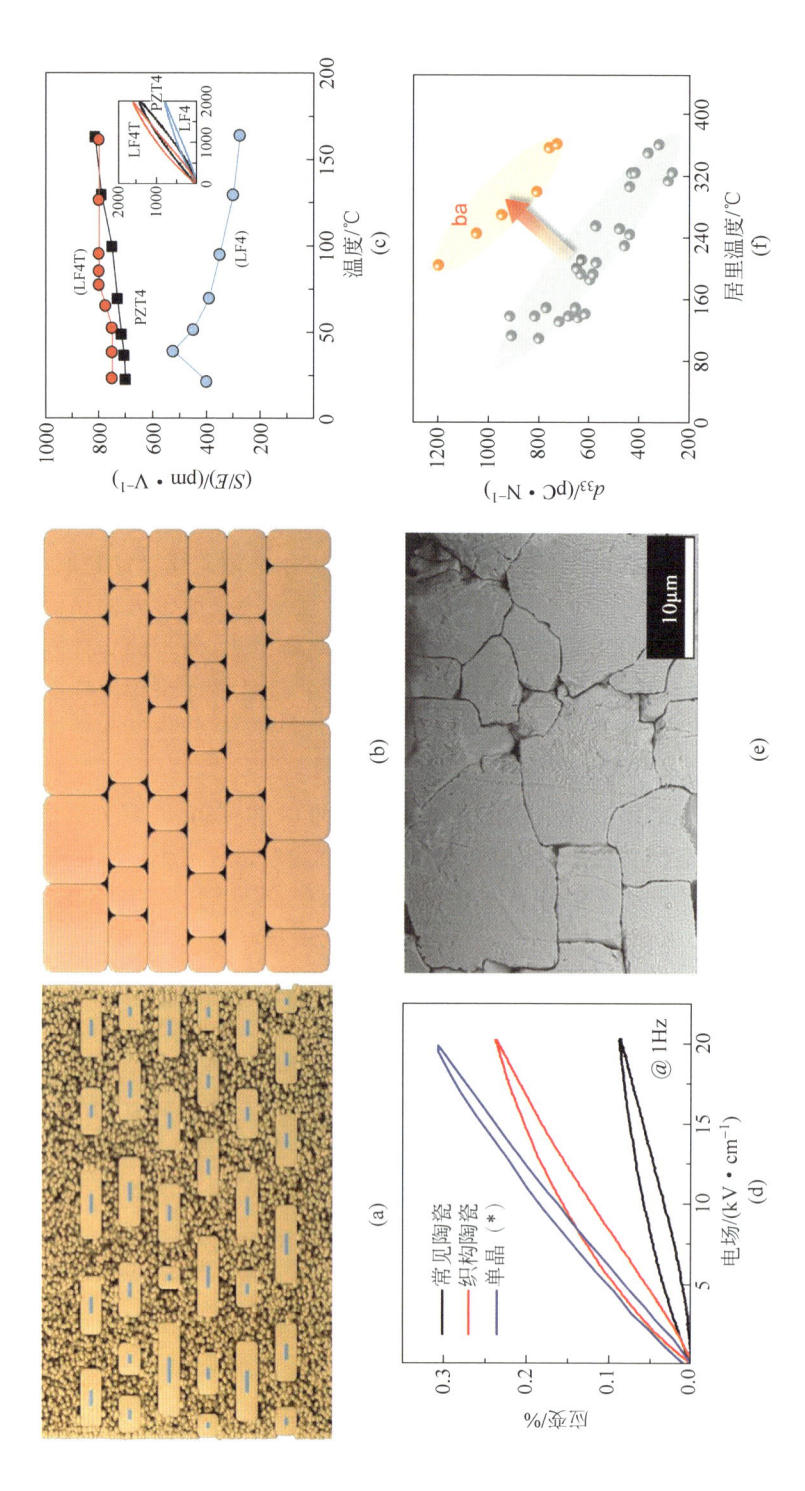

(a) 织构前的陶瓷示意图; (b) 织构后的陶瓷示意图; (c) KNN基陶瓷中织构化的作用; (d) PMN-PZT 单晶、织构陶瓷、常规陶瓷的单极应变曲线; (e) PZT 织构陶瓷的形貌图; (f) 织构化对 PZT 陶瓷性能的优化

提高了模板在PZT母体中的稳定性；另一方面，设计了Zr^{4+}含量非均匀分布的PZT母体多层结构来代替传统的均匀结构，使籽晶模板首先在Zr^{4+}含量较低的PZT母体中完成诱导晶粒定向生长的任务。在之后的晶粒生长和陶瓷致密化过程中，再通过Zr^{4+}和Ti^{4+}扩散获得组分均匀的PZT织构陶瓷。利用上述方法，首次制备出了晶粒沿⟨001⟩高度择优取向的PZT织构陶瓷(图12.13(e))，在准同型相界附近获得了优异的压电、机电耦合性能(压电常数d_{33}约为700 pC·N^{-1}，压电电压系数g_{33}约为90 mV·m·N^{-1}，机电耦合系数k_{33}约为0.85)，以及良好的温度稳定性(居里温度约为360℃)，突破了现有PZT陶瓷压电效应与居里温度的制约关系(图12.13(f))。

织构陶瓷面临的问题不仅在于对模板和材料的选取，织构化过程的技术复杂性和成本问题也是限制其广泛应用的因素。织构化技术需要精确控制晶粒的生长方向和排列，这通常涉及复杂的工艺流程和较高的技术要求，因此开发新的织构化方法和材料需要大量的研发投入和时间。然而，随着材料科学和工程技术及人工智能的不断进步，预计未来织构化压电陶瓷将在更多高技术领域得到突破和应用。

2. 晶粒尺寸效应

压电陶瓷的介电、压电及铁电性能均会随着晶粒尺寸的改变而改变，这种物理现象称作压电陶瓷的晶粒尺寸效应。随着电子工业的需要和陶瓷制备技术的发展，压电器件呈现微型化、薄层化和高集成的发展趋势。压电陶瓷的晶粒尺寸效应也受到了越来越多的关注。在过去60年中，压电陶瓷的晶粒尺寸对介电性能的影响已经被广泛报道，其中不乏系统而全面的综述研究。而对压电陶瓷晶粒尺寸对压电性能影响的研究起步较晚。一些报道显示，晶粒尺寸对压电性能的影响与对介电性能的影响类似[102-103]。然而，压电陶瓷需要极化才能显示出宏观压电性能。因此，相比介电性能的晶粒尺寸效应，压电性能的晶粒尺寸效应会更加复杂。陶瓷粉体的粒径、烧结过程的外场、烧结条件都会显著影响陶瓷的晶粒尺寸。因此，可以从调节陶瓷粉体粒径、使用不同陶瓷烧结方法及改变烧结条件(烧结温度、保温时间等)来调控压电陶瓷的晶粒尺寸。

由于BTO陶瓷早期应用在电容器中，人们最先关注的是其介电性能的晶粒尺寸效应。针对介电性能晶粒尺寸效应，人们先后提出了不同的物理模型，包括内应力模型[104]、90°电畴模型[105]和晶界层模型[106]。除此之外，对BTO陶瓷铁电压电性消失的临界晶粒尺寸的认识也随着纳米陶瓷制备技术的发展而不断深入。随着BTO压电性能的标志性突破和传感与存储应用的需要，人们开始关注晶粒尺寸对压电性能的影响。通过晶粒尺寸调控，BTO陶瓷的压电常数d_{33}可以从190 pC·N^{-1}提升至400 pC·N^{-1}以上[107]。因此，晶粒尺寸调控被认为是提升BTO陶瓷压电性能的有效方法，掌握其晶粒尺寸对压电性能的影响关系至关重要。

作为市场上主流的压电陶瓷材料,数十年来研究者对 PZT 中的晶粒尺寸效应开展了大量的研究。与 BTO 不同的是,有关 PZT 的研究大多集中在 MPB 相界处。因此在 BTO 中提出的一些理论和模型很难直接应用于 PZT 的晶粒尺寸效应研究中。在早期的研究中,PZT 陶瓷的压电响应被认为会随着晶粒尺寸的增长而提高,即在粗晶粒陶瓷样品中更容易获得高压电响应。然而,越来越多的研究显示,压电响应的最优值并非只能在大晶粒样品中获得。多年来,学者们提出过很多理论和模型来解释晶粒尺寸对 PZT 陶瓷压电性能的影响,如空间电荷模型、晶粒尺寸的本征效应、晶粒尺寸的非本征效应等。晶粒尺寸的减小会同时伴随着许多其他参数变化,例如晶粒间的耦合作用、内应力、局部电场分布不均匀及畴壁-晶粒边界相互作用[107]。除此之外,不同晶粒尺寸的 PZT 陶瓷往往通过不同的制备条件来获得,而不同的制备条件通常会导致陶瓷的缺陷和化学成分均匀性产生较大差异。相对于传统的 BTO 与 PZT 压电陶瓷,包括 KNN、NBT、BFO 等体系在内的新兴无铅体系中对晶粒尺寸效应也不乏系统性的研究。

12.4 压电材料的应用

早在 20 世纪 40 年代人们就发现了 $BaTiO_3$ 基压电陶瓷,它是最早被发现并投入应用的压电陶瓷[28]。在第二次世界大战中,$BaTiO_3$ 陶瓷在驱动器、传感器等领域中得到了应用,尤其是在水声领域[34,108],这为压电陶瓷在更多领域的广泛应用提供了无限可能。同时,对 $BaTiO_3$ 陶瓷的研究极大地推动了铁电、压电相关的物理、化学理论发展。图 12.14(a)描述了压电陶瓷材料和压电器件的发展现状。

可以发现压电材料拥有庞大的市场规模,其应用涵盖了信息科技、半导体制造、声呐、生物医疗等多个领域[15]。图 12.14(b)是权威机构在 2016 年到 2025 年间对压电器件市场的统计和预测。不难发现,压电器件市场在未来几年将保持持续扩大的趋势,甚至有望在 2025 年达到 347 亿美元,而包括中国在内的亚太地区是压电器件的主要市场[109]。不断更新的市场需求持续拓宽压电陶瓷材料的应用范围[110]。压电陶瓷材料的常见应用[111]不断改善着人类的生活方式。其中,压电材料在驱动领域的发展尤为关键,无论是水下探测[112]、半导体制造[113]、无损探伤[114],还是超声马达、智能机器人等领域中都发挥着重要的作用。压电材料在诸多领域,尤其是新兴高科技领域的广泛应用,为科技创新、经济发展奠定了基础,压电材料性能的不断优化,也为这些应用领域的产业升级提供了有力支持。

不同领域的应用对压电材料的性能有着不同的要求。根据性能特点,压电陶瓷可分为软性压电陶瓷和硬性压电陶瓷。前者通常具有高的 d_{33}、ε_r 与 k_p,在高精度传感器与大应变制动器等器件中广泛应用;而后者一般具有较高的 Q_m 和较低

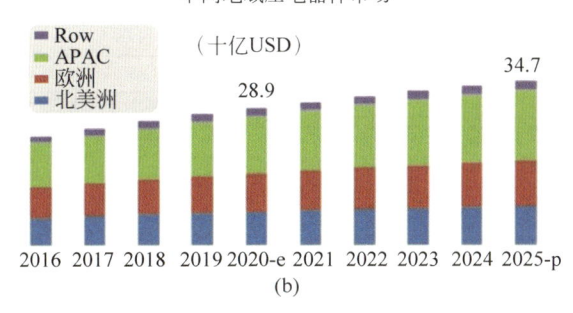

图 12.14 压电陶瓷材料和压电器件的发展现状[108]
(a) 不同应用领域中压电陶瓷材料所占市场份额；(b) 不同地区压电器件市场的发展情况

的损耗,适合在超声切割、超声焊接、水声换能等大功率器件中应用。表 12.4 列举了不同类型压电陶瓷材料的性能指标及其适用的场合。因此在实际应用中,不仅要求压电陶瓷的某一性能突出,还要求其具有优异的综合性能。表 12.4 列出了各类应用对压电陶瓷优值参数的要求。例如,对于超声换能器领域,不仅要求材料具有较高的 Q_m,还需要其表现出较高的机电耦合系数；而爆震传感器则要求材料同时具有较高的 d 与 g。因此,在优化压电陶瓷性能时,需要根据应用需求综合考虑这些优值参数。

表 12.4 各类应用对压电陶瓷优值参数的要求[15]

温度范围	工作频率	应用		优值参数
		成熟应用	潜在应用	
$T>250℃$	谐振	滤波器	—	k
		振荡器	—	Q_m
		陀螺仪	—	$k^2 \cdot Q_m$
	非谐振	加速度传感器	—	$d \cdot g$

续表

温度范围	工作频率	应用 成熟应用	应用 潜在应用	优值参数
自动控制 $T=40\sim180℃$	非谐振	爆震传感器	能量收集(TPMS)	$d \cdot g$
自动控制 $T=40\sim180℃$	非谐振	燃油喷射		S_{max}/E_{max}
消费电子 $T=-20\sim80℃$	谐振	流量计、医用探针	能量收集	$k^2 \cdot Q_m$
消费电子 $T=-20\sim80℃$	谐振	超声清洗	超声换能器	$k^2 \cdot Q_m$
消费电子 $T=-20\sim80℃$	谐振	超声加工	无损探测	$k^2 \cdot Q_m$
消费电子 $T=-20\sim80℃$	谐振	相机自动对焦马达	空气离子发生器	$k^2 \cdot Q_m$
消费电子 $T=-20\sim80℃$	谐振	背光逆变器		$k^2 \cdot Q_m、v_{max}$
消费电子 $T=-20\sim80℃$	谐振	变压器		$k^2 \cdot Q_m、v_{max}$
消费电子 $T=-20\sim80℃$	非谐振	麦克风	能量收集	$d \cdot g$
消费电子 $T=-20\sim80℃$	非谐振	蜂鸣器、减振器	—	d
消费电子 $T=-20\sim80℃$	非谐振	喷墨打印机	压力泵	S_{max}/E_{max}

12.4.1　压电传感器

压电传感器作为一种功能性装置,可以利用压电效应将压力、应变、加速度、应力转化为电信号。压电传感器材料分为两大类:陶瓷材料和单晶材料。陶瓷材料(如PZT)具有比天然单晶材料高约两个数量级的压电常数和灵敏度,且制作成本较低。然而,压电陶瓷高灵敏度的压电效应会随着时间增长而降低,这种降低与温度相关。低灵敏度的天然单晶材料(磷酸镓、石英、电气石)在加工处理后可以具有较高的温度稳定性和时间稳定性。人工制造的单晶材料(如PMN-PT、PZN-PT)具有比PZT陶瓷材料更高的灵敏度,但其工作温度上限较低,而且制造成本过高。

压电传感器可以应用于多个领域,例如在生产线上的各种自动化设备中,如机器人、压力机等,都需要精确地检测压力和位移。压电传感器能够提供高精度的测量结果,从而提高设备的稳定性和可靠性;在航空航天领域,压电传感器被广泛应用于飞行器的结构健康监测、发动机控制等方面。通过实时监测飞机的压力、振动等参数,可以及时发现潜在的安全隐患,确保飞行安全。在汽车工业中,压电传感器主要用于发动机、底盘、气瓶等部位的压力检测。通过精确的压力测量,可以提高汽车的燃油效率、排放控制等方面的性能。在医疗领域,压电传感器可以用于监测患者的血压、呼吸等生理参数。这种传感器具有无创、无痛、无干扰等特点,为医疗诊断和治疗提供了新的手段。下面对几种典型的传感器进行介绍。

1. 压电MEMS麦克风

它采用了一种随声音变化而弯曲的悬臂膜,并通过压电效应直接产生放大电压。这种基于物理原理的差异使压电 MEMS 麦克风的专用放大电路设计更为简化，相较于电容式麦克风，它免去了高偏压和增益微调的需求。因此，电荷泵和增益微调电路不再是必需，这不仅简化了后续处理电路的设计，还减小了尺寸。此外，缺少电荷泵的设计还意味着麦克风能够几乎瞬时启动，并显著提高了电源抑制比（PSRR）。

压电 MEMS 麦克风的适用性广泛，无论是室内、户外还是充满烟雾的厨房环境，都能稳定工作，这对于构建大型语音控制和监控的 MEMS 麦克风阵列至关重要。在这样的应用场景中，麦克风阵列的可靠性是首要考虑的问题。与此同时，与需要持续监听特定关键词（如"Alexa"或"Siri"）的电容式麦克风系统不同，压电式麦克风得益于其无电荷泵的特性，启动时间极短。这使得压电式 MEMS 麦克风在"永久监听"模式下能够快速进入工作循环，大幅降低系统能耗，据估计可减少高达 90%。

2. 超声波指纹传感器

目前市场上的商业化指纹传感器大多基于电容式技术，这要求指纹必须直接接触传感器表面。相比之下，超声波传感器则无需这种直接接触，从而避免了汗水、油污等可能影响接触式指纹识别准确率的因素。超声波传感器能够在显示屏下方进行指纹识别，为用户提供更为便捷的体验。

其工作原理是利用压电材料产生超声波脉冲。这些脉冲能够穿透手指的表皮层，捕捉到指纹的表面特征，并形成图像。这种成像技术不仅提高了识别的准确性，还增强了传感器在各种环境下的适用性。

12.4.2　压电驱动器

压电驱动器是将输入能量转换为机械能的装置。与其他输入能量的驱动器（包括电磁、静电、热能等）相比，压电陶瓷驱动器具有高输出应变、高响应速度、高位移控制精度的特点。这些优点使得压电陶瓷驱动器的应用范围遍及高科技设备（如原子力显微镜、扫描隧道显微镜等）和日常生活设备（如数码相机、移动电话终端等）。压电陶瓷驱动器还可以应用于光学、天文学、流体控制、精密机械等领域。绝大多数压电陶瓷驱动器的品质依赖于铅基压电材料的性能。图 12.15 为压电陶瓷驱动器的结构分类[115]。由圆盘或多层结构组成的简单器件直接利用外加电场诱发陶瓷应变。复合器件不直接使用这种诱导应变，而是通过一种特殊的放大机制（如单形放大、双形放大或穆尼（Moonie）放大）增大位移变化[25]。最常用的多层和双压电晶片结构有以下特点：多层结构不会产生大位移，但其优势是可以产生较大的响应应力，并具有较快的响应速度、较长的使用寿命、较高的机电耦合系数。单压电晶片和双压电晶片结构是由压电陶瓷板的数量定义的：在弹性垫片上只有一个陶瓷板为单晶片结构,同时有两个陶瓷板粘在一起为双晶片结构。穆尼结构则可以将压电陶瓷的微小位移放大。如图 12.15(c)所示,穆尼结构由多层结构和两个金属片组合而成,金属片和多层结构之间存在一处月牙形空腔。该结构具有多层结构和双晶片结构的特点,其响应位移优于多层结构,同时具有较大的响应应力和较快的响应速度。

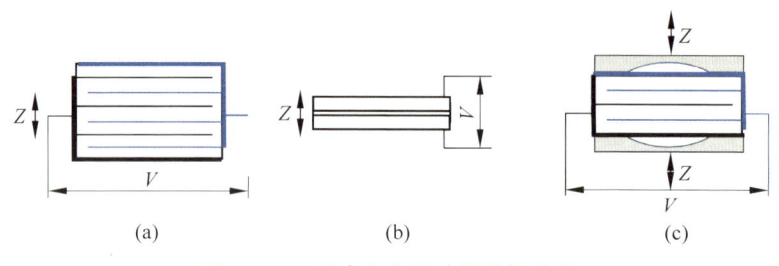

图 12.15 压电陶瓷驱动器结构分类
(a) 多层结构;(b) 双压电晶片结构;(c) 穆尼结构[115]

1. 压电陶瓷超声波马达

压电陶瓷材料在超声波马达和其他压电驱动器中起着重要作用。铅基压电材料可以根据需要通过掺杂改性来调控各方面性能。用于超高频和高频器件时需要材料在高频状态下仍具有较高的介电常数和较低的介电损耗。超声波马达的主要类型包括驻波压电超声马达、平行波压电超声马达、线性压电超声马达、棒形平行波旋转压电马达、双转子压电超声马达[115]。1982 年,自指田发现超声波马达后,科研人员开始广泛研究压电超声波马达。定子表面的椭圆运动是由两个正交的弯曲波适当叠加而成。该压电环具有分段电极,相邻分段下的压电陶瓷极化方式为正弦模式和余弦模式交替[24]。线性超声电机属于超声波电机,其工作机制源于弹性体超声环境下的振动和压电陶瓷材料的逆压电效应。利用定子与滑块之间的摩擦力,将定子的微幅运动转化为滑块的宏观线性运动。棒形平行波旋转压电马达包括两种类型:单自由度超声波马达和多自由度超声波马达。它们都是通过棒状圆形定子的振动实现电能向机械能的转换。

2. MEMS 自动对焦执行器

目前,市场上的自动对焦功能大多依赖于体积庞大、耗电量高且成本昂贵的音圈电机(VCM)提供动力。然而,随着技术的进步,基于压电 MEMS 技术的自动对焦镜头已经进入商用阶段,为自动对焦领域带来了革命性的变化。与传统的音圈电机相比,压电 MEMS 技术通过在一块薄玻璃上粘贴几个压电电极,利用压电效应使玻璃弯曲,从而改变聚合物块的表面,使其变成透镜。这种设计不仅简化了自动对焦系统的结构,还显著降低了能耗和成本。制动量通过精确控制玻璃的曲率来确定焦点,实现了对焦的精确调整。

此外,压电 MEMS 技术的应用潜力巨大,能够精确、自主地执行复杂动作,如直线、旋转、加速度、钳动等,完成对极微小器件与结构的纳米尺度精确操作。这种技术不仅满足了集成微系统对自测试性、微定位性和片上操控性的严苛要求,同时也满足了对输出力矩/体积效能比、响应速度、分辨率、功耗、集成度方面的需求。基于压电 MEMS 技术的自动对焦镜头,因其体积小、响应速度快、能耗低等优势,在智能手表、智能手机、无人机等可穿戴设备和移动设备中具有广阔的应用前景。这种技术的发展,预示着自动对焦功能的进一步小型化和智能化,为未来的成像技术开辟了新的可能性。

3. 压电 MEMS 喷墨打印头

喷墨打印技术为个人文档打印提供了一种灵活且经济的解决方案,在家庭和小型办公环境中仍然被广泛使用。特别是在 CAD 和图形艺术应用的大型宽幅打印领域,喷墨打印因其适合单次打印和小批量打印的特性而成为技术首选。随着 MEMS 技术的发展,喷墨打印头的制造迎来了革命性的变革:每个打印头拥有更高的喷嘴密度,同时通过大规模生产实现了合理的制造成本。

在打印头技术方面,主要存在两种方案:热发泡打印和压电打印。大多数压电喷墨打印头采用铅锌钛酸盐(PZT)压电陶瓷材料。与传统的整块 PZT 压电陶瓷相比,采用薄膜沉积 PZT 压电陶瓷的方法展现出巨大的应用前景。薄膜沉积 PZT 压电陶瓷的优势在于能够更精确地控制墨滴尺寸,以调节灰度值,同时降低功耗。

12.4.3　压电材料在电子产品中的应用

压电材料以其优异的机电转换特性,在电子产品中发挥着关键作用,广泛应用于从智能手机和平板电脑的声波传感与射频滤波,到柔性电子、MEMS 技术、扬声器和蜂鸣器等众多领域。此外,它们还在消费电子以及滤波器等应用中扮演着重要角色。随着技术进步,压电材料的应用范围和市场需求持续扩大,推动着电子行业的创新发展。

1. 体声波滤波器

薄膜体声波谐振器是一种基于体声波理论,利用声学谐振实现电学选频的器件,如图 12.16 所示。当电信号加载到薄膜体声波谐振器的电极上后,通过逆压电效应,压电薄膜材料将电信号转化为声信号,并由中心向两个电极方向传播。当声信号行进到顶电极上端和底电极低端时,由于声阻抗的巨大差异(空气的声阻抗只有电极材料和支撑层材料声阻抗的 1/70 000~1/30 000),阻抗的严重失配造成声波的全反射,声能量因此就集中在从支撑层下端面到顶电极上端面厚度为 l 的区域里。这个厚度为 T 的区域形成了一个频率 $f=v/(2l)$ 的声学信号谐振腔,在工作状态下,在压电材料压电效应和逆压电效应的共同作用下,声学的谐振就表现为对频率为 f 的电信号的谐振。v 为体声波的波速,取决于传播的介质材料。FBAR 的压电薄膜厚度在微米量级,从而使其工作频率可提高到吉赫兹。另外,由于压电薄膜太薄,FBAR 需有支撑层,加工时先将金属电极蒸发或溅射到支撑层上,然后在电极上制备压电薄膜,最后再在压电薄膜上形成金属上电极。

图 12.16　薄膜体声波谐振器结构原理图

固态装配型(SMR)BAW 滤波器采用了光学领域中的布拉格层技术,通过在谐振器底电极下方制备高、低声阻抗交替的布拉格反射层,有效地将声波限制在压电堆之内,如图 12.17 所示。这种设计通常使用钨(W)和二氧化硅(SiO_2)作为高低声学阻抗层的材料,因为它们之间的声学阻抗值差异较大,且这两种材料都是标准 CMOS 工艺中常用的。SMR BAW 滤波器的最大优点在于其高机械稳定性和良好的集成性,且不依赖于 MEMS 工艺。然而,由于需要制备多层薄膜,其工艺成本相对较高,尤其是与空腔型 FBAR 相比。此外,布拉格反射层的声波反射效果不如空气,因此 SMR 型 FBAR 的 Q 值(品质因数)相对较低。

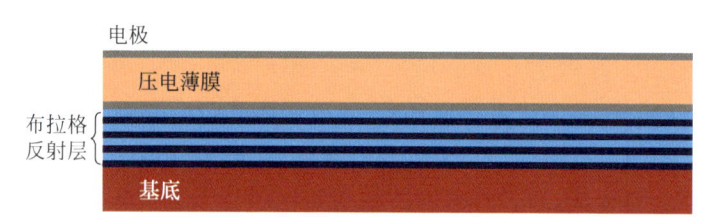

图 12.17　基于布拉格反射层的 BAW 滤波器示意图

2. 超声波手势识别传感器

传统的基于光和摄像头的识别系统在工作量和能耗方面存在一定的局限性。相比之下,超声波手势识别技术以低功耗优势,仅需几十微瓦,为消费电子产品提供了一种节能的解决方案。这种技术的核心在于压电微加工超声换能器(PMUT)阵列,它能够发射声波脉冲并接收从物体反射回来的声波。芯片通过分析这些回波信号,精确计算物体的位置,并构建出物体的 3D 模型,从而实现对手势的高效识别。这一创新的应用不仅降低了能耗,还为手势控制技术在智能设备中的普及铺平了道路。

3. 柔性电子

柔性衬底是柔性电子技术与传统电子技术最显著的区别,也是柔性电子器件的核心组成部分。这种基材不仅继承了传统刚性基材的绝缘性、高强度和低成本等特性,还增添了独特的优势。为了适应柔性电子器件的多样化需求,柔性基板必须具备轻便、透明、柔韧、可拉伸、绝缘和耐腐蚀等多重性能。柔性是柔性电子系统的关键特性,主要体现在基板上。不同产品的柔性需求可以通过选择不同材料的基板来满足。例如,电子皮肤通常采用高度灵活的有机硅树脂,而柔性电子显示器则因柔韧性要求相对较低,更倾向于使用聚对苯二甲酸乙二醇酯(PET)材料。薄膜衬底的设计也是至关重要的。薄膜厚度控制在 1 mm 以下,通常为 0.2 mm,这不仅适合于柔性电子系统,还有助于减少材料成本和降低产品重量。这种精细的薄膜设计,使得柔性电子器件在保持功能性的同时,也能实现轻薄化和便携性,进一步拓宽了其在可穿戴设备、智能纺织品等领域的应用前景。

12.4.4　新型应用

压电材料的新型应用正在多个前沿领域迅速发展,包括作为传感器和执行器在微机电系统中的应用、在结构健康监测和可穿戴智能设备中的多功能性、在医疗保健领域的高精度成像和微创手术工具,以及在能量收集中将机械能转换为电能的能力。此外,它们在压电催化和压电光催化中的性能,以及在异质结构界面上诱导的特殊功能属性,为能量转换提供了新途径。随着机器学习等先进技术的融合,新型压电材料的设计和开发也在不断加速,预示着这些材料在未来技术发展中将扮演更加关键的角色。

1. 智能系统

从海底勘探到航空航天,智能系统的应用逐渐帮助人们更加安全、准确地认识宇宙。智能系统的前景就是人类未来发展的蓝图。压电陶瓷材料作为一种功能性材料,在智能系统的设计构架中占据着非常重要的位置。本节简单介绍几处压电材料在智能结构中的应用,包括主动振动控制、主动降噪控制、主动形状控制、结构健康检测与修复。

利用不同的压电片可以控制薄板振动。有限元法促进了建立一维或多维机电耦合系统的完整模型的发展,从而获得压电驱动器电压与响应之间的关系。将这些模型组合成闭环控制系统,即可实现较为有效的主动振动控制。主动振动控制同时利用了压电传感器和压电驱动器。德国达姆施塔特工业大学的研究人员一直在研究通过附加压电元件来降低振动的方法[116]。当材料受到某个方向振动而弯曲时,系统会对弯曲做出响应,并向压电元件供电使其向另一个方向弯曲。该方法可以用来检测由滚动过程中车轮接触区域的表面变化所引起的整个车轮振动行为的变化，如图 12.18 所示。压电传感器被放置在车轮的不同区域，将表面的位移转化为电信号，通过检测车轮的振动情况评估车轮的磨损状态。

图 12.18　压电传感器检测车轮的振动，评估车轮的磨损状态示意图[116-117]

2. 压电式 MEMS 能量收集器

自 1969 年首次提出利用小型压电悬臂梁式能量收集器收集心跳活动能量的概念以来，全球众多研究团队已经开展了一系列关于压电式能量收集器的深入研究。通过采用 MEMS 技术，压电能量采集器得以实现微型化和批量生产，这使得它们能够更有效地与日益微型化的无线传感器节点等电子器件集成，为实现自供能的无线传感器节点等微器件系统铺平了道路。目前，MEMS 压电供能系统大多采用悬臂梁结构，这种结构因其高效的能源转换能力和对微小振动的敏感性而受到青睐。随着技术的进步，这些系统在能源自给自足的智能传感器和物联网设备中的应用前景日益广阔。

3. 压电医疗

随着经济的蓬勃发展和人民生活水平的提高，医疗健康领域已成为战略重点。生物传感技术作为分析检测的关键手段，在医疗健康中扮演着至关重要的角色。压电生物传感器作为一种利用压电材料进行生物分析的新型传感器，以其出色的稳定性、快速的检测速度、高精确度和简便的操作流程，在生物医学、健康监护和疾病预防控制等多个领域展现出了巨大的应用潜力。

压电催化剂作为一种新兴技术，在医学领域展现出了卓越的应用前景。它们不仅具有极高的催化活性，而且其独特的载流子释放特性能够激发多种氧化还原催化反应。在机械能的激发下，压电催化材料能够释放电子或空穴，促进底物的氧化还原反应，或干预生物过程以促进效应分子的生成，这在医疗领域具有广泛的应用，如污染净化、消毒杀菌和疾病治疗等。这些特性预示着压电催化技术在未来医疗应用中将发挥越来越重要的作用，为医疗健康领域带来革命性的变革。

参考文献

[1] 张福学,王丽坤.现代压电学.中册[M].北京:科学出版社,2002.
[2] RÖDEL J,LI J-F. Lead-free piezoceramics: Status and perspectives[J]. MRS Bulletin, 2018,43(8): 576-580.
[3] 钟维烈.铁电体物理学[M].北京:科学出版社,1996.
[4] LI J-F. Lead-free piezoelectric materials[M]. Weinheim: John Wiley & Sons,2020.
[5] JAFFE H. Piezoelectric ceramics[J]. Journal of the American Ceramic Society,2006, 41(11): 494-498.
[6] JAFFE B, COOK W, JAFFE H. Piezoelectric ceramics[M]. London: Academic Press,1971.
[7] 李飞,张树君,李振荣,等.弛豫铁电单晶的研究进展——压电效应的起源研究[J].物理学进展,2012,34(4): 178.
[8] 汤浩正.预烧粉末的均匀性对铌酸钾钠基无铅压电陶瓷的性能影响[D].北京:清华大学,2019.
[9] OUCHI H,NISHIDA M,HAYAKAWA S. Piezoelectric properties of Pb(Mg$_{1/3}$Nb$_{2/3}$)O$_3$-PbTiO$_3$-PbZrO$_3$ ceramics modified with certain additives[J]. Journal of the American Ceramic Society,1966,49(11): 577-582.
[10] UCHINO K,NOMURA S,CROSS L E,et al. Electrostrictive effect in lead magnesium niobate single crystals[J]. Journal of Applied Physics,1980,51(2): 1142-1145.
[11] LI F,CABRAL M J,XU B,et al. Giant piezoelectricity of Sm-doped Pb(Mg$_{1/3}$Nb$_{2/3}$)O$_3$-PbTiO$_3$ single crystals[J]. Science,2019,364: 264-268.
[12] KUWATA J,UCHINO K,NOMURA S. Dielectric and piezoelectric properties of 0.91Pb(Zn$_{1/3}$Nb$_{2/3}$)O$_3$-0.09PbTiO$_3$ single crystals[J]. Japanese Journal of Applied Physics,1982,21: 1298.
[13] ZHAO Z,DAI Y,LI X,et al. The evolution mechanism of defect dipoles and high strain in MnO$_2$-doped KNN lead-free ceramics[J]. Applied Physics Letters,2016,108(17): 172906.
[14] BELL A J,DEUBZER O. Lead-free piezoelectrics—The environmental and regulatory issues[J]. MRS Bulletin,2018,43(8): 581-587.
[15] RÖDEL J,WEBBER K G,DITTMER R,et al. Transferring lead-free piezoelectric ceramics into application[J]. Journal of the European Ceramic Society,2015,35(6): 1659-1681.
[16] SAITO Y,TAKAO H,TANI T,et al. Lead-free piezoceramics[J]. Nature,2004,432(7013): 81-84.
[17] DONG Z,CEN Z,HUI K,et al. Ultrahigh electric-field-induced strain in KNN-based piezoelectric ceramics sintered in reducing atmosphere[J]. Journal of the American Ceramic Society,2022,105(11): 6744-6754.
[18] LIU Y X,ZHOU J,JIANG Y,et al. Multi-length engineering of (K,Na)NbO$_3$ films for lead-free piezoelectric acoustic sensors with high sensitivity[J]. Advanced Functional Materials,2024,34: 2312699.

[19] ACOSTA M, NOVAK N, ROJAS V, et al. BaTiO$_3$-based piezoelectrics: fundamentals, current status, and perspectives[J]. Applied Physics Letters, 2017, 4(4): 041305.

[20] XUE D, ZHOU Y, BAO H, et al. Large piezoelectric effect in Pb-free Ba(Ti, Sn)O$_3$-x(Ba, Ca)TiO$_3$ ceramics[J]. Applied Physics Letters, 2011, 99(12): 122901.

[21] ZHOU C, LIU W, XUE D, et al. Triple-point-type morphotropic phase boundary based large piezoelectric pb-free material—Ba(Ti$_{0.8}$Hf$_{0.2}$)O$_3$-(Ba$_{0.7}$Ca$_{0.3}$)TiO$_3$[J]. Applied Physics Letters, 2012, 100(22): 222901.

[22] LI F, JIN L, GUO R. High electrostrictive coefficient Q$_{33}$ in lead-free Ba(Zr$_{0.2}$Ti$_{0.8}$)O$_3$-x(Ba$_{0.7}$Ca$_{0.3}$)TiO$_3$ piezoelectric ceramics[J]. Applied Physics Letters, 2014, 105(23): 232903.

[23] LIU Y, CHANG Y, LI F, et al. Exceptionally high piezoelectric coefficient and low strain hysteresis in grain-oriented (Ba, Ca)(Ti, Zr)O$_3$ through integrating crystallographic texture and domain engineering[J]. ACS Applied Materials & Interfaces, 2017, 9(35): 29863-29871.

[24] ZHAO C, WU H, LI F, et al. Practical high piezoelectricity in barium titanate ceramics utilizing multiphase convergence with broad structural flexibility[J]. Journal of the American Chemical Society, 2018, 140(45): 15252-15260.

[25] MOUNTVALA A J. Effect of surface moisture on dielectric behavior of ultrafine BaTiO$_3$ particulates[J]. Journal of the American Ceramic Society, 1971, 54(11): 544-548.

[26] SUZUKI S, TAKEDA T, ANDO A, et al. Effect of Sn^{2+} ion substitution on dielectric properties of (Ba, Ca)TiO$_3$ ferroelectric ceramics[J]. Japanese Journal of Applied Physics, 2010, 49(9S): 09MC04.

[27] SINCLAIR D C, ATTFIELD J P. The influence of A-cation disorder on the curie temperature of ferroelectric ATiO$_3$ perovskites[J]. Chemical Communications, 1999, (16): 1497-1498.

[28] MASON W P. Electrostrictive effect in barium titanate ceramics[J]. Physical Review, 1948, 74(9): 1134-1147.

[29] SUPRIYA S. A review on lead-free-Bi$_{0.5}$Na$_{0.5}$TiO$_3$ based ceramics and films: Dielectric, piezoelectric, ferroelectric and energy storage performance[J]. Journal of Inorganic and Organometallic Polymers and Materials, 2022, 32(10): 3659-3676.

[30] LI N, YANG Y, SHI Z, et al. Shedding light on the energy applications of emerging 2D hybrid organic-inorganic halide perovskites[J]. iScience, 2022, 25(2): 103753.

[31] HANIF M B, RAUF S, MOTOLA M, et al. Recent progress of perovskite-based electrolyte materials for solid oxide fuel cells and performance optimizing strategies for energy storage applications[J]. Materials Research Bulletin, 2022, 146: 111612.

[32] SINGH J, KUMAR A, KUMAR A. Facile wet chemical synthesis and electrochemical performance of double perovskite-La$_2$NiMnO$_6$ for energy storage application[J]. Materials Today: Proceedings, 2022, 48: 587-589.

[33] GOEL P, SUNDRIYAL S, SHRIVASTAV V, et al. Perovskite materials as superior and powerful platforms for energy conversion and storage applications[J]. Nano Energy, 2021, 80: 105552.

[34] HIPPEL A V. Ferroelectricity, domain structure, and phase transitions of barium titanate[J].

[35] FAN P, LIU K, MA W, et al. Progress and perspective of high strain NBT-based lead-free piezoceramics and multilayer actuators[J]. Journal of Materiomics, 2021, 7(3): 508-544.

[36] LI Z-T, LIU H, THONG H-C, et al. Enhanced temperature stability and defect mechanism of BNT-based lead-free piezoceramics investigated by a quenching process[J]. Advanced Electronic Materials, 2019, 5(3): 1800756.

[37] LI J-F, WANG K, ZHU F-Y, et al. (K, Na) NbO$_3$-based lead-free piezoceramics: fundamental aspects, processing technologies, and remaining challenges[J]. Journal of the American Ceramic Society, 2013, 96(12): 3677-3696.

[38] JAEGER R E, EGERTON L. Hot pressing of potassium-sodium niobates[J]. Journal of the American Ceramic Society, 2006, 45(5): 209-213.

[39] MALIČ B, KORUZA J, HREŠČAK J, et al. Sintering of lead-free piezoelectric sodium potassium niobate ceramics[J]. Materials, 2015, 8(12): 8117-8146.

[40] MATSUBARA M, YAMAGUCHI T, KIKUTA K, et al. Sinterability and piezoelectric properties of (K, Na) NbO$_3$ ceramics with novel sintering aid[J]. Japanese Journal of Applied Physics, 2004, 43(10): 7159-7163.

[41] MATSUBARA M, KIKUTA K, HIRANO S. Piezoelectric properties of (K$_{0.5}$Na$_{0.5}$) (Nb$_{1-x}$Ta$_x$)O$_3$-K$_{5.4}$CuTa$_{10}$O$_{29}$ ceramics[J]. Journal of Applied Physics, 2005, 97(11): 114105.

[42] MATSUBARA M, YAMAGUCHI T, SAKAMOTO W, et al. Processing and piezoelectric properties of lead-free (K, Na) (Nb, Ta)O$_3$ ceramics[J]. Journal of the American Ceramic Society, 2005, 88(5): 1190-1196.

[43] DU H, LI Z, TANG F, et al. Preparation and piezoelectric properties of (K$_{0.5}$Na$_{0.5}$)NbO$_3$ lead-free piezoelectric ceramics with pressure-less sintering[J]. Materials Science and Engineering: B, 2006, 131(1-3): 83-87.

[44] DAI Y, ZHANG X, ZHOU G. Phase transitional behavior in K$_{0.5}$Na$_{0.5}$NbO$_3$-LiTaO$_3$ ceramics[J]. Applied Physics Letters, 2007, 90(26): 262903.

[45] DU H, ZHOU W, LUO F, et al. An approach to further improve piezoelectric properties of K$_{0.5}$Na$_{0.5}$NbO$_3$-based lead-free ceramics[J]. Applied Physics Letters, 2007, 91(20): 202907.

[46] WANG K, LI J-F, LIU N. Piezoelectric properties of low-temperature sintered Li-modified (Na, K)NbO$_3$ lead-free ceramics[J]. Applied Physics Letters, 2008, 93(9): 092904.

[47] YIN J, WONG V K, XU Q, et al. Conformable shear mode transducers from lead-free piezoelectric ceramic coatings: An innovative ultrasonic solution for submerged structural health monitoring[J]. Advanced Functional Materials, 2024, 34: 2401544.

[48] KIM S, NAM H, CALISIR I. Lead-free BiFeO$_3$-based piezoelectrics: A review of controversial issues and current research state[J]. Materials, 2022, 15(13): 4388.

[49] CATALAN G, SCOTT J F. Physics and applications of bismuth ferrite[J]. Advanced Materials, 2009, 21(24): 2463-2485.

[50] RAMESH R, SPALDIN NA. Multiferroics: Progress and prospects in thin films[J]. Nature Materials, 2007, 6(1): 21-29.

[51] SUN W, ZHOU Z, LUO J, et al. Leakage current characteristics and Sm/Ti doping effect

in BiFeO$_3$ thin films on silicon wafers[J]. Journal of Applied Physics,2017,121(6):064101.

[52] ROJAC T,BENCAN A,MALIC B,et al. BiFeO$_3$ ceramics: Processing, electrical, and electromechanical properties[J]. Journal of the American Ceramic Society,2014,97(7):1993-2011.

[53] ZHU X L,LI K,CHEN X M,et al. Ferroelectric transition and low-temperature dielectric relaxations in filled tungsten bronzes[J]. Journal of the American Ceramic Society,2014,97(2):329-338.

[54] CUMMINS S E,CROSS L E. Electrical and optical properties of ferroelectric Bi$_4$Ti$_3$O$_{12}$ single crystals[J]. Journal of Applied Physics,1968,39(5):2268-2274.

[55] WANG X,WU J,XIAO D,et al. New potassium-sodium niobate ceramics with a giant d_{33}[J]. Acs Applied Materials & Interfaces,2014,6(9):6177-6180.

[56] WAQAR M,WU H,CHEN J,et al. Evolution from lead-based to lead-free piezoelectrics: engineering of lattices, domains, boundaries, and defects leading to giant response[J]. Advanced Materials,2021:2106845.

[57] TAO H,WU H,LIU Y,et al. Ultrahigh performance in lead-free piezoceramics utilizing a relaxor slush polar state with multiphase coexistence[J]. Journal of the American Chemical Society,2019,141(35):13987-13994.

[58] GAO X,CHENG Z,CHEN Z,et al. The mechanism for the enhanced piezoelectricity in multi-elements doped (K,Na)NbO$_3$ ceramics[J]. Nature communications,2021,12(1):1-9.

[59] WANG K,LI J F. Domain engineering of lead-free Li-modified (K,Na)NbO$_3$ polycrystals with highly enhanced piezoelectricity[J]. Advanced Functional Materials,2010,20(12):1924-1929.

[60] TAO H,WU J. New poling method for piezoelectric ceramics[J]. Journal of Materials Chemistry C,2017,5(7):1601-1606.

[61] DONALD M S. Defects and order in perovskite-related oxides[J]. Annual Review of Materials Science,1985,15:329-357.

[62] SMYTH D M. Defect structure in perovskite titanates[J]. Current Opinion in Solid State and Materials Science,1996,1(5):692-697.

[63] RAYMOND M V,SMYTH D M. Defect chemistry and transport properties of Pb(Zr$_{1/2}$Ti$_{1/2}$)O$_3$[J]. Integrated Ferroelectrics,2006,4(2):145-154.

[64] ROJAC T,DRNOVSEK S,BENCAN A,et al. Role of charged defects on the eectrical and electromechanical properties of rhombohedral Pb(Zr,Ti)O$_3$ with oxygen octahedra tilts[J]. Physical Review B,2016,93(1):014102.

[65] WU H,NING S,WAQAR M,et al. Alkali-deficiency driven charged out-of-phase boundaries for giant electromechanical response[J]. Nature Communacations,2021,12(1):2841.

[66] LIU H,WU H,ONG K P,et al. Giant piezoelectricity in oxide thin films with nanopillar structure[J]. Science,2020,369(6510):292-297.

[67] LI Z,THONG H C,ZHANG Y F,et al. Defect engineering in lead zirconate titanate

ferroelectric ceramic for enhanced electromechanical transducer efficiency[J]. Advanced Functional Materials,2021,31(1): 2005012.
[68] AGGARWAL S,RAMESH R. Point defect chemistry of metal oxide heterostructeres[J]. Annual Review of Materials Science,1998,28: 463-499.
[69] FENG Y,WU J,CHI Q,et al. Defects and aliovalent doping engineering in electroceramics[J]. Chemical Reviews,2020,120(3): 1710-1787.
[70] PARK D-S, HADAD M, RIEMER L M, et al. Induced giant piezoelectricity in centrosymmetric oxides[J]. Science,2022,375(6581): 653-657.
[71] WASER R,BAIATU T,HARDTL K-H. dc Electrical degradation of perovskite-type titanates II,single crystals[J]. Journal of the American Chemical Society,1990,73(6): 1654-1662.
[72] ZHAO Z,LV Y,DAI Y,et al. Ultrahigh electro-strain in acceptor-doped KNN lead-free piezoelectric ceramics via defect engineering[J]. Acta Materialia,2020,200: 35-41.
[73] REN X. Large electric-field-induced strain in ferroelectric crystals by point-defect-mediated reversible domain switching[J]. Nature Materials,2004,3(2): 91-94.
[74] LOHKÄMPER R,NEUMANN H,ARLT G. Internal bias in acceptor-doped $BaTiO_3$ ceramics: Numerical evaluation of increase and decrease[J]. Journal of Applied Physics,1990,68(8): 4220-4224.
[75] NGUYEN T N,THONG H C,ZHU Z X,et al. Hardening effect in lead-free piezoelectric ceramics[J]. Journal of Materials Research,2021,36: 996-1014.
[76] CHEN L, LIU H, QI H, et al. High-electromechanical performance for high-power piezoelectric applications: Fundamental, progress, and perspective[J]. Progress in Materials Science,2022,127: 100944.
[77] HUANGFU G,ZENG K,WANG B,et al. Giant electric-field-induced strain in lead-free piezoceramics[J]. Science,2022,331(6015): 341-346.
[78] WANG B,HUANGFU G,ZHENG Z,et al. Giant electric field-induced strain with high temperature-stability in textured KNN-based piezoceramics for actuator applications[J]. Advanced Functional Materials,2023,33(20): 2214643.
[79] WAQAR M,WU H,ONG K P,et al. Origin of giant electric-field-induced strain in faulted alkali niobate films[J]. Nature Communacations,2022,13(1): 3922.
[80] EICHEL R A. Structural and dynamic properties of oxygen vacancies in perovskite oxides-analysis of defect chemistry by modern multi-frequency and pulsed EPR techniques[J]. Physical Chemistry Chemical Physics,2011,13(2): 368-384.
[81] BYKOV I,ZAGORODNIY Y,YURCHENKO L,et al. Using the methods of radiospectroscopy (EPR, NMR) to study the nature of the defect structure of solid solutions based on lead zirconate titanate (PZT)[J]. IEEE Transactions on Ultrasonics, Ferroelectrics and Frequency Control,2014,61(8): 1379-1385.
[82] GUAN M, XIAO C, ZHANG J, et al. Vacancy associates promoting solar-driven photocatalytic activity of ultrathin bismuth oxychloride nanosheets[J]. Journal of the American Chemical Society,2013,135(28): 10411-10417.

[83] ALKOY E M, BERKSOY-YAVUZ A. Electrical properties and impedance spectroscopy of pure and copper-oxide-added potassium sodium niobate ceramics[J]. IEEE Transactions on Ultrasonics, Ferroelectrics and Frequency Control, 2012, 59(10): 2121-2128.

[84] IRVINE J T S, SINCLAIR D C, WEST A R. Electroceramics characterization by impedance[J]. Advanced Materials, 1990, 2(3): 132-138.

[85] LI M, PIETROWSKI M J, DE SOUZA R A, et al. A family of oxide ion conductors based on the ferroelectric perovskite Na$_{0.5}$Bi$_{0.5}$TiO$_3$[J]. Nature Materials, 2013, 13(1): 31-35.

[86] FRANKCOMBE T J, LIU Y. Interpretation of oxygen 1s X-ray photoelectron spectroscopy of ZnO[J]. Chemistry of Materials, 2023, 35(14): 5468-5474.

[87] TARÁBEK J, WOLTER M, RAPTA P, et al. Functionalized conducting polymers for chemical sensors-anin situ ESR/UV-Vis-NIR voltammetric study[J]. Macromolecular Symposia, 2001, 164(1): 219-225.

[88] REN X, OTSUKA K. The interaction of point defects with the martensitic transformation: A prototype of exotic multiscale phenomena[J]. MRS Bulletin, 2011, 27(2): 116-120.

[89] LEE D, JEON B C, BAEK S H, et al. Active control of ferroelectric switching using defect-dipole engineering[J]. Advanced Materials, 2012, 24(48): 6490-6495.

[90] WANG L, ZHOU Z, ZHAO X, et al. Enhanced strain effect of aged acceptor-doped BaTiO$_3$ ceramics with clamping domain structures[J]. Applied Physics Letters, 2017, 110(10): 102904.

[91] ZHANG L X, CHEN W, REN X. Large recoverable electrostrain in Mn-doped (Ba, Sr)TiO$_3$ ceramics[J]. Applied Physics Letters, 2004, 85(23): 5658-5660.

[92] DAI Y-J, ZHAO Y-J, ZHAO Z, et al. High electrostrictive strain Induced by defect dipoles in acceptor-doped (K$_{0.5}$Na$_{0.5}$)NbO$_3$ ceramics[J]. Journal of Physics D: Applied Physics, 2016, 49(27): 275303.

[93] HAO J, XU Z, CHU R, et al. Electric field cycling induced large electrostrain in aged (K$_{0.5}$Na$_{0.5}$)NbO$_3$-Cu lead-free piezoelectric ceramics[J]. Journal of the American Ceramic Society, 2016, 99(2): 402-405.

[94] ZHAO Z-H, DAI Y, HUANG F. The formation and effect of defect dipoles in lead-free piezoelectric ceramics: A review[J]. Sustainable Materials and Technologies, 2019, 20: e00092.

[95] CHEN C, WANG Y, LI Z-Y, et al. Evolution of electromechanical properties in Fe-doped (Pb, Sr)(Zr, Ti)O$_3$ piezoceramics[J]. Journal of Advanced Ceramics, 2021, 10(3): 587-595.

[96] CEN Z, CAO F, FENG M, et al. Simultaneously improving piezoelectric strain and temperature stability of KNN-based ceramics via defect Design[J]. Journal of the European Ceramic Society, 2022, 43(3): 939-946.

[97] JIA Y, FAN H, ZHANG A, et al. Giant electro-induced strain in lead-free relaxor ferroelectrics via defect engineering[J]. Journal of the European Ceramic Society, 2022, 43(3): 947-956.

[98] 徐泽. 铌酸钾钠基无铅压电陶瓷的缺陷调控和电致应变研究[D]. 北京: 清华大学, 2024.

[99] KIMURA T, YI Y, SAKURAI F. Mechanisms of texture development in lead-free piezoelectric ceramics with perovskite structure made by the templated grain growth process[J]. Materials (Basel), 2010, 3(11): 4965-4978.

[100] YAN Y, CHO K-H, MAURYA D, et al. Giant energy density in [001]-textured Pb($Mg_{1/3}Nb_{2/3}$)O_3-$PbZrO_3$-$PbTiO_3$ piezoelectric ceramics[J]. Applied Physics Letters, 2013, 102(4): 042903.

[101] PRAMANIK R, SAHUKAR M K, MOHAN Y, et al. Effect of grain size on piezoelectric, ferroelectric and dielectric properties of PMN-PT ceramics[J]. Ceramics International, 2019, 45(5): 5731-5742.

[102] LI J, QU W, DANIELS J, et al. Lead zirconate titanate ceramics with aligned crystallite grains[J]. Science, 2023, 380(6640): 87-93.

[103] HUAN Y, WANG X, FANG J, et al. Grain size effect on piezoelectric and ferroelectric properties of $BaTiO_3$ ceramics[J]. Journal of the European Ceramic Society, 2014, 34(5): 1445-1448.

[104] BUESSEM W R, GOSWAMI L E C A K. Phenomenological theory of high permittivity in fine-grained barium titanate[J]. Journal of The American Ceramic Society, 1966, 49(1): 33-36.

[105] ARLT G, HENNINGS D, DE WITH G. Dielectric properties of fine-grained barium titanate ceramics[J]. Journal of Applied Physics, 1985, 58(4): 1619-1625.

[106] CURECHERIU L, BALMUS S B, BUSCAGLIA M T, et al. Grain size-dependent properties of dense nanocrystalline barium titanate ceramics[J]. Journal of the American Ceramic Society, 2012, 95(12): 3912-3921.

[107] LIU Y-X, LI Z, THONG H-C, et al. Grain size effect on piezoelectric performance in perovskite-based piezoceramics[J]. Acta Physica Sinica, 2020, 69(21): 217704.

[108] ROBERTS W. Ceramic capacitors[J]. Journal of the British Institution of Radio Engineers, 1949, 9(5): 184-199.

[109] 刘亦轩. 铌酸钾钠无铅压电陶瓷缺陷调控电学性能及其温度稳定性[D]. 北京: 清华大学, 2022.

[110] ZHAO Z, DAI Y, DOU S X, et al. Flexible nanogenerators for wearable electronic applications based on piezoelectric materials[J]. Materials Today Energy, 2021, 20: 100690.

[111] LIU H, ZHONG J, LEE C, et al. A comprehensive review on piezoelectric energy harvesting technology: Materials, mechanisms, and applications[J]. Applied Physics Reviews, 2018, 5(4): 041306.

[112] MARTINS M, CORREIA V, CABRAL J M, et al. Optimization of piezoelectric ultrasound emitter transducers for underwater communications[J]. Sensors and Actuators A: Physical, 2012, 184: 141-148.

[113] OSIPOV K, OSTERMAY I, BODDULURI M, et al. Local 2DEG density control in heterostructures of piezoelectric materials and its application in GaN HEMT fabrication technology[J]. IEEE T Electron Dev, 2018, 65(8): 3176-3184.

[114] SHEN Z,CHEN S,ZHANG L,et al. Direct-write piezoelectric ultrasonic transducers for non-destructive testing of metal plates[J]. IEEE Sensors Journal,2017,17(11):3354-3361.

[115] KABRA H,DEORE H A,PATIL P. Review on advanced piezoelectric materials (BaTiO$_3$,PZT)[J]. Journal of Emerging Technologies and Innovative Research,2019,6(4):950.

[116] NUFFER J,BEIN T. Application of piezoelectric materials in transportation industry[C]. San Sebastian,Spain:Global Symposium on Innovative Solutions for the Advancement of the Transport Industry,2006.

[117] 徐泽.高性能PZT基压电陶瓷制备及性能优化[D].北京:中国矿业大学,2020.

第13章

电卡陶瓷材料

13.1 电卡效应

13.1.1 研究背景

制冷技术与人们的日常生活息息相关。随着全球变暖的加剧和人们生活水平的提高,制冷需求迅速增加。根据学者预测,到2050年,每年用于空调制冷的能量消耗将达到400 TWh[1]。基于压缩机的传统机械制冷技术虽然可以提供高的制冷功率,但其也会产生大量废热[2]。此外其必备组件(如压缩机、泵、管道等)也需要占据较大空间。同时新兴场景(如医疗器械、芯片等领域)也对制冷技术提出了新的微型化、集成化要求[3]。因此,为改进机械制冷技术的相关缺点和适用于新兴场景,一些新型制冷技术相继被提出和研究,电卡制冷技术也在这波浪潮中得到了快速发展。

电卡效应是指具有固有偶极子的电介质在外电场作用下发生可逆的温度变化的现象,其本质是极化构型熵的变化引起的绝热温变。其制冷循环过程如图13.1所示。未施加电场时,电介质内部的偶极子无序排列。施加外电场后,内部偶极子将沿外电场方向取向,使极化构型熵下降,从而根据基本的热力学原理,绝热条件下系统将升温;对应地,撤去电场时,偶极子恢复无序排列状态,极化构型熵增加,电介质温度将降低。若在施加电场和撤去电场时分别与外界(或散热器)和需要降温的器件(热源)接触,进行热交换,即可实现电卡效应对器件降温。

13.1.2 热力学理论基础

电卡效应可以由麦克斯韦关系式或朗道-德文希尔理论进行解释和计算[5]。弹性电介质的吉布斯自由能 G 可以写为温度 T、熵 S、应力 X、应变量 x_i、电场强度 E 和极化强度 P(或电位移 D)的函数:

$$G = U - TS - X_i x_i - E_m P_m \tag{13.1}$$

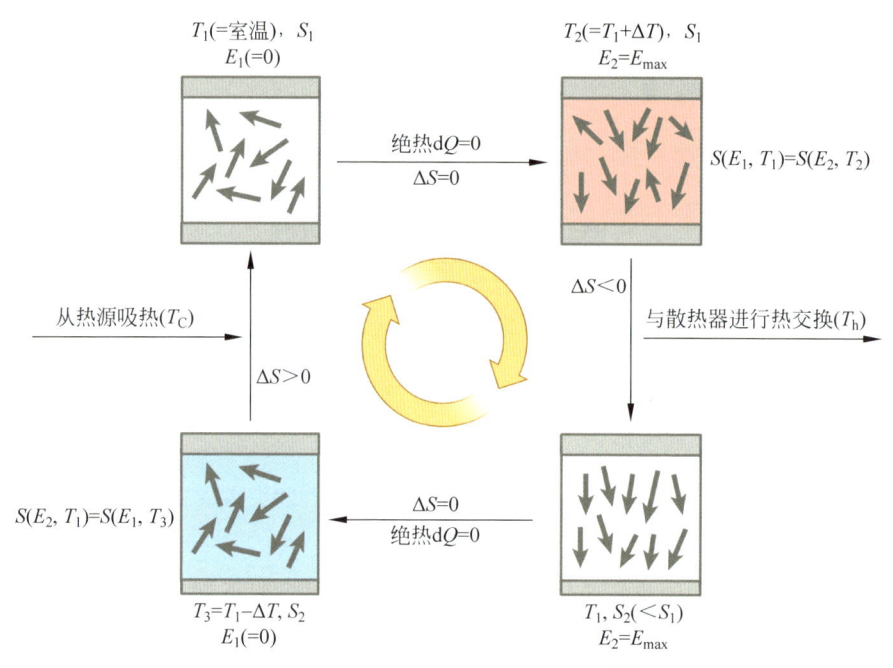

图 13.1 电卡效应制冷循环示意图[4]

式中,U 为体系的内能。下标是考虑到相关物理量张量形式的不同分量,i 的取值范围为 $1\sim 6$,m 为 $1\sim 3$。其全微分形式为

$$dU = TdS + X_i dx_i + E_i dP_i \tag{13.2}$$

对式(13.1)求全微分有

$$dG = -SdT - x_i dX_i - P_m dE_m \tag{13.3}$$

因此可以通过求偏微商得到不同物理量的表达式:

$$S = -\left(\frac{\partial G}{\partial T}\right)_{X,E} \tag{13.4}$$

$$x_i = -\left(\frac{\partial G}{\partial X_i}\right)_{T,E} \tag{13.5}$$

$$P_m = -\left(\frac{\partial G}{\partial E_m}\right)_{T,X} \tag{13.6}$$

将 dS、x_i 和 P_i 看成是 dT、X 和 E 的函数,在零应力和零电场附近做泰勒展开,并只保留一阶项,可得

$$dS = -\left(\frac{\partial S}{\partial T}\right)_{X,E} dT \pm \left(\frac{\partial S}{\partial X_i}\right)_{T,E} X_i \pm \left(\frac{\partial S}{\partial E_m}\right)_{T,X} E_m \tag{13.7}$$

$$dx_i = -\left(\frac{\partial x_i}{\partial T}\right)_{X,E} dT \pm \left(\frac{\partial x_i}{\partial X_i}\right)_{T,E} X_i \pm \left(\frac{\partial x_i}{\partial E_m}\right)_{T,X} E_m \tag{13.8}$$

$$dP_m = -\left(\frac{\partial P_m}{\partial T}\right)_{X,E} dT \pm \left(\frac{\partial P_m}{\partial X_i}\right)_{T,E} X_m - \left(\frac{\partial P_m}{\partial E_m}\right)_{T,X} E_m \quad (13.9)$$

注意以上三个公式中的系数项可以视为 G 的二阶偏微商，利用其与微商顺序无关的原理，可以引入

$$-\left(\frac{\partial^2 G}{\partial X_i \partial E_m}\right)_T = -\left(\frac{\partial^2 G}{\partial E_m \partial X_i}\right)_T = \left(\frac{\partial x_i}{\partial E_m}\right)_{T,X} = \left(\frac{\partial P_m}{\partial X_i}\right)_{T,E} = d_{mi}^T \quad (13.10)$$

$$-\left(\frac{\partial^2 G}{\partial E_m \partial T}\right)_X = -\left(\frac{\partial^2 G}{\partial T \partial E_m}\right)_X = \left(\frac{\partial P_m}{\partial T}\right)_{X,E} = \left(\frac{\partial S}{\partial X_i}\right)_{T,X} = p_m^X \quad (13.11)$$

$$-\left(\frac{\partial^2 G}{\partial X_i \partial T}\right)_E = -\left(\frac{\partial^2 G}{\partial T \partial X_i}\right)_E = \left(\frac{\partial x_i}{\partial T}\right)_{X,E} = \left(\frac{\partial S}{\partial X_i}\right)_{T,E} = \alpha_i^E \quad (13.12)$$

$$-\left(\frac{\partial^2 G}{\partial X_i \partial X_j}\right)_{T,E} = \left(\frac{\partial x_i}{\partial X_j}\right)_{T,E} = s_{ij}^{E,T} \quad (13.13)$$

$$-\left(\frac{\partial^2 G}{\partial E_m \partial E_n}\right)_{T,X} = \left(\frac{\partial P_m}{\partial E_n}\right)_{T,X} = \varepsilon_{mn}^{T,X} \quad (13.14)$$

$$-\left(\frac{\partial^2 G}{\partial T^2}\right)_{X,E} = \left(\frac{\partial S}{\partial T}\right)_{X,E} = \frac{\rho c^{E,X}}{T} \quad (13.15)$$

式中 ρ 为密度。结合式(13.4)~式(13.6)，可以将式(13.7)~式(13.9)改写为

$$dS = \alpha_i^E dT + s_{ij}^{E,T} X_i + d_{mi}^T E_m \quad (13.16)$$

$$x_i = p_m^X dT + d_{mi}^T X_i + \varepsilon_{mn}^{T,X} E_m \quad (13.17)$$

$$P_m = \frac{\rho c^{E,X}}{T} dT + \alpha_i^E X_m + p_m^X E_m \quad (13.18)$$

此即弹性电介质的线性响应方程。式中的系数具有各自的物理意义。由式(13.10)~式(13.15)定义的六个量依次是压电常数、热电系数、热膨胀系数、弹性柔顺系数、介电常数和比热容。

这里只关注与熵有关的部分。在等温和零应力情况下，熵变可以表示为

$$\Delta S = \int_{E_1}^{E_2} p\, dE = \int_{E_1}^{E_2} \left(\frac{\partial P}{\partial T}\right)_E dE \quad (13.19)$$

若为绝热和零应力条件，此时体系将产生温变，大小为

$$\Delta T = -\int_{E_1}^{E_2} \frac{T}{\rho c^E} \left(\frac{\partial P}{\partial T}\right)_E dE \quad (13.20)$$

式(13.19)及式(13.20)是进行电卡效应间接计算时所采取的主要公式，也称为描述电卡效应的麦克斯韦关系式。

电卡材料主要是铁电材料，因此也可以通过朗道-德文希尔理论推导电卡效应。在忽略应力对极化的影响时，弹性吉布斯自由能可以表示为电位移的展开式。

通常而言，电位移和极化等效，所以又可以写为

$$G = \frac{1}{2}a_1 P^2 + \frac{1}{4}a_2 P^4 + \frac{1}{6}a_3 P^6 - EP \tag{13.21}$$

式中，$a_1 = a_0(T-T_0)$，a_0、a_1、a_2、a_3 均为与温度无关的常数，只与材料种类有关。T_0 是居里-外斯温度。结合式(13.4)，有

$$\Delta S = \frac{1}{2}a_0 P^2 \tag{13.22}$$

从而绝热温变可以写为

$$\Delta T = \frac{1}{2\rho c^E}a_0 T P^2 \tag{13.23}$$

容易看出，电卡效应的大小与材料极化的平方正相关。因此，提升材料的极化强度可以增大熵变和温变。

13.2 电卡材料的测量与调控

13.2.1 电卡效应的测量方法

为了促进相关器件的发展，研究者对材料电卡性能的测量也做了广泛的研究。测量内容包括电介质在外电场作用下的熵变和温变以及变温条件下的电卡性能。前者是电卡性能的直接展示，后者表示电卡材料的温度依赖性。目前还没有统一的、被广泛认可的标准化测试方法或设备。根据测量方式的差异，可以将现有方法粗略地分为间接计算法和直接测量法两类。

电卡效应的重要参数包括单位体积材料在电场变化过程中吸收或释放的热量、等温熵变、绝热温变三个。电场强度会影响极化构型有序度以及极化强度，但强电场也容易导致材料的失效，因此在报道相关参数时也必须给出对应的电场强度。同时，可以计算出绝热温变和电场的比值 $\Delta T/E$，称为电卡强度。

（1）间接计算法

基于麦克斯韦关系式(式(13.19)和式(13.20))，可以通过测量一系列变温和变电场的电滞回线来计算相应的电卡效应。目前该方法已经广泛应用在电卡效应的研究工作中(图13.2)。铁电相变点附近的材料将具有最大的电卡效应，因为此时的极化值变化最大。但相变点处的热容和极化很难定义，理论上不能用该方程来计算相变点附近的电卡效应。此外，必须指出的是，弛豫铁电体材料中的间接计算方法可靠性仍存在争议，因为其不一定处于热力学平衡或机械平衡状态[6-7]。

（2）直接测量法

直接测量法则是通过红外相机、热电偶和热量计、改进的差示扫描量热仪等系

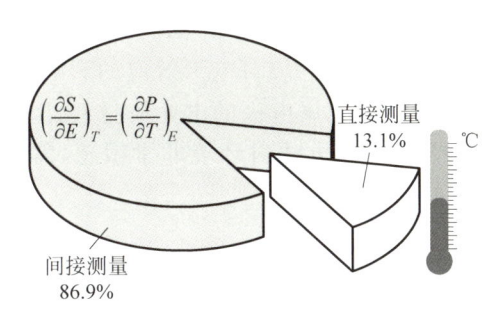

图 13.2 基于 Web of Science 数据库里的 366 篇电卡效应相关文献的不同
测量方法的占比[8],数据截至 2016 年

统进行直接的温度观测。其中,采用热电偶进行电卡效应测量是最简单直接的方法,通常用导电胶带将热电偶附着在块体样品表面即可。该方法可以测量块体和厚膜材料的电卡温变,但其较容易受到周围环境的干扰,测试准确度不高。因此通常将其集成到量热仪系统中以提高测试准确性。

差示扫描量热仪(DSC)是测量经过样品的热流信号的设备。将电场施加组件引入 DSC 后,可以通过施加和撤去电场来捕捉对应时间产生的热流信号,进一步积分得到热量值,计算相应等温熵变和绝热温变。如图 13.3 所示,作者团队采用该系统测量了不同电场下的锆钛酸钡基陶瓷材料的热流信号[9]。刚玉坩埚的热导率(大于 30 W·m^{-1}·K^{-1})显著高于空气(0.026 W·m^{-1}·K^{-1}),因此可以认为电卡效应的热量变化几乎全部被仪器探测到。

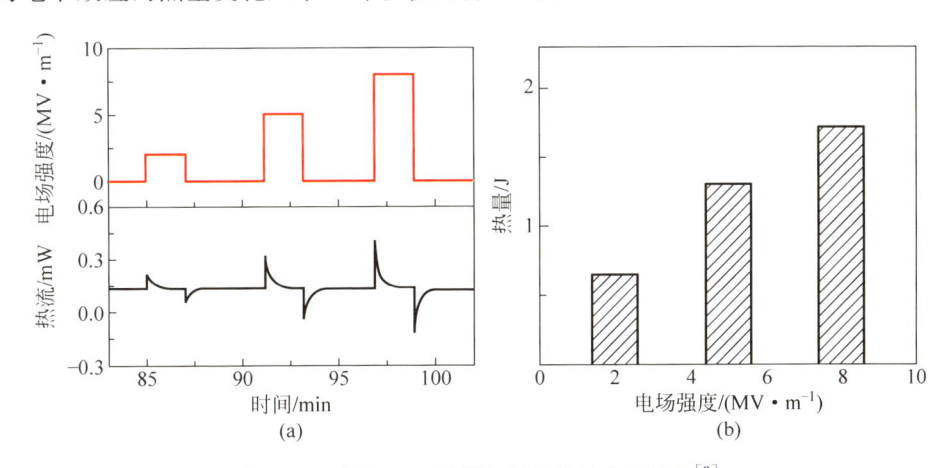

图 13.3 采用 DSC 测量陶瓷材料的电卡性能[9]
(a) 施加电场和热流信号随时间的变化;(b) 施加或撤去一定电场时的热量变化

红外热像仪法是一种非常便捷的测试方法。该设备可以在时间和空间上对热量变化进行高分辨成像,从而能更细致直观地观察电卡效应过程和评估效应的强

弱[10-11]。其热图像的空间分辨率可达数微米,温度灵敏度可达 25 mK。空间分辨率的引入使得研究局部效应(如应变等)对电卡效应的影响成为可行选项,拓展了研究领域。该方法不适用于具有金属电极的电介质材料,因为金属的本征低红外发射率会导致测试失真。此外,该方法对环境非常敏感,需要有效地隔绝环境热传导。

13.2.2 电卡效应的调控思路

电卡材料的调控出发点是基于麦克斯韦关系式所揭示的相关物理参数。在其他物理参数不变的情况下,具有较低比热容或密度的材料应具有更大的温变。但该参数属于材料本征的特性,很难操纵。因此调控的主体在于获得更大的热释电系数 $\partial P/\partial T$ 和积分电场 dE。如图 13.4 所示,容易看出,当热释电系数不变时,增大电场可以提高等温熵变和绝热焓变;当电场保持不变时,提高热释电系数可以增大电卡效应。因此电卡效应的主要调控思路包括调制其居里特性和增强绝缘性两种,实践中常采用组分设计的方法实现。

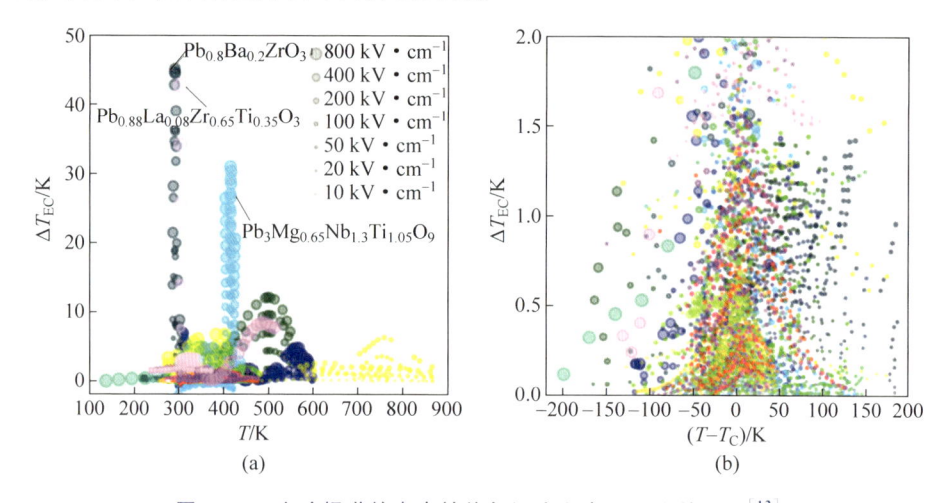

图 13.4 实验报道的电卡性能与温度和电场强度的关系[12]

(a) 不同温度和电场下的材料电卡温变;(b) 以距离材料居里点的温度差值为横轴时的温变数据。图中点的大小代表电场强度,颜色代表不同材料体系

基于基本的铁电相变知识可知,现有的铁电陶瓷材料以一级相变特征为主,其铁电-顺电相变存在极化的突变,因此可能具有很大的热释电系数。但相变点处突变的性能很难用于实用化材料的设计。一些非公度相稳定性较强的体系,如钪钽酸铅($PbSc_{0.5}Ta_{0.5}O_3$,PST)[13-14],可以在相变点附近的一段温度区间内均存在场致相变行为,同样具有较大的极化变化,从而具有很高的实用价值,也是目前研究最广的 MLCC 电卡陶瓷体系。目前报道的 PST-MLCC 均为日本村田电子公司提

供,制备工艺较为复杂,暂无独立复现报道;其他合适体系也有待探寻和开发。因此,多数研究者常采用组分设计的方法来优化陶瓷材料的电卡性能。通过复杂离子取代形成的无序固溶体常具有弥散相变的特征(即弛豫铁电体),同时具有不错的热释电系数和较宽的工作温区,是一类具有潜力的电卡材料。如图 13.5 所示,作者团队制备的 $BaZr_xTi_{1-x}O_3$(BZT,$x=0.21$)陶瓷在 25℃、9.9 MV·m^{-1} 的电场强度下获得了 4.67 K 的绝热温变和 0.46 K·m·M·V^{-1} 的高电卡强度($\Delta T/E$),并且该陶瓷在 15~50℃ 的温度区间内电卡性能基本不变,表现出弛豫铁电体宽工作温区的特有优势[9]。

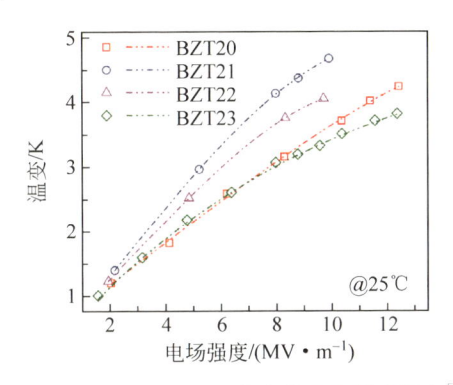

图 13.5　$BaZr_xTi_{1-x}O_3$ 陶瓷的电卡效应温变[9]

提升介电强度是电卡效应的另一条主要途径,其原理与前述储能介质的设计较为类似,亦可参考击穿经验公式(3.2.3节)。对于陶瓷块体或 MLCC,通常可以采用提高致密度、减小晶粒尺寸等方法来提高材料的介电强度。纳米级薄膜的介电强度显著高于块体和 MLCC 的,这是由于其具有更高的致密度和介电强度的厚度依赖性。通常通过成分设计和缺陷调控来优化介电薄膜的击穿特性。此外,制备过程中可能会引入一些难以避免的缺陷,优化制备工艺对陶瓷材料的实际性能有着重要意义。

13.3　电卡材料的研究进展

13.3.1　陶瓷块体和 MLCC

目前块体电卡材料的研究集中在钛酸钡基无铅陶瓷中。这是由于钛酸钡(BTO)独特的多相特征(随着温度降低先后经历顺电相、四方相、正交相和菱方相)和不太高的居里温度(约 120℃),使得相变温度很容易调控到室温附近,有利于实际应用温区的高电卡性能的实现(9.3.1节)。

BTO 的电卡性能较为有限,在相变点附近的绝热温变不到 1 K(多晶约 0.5 K[15],

单晶约 0.9 K[16])。Bai 等采用水热法制备出纳米级粉体,再进行烧结。所获得的纯相陶瓷在相变点附近具有约 1.4 K 的温变,但依然无法克服其使用温区较窄(半高宽约 5 K)的问题[17]。通过适当的 A/B 位掺杂或共掺,可以实现 BTO 的弛豫化并使居里峰向低温移动。具体的元素掺杂效果在第 9 章已经介绍了很多,这里不再赘述。典型的体系包括锆(Zr)或锡(Sn)掺杂的 BTO,其典型特征是随着掺杂量的提升,相图中将出现四种相的"不变临界点"。富的相变特性使其具有多种极化构型切换的可能性,从而在低电场下存在较大的电卡效应。由于制备工艺的差异,不同课题组获得的陶瓷材料的介电强度差异极大,从而使测到的电卡效应也各不相同。其中,通过优化晶粒尺寸,作者团队组制备的 BZT 陶瓷获得了 4.67 K 的 ΔT[9];Qian 等通过引入一定的玻璃相提升陶瓷的介电强度(13.4 MV·m^{-1}),也获得了 4.5 K 的 ΔT[18]。这些结果表明 BTO 基陶瓷是一类很有潜力的无铅电卡材料。

除此之外,如铌酸钾钠[19-20]、钛酸铋钠[21-22]等具有丰富相变的体系也有着不少电卡效应的研究工作,报道的相关电卡温变最高可接近甚至超过 2 K。值得一提的是,在钛酸铋钠基中观察到了负的 ΔT,称为负电卡效应。目前还没有普遍接受的理论来解释该现象,可能的解释包括:①去极化温度的影响[21,23];②反铁电的反向平行排列的极化构型在翻转过程中会出现熵增现象[24]。

锆钛酸铅(PZT)和铌镁酸铅-钛酸铅(PMN-PT)则是铅基电卡领域的主要研究对象。得益于丰富的相变特性,PZT 体系既可以表现为铁电相也可以表现为反铁电相,从而具有宽的电卡性能调控区间。通过 La^{3+} 掺杂改性的弛豫铁电相可具有 3.1 K 的最大温变[25];在反铁电相中则观测到了负电卡温度[26]。PMN-PT 是经典的弛豫铁电材料,目前通过组分设计在陶瓷块体中实现了超过 2K 的绝热温变[27]。

虽然陶瓷块体具有较高的单位电场响应($\Delta T/E$ 和 $\Delta S/E$),但其极低的介电强度导致 ΔT 和 ΔS 仍处于较低水平,难以实现较大的电卡响应。一种可行的思路是考虑制备厚膜或 MLCC 器件,通过降低层厚和优化工艺实现介电强度和电卡性能的突破。相应器件模型和击穿的变化在第 10 章已经讨论了很多,故不再赘述。通过提升击穿,MLCC 电卡器件可以实现超过 5K 的绝热温变[13,28];同时,叠层结构的引入提升了器件整体的吸热量,可比薄膜电卡材料高出数个数量级。这些优点使得 MLCC 器件具有极大的应用潜力并在很多制冷器件原型中作为电卡元件使用[29-30]。

13.3.2 陶瓷薄膜

相比陶瓷块体,纳米薄膜的结晶质量有明显提升,并且较薄的厚度也有利于减少电子传输过程中的碰撞次数，从而具有显著提升的介电强度。因此，更大的电卡效应自然是情理之中。由于块体陶瓷的电卡效应多年来难以提升，研究热度很低。自 2006 年 Mischenko 等在 *Science* 报道了 PbZr$_{0.95}$Ti$_{0.05}$O$_3$ 薄膜材料中高达 12 K 的绝热温变（45 MV·m^{-1} 的外加电场）以来，巨大的电卡效应引发了研究者对电卡材料的新一轮研究热潮[31-32]。随后 Feng 等在铌镁酸铅-钛酸铅体系中获得了 14.5 K 的温变（60 MV·m^{-1}）[33]；Peng 等在 Pb$_{0.8}$Ba$_{0.2}$ZrO$_3$ 弛豫铁电薄膜实现了高达 45.3K 的 ΔT（59.8 MV·m^{-1}）（图 13.6）[34]。

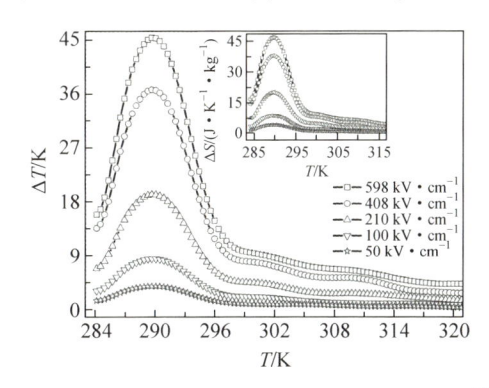

图 13.6　Pb$_{0.8}$Ba$_{0.2}$ZrO$_3$ 薄膜的变温电卡性能[34]

虽然薄膜材料具有目前报道最高的电卡温变值，但由于其厚度较小，温变过程中吸收和释放的热量较小，因此在实际器件的使用方面还有较大的差距[35]。此外，薄膜衬底也会对介电薄膜的结构和性能产生很大影响，部分体系的性能依赖于晶格应力的诱导，从而难以在去除衬底的情况下使用。而衬底的存在会给制冷器件的设计和制造带来较大困难。

13.4　电卡材料的器件化

由于电卡制冷这一明确的应用导向，除了材料本身的研究，该领域还涵盖了很大部分的器件研究。由于块体材料能实现的温差仅有几开，而薄膜很难进行器件设计。通常需要通过热再生循环或者级联的方式实现更大的热端-冷端温差，进而满足实用化的需求。本节将简单介绍现有的器件模式和相关进展。

13.4.1　基于流体的热再生循环制冷系统

热再生循环系统在磁卡、电卡和弹卡等新兴制冷装置中已经得到了广泛的应用[35]。其基本原理是通过再生流体柱的运动实现超过电卡效应温变的温度差，常用的类型称为主动再生[30]。循环中使用多孔电卡介质。如图 13.7 所示，首先让

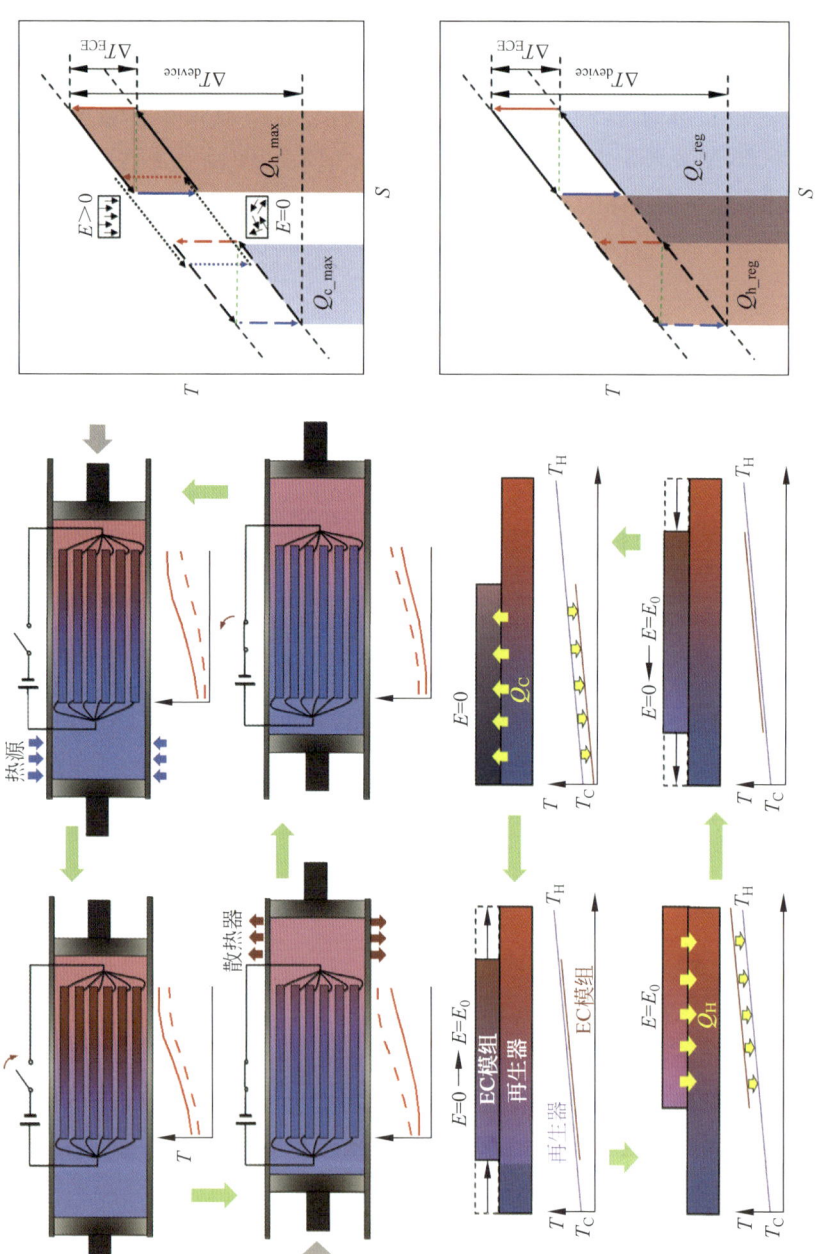

图 13.7 热再生循环制冷系统示意图[30]

流体保持静止,同时施加电场使电卡介质升温。其次,保持电场不变,工作流体被泵从热端送出并在通过多孔介质的空隙时吸收热量;工作流体离开再生器后进入热交换器,热量从流体排出到散热器。再次,流体停止流动,通过移除电场使介质降温。最后,工作流体被泵反向推回热端,将热量重新存入多孔电卡材料中;当流体进入冷热交换器时,它从热源吸收热量。随着四个阶段的循环进行,热量通过工作流体系统地从热源泵送到散热器。经过一定的操作循环后,可以在电卡材料和流体介质中建立沿流体流动方向的温度梯度的稳定状态。

虽然冷侧或热侧工作流体的温度变化不会超过电卡材料本身的温变 ΔT_{ECE},但再生器两端热侧和冷侧(以及工作流体)之间的温度跨度可能高于材料绝热温度变化。如果再生器(电卡元件)具有各向异性传导率,即与周围液体介质的高正交热交换,并且沿再生器的温度梯度维度(即液体流动方向)的体积热传导率低,则装置温度跨度的累积最有效[35]。早年 Sinyavsky 团队报道了超过 5 K 的温差,是元件电卡效应的 2 倍以上。其使用的传热流体是氦气。随后他们报道了 12.7 K 的温差,需要的电场为 18.5 MV·m^{-1},进一步增大温差所需的电场太高,从而难以在实际器件中实现[36]。

近年来 Defay 团队在该方面做了一系列的工作。先后采用了商用的 BZT-MLCC、村田电子制造的 PMN-MLCC 和 PST-MLCC 作为电卡材料。其结构也不断改进。早期使用的 BZT[37]和 PMN 基[38]装置表现均不佳,再生因子小于 1。随后他们改用了更薄的 PST-MLCC(0.5 mm)改进装置,同时将原有的组件简化,减少死体积,进而在 15.8 MV·m^{-1} 的电场下实现了 13 K 的温度跨度,为报道时电卡制冷装置产生的最大温度跨度[30]。近期他们又对器件尺寸进行了优化,通过调整电卡介质的排列模式,在 10 列 14 行的条件下(之前的工作为 16 列 8 行)实现了高达 20.9 K 的温度跨度,且电场仅需要 10 MV·m^{-1}[39]。这些工作不仅强调了水作为传热流体和增加样品击穿电场的重要性,也表明改进器件设计对于优化热循环再生制冷系统的性能有着重要意义。

到目前为止,基于流体的电卡制冷期间原型在温度跨度和再生因子方面表现出最佳性能,证明温度差异可能大于 10 K(甚至可达 20 K)。这种原型至今仍是最方便的原型,因为它们的原理众所周知,默认情况下热接触最大化,并且其结构更容易实现且更简单。此外,由此产生的冷却器坚固耐用,这使得它们的工业发展更加合理。

13.4.2　固态级联制冷系统

如图 13.8 所示,纯固态的机械运动式电卡器件通过机械运动使不同制冷介质之间接触或分离,实现热量的连续传递。此模型包含四个电卡制冷元件 A、B、C、

D。首先，元件 B 和 C 接触，在元件 A 和 C 上施加电场，使元件升温 ΔT_{ECE}，而同时在元件 B 和 D 上撤去电场则导致温度下降 ΔT_{ECE}（阶段 1）；由于温差，热流从元件 C 流向 B，冷却的元件 D 从热源吸收热量，而加热的元件 A 将热量散发到散热器（阶段 1→2），直到达到热平衡（阶段 2）。然后，元件 B 与 A 接触，而元件 C 与 D 接触（阶段 2→3），通电加热元件 B 和 D 并冷却元件 A 和 C（阶段 3）；分别从元件 B 到 A 和从元件 D 到 C 发生热传导（阶段 3→4），直到达到热平衡（阶段 4）。最后，元件 B 和 C 接触（阶段 4→1），进而重复循环。和热再生循环系统一样，级联系统也可以建立大于绝热 ΔT_{ECE} 的稳态设备温度跨度，并且热量总体上从热源传递到散热器。级联结构与热再生循环系统最大的差异在于是否有传热流体的参与。级联循环通常在相邻的电卡制冷元件之间泵送热量，不需要外部传热流体，因此常常是全固态结构；然而，在热再生循环系统中，所有的电卡制冷元件同时接受或拒绝传热介质的热量，并通过传热介质间接耦合。

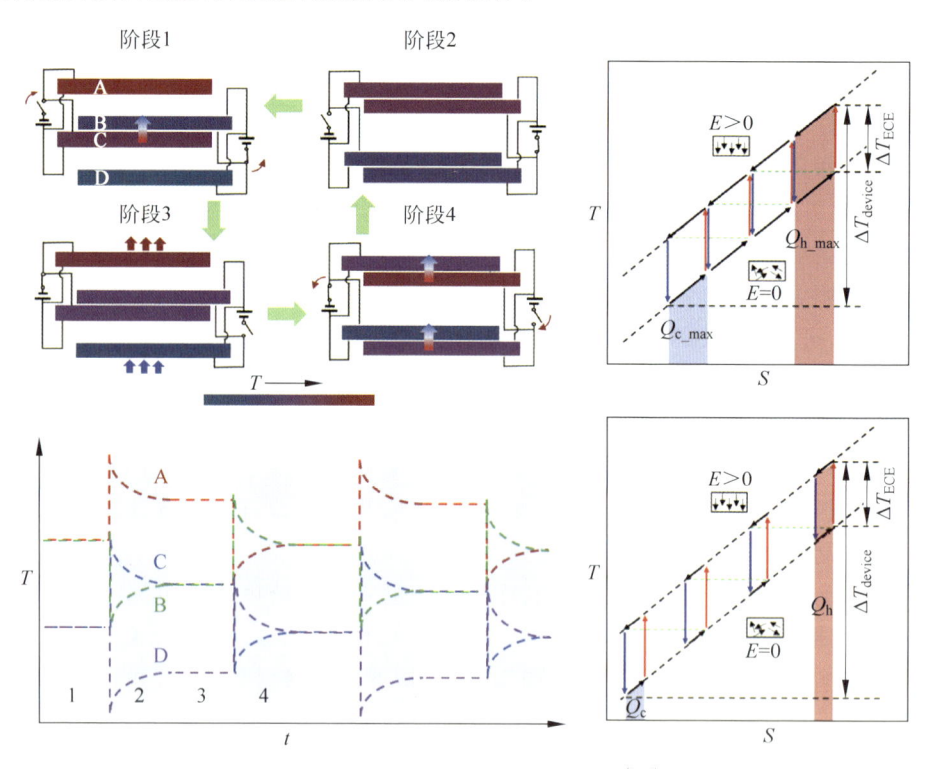

图 13.8　级联电卡制冷系统示意图[30]

如图 13.9(a)所示，Jia 等率先在最简单的单级结构中验证了该类系统的可行性[40]。通过 0.3 Hz 的 30 MV·cm^{-1} 场作用，作为电卡制冷元件的 BTO-MLCC 产生约 0.5 K 的温变，并实现了热端 1 K 的温降。如图 13.9(b)所示，Zhang 等提出双环状设计，通过反向旋转的两个环形实现连续热交换[41]。采用的 Y5V-MLCC 介质在 16.5 MV·m^{-1} 的电场下具有 0.9 K 的电卡温变，在旋转速度为 5 r/min 时，测得的冷热端之间的最大温差为 2 K。如图 13.9(c) 所示，Schwartz 团队设计了一种仅使用 9 个厚度为 0.9 mm 的 PST-MLCC 的器件结构[29]。两排间的元件可以直接实现热交换。切换极化电场时，这些元件会作横向移动。在场强为 10.8 MV·m^{-1} 和开关频率为 0.2 Hz 的情况下，元件的绝热温变为 2.5 K，可以产生 5.2 K 的器件温度变化。

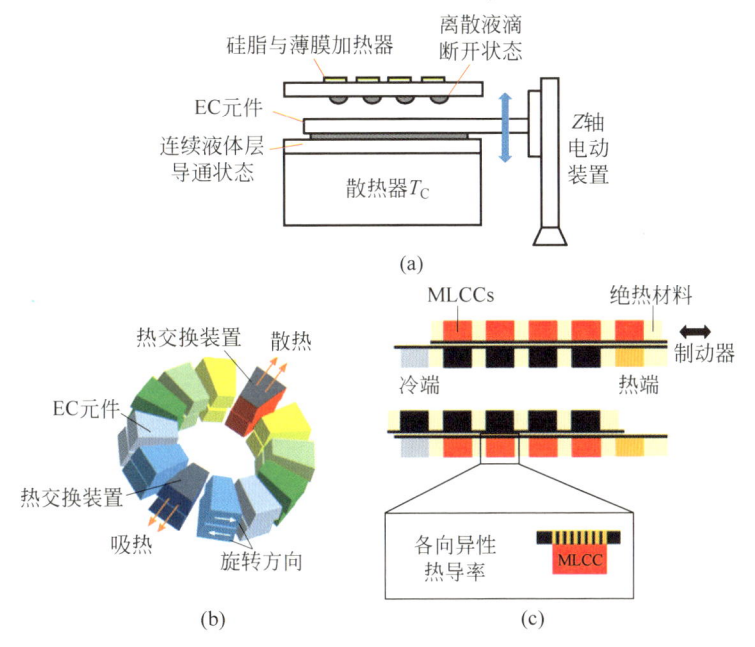

图 13.9　几种固态电卡制冷装置示意图
(a) 单级结构[40]；(b) 双环状结构[41]；(c) 双排结构[29]

目前报道的级联结构还没有超过 10 K 的温差数据，有待进一步提升。一方面，级联设备具有多个接口，会导致不可逆的热损失到环境中（以及相邻元件之间）；另一方面，传输介质间的热接触也是一个难题，固-固界面通常会出现高热阻。无论是流体还是固体设备，扩大电卡元件的有效热质量、增加其击穿场以适应更高的应用场，或者仅仅开发具有更强电卡效应的新型材料，都会导致原型器件整体性能在各个方向上的增强。最后，需要解决电卡材料的疲劳寿命问题，以便未来的电卡冷却器能够承受实际冷却应用所需的循环次数（约 10^6 次循环）[35]。

参考文献

[1] ISAAC M, VAN VUUREN D P. Modeling global residential sector energy demand for heating and air conditioning in the context of climate change[J]. Energy Policy, 2009, 37(2): 507-521.

[2] YANG M-H, YEH R-H. Performance and exergy destruction analyses of optimal subcooling for vapor-compression refrigeration systems[J]. International Journal of Heat and Mass Transfer, 2015, 87: 1-10.

[3] GÜLER N F, AHISKA R. Design and testing of a microprocessor-controlled portable thermoelectric medical cooling kit[J]. Applied Thermal Engineering, 2002, 22(11): 1271-1276.

[4] SCOTT J F. Electrocaloric materials[J]. Annual Review of Materials Research, 2011, 41(1): 229-240.

[5] 殷之文. 电介质物理学[M]. 2版. 北京: 科学出版社, 2003.

[6] LU S, ROŽIČ B, ZHANG Q, et al. Comparison of directly and indirectly measured electrocaloric effect in relaxor ferroelectric polymers[J]. Applied Physics Letters, 2010, 97(20): 202901.

[7] GOUPIL F L, BERENOV A, AXELSSON A-K, et al. Direct and indirect electrocaloric measurements on ⟨001⟩-PbMg$_{1/3}$Nb$_{2/3}$O$_3$-30PbTiO$_3$ single crystals[J]. Journal of Applied Physics, 2012, 111(12): 124109.

[8] LIU Y, SCOTT J F, DKHIL B. Direct and indirect measurements on electrocaloric effect: Recent developments and perspectives[J]. Applied Physics Reviews, 2016, 3(3): 031102.

[9] QIAN J, HU P, LIU C, et al. High electrocaloric cooling power of relaxor ferroelectric BaZr$_x$Ti$_{1-x}$O$_3$ ceramics within broad temperature range[J]. Science Bulletin, 2018, 63(6): 356-361.

[10] LU S, ROŽIČ B, ZHANG Q, et al. Organic and inorganic relaxor ferroelectrics with giant electrocaloric effect[J]. Applied Physics Letters, 2010, 97(16): 162904.

[11] GUO D, GAO J, YU Y-J, et al. Electrocaloric characterization of a poly(vinylidene fluoride-trifluoroethylene-chlorofluoroethylene) terpolymer by infrared imaging[J]. Applied Physics Letters, 2014, 105(3): 031906.

[12] GONG J, CHU S, MEHTA R K, et al. XGBoost model for electrocaloric temperature change prediction in ceramics[J]. npj Computational Materials, 2022, 8(1): 140.

[13] NAIR B, USUI T, CROSSLEY S, et al. Large electrocaloric effects in oxide multilayer capacitors over a wide temperature range[J]. Nature, 2019, 575(7783): 468-472.

[14] CROSSLEY S, NAIR B, WHATMORE R, et al. Electrocaloric cooling cycles in lead scandium tantalate with true regeneration via field variation[J]. Physical Review X, 2019, 9(4): 041002.

[15] KARCHEVSKII A. Electrocaloric effect in polycrystalline barium titanate[J]. Soviet

Physics-Solid State,1962,3(10): 2249-2254.

[16] MOYA X,STERN-TAULATS E,CROSSLEY S,et al. Giant electrocaloric strength in single-crystal BaTiO$_3$[J]. Advanced materials,2013,9(25): 1360-1365.

[17] BAI Y,HAN X,ZHENG X-C,et al. Both high reliability and giant electrocaloric strength in BaTiO$_3$ ceramics[J]. Scientific Reports,2013,3(1): 2895.

[18] QIAN X S,YE H J,ZHANG Y T,et al. Giant electrocaloric response over a broad temperature range in modified BaTiO$_3$ ceramics[J]. Advanced Functional Materials,2014,24(9): 1300-1305.

[19] LI J,BAI Y,QIN S,et al. Direct and indirect characterization of electrocaloric effect in (Na,K)NbO$_3$ based lead-free ceramics[J]. Applied Physics Letters,2016,109(16): 162902.

[20] KORUZA J,ROŽIČ B,CORDOYIANNIS G,et al. Large electrocaloric effect in lead-free K$_{0.5}$Na$_{0.5}$NbO$_3$-SrTiO$_3$ ceramics[J]. Applied Physics Letters,2015,106(20): 202905.

[21] FAN Z,LIU X,TAN X. Large electrocaloric responses in[Bi$_{1/2}$(Na,K)$_{1/2}$]TiO$_3$-based ceramics with giant electro-strains[J]. Journal of the American Ceramic Society,2017,100(5): 2088-2097.

[22] CAO W,LI W,DAI X,et al. Large electrocaloric response and high energy-storage properties over a broad temperature range in lead-free NBT-ST ceramics[J]. Journal of the European Ceramic Society,2016,36(3): 593-600.

[23] CAO W,LI W,XU D,et al. Enhanced electrocaloric effect in lead-free NBT-based ceramics[J]. Ceramics International,2014,40(7): 9273-9278.

[24] GENG W,LIU Y,MENG X,et al. Giant negative electrocaloric effect in antiferroelectric La-doped Pb(ZrTi)O$_3$ thin films near room temperature[J]. Advanced Materials,2015,27(20): 3165-3169.

[25] ZHANG G,CHEN Z,FAN B,et al. Large enhancement of the electrocaloric effect in PLZT ceramics prepared by hot-pressing[J]. APL Materials,2016,4(6): 064103.

[26] LI J,LI J,WU H-H,et al. Giant electrocaloric effect and ultrahigh refrigeration efficiency in antiferroelectric ceramics by morphotropic phase boundary design[J]. ACS Applied Materials & Interfaces,2020,12(40): 45005-45014.

[27] ROŽIČ B,KOSEC M,URŠIČ H,et al. Influence of the critical point on the electrocaloric response of relaxor ferroelectrics[J]. Journal of Applied Physics,2011,110(6): 064118.

[28] BAI Y,ZHENG G-P,DING K,et al. The giant electrocaloric effect and high effective cooling power near room temperature for BaTiO$_3$ thick film[J]. Journal of Applied Physics,2011,110(9): 094103.

[29] WANG Y,ZHANG Z,USUI T,et al. A high-performance solid-state electrocaloric cooling system[J]. Science,2020,370(6512): 129-133.

[30] TORELLÓ A,LHERITIER P,USUI T,et al. Giant temperature span in electrocaloric regenerator[J]. Science,2020,370(6512): 125-129.

[31] MISCHENKO A,ZHANG Q,SCOTT J,et al. Giant electrocaloric effect in thin-film PbZr$_{0.95}$Ti$_{0.05}$O$_3$[J]. Science,2006,311(5765): 1270-1271.

[32] MOYA X,KAR-NARAYAN S,MATHUR N D. Caloric materials near ferroic phase

transitions[J]. Nature Materials,2014,13(5): 439-450.

[33] FENG Z, SHI D, DOU S. Large electrocaloric effect in highly (001)-oriented 0.67 PbMg$_{1/3}$Nb$_{2/3}$O$_3$-0.33PbTiO$_3$ thin films[J]. Solid State Communications,2011,151(2): 123-126.

[34] PENG B,FAN H,ZHANG Q. A giant electrocaloric effect in nanoscale antiferroelectric and ferroelectric phases coexisting in a relaxor Pb$_{0.8}$Ba$_{0.2}$ZrO$_3$ thin film at room temperature[J]. Advanced Functional Materials,2013,23(23): 2987-2992.

[35] TORELLÓ A,DEFAY E. Electrocaloric coolers: a review [J]. Advanced Electronic Materials,2022,8(6): 2101031.

[36] SINYAVSKII Y V. Electrocaloric refrigerators: A promising alternative to current low-temperature apparatus[J]. Chemical and Petroleum Engineering,1995,31(6): 295-306.

[37] SETTE D, ASSEMAN A, GÉRARD M, et al. Electrocaloric cooler combining ceramic multi-layer capacitors and fluid[J]. APL Materials,2016,4(9): 091101.

[38] USUI T, HIROSE S, ANDO A, et al. Effect of inactive volume on thermocouple measurements of electrocaloric temperature change in multilayer capacitors of 0.9Pb(Mg$_{1/3}$Nb$_{2/3}$)O$_3$-0.1PbTiO$_3$[J]. Journal of Physics D: Applied Physics,2017,50(42): 424002.

[39] LI J,TORELLÓ A,KOVACOVA V, et al. High cooling performance in a double-loop electrocaloric heat pump[J]. Science,2023,382(6672): 801-805.

[40] JIA Y,SUNGTAEK JU Y. A solid-state refrigerator based on the electrocaloric effect[J]. Applied Physics Letters,2012,100(24): 242901.

[41] ZHANG T,QIAN X-S,GU H,et al. An electrocaloric refrigerator with direct solid to solid regeneration[J]. Applied Physics Letters,2017,110(24): 243503.